TEMES CLAU 09

Ignacio M. Pelayo Melero
Francisco Rubio Montaner

UPC Edicions UPC

UNIVERSITAT POLITÈCNICA DE CATALUNYA

Diseño de la cubierta: Ernest Castelltort
Diseño de la colección: Tono Cristòfol
Maquetación: Mercè Aicart

Primera edición: septiembre de 2008
Reimpresión: junio de 2010

©   los autores, 2008

©   Edicions UPC, 2008
      Edicions de la Universitat Politècnica de Catalunya, SL
      Jordi Girona Salgado 31, Edifici Torre Girona, D-203, 08034 Barcelona
      Tel.: 934 015 885   Fax: 934 054 101
      Edicions Virtuals: www.edicionsupc.es
      E-mail: edicions-upc@upc.edu

Producción: LIGHTNING SOURCE

Depósito legal: B-38102-2008
ISBN: 978-84-8301-961-0

A mi hijo Jacobo, que recorrió un camino demasiado corto

Índice

Introducción

Este Curso básico de álgebra lineal está orientado a estudiantes que inician una carrera de ciencias en general, y de ingeniería en particular. El apelativo de básico que aparece en el título es debido a que en él sólo se consideran espacios vectoriales de dimensión finita sobre el cuerpo $\mathbb{R}$ de los números reales.

El libro está estructurado en siete capítulos y cuatro apéndices. Cada capítulo consta de una parte de Teoría, otra de Ejercicios que ilustran la teoría y una tercera de Problemas propuestos cuyas soluciones se dan al final del capítulo.

Las distintas secciones de la Teoría se rotulan o bien con el símbolo ▢, para señalar la materia que debería ser conocida por el lector, o con el símbolo ▧ para indicar la materia nueva y de mayor dificultad. En cuanto a la sección de Problemas de cada capítulo, estos se han agrupado, según el grado de dificultad, en cuatro subsecciones tituladas ▢ nivel 0, ▧ nivel 1, ◩ nivel 2 y ▧ nivel 3, conteniendo este último nivel todas las demostraciones de los teoremas y proposiciones que aparecen en la Teoría; así mismo, en el desarrollo de la Teoría, se hacen ocasionalmente envíos utilizando el icono ↪ Ejercicio cuando se ve necesario abundar más o aclarar mejor lo que se está explicando. Al final del libro, los cuatro apéndices tienen como objeto servir como fundamento teórico preliminar, abordándose temas sobre razonamiento y demostración en Matemáticas, teoría elemental de conjuntos, estructuras algebraicas básicas y polinomios.

En los tres primeros capítulos, se dan las herramientas necesarias para poder abordar con comodidad el tema central del libro: los espacios vectoriales. Las matrices y los determinantes se trabajan profusamente en los dos primeros capítulos con ejercicios y problemas –todos resueltos, como se ha dicho–, y proporcionando las técnicas necesarias para poder resolver un sistema lineal de ecuaciones, tarea que va a ser el *modus operandi* del resto del libro. En el cuarto capítulo, se desarrolla la estructura algebraica de espacio vectorial de dimensión finita sobre el cuerpo de los números reales, trabajando esta estructura con ejemplos, ejercicios y problemas de los vectores de $\mathbb{R}^n$; los polinomios de una variable con coeficientes reales y las matrices reales, haciendo hincapié en los conceptos de base, dimensión y coordenadas como preparación al trabajo que se realizará después cuando se aborde la noción de aplicación lineal –quinto capítulo– entre dos espacios vectoriales. El sexto capítulo está dedicado exclusivamente a un tipo especial de aplicación lineal: los endomorfismos, centrándose en la idea de encontrar una base adecuada de modo que la matriz que representa la aplicación lineal sea lo más sencilla y manejable posible, estudiando para ello las condiciones suficientes, o necesarias y suficientes, para que dicha matriz, en la base elegida, sea diagonal. Y, por último, en el séptimo y último capítulo, se introducen los conceptos geométricos de producto escalar y norma, conceptos que deben resultarle familiares a un estudiante que inicia su carrera universitaria en cualquier facultad de ciencias o escuela de ingeniería y que aquí se abordan ofreciendo una visión más general, sin salirse de la estructura de espacio real euclídeo de dimensión finita, para no perder el carácter básico del libro.

Finalmente, los autores quieren hacer constar su agradecimiento a los profesores Andrés Encinas y Mónica Blanco por sus comentarios y sugerencias.

Matrices

1

Sean m, n dos números naturales positivos.

Definición 1.1 *Se llama* **matriz** *real de orden* $m \times n$ *a un cuadro de números reales* a_{ij} *ordenados en* m *filas y* n *columnas:*

$$\begin{pmatrix} a_{11} & a_{12} & \cdots & a_{1n} \\ a_{21} & a_{22} & \cdots & a_{2n} \\ \vdots & \vdots & \ddots & \vdots \\ a_{m1} & a_{m2} & \cdots & a_{mn} \end{pmatrix}$$

Las matrices se denotan con letras mayúsculas: $A, B, M, N, \cdots$, o bien $(a_{ij}), (b_{ij}), (m_{ij}), (n_{ij}), \cdots$, si se quieren especificar sus términos. Además:

- a_{ij} denota el término de la matriz A que se encuentra en la fila i-ésima y en la columna j-ésima.
- f_i, c_j representan la fila i-ésima y la columna j-ésima, respectivamente, en el caso de una matriz genérica.
- A_i, A^j representan la fila i-ésima y la columna j-ésima, respectivamente, si se trata de una matriz particular A.

Ejemplos 1.1

- Si $A = \begin{pmatrix} 1 & -2 \\ 3 & 5 \end{pmatrix}$, entonces: $a_{12} = -2$.

- Si $B = \begin{pmatrix} -1 & 4 & 0 \\ -5 & 1 & 7 \end{pmatrix}$, entonces: $B_2 = \begin{pmatrix} -5 & 1 & 7 \end{pmatrix}$

- Si $C = \begin{pmatrix} 2 & 6 & 0 & 0 \\ 3 & -8 & 0 & -1 \\ 0 & 0 & 7 & 1 \end{pmatrix}$, entonces: $C^3 = \begin{pmatrix} 0 \\ 0 \\ 7 \end{pmatrix}$

Una matriz $A = (a_{ij})$ de orden $m \times n$ es:

- una **matriz fila** si $m = 1$ y una **matriz columna** si $n = 1$.
- **cuadrada** cuando $m = n$. En este caso, se dice que A es una matriz de orden n.

- **triangular superior** o **triangular inferior** si es cuadrada y $a_{ij} = 0$ para $i > j$ o $i < j$, respectivamente.

- **diagonal** si es cuadrada, triangular superior y triangular inferior, es decir, si $m = n$ y $a_{ij} = 0$ para $i \neq j$.

- **escalar** si es una matriz diagonal en la que todos los elementos de su diagonal principal[1] son iguales.

- la **matriz identidad** de orden n, y se denota I_n, si es una matriz escalar y los elementos de la diagonal principal son iguales a 1.

- **nula**, y se denota[2] $O_{m,n}$, si $a_{ij} = 0$ para todo i, j.

- la **transpuesta** de otra matriz B de orden $n \times m$ si $A_i = B^i$, es decir, si las filas de A son las columnas de B, y viceversa. En tal caso, se denota $A = B^t$.

- **simétrica** si es igual a su transpuesta, es decir, si $A^t = A$.

- **antisimétrica** si es igual a la opuesta[3] de su transpuesta, es decir, $A^t = -A$.

Ejemplos 1.2

Estos son algunos ejemplos de matrices reales.

- matriz fila de orden 3: $\begin{pmatrix} -1 & 2 & 1 \end{pmatrix}$

- matriz columna de orden 2: $\begin{pmatrix} -1 \\ 2 \end{pmatrix}$

- matriz cuadrada de orden 2: $\begin{pmatrix} 2 & 3 \\ 5 & -1 \end{pmatrix}$

- matriz triangular superior de orden de 3: $\begin{pmatrix} -1 & 2 & 1 \\ 0 & 2 & 2 \\ 0 & 0 & 2 \end{pmatrix}$

- matriz triangular inferior de orden de 2: $\begin{pmatrix} 1 & 0 \\ 2 & 2 \end{pmatrix}$

- matriz diagonal de orden 3: $\begin{pmatrix} -1 & 0 & 0 \\ 0 & 2 & 0 \\ 0 & 0 & 5 \end{pmatrix}$

- matriz escalar de orden 2: $\begin{pmatrix} -3 & 0 \\ 0 & -3 \end{pmatrix}$

- matriz identidad de orden 3: $I_3 = \begin{pmatrix} 1 & 0 & 0 \\ 0 & 1 & 0 \\ 0 & 0 & 1 \end{pmatrix}$

- matriz nula de orden 2: $O_2 = \begin{pmatrix} 0 & 0 \\ 0 & 0 \end{pmatrix}$

- $A = \begin{pmatrix} 0 & -1 & 1 \\ 2 & 1 & 6 \end{pmatrix} \Rightarrow A^t = \begin{pmatrix} 0 & 2 \\ -1 & 1 \\ 1 & 6 \end{pmatrix}$

---

[1] La **diagonal principal** de una matriz cuadrada es el conjunto de términos $\{a_{ij} \mid i = j\}$.
[2] Si $m = n$, se denota O_n.
[3] La matriz $-A = (-a_{ij})$ se denomina la **matriz opuesta** de A.

- A es simétrica: $A^t = A = \begin{pmatrix} 0 & 2 & 1 \\ 2 & -1 & 6 \\ 1 & 6 & 0 \end{pmatrix}$

- A es antisimétrica: $A = \begin{pmatrix} 0 & 2 \\ -2 & 0 \end{pmatrix} \Rightarrow A^t = \begin{pmatrix} 0 & -2 \\ 2 & 0 \end{pmatrix} = -A$

1.2 Operaciones

Sobre el conjunto[4] $\mathcal{M}_{\mathbb{R}}(m, n)$ de las matrices de orden $m \times n$, se definen las siguientes operaciones.

Definición 1.2 *Dadas las matrices $A = (a_{ij}), B = (b_{ij}) \in \mathcal{M}(m, n)$, se denomina* **suma** *de A con B, y se denota $A + B$, a la matriz (c_{ij}) tal que $c_{ij} = a_{ij} + b_{ij}$.*

Definición 1.3 *Dados un número $k \in \mathbb{R}$ y una matriz $A = (a_{ij}) \in \mathcal{M}(m, n)$, se denomina* **producto por escalares** *de k por A, y se denota $k \cdot A$, a la matriz (c_{ij}) tal que $c_{ij} = k \cdot a_{ij}$.*

Proposición 1.1 *Sean A, B, C matrices de orden $m \times n$. Sean a, b dos escalares.[5] Entonces:*

a) $A + B = B + A$

b) $(A + B) + C = A + (B + C)$

c) $O_{m,n} + A = A$

d) $(-A) + A = O_{m,n}$

e) $(a + b) \cdot A = a \cdot A + b \cdot A$

f) $a \cdot (A + B) = a \cdot A + a \cdot B$

g) $(a \cdot b) \cdot A = a \cdot (b \cdot A)$

h) $1 \cdot A = A$

i) $(A^t)^t = A$

j) $(A + B)^t = A^t + B^t$

k) $(a \cdot A)^t = a \cdot A^t$

Definición 1.4 *Sean A, B dos matrices de órdenes $m \times n$ y $n \times p$, respectivamente. Entonces, se denomina* **producto** *de A por B, y se denota $A \cdot B$, a la matriz de orden $m \times p$:*

$$A \cdot B = (A_i \cdot B^j) = \begin{pmatrix} A_1 \cdot B^1 & A_1 \cdot B^2 & \ldots & A_1 \cdot B^p \\ A_2 \cdot B^1 & A_2 \cdot B^2 & \ldots & A_2 \cdot B^p \\ \vdots & \vdots & \ddots & \vdots \\ A_m \cdot B^1 & A_m \cdot B^2 & \ldots & A_m \cdot B^p \end{pmatrix}$$

donde: $A_i \cdot B^j = \sum_{s=1}^{n} a_{is} \cdot b_{sj} = \begin{pmatrix} a_{i1} & a_{i2} & \cdots & a_{in} \end{pmatrix} \cdot \begin{pmatrix} b_{1j} \\ b_{2j} \\ \vdots \\ b_{nj} \end{pmatrix} = a_{i1}b_{1j} + a_{i2}b_{2j} + \cdots + a_{in}b_{nj}.$

---

[4] Denotado también $\mathcal{M}(m, n)$ y, si $m = n$, $\mathcal{M}(n)$.

[5] Es decir, dos números reales.

Proposición 1.2 *Sean A, A_1, A_2 matrices de orden $m \times n$. Sean B, B_1, B_2 matrices de orden $n \times h$. Sea C una matriz de orden $h \times k$. Entonces:*

a) $(A \cdot B) \cdot C = A \cdot (B \cdot C)$

b) $I_m \cdot A = A \cdot I_n = A$

c) $A \cdot (B_1 + B_2) = A \cdot B_1 + A \cdot B_2$

d) $(A_1 + A_2) \cdot B = A_1 \cdot B + A_2 \cdot B$

e) $(A \cdot B)^t = B^t \cdot A^t$

Definición 1.5 *Si $A \in \mathcal{M}(n, n)$ y $p(x) = a_m x^m + \ldots + a_1 x + a_0$, entonces $p(A)$ es la siguiente matriz de orden n:*

$$p(A) = a_m A^m + \ldots + a_1 A + a_0 I_n$$

Ejemplos 1.3

Estos son algunos ejemplos de operaciones con matrices.

- $(\ 2 \quad 1 \ ) + (\ -1 \quad 5 \ ) = (\ 1 \quad 6 \ )$

- $\begin{pmatrix} 2 & 1 \\ 1 & -2 \end{pmatrix} + \begin{pmatrix} 3 & 0 \\ 1 & -1 \end{pmatrix} = \begin{pmatrix} 5 & 1 \\ 2 & -3 \end{pmatrix}$

- $3 \cdot \begin{pmatrix} 0 & 2 & 3 \\ 1 & 2 & 6 \\ -1 & 0 & 4 \end{pmatrix} = \begin{pmatrix} 0 & 6 & 9 \\ 3 & 6 & 18 \\ -3 & 0 & 12 \end{pmatrix}$

- $(\ 2 \quad 1 \ ) \begin{pmatrix} 3 \\ 4 \end{pmatrix} = (\ 10 \ )$

- $\begin{pmatrix} 2 & 1 \\ -1 & 6 \end{pmatrix} \begin{pmatrix} 3 \\ 4 \end{pmatrix} = \begin{pmatrix} 10 \\ 21 \end{pmatrix}$

- $(\ 2 \quad 1 \ ) \begin{pmatrix} 3 & 2 & -1 \\ 4 & 1 & 2 \end{pmatrix} = (\ 10 \quad 5 \quad 0 \ )$

- $\begin{pmatrix} 2 & 1 \\ -1 & 6 \end{pmatrix} \begin{pmatrix} 3 & 2 & -1 \\ 4 & 1 & 2 \end{pmatrix} = \begin{pmatrix} 10 & 5 & 0 \\ 21 & 4 & 13 \end{pmatrix}$

- El producto de matrices no es conmutativo:

$$(\ 2 \quad 1 \ ) \begin{pmatrix} 2 \\ 1 \end{pmatrix} = (\ 5 \ ); \ \begin{pmatrix} 2 \\ 1 \end{pmatrix} (\ 2 \quad 1 \ ) = \begin{pmatrix} 4 & 2 \\ 2 & 1 \end{pmatrix}$$

- El producto de dos matrices no nulas puede ser una matriz nula:[6]

$$(\ 2 \quad 1 \ ) \begin{pmatrix} 1 & -2 \\ -2 & 4 \end{pmatrix} = (\ 0 \quad 0 \ )$$

---

[6] Una matriz A de orden $m \times k$ es un **divisor de cero** por la izquierda de una matriz B de orden $k \times n$ si $A \cdot B = O_{m,n}$, donde $A \neq O_{m,k}, B \neq O_{k,n}$.

16 Álgebra lineal básica para ingeniería civil

- Si $A = \begin{pmatrix} 2 & 1 \\ 1 & 1 \end{pmatrix}$ y $p(x) = x^2 - 2x + 3$, entonces:

$$p(A) = A^2 - 2A + 3I_2 = \begin{pmatrix} 5 & 3 \\ 3 & 2 \end{pmatrix} - \begin{pmatrix} 4 & 2 \\ 2 & 2 \end{pmatrix} + \begin{pmatrix} 3 & 0 \\ 0 & 3 \end{pmatrix} = \begin{pmatrix} 4 & 2 \\ 1 & 1 \end{pmatrix}$$

↝ Ejercicio 1.1

1.3 Rango de una matriz

Sea $S = \{A_1, \cdots, A_k\}$ un conjunto de matrices filas de orden $1 \times n$. Una **combinación lineal** de los elementos de S es toda expresión de la forma $r_1 \cdot A_1 + \cdots + r_k \cdot A_k$, donde $r_1, \ldots, r_k$ son números reales. Ciertamente, toda combinación lineal de matrices de orden $1 \times n$ es igual a una matriz de orden $1 \times n$. El conjunto de todas las combinaciones lineales de los elementos de S se denota $\langle S \rangle$ y se denomina el **conjunto generado** por S:

$$\langle S \rangle = \langle A_1, \cdots, A_k \rangle = \{r_1 \cdot A_1 + \cdots + r_k \cdot A_k : r_1, \ldots, r_k \in \mathbb{R}\}$$

Análogamente, se definen las combinaciones lineales de columnas y los conjuntos generados por conjuntos de matrices columna.

Definición 1.6 *Sea A una matriz de orden $m \times n$. Un conjunto de r filas de A se denomina **ligado** si $r = 1$ y se trata de una fila nula, o bien si $r \geq 2$ y al menos una de ellas puede expresarse como combinación lineal de las restantes. En caso contrario, dicho conjunto se llama **libre**.*

Análogamente, se define un conjunto de columnas ligado o libre. En ambos casos, se dice que los elementos de un conjunto libre son **linealmente independientes**,[7] mientras que los de un conjunto ligado se denominan **linealmente dependientes**.[8]

Proposición 1.3 *Sean $R = \{R_1, \cdots, R_r\}$ y $S = \{S_1, \cdots, S_s\}$ dos conjuntos de filas del mismo orden.[9] Si R es libre, S es libre y $R \subset \langle S \rangle$, entonces $r \leq s$.*

Definición 1.7 *Se denomina **rango por filas** de una matriz A, y se denota $r_f(A)$, al mayor número de filas linealmente independientes del conjunto de filas de A.*

Definición 1.8 *Se denomina **rango por columnas** de la matriz A, y se denota $r_c(A)$, al mayor número de columnas linealmente independientes del conjunto de columnas de A.*

Ejemplos 1.4

Estos son algunos ejemplos de cálculo de rangos de matrices.

- El rango por filas (y por columnas) de cualquier matriz nula es 0.

- El rango por filas de la matriz $A = \begin{pmatrix} 1 & 2 & 1 \end{pmatrix}$ es 1, pues $\{A_1\}$ es libre.

---

[7] Abreviadamente, l.i.

[8] Abreviadamente, l.d.

[9] Respectivamente, dos conjuntos de columnas del mismo orden.

- El rango por filas de la matriz $A = \begin{pmatrix} 1 & 2 & 1 \\ 0 & 0 & 0 \end{pmatrix}$ es 1, pues $\{A_1\}$ es libre y $A_2 = 0 \cdot A_1$.

- El rango por filas de la matriz $A = \begin{pmatrix} 1 & 2 & 1 \\ -1 & -2 & -1 \\ 0 & 0 & 0 \end{pmatrix}$ es 1, pues $\{A_1\}$ es libre, $A_2 = -A_1$ y $A_3 = 0 \cdot A_1$.

- El rango por filas de la matriz $A = \begin{pmatrix} 1 & 2 & 1 \\ 0 & 2 & 2 \\ 0 & 0 & 0 \end{pmatrix}$ es 2, pues $\{A_1, A_2\}$ es libre y $A_3 = 0 \cdot A_1 + 0 \cdot A_2$.

- El rango por columnas de la matriz $A = \begin{pmatrix} 1 & 2 & 1 \\ 0 & 2 & 2 \\ 0 & 0 & 0 \end{pmatrix}$ es 2, pues $\{A^1, A^2\}$ es libre y $A^3 = -A^1 + A^2$.

- El rango por filas (y por columnas) de la matriz identidad I_n es n, pues el conjunto formado por todas sus filas (y por todas sus columnas) es libre.

Proposición 1.4 *Sean A, B, C tres matrices de órdenes $m \times k$, $k \times n$, y $m \times n$, respectivamente. Si $C = A \cdot B$, entonces:*

1. *Cada fila de C es combinación lineal de las filas de B: $C_i = A_i \cdot B = a_{i1} \cdot B_1 + \ldots + a_{ik} \cdot B_k$*
2. *$r_f(C) \leq r_f(B)$*
3. *Cada columna de C es combinación lineal de las columnas de A: $C^j = A \cdot B^j = b_{1j} \cdot A^1 + \ldots + b_{kj} \cdot A^k$*
4. *$r_c(C) \leq r_c(A)$*

Proposición 1.5 *Sea A una matriz de orden $m \times n$. Entonces:*

1. *$r_f(A) \leq m$, $r_c(A) \leq n$*
2. *$r_f(A) = r_c(A)$*

Como consecuencia de este resultado, se obtiene la siguiente definición:

Definición 1.9 *Dada una matriz A, se denomina **rango** de A, y se denota $r(A)$, al número máximo de filas o columnas linealmente independientes.*

Definición 1.10 *Dos matrices A, B son **equivalentes** si tienen el mismo rango. Notación: $A \sim B$.*

↦ Ejemplo 1.2

1.4 Transformaciones elementales

Sobre una matriz $A \in \mathcal{M}(m, n)$, se definen tres tipos de **transformaciones elementales de fila**:[10]

$$\begin{array}{ccc} \mathcal{M}(m, n) & \overset{e}{\to} & \mathcal{M}(m, n) \\ A & \mapsto & e(A) \end{array}$$

---

[10] Abreviadamente, **t.e.f.**

- De **tipo** 1: La matriz transformada $e(A)$ se obtiene a partir de la matriz A, intercambiando dos filas f_i, f_j entre sí. Notación: $A \xrightarrow{e} e(A)$, donde: $e : f_i \leftrightarrow f_j$.

- De **tipo** 2: La matriz transformada $e(A)$ se obtiene a partir de la matriz A, multiplicando los elementos de una fila f_i por un número $k \neq 0$. Notación: $A \xrightarrow{e} e(A)$, donde: $e : f_i \leftarrow k \cdot f_i$.

- De **tipo** 3: La matriz transformada $e(A)$ se obtiene de la matriz A, sustituyendo una fila f_i por la suma de ella con otra f_j, multiplicada por un número k.
  Notación: $A \xrightarrow{e} e(A)$, donde: $e : f_i \leftarrow f_i + k \cdot f_j$.

Análogamente, se definen los tres tipos de **transformaciones elementales de columna**:[11]

- De **tipo** 1: $c_i \leftrightarrow c_j$
- De **tipo** 2: $c_i \leftarrow k \cdot c_i$, con $k \neq 0$
- De **tipo** 3: $c_i \leftarrow c_i + k \cdot c_j$

Ejemplos 1.5

Estos son algunos ejemplos de transformaciones elementales de fila y de columna.

- Si $A = \begin{pmatrix} 1 & -2 \\ 3 & 5 \end{pmatrix}$ y $e : f_2 \leftarrow f_2 - 3f_1$, entonces: $e(A) = \begin{pmatrix} 1 & -2 \\ 0 & 11 \end{pmatrix}$

- Si $B = \begin{pmatrix} -1 & 4 & 0 \\ -5 & 1 & 7 \end{pmatrix}$, $e_1 : c_3 \leftrightarrow c_2$ y $e_2 : c_3 \leftarrow c_3 + 4c_1$, entonces:

$$e_1(B) = \begin{pmatrix} -1 & 0 & 4 \\ -5 & 7 & 1 \end{pmatrix} \quad \text{y} \quad e_2(e_1(B)) = \begin{pmatrix} -1 & 0 & 0 \\ -5 & 7 & -19 \end{pmatrix}$$

- Si $C = \begin{pmatrix} 2 & 6 & 0 & 0 \\ 3 & -8 & 0 & -1 \\ 0 & 0 & 7 & 1 \end{pmatrix}$, $e_1 : f_1 \leftarrow \frac{1}{2}f_1$ y $e_2 : f_2 \leftarrow f_2 - 3f_1$, entonces:

$$C = \begin{pmatrix} 2 & 6 & 0 & 0 \\ 3 & -8 & 0 & -1 \\ 0 & 0 & 7 & 1 \end{pmatrix} \xrightarrow{e_1} \begin{pmatrix} 1 & 3 & 0 & 0 \\ 3 & -8 & 0 & -1 \\ 0 & 0 & 7 & 1 \end{pmatrix} \xrightarrow{e_2} \begin{pmatrix} 1 & 3 & 0 & 0 \\ 0 & -17 & 0 & -1 \\ 0 & 0 & 7 & 1 \end{pmatrix} = e_2(e_1(C))$$

Definición 1.11 *Una matriz cuadrada E de orden n se denomina **matriz elemental** si existe una transformación elemental e tal que $E = e(I_n)$.*

Ejemplos 1.6

Estos son algunos ejemplos de matrices elementales de orden 3.

- I_3, pues $I_3 = e(I_e)$, con $e : f_1 \leftarrow 1 \cdot f_1$.

- $E = \begin{pmatrix} 1 & 0 & 0 \\ 0 & 0 & 1 \\ 0 & 1 & 0 \end{pmatrix}$, pues $E = e(I_3)$, con $e : f_2 \leftrightarrow f_3$ (o $e : c_2 \leftrightarrow c_3$).

---

[11] Abreviadamente, **t.e.c.**

- $E = \begin{pmatrix} 1 & 0 & 0 \\ 0 & 2 & 0 \\ 0 & 0 & 1 \end{pmatrix}$, pues $E = e(I_3)$, con $e : f_2 \leftarrow 2 \cdot f_2$ (o $e : c_2 \leftarrow 2 \cdot c_2$).

- $E = \begin{pmatrix} 1 & 0 & 0 \\ 0 & 1 & 0 \\ -3 & 0 & 1 \end{pmatrix}$, pues $E = e(I_3)$, con $e : f_3 \leftarrow f_3 - 3f_1$ (o $e : c_1 \leftarrow c_1 - 3c_3$).

Proposición 1.6 *Sea A una matriz de orden $m \times n$. Sean e, $\tilde{e}$ dos transformaciones elementales.*

  a) *Si e es una t.e.f., entonces $e(A) = e(I_m) \cdot A$*

  b) *Si $\tilde{e}$ es una t.e.c., entonces $\tilde{e}(A) = A \cdot \tilde{e}(I_n)$*

  c) *Si e es una t.e.f. y $\tilde{e}$ es una t.e.c., entonces $\tilde{e}(e(A)) = e(\tilde{e}(A)) = e(I_m) \cdot A \cdot \tilde{e}(I_n)$*

  d) *Si $e, \tilde{e}$ son t.e.f., entonces $\tilde{e}(e(A)) = \tilde{e}(I_m) \cdot e(I_m) \cdot A$*

  e) *Si $e, \tilde{e}$ son t.e.c., entonces $\tilde{e}(e(A)) = A \cdot e(I_n) \cdot \tilde{e}(I_n)$*

↬ **Ejercicio 1.3**

Definición 1.12 *Dada una t.e.f. e, su* **t.e.f. inversa,** *denotada e^{-1}, es aquella que verifica, para cualquier matriz A: $e^{-1}(e(A)) = e(e^{-1}(A)) = A$. Es decir:*

$$\begin{cases} e : f_i \leftrightarrow f_j \Rightarrow e^{-1} = e \\ e : f_i \longleftarrow \lambda \cdot f_i \Rightarrow e^{-1} : f_i \longleftarrow \frac{1}{\lambda} \cdot f_i \\ e : f_i \longleftarrow f_i + \alpha \cdot f_j \Rightarrow e^{-1} : f_i \longleftarrow f_i - \alpha \cdot f_j \end{cases}$$

↬ **Ejercicio 1.4**

Proposición 1.7 *Si sobre una matriz A se efectúa una transformación elemental e, la matriz transformada $e(A)$ tiene el mismo rango que A.*

↬ **Ejercicio 1.5**

Matrices escalonadas

Dados dos términos a_{ih} y a_{jk} de una matriz A, se dice que a_{jk} es posterior a a_{ih} si $i \leq j$ y $h < k$.

Definición 1.13 *Una matriz A se denomina* **matriz escalonada por filas**[12] *si verifica las siguientes condiciones:*

- *Dadas dos filas consecutivas cualesquiera, A_i y A_{i+1}, si A_i es nula, entonces también lo es A_{i+1}.*

- *Dadas dos filas no nulas consecutivas cualesquiera, A_i y A_{i+1}, el primer término no nulo de A_{i+1} es posterior al primer término no nulo de A_i.*

[12] Abreviadamente, m.e.f.

Una matriz A se denomina **matriz escalonada por columnas**[13] si su matriz transpuesta A^t es una m.e.f.

Definición 1.14 *Una matriz A se denomina* **matriz escalonada y reducida por filas**[14] *si verifica las siguientes condiciones:*

- *A es una m.e.f.*

- *Dada una fila cualquiera A_i no nula, si su primer elemento no nulo es a_{ih}, entonces:*

  □ *$a_{ih} = 1$*

  □ *$a_{jh} = 0$ para todo $j \neq i$*

Una matriz A se denomina **matriz escalonada y reducida por columnas**[15] si su matriz transpuesta A^t es una m.e.r.f.

Ejemplos 1.7

Estos son algunos ejemplos de matrices escalonadas.

- Toda matriz fila es una m.e.f.

- $\begin{pmatrix} 1 & 1 & 1 \\ 0 & a & b \\ 0 & 0 & c \end{pmatrix}$ es una m.e.f. si $a \neq 0$, o bien si $a = 0$ y $c = 0$.

- Toda matriz nula es una m.e.r.f.

- La matriz identidad I_n es una m.e.r.f. y además es la única m.e.r.f de orden n y rango n

- $\begin{pmatrix} 1 & a & 0 \\ 0 & 0 & 1 \\ 0 & 0 & 0 \end{pmatrix}$ es una m.e.r.f., para todo valor del parámetro a.

- $\begin{pmatrix} 1 & a & b & c \\ 0 & 0 & 0 & 1 \\ 0 & 0 & 0 & 0 \end{pmatrix}$ es una m.e.r.f si y sólo si $c = 0$.

↪ **Ejercicio 1.6**

Definición 1.15 *Dos matrices A, B son* **equivalentes por filas** *si es posible obtener una de la otra mediante transformaciones elementales de fila. Notación: $A \sim_f B$.*

Definición 1.16 *Dos matrices A, B son* **equivalentes por columnas** *si es posible obtener una de la otra mediante transformaciones elementales de columna. Notación: $A \sim_c B$.*

↪ **Ejercicio 1.7**

---

[13] Abreviadamente, m.e.c.
[14] Abreviadamente, m.e.r.f.
[15] Abreviadamente, m.e.r.c.

Obsérvese que si dos matrices son equivalentes por filas y/o por columnas, entonces, de acuerdo con la proposición 1.7, tienen el mismo rango, es decir, son equivalentes.

Proposición 1.8 *Tanto $\sim_f$ como $\sim_c$ son relaciones de equivalencia. Además, toda matriz A es*

- *equivalente por filas a una única matriz escalonada y reducida por filas, que se denota $\mathcal{F}_A$ y se denomina la m.e.r.f. de A.*

- *equivalente por columnas a una única matriz escalonada y reducida por columnas, que se denota C_A y se denomina la m.e.r.c. de A.*

Proposición 1.9 *Dos matrices A, B son equivalentes por filas (columnas) si y sólo si $\mathcal{F}_A = \mathcal{F}_B$ $(C_A = C_B)$.*

Proposición 1.10 *El rango de una m.e.f. es igual al número de filas no nulas.*

Algoritmo de Gauss (por filas): Recibe este nombre el algoritmo que consiste en efectuar transformaciones de fila sobre una matriz hasta obtener una m.e.f.

Algoritmo de Gauss-Jordan (por filas): Recibe este nombre el algoritmo que consiste en efectuar transformaciones de fila sobre una matriz A hasta obtener su m.e.r.f. $\mathcal{F}_A$.

↪ **Ejercicio 1.8**

1.5 Matrices regulares

Definición 1.17 *Una matriz cuadrada A de orden n se denomina* **regular** *si su rango es n. En caso contrario, la matriz se denomina* **singular**.

Definición 1.18 *Una matriz cuadrada A de orden n se denomina* **inversible** *si existe otra matriz, denotada con A^{-1}, del mismo orden tal que:*

$$A \cdot A^{-1} = A^{-1} \cdot A = I_n$$

Proposición 1.11 *Sean P, Q matrices inversibles de orden n. Entonces:*

a) $P \cdot Q$ *es una matriz inversible y:* $(P \cdot Q)^{-1} = Q^{-1} \cdot P^{-1}$.

b) P^{-1} *es una matriz inversible y:* $(P^{-1})^{-1} = P$.

c) P^t *es una matriz inversible y:* $(P^t)^{-1} = (P^{-1})^t$.

d) *Si $P \cdot Q = I_n$, entonces:* (i) $Q \cdot P = I_n$, *y* (ii) $Q = P^{-1}$.

Proposición 1.12 *Sea e una transformación elemental de fila. Entonces, la matriz elemental $E = e(I_n)$ es una matriz inversible y su inversa es: $E^{-1} = e^{-1}(I_n)$.*

Proposición 1.13 *Dada una matriz cuadrada A de orden n, las siguientes afirmaciones son equivalentes:*

1. *A es inversible.*

2. *A es regular.*

3. $\mathcal{F}_A = C_A = I_n$.

4. *A es producto de matrices elementales.*

Cálculo de la matriz inversa: algoritmo de Gauss-Jordan

Sea A una matriz inversible de orden n y sea A^{-1} su matriz inversa. Según la proposición 1.13, $\mathcal{F}_A = I_n$. Es decir, existe una cadena finita de transformaciones elementales de fila $\{e_1, \cdots, e_k\}$ tal que:

$$A \xrightarrow{e_1} A_1 \xrightarrow{e_2} A_2 \cdots \xrightarrow{e_k} A_k = \mathcal{F}_A = I_n$$

De acuerdo con la proposición 1.6:

$$\begin{cases} A_1 = e_1(A) = e_1(I_n) \cdot A = E_1 \cdot A \\ A_2 = e_2(A_1) = e_2(e_1(A)) = e_2(E_1 \cdot A) = e_2(I_n) \cdot E_1 \cdot A = E_2 \cdot E_1 \cdot A \\ \vdots \\ I_n = A_k = e_k(A_{k-1}) = e_k(e_{k-1}(\ldots(e_1(A))\ldots)) = \ldots = E_k \cdot E_{k-1} \cdot \ldots \cdot E_1 \cdot A \end{cases}$$

Por tanto, el apartado d) de la proposición 1.11 permite afirmar que la matriz $E_k \cdot E_{k-1} \cdot \ldots \cdot E_1$ es la matriz inversa de A:

$$A^{-1} = E_k \cdot E_{k-1} \cdot \ldots \cdot E_1 = e_k(e_{k-1}(\ldots(e_1(I_n))\ldots))$$

Es decir, aplicando las mismas transformaciones elementales a la matriz identidad I_n que las aplicadas a la matriz A, se obtiene la matriz A^{-1}:

$$I_n \xrightarrow{e_1} E_1 \xrightarrow{e_2} \ldots \xrightarrow{e_k} A^{-1}$$

En la práctica, este algoritmo se implementa en paralelo, es decir, se amplía la matriz A con la matriz I_n y, sobre esta nueva matriz, se aplica la cadena de transformaciones elementales de fila $\{e_1, \ldots, e_k\}$:

$$(A|I_n) \xrightarrow{e_1} (A_1|E_1) \xrightarrow{e_2} (A_2|E_2) \cdots \xrightarrow{e_k} (I_n|A^{-1}) \tag{1.1}$$

$\hookrightarrow$ Ejercicio 1.9

$\hookrightarrow$ Ejercicio 1.10

1.6 Ejercicios

Ejercicio 1.1

Consideramos las siguientes matrices cuadradas de orden dos:

$$A = \begin{pmatrix} 1 & 1 \\ 0 & 0 \end{pmatrix}, \quad B = \begin{pmatrix} 1 & 2 \\ -1 & -2 \end{pmatrix}$$

Efectuamos los dos productos:

$$A \cdot B = \begin{pmatrix} 1 & 1 \\ 0 & 0 \end{pmatrix} \cdot \begin{pmatrix} 1 & 2 \\ -1 & -2 \end{pmatrix} = \begin{pmatrix} 0 & 0 \\ 0 & 0 \end{pmatrix}$$

$$B \cdot A = \begin{pmatrix} 1 & 2 \\ -1 & -2 \end{pmatrix} \cdot \begin{pmatrix} 1 & 1 \\ 0 & 0 \end{pmatrix} = \begin{pmatrix} 1 & 1 \\ -1 & -1 \end{pmatrix}$$

Por tanto, hemos comprobado, primero, que la matriz A es un divisor de cero (por la izquierda) de la matriz B y, segundo, que el producto de matrices no es conmutativo.

Ejercicio 1.2

Vamos a demostrar que el rango por columnas de la siguiente matriz es menor o igual que su rango por filas:

$$A = \begin{pmatrix} 2 & 1 & 1 \\ 1 & 0 & 1 \\ 4 & 1 & 3 \end{pmatrix}$$

En primer lugar, observemos que $A_3 = A_1 + 2A_2$. Por tanto, $r_f(A) = 2$. Consideramos la matriz T de orden 2×3 obtenida a partir de A después de eliminar la tercera fila:

$$T = \begin{pmatrix} 2 & 1 & 1 \\ 1 & 0 & 1 \end{pmatrix}$$

Ciertamente, cada fila de la matriz A se puede expresar como combinación lineal de las filas de T:

$$A_1 = 1 \cdot T_1 + 0 \cdot T_2, \quad A_2 = 0 \cdot T_1 + 1 \cdot T_2, \quad A_3 = 1 \cdot T_1 + 2 \cdot T_2$$

Este hecho nos permite descomponer A como producto de una matriz Q de orden 3×2 por T:

$$A = \begin{pmatrix} A_1 \\ A_2 \\ A_3 \end{pmatrix} = \begin{pmatrix} 1 \cdot T_1 + 0 \cdot T_2 \\ 0 \cdot T_1 + 1 \cdot T_2 \\ 1 \cdot T_1 + 2 \cdot T_2 \end{pmatrix} = \begin{pmatrix} 1 & 0 \\ 0 & 1 \\ 1 & 2 \end{pmatrix} \cdot \begin{pmatrix} T_1 \\ T_2 \end{pmatrix} = Q \cdot T$$

Por tanto, teniendo en cuenta que cada columna de $Q \cdot T$ es combinación lineal de las columnas de Q, que son l.i., obtenemos: $r_c(A) \leq r_c(Q) = 2 = r_f(A)$.

Procediendo análogamente a partir de las columnas de A, se demuestra que el rango por filas de A es menor o igual que su rango por columnas.

Ejercicio 1.3

Sean la matriz $A = \begin{pmatrix} 2 & -1 & 3 \\ -1 & 1 & -2 \end{pmatrix}$ y las transformaciones elementales:

$$e_1 : f_2 \longleftarrow f_2 - 2f_1, \quad e_2 : f_1 \longleftrightarrow f_2, \quad e_3 : c_3 \longleftarrow c_3 + 2c_1$$

Obtenemos las correspondientes matrices elementales:

$$E_1 = e_1(I_2) = \begin{pmatrix} 1 & 0 \\ -2 & 1 \end{pmatrix}, \quad E_2 = e_2(I_2) = \begin{pmatrix} 0 & 1 \\ 1 & 0 \end{pmatrix}, \quad E_3 = e_3(I_3) = \begin{pmatrix} 1 & 0 & 2 \\ 0 & 1 & 0 \\ 0 & 0 & 1 \end{pmatrix}$$

Vamos a calcular las matrices: $B = e_3(e_2(e_1(A)))$, $C = e_2(e_3(e_1(A)))$ y $D = e_3(e_1(e_2(A)))$:

$$\bullet \ B = e_3(e_2(e_1(A))) = E_2 \cdot E_1 \cdot A \cdot E_3 = E_2 \cdot E_1 \cdot \begin{pmatrix} 2 & -1 & 3 \\ -1 & 1 & -2 \end{pmatrix} \cdot \begin{pmatrix} 1 & 0 & 2 \\ 0 & 1 & 0 \\ 0 & 0 & 1 \end{pmatrix} =$$

$$= E_2 \cdot E_1 \cdot \begin{pmatrix} 2 & -1 & 7 \\ -1 & 1 & -4 \end{pmatrix} = E_2 \cdot \begin{pmatrix} 1 & 0 \\ -2 & 1 \end{pmatrix} \cdot \begin{pmatrix} 2 & -1 & 7 \\ -1 & 1 & -4 \end{pmatrix} = E_2 \cdot \begin{pmatrix} 2 & -1 & 7 \\ -5 & 3 & -18 \end{pmatrix} =$$

$$= \begin{pmatrix} 0 & 1 \\ 1 & 0 \end{pmatrix} \cdot \begin{pmatrix} 2 & -1 & 7 \\ -5 & 3 & -18 \end{pmatrix} = \begin{pmatrix} -5 & 3 & -18 \\ 2 & -1 & 7 \end{pmatrix}$$

- $C = e_2(e_3(e_1(A))) = E_2 \cdot E_1 \cdot A \cdot E_3 = B$

- $D = e_3(e_1(e_2(A))) = E_1 \cdot E_2 \cdot A \cdot E_3 = \ldots = \begin{pmatrix} -1 & 1 & -4 \\ 4 & -3 & 15 \end{pmatrix} \neq B$

En este ejemplo, hemos comprobado dos hechos. En primer lugar, que las transformaciones elementales de fila no conmutan y, en segundo lugar, que las transformaciones elementales de fila conmutan con las de columna.

Ejercicio 1.4

El **teorema de descomposición LU** afirma que toda matriz A se puede expresar como producto de una matriz triangular inferior L por una matriz escalonada por filas U, siempre que se verifique la siguiente condición:

- Se puede obtener una m.e.f. de A sin necesidad de efectuar t.e.f.'s de tipo 1.

Vamos a comprobar este teorema con la siguiente matriz:

$$A = \begin{pmatrix} 1 & 2 & -1 \\ 0 & 1 & 1 \\ 2 & 5 & -1 \end{pmatrix}$$

Calculamos una m.e.f. de A:

$$A = \begin{pmatrix} 1 & 2 & -1 \\ 0 & 1 & 1 \\ 2 & 5 & -1 \end{pmatrix} \xrightarrow{e_1} \begin{pmatrix} 1 & 2 & -1 \\ 0 & 1 & 1 \\ 0 & 1 & 1 \end{pmatrix} \xrightarrow{e_2} \begin{pmatrix} 1 & 2 & -1 \\ 0 & 1 & 1 \\ 0 & 0 & 0 \end{pmatrix} = U \quad \text{donde:} \quad \begin{cases} e_1 : f_3 \longleftarrow f_3 - 2f_1 \\ e_2 : f_3 \longleftarrow f_3 - f_2 \end{cases}$$

Es decir, $U = e_2(e_1(A))$. Por tanto, $A = e_1^{-1}(e_2^{-1}(U))$, donde:

$$\begin{cases} e_1^{-1} : f_3 \longleftarrow f_3 + 2f_1 \\ e_2^{-1} : f_3 \longleftarrow f_3 + f_2 \end{cases}$$

Calculamos las correspondientes matrices elementales:

$$E_1^{-1} = e_1^{-1}(I_3) = \begin{pmatrix} 1 & 0 & 0 \\ 0 & 1 & 0 \\ 2 & 0 & 1 \end{pmatrix}, \quad E_2^{-1} = e_2^{-1}(I_3) = \begin{pmatrix} 1 & 0 & 0 \\ 0 & 1 & 0 \\ 0 & 1 & 1 \end{pmatrix}$$

Obsérvese que cada una de estas matrices elementales es triangular inferior. Como el producto de matrices triangular inferiores es siempre una matriz triangular inferior, entonces, tomando

$$L = E_1^{-1} \cdot E_2^{-1} = \begin{pmatrix} 1 & 0 & 0 \\ 0 & 1 & 0 \\ 2 & 0 & 1 \end{pmatrix} \cdot \begin{pmatrix} 1 & 0 & 0 \\ 0 & 1 & 0 \\ 0 & 1 & 1 \end{pmatrix} = \begin{pmatrix} 1 & 0 & 0 \\ 0 & 1 & 0 \\ 2 & 1 & 1 \end{pmatrix},$$

hemos resuelto el problema propuesto: $A = e_1^{-1}(e_2^{-1}(U)) = (E_1^{-1} \cdot E_2^{-1}) \cdot U = L \cdot U$

Ejercicio 1.5

Sea A una matriz de orden $m \times n$:

$$A = \begin{pmatrix} a_{11} & a_{12} & \dots & a_{1n} \\ a_{21} & a_{22} & \dots & a_{2n} \\ \vdots & \vdots & \ddots & \vdots \\ a_{m1} & a_{m2} & \dots & a_{mn} \end{pmatrix}$$

Se llama **pivotar** sobre un elemento $a_{lk} \neq 0$, denominado **pivote**, a efectuar la transformación – denotada p_{lk}– que consiste en reemplazar cada coeficiente a_{ij} $(i \neq l)$ por $a_{lk} \cdot a_{ij} - a_{lj} \cdot a_{ik}$. Es decir:

$$\begin{pmatrix} \dots & \dots & \dots & \dots & \dots \\ \dots & \boxed{a_{lk}} & \dots & a_{lj} & \dots \\ \dots & \dots & \dots & \dots & \dots \\ \dots & a_{ik} & \dots & a_{ij} & \dots \\ \dots & \dots & \dots & \dots & \dots \end{pmatrix} \overset{p_{lk}}{\rightarrow} \begin{pmatrix} \dots & 0 & \dots & \dots & \dots \\ \dots & a_{lk} & \dots & a_{lj} & \dots \\ \dots & 0 & \dots & \dots & \dots \\ \dots & 0 & \dots & (a_{lk}a_{ij} - a_{lj}a_{ik}) & \dots \\ \dots & 0 & \dots & \dots & \dots \end{pmatrix}$$

La matriz transformada por p_{lk} deja la fila f_l invariante y la columna c_k con todos sus coeficientes igual a 0, excepto a_{lk}. Por ejemplo:

$$\begin{pmatrix} 1 & 2 & 1 & 3 \\ -1 & 3 & 0 & \boxed{4} \\ 2 & 1 & 0 & -2 \end{pmatrix} \overset{p_{24}}{\rightarrow} \begin{pmatrix} 7 & -1 & 4 & 0 \\ -1 & 3 & 0 & 4 \\ 6 & 10 & 0 & 0 \end{pmatrix}$$

La transformación de filas p_{lk} equivale a efectuar una secuencia de $4(m-1)$ transformaciones elementales de filas. En efecto, si se pivota sobre el coeficiente $a_{lk} \neq 0$, para cada una de las filas $f_i \neq f_l$ se produce la siguiente cadena de cuatro transformaciones elementales de fila:

$$f_i \leftarrow a_{lk}f_i; \quad f_l \leftarrow a_{ik}f_l; \quad f_i \leftarrow f_i - f_l; \quad f_l \leftarrow (1/a_{ik})f_l$$

En el ejemplo anterior, la transformación p_{24} equivale a efectuar estas ocho t.e.f.:

$$\begin{pmatrix} 1 & 2 & 1 & 3 \\ -1 & 3 & 0 & 4 \\ 2 & 1 & 0 & -2 \end{pmatrix} \overset{f_1 \to 4f_1}{\rightarrow} \begin{pmatrix} 4 & 8 & 4 & 12 \\ -1 & 3 & 0 & 4 \\ 2 & 1 & 0 & -2 \end{pmatrix} \overset{f_2 \leftarrow 3f_2}{\rightarrow} \begin{pmatrix} 4 & 8 & 4 & 12 \\ -3 & 9 & 0 & 12 \\ 2 & 1 & 0 & -2 \end{pmatrix} \overset{f_1 \leftarrow f_1 - f_2}{\rightarrow}$$

$$\begin{pmatrix} 7 & -1 & 4 & 0 \\ -3 & 9 & 0 & 12 \\ 2 & 1 & 0 & -2 \end{pmatrix} \overset{f_2 \leftarrow (1/3)f_2}{\rightarrow} \begin{pmatrix} 7 & -1 & 4 & 0 \\ -1 & 3 & 0 & 4 \\ 2 & 1 & 0 & -2 \end{pmatrix} \overset{f_3 \leftarrow 4f_3}{\rightarrow} \begin{pmatrix} 7 & -1 & 4 & 0 \\ -1 & 3 & 0 & 4 \\ 8 & 4 & 0 & -8 \end{pmatrix} \overset{f_2 \leftarrow -2f_2}{\rightarrow}$$

$$\begin{pmatrix} 7 & -1 & 4 & 0 \\ 2 & -6 & 0 & -8 \\ 8 & 4 & 0 & -8 \end{pmatrix} \overset{f_3 \leftarrow f_3 - f_2}{\rightarrow} \begin{pmatrix} 7 & -1 & 4 & 0 \\ 2 & -6 & 0 & -8 \\ 6 & 10 & 0 & 0 \end{pmatrix} \overset{f_2 \leftarrow (-1/2)f_2}{\rightarrow} \begin{pmatrix} 7 & -1 & 4 & 0 \\ -1 & 3 & 0 & 4 \\ 6 & 10 & 0 & 0 \end{pmatrix}$$

Ejercicio 1.6

Consideramos las siguientes matrices cuadradas de orden tres:

$$A = \begin{pmatrix} 0 & 1 & 2 \\ 0 & 1 & 0 \\ 0 & 0 & 0 \end{pmatrix}, \quad B = \begin{pmatrix} 1 & 0 & 2 \\ 0 & 1 & 0 \\ 0 & 0 & 1 \end{pmatrix}, \quad C = \begin{pmatrix} 1 & 7 & 0 \\ 0 & 0 & 1 \\ 0 & 0 & 0 \end{pmatrix}, \quad D = \begin{pmatrix} 1 & 0 & 2 \\ 0 & 1 & 3 \\ 0 & 0 & 0 \end{pmatrix}$$

Todas estas matrices son triangular superiores y:

matriz	A	B	C	D
m.e.f.		×	×	×
m.e.r.f.			×	×

Ejercicio 1.7

Consideramos las siguientes matrices de orden 3×2:

$$A = \begin{pmatrix} 2 & 1 \\ 1 & 0 \\ 0 & 3 \end{pmatrix}, \quad B = \begin{pmatrix} -1 & 1 \\ 0 & 3 \\ 1 & 0 \end{pmatrix}, \quad C = \begin{pmatrix} 2 & 3 \\ 0 & 3 \\ -2 & -2 \end{pmatrix}$$

- Las matrices A y B son equivalentes por filas:

$$A = \begin{pmatrix} 2 & 1 \\ 1 & 0 \\ 0 & 3 \end{pmatrix} \xrightarrow{e_1} \begin{pmatrix} -1 & 1 \\ 1 & 0 \\ 0 & 3 \end{pmatrix} \xrightarrow{e_2} \begin{pmatrix} -1 & 1 \\ 0 & 3 \\ 1 & 0 \end{pmatrix} = B, \text{ donde:}$$

$$\begin{cases} e_1 : f_1 \longleftarrow f_1 - 3f_2 \\ e_2 : f_2 \longleftrightarrow f_3 \end{cases}$$

- Las matrices B y C son equivalentes por columnas:

$$B = \begin{pmatrix} -1 & 1 \\ 0 & 3 \\ 1 & 0 \end{pmatrix} \xrightarrow{e_3} \begin{pmatrix} -1 & 3 \\ 0 & 3 \\ 1 & -2 \end{pmatrix} \xrightarrow{e_4} \begin{pmatrix} 2 & 3 \\ 0 & 3 \\ -2 & -2 \end{pmatrix} = C, \text{ donde: } \begin{cases} e_3 : c_2 \longleftarrow c_2 - 2c_1 \\ e_4 : c_1 \longleftarrow -2c_1 \end{cases}$$

Ejercicio 1.8

Vamos a calcular la m.e.r.f. de la siguiente matriz de orden 3×4:

$$A = \begin{pmatrix} 0 & 0 & 1 & 1 \\ 1 & 0 & 2 & -1 \\ 2 & 0 & 5 & -1 \end{pmatrix}$$

Implementamos el algoritmo de Gauss-Jordan que, para este caso concreto, consta de los siguientes pasos:

1. Encontrar la primera columna no nula: c_1, y localizar su primer elemento no nulo: $\boxed{a_{21} = 1}$. Efectuar la t.e.f.: $e_1 : f_1 \longleftrightarrow f_2$.
2. *Limpiar* la columna c_1: $e_2 : f_3 \longleftarrow f_3 - 2f_1$.

3. Sin tener en cuenta la primera fila, encontrar la primera columna no nula: c_3, y localizar su primer elemento no nulo: $\boxed{a_{23} = 1}$. *Limpiar* la columna c_3: $e_3 : f_3 \longleftarrow f_3 - f_2$, $e_4 : f_1 \longleftarrow f_1 - 2f_2$.

Es decir:

$$A = \begin{pmatrix} 0 & 0 & 1 & 1 \\ \boxed{1} & 0 & 2 & -1 \\ 2 & 0 & 5 & -1 \end{pmatrix} \xrightarrow{e_1} \begin{pmatrix} \boxed{1} & 0 & 2 & -1 \\ 0 & 0 & 1 & 1 \\ 2 & 0 & 5 & -1 \end{pmatrix} \xrightarrow{e_2} \begin{pmatrix} 1 & 0 & 2 & -1 \\ 0 & 0 & \boxed{1} & 1 \\ 0 & 0 & 1 & 1 \end{pmatrix} \xrightarrow{e_3}$$

$$\xrightarrow{e_3} \begin{pmatrix} 1 & 0 & 2 & -1 \\ 0 & 0 & \boxed{1} & 1 \\ 0 & 0 & 0 & 0 \end{pmatrix} \xrightarrow{e_4} \begin{pmatrix} 1 & 0 & 0 & -3 \\ 0 & 0 & 1 & 1 \\ 0 & 0 & 0 & 0 \end{pmatrix} = \mathcal{F}_A$$

Ejercicio 1.9

Dada la siguiente matriz regular de orden 2:

$$A = \begin{pmatrix} 2 & 1 \\ 1 & 3 \end{pmatrix}$$

1. A partir de A obtenemos su m.e.r.f, que es la matriz identidad I_2, por el algoritmo de Gauss-Jordan:

$$A = \begin{pmatrix} 2 & 1 \\ 1 & 3 \end{pmatrix} \xrightarrow{e_1} \begin{pmatrix} 1 & 3 \\ 2 & 1 \end{pmatrix} \xrightarrow{e_2} \begin{pmatrix} 1 & 3 \\ 0 & -5 \end{pmatrix} \xrightarrow{e_3} \begin{pmatrix} 1 & 3 \\ 0 & 1 \end{pmatrix} \xrightarrow{e_4} \begin{pmatrix} 1 & 0 \\ 0 & 1 \end{pmatrix} = I_2$$

donde: $e_1 : f_1 \longleftrightarrow f_2$, $e_2 : f_2 \longleftarrow f_2 - 2f_1$, $e_3 : f_2 \longleftarrow -\frac{1}{5}f_2$, $e_4 : f_1 \longleftarrow f_1 - 3f_2$.

2. Calulamos A^{-1}:

$A^{-1} = e_4(e_3(e_2(e_1(I_2))))$. Es decir:

$$I_2 = \begin{pmatrix} 1 & 0 \\ 0 & 1 \end{pmatrix} \xrightarrow{e_1} \begin{pmatrix} 0 & 1 \\ 1 & 0 \end{pmatrix} \xrightarrow{e_2} \begin{pmatrix} 0 & 1 \\ 1 & -2 \end{pmatrix} \xrightarrow{e_3} \begin{pmatrix} 0 & 1 \\ -\frac{1}{5} & \frac{2}{5} \end{pmatrix} \xrightarrow{e_4} \begin{pmatrix} \frac{3}{5} & -\frac{1}{5} \\ -\frac{1}{5} & \frac{2}{5} \end{pmatrix} = A^{-1}$$

3. Descomponemos A como producto de matrices elementales:

$$I_2 = e_4(e_3(e_2(e_1(A)))) = E_4 \cdot E_3 \cdot E_2 \cdot E_1 \cdot A = \begin{pmatrix} 1 & -3 \\ 0 & 1 \end{pmatrix} \begin{pmatrix} 1 & 0 \\ 0 & -\frac{1}{5} \end{pmatrix} \begin{pmatrix} 1 & 0 \\ -2 & 1 \end{pmatrix} \begin{pmatrix} 0 & 1 \\ 1 & 0 \end{pmatrix} A$$

Es decir:

$$A = e_1^{-1}(e_2^{-1}(e_3^{-1}(e_4^{-1}(I_2)))) = E_1^{-1} \cdot E_2^{-1} \cdot E_3^{-1} \cdot E_4^{-1} \cdot I_2 = E_1^{-1} \cdot E_2^{-1} \cdot E_3^{-1} \cdot E_4^{-1} =$$

$$= \begin{pmatrix} 0 & 1 \\ 1 & 0 \end{pmatrix} \begin{pmatrix} 1 & 0 \\ 2 & 1 \end{pmatrix} \begin{pmatrix} 1 & 0 \\ 0 & -5 \end{pmatrix} \begin{pmatrix} 1 & 3 \\ 0 & 1 \end{pmatrix}$$

Ejercicio 1.10

Vamos a calcular, mediante el algoritmo de Gauss-Jordan, y utilizando el método del pivote, la inversa de la matriz:

$$A = \begin{pmatrix} 2 & 1 & 0 \\ -1 & 0 & 3 \\ 6 & 3 & 1 \end{pmatrix}$$

Pivotamos sucesivamente sobre los términos de la diagonal de A en la matriz $(A|I_3)$:

$$(A|I_3) = \left(\begin{array}{ccc|ccc} \boxed{2} & 1 & 0 & 1 & 0 & 0 \\ -1 & 0 & 3 & 0 & 1 & 0 \\ 6 & 3 & 1 & 0 & 0 & 1 \end{array} \right) \overset{p_{11}}{\rightarrow} \left(\begin{array}{ccc|ccc} 2 & 1 & 0 & 1 & 0 & 0 \\ 0 & \boxed{1} & 6 & 1 & 2 & 0 \\ 0 & 0 & 2 & -6 & 0 & 2 \end{array} \right) \overset{p_{22}}{\rightarrow} \left(\begin{array}{ccc|ccc} 2 & 0 & -6 & 0 & -2 & 0 \\ 0 & 1 & 6 & 1 & 2 & 0 \\ 0 & 0 & \boxed{2} & -6 & 0 & 2 \end{array} \right)$$

$$\overset{p_{33}}{\rightarrow} \left(\begin{array}{ccc|ccc} 4 & 0 & 0 & -36 & -4 & 12 \\ 0 & 2 & 0 & 38 & 4 & -12 \\ 0 & 0 & 2 & -6 & 0 & 2 \end{array} \right) \overset{(1)}{\rightarrow} \left(\begin{array}{ccc|ccc} 1 & 0 & 0 & -9 & -1 & 3 \\ 0 & 1 & 0 & 19 & 2 & -6 \\ 0 & 0 & 1 & -3 & 0 & \frac{1}{3} \end{array} \right) = (I_3|A^{-1})$$

(1): $f_1 \leftarrow \frac{1}{4}f_1$; $f_2 \leftarrow \frac{1}{2}f_2$; $f_3 \leftarrow \frac{1}{2}f_3$

La matriz inversa de A es:

$$A^{-1} = \frac{1}{9} \begin{pmatrix} -9 & -1 & 3 \\ 19 & 2 & -6 \\ -3 & 0 & 1 \end{pmatrix}$$

☐ Problemas propuestos

Problema 1

Dadas las matrices $A = \begin{pmatrix} -1 & 2 & 0 \\ 0 & 2 & 2 \end{pmatrix}$, $B = \begin{pmatrix} 2 & 2 & 1 \\ 2 & 3 & 1 \end{pmatrix}$, efectúa, cuando sean posibles, las siguientes operaciones: $A + B$; $A - B$; $3A - 2B$; $A \cdot B^T$; $A^T \cdot B$; $A \cdot B$.

Problema 2

Realiza los siguientes productos de matrices cuando sea posible:

a) $\begin{pmatrix} 4 & -1 \\ 7 & 2 \end{pmatrix} \cdot \begin{pmatrix} 2 & -3 \\ 0 & 5 \end{pmatrix}$

b) $\begin{pmatrix} 7 & 5 \\ 3 & -2 \\ 0 & -4 \end{pmatrix} \cdot \begin{pmatrix} -1 & 0 & 1 \\ -3 & 2 & 1 \end{pmatrix}$

c) $\begin{pmatrix} 1 \\ 0 \\ 1 \\ 2 \end{pmatrix} \cdot (5 \ 8 \ 0 \ -4)$

d) $\begin{pmatrix} 7 & 5 & -2 \\ -2 & -2 & 0 \end{pmatrix} \cdot \begin{pmatrix} -1 \\ -3 \\ 6 \end{pmatrix}$

Problema 3

Calcula la matriz $A^3 - 3A^2 - 5A + 2I_n$, en los siguientes casos:

$$a)\ A = \begin{pmatrix} -1 & 1 & 2 \\ 0 & 1 & 1 \\ 1 & 2 & 3 \end{pmatrix} \qquad b)\ A = \begin{pmatrix} 1 & -2 \\ 0 & -1 \end{pmatrix} \qquad c)\ A = \begin{pmatrix} 0 & 1 & -2 \\ 0 & 0 & -1 \\ 0 & 0 & 0 \end{pmatrix}$$

Problema 4

Clasifica las siguientes matrices (m.e.f., m.e.c., m.e.r.f., m.e.r.c., m.e.r.f.c.) y halla su m.e.r.f., m.e.r.c. y m.e.r.f.c.[16]

$$A = \begin{pmatrix} 1 & 0 & 2 \\ 0 & 1 & 3 \end{pmatrix} \qquad B = \begin{pmatrix} 1 & 0 & 0 \\ 0 & 1 & 0 \end{pmatrix} \qquad C = \begin{pmatrix} 1 & 0 & 0 \\ 2 & 0 & 0 \end{pmatrix}$$

$$D = \begin{pmatrix} 0 & 1 & 3 \\ 0 & 2 & 4 \end{pmatrix} \qquad E = \begin{pmatrix} 1 & 1 & 2 \\ 0 & 1 & 0 \end{pmatrix} \qquad F = \begin{pmatrix} 1 & 0 & 0 \\ 1 & 1 & 0 \end{pmatrix}$$

Problema 5

Halla el rango de las siguientes matrices:

$$a)\ A = \begin{pmatrix} 1 & 3 & 5 \\ 2 & 0 & 9 \\ 4 & -6 & 0 \end{pmatrix} \qquad b)\ B = \begin{pmatrix} 1 & 0 & 1 \\ 1 & 1 & 0 \\ 0 & 1 & 1 \end{pmatrix} \qquad c)\ C = \begin{pmatrix} 1 & 0 & 0 & 1 \\ 1 & 1 & 0 & 0 \\ 0 & 1 & 1 & 0 \\ 0 & 0 & 1 & 1 \end{pmatrix}$$

$$d)\ D = \begin{pmatrix} 2 & 3 & 4 & 5 & 6 \\ 0 & 0 & 3 & 2 & 5 \\ 0 & 0 & 0 & 0 & 4 \end{pmatrix} \qquad e)\ E = \begin{pmatrix} 8 & 2 & 0 \\ 1 & 1 & 4 \\ 7 & 3 & 9 \end{pmatrix} \qquad f)\ F = \begin{pmatrix} -2 & 0 & 0 & -4 \\ 0 & 1 & 1 & 1 \\ 1 & -2 & 1 & -6 \\ 2 & 0 & -1 & 6 \end{pmatrix}$$

Problema 6

Halla la m.e.r.f. de cada una de las matrices del ejercicio anterior.

Problema 7

Utilizando el algoritmo de Gauss-Jordan, halla las matrices inversas, en caso de que existan:

$$a)\ A = \begin{pmatrix} 0 & -1 \\ 1 & -1 \end{pmatrix} \qquad b)\ B = \begin{pmatrix} 2 & 1 & 1 \\ 4 & 2 & 0 \\ -3 & -1 & 1 \end{pmatrix} \qquad c)\ C = \begin{pmatrix} 1 & 1 & -1 \\ 1 & 2 & 1 \\ 2 & 1 & -1 \end{pmatrix}$$

---

[16] La m.e.r.f.c. de una matriz es la m.e.r.c. de su m.e.r.f.

$$d)\ D = \begin{pmatrix} 5 & 0 & 6 \\ 3 & 2 & -1 \\ 7 & 8 & 3 \\ 0 & 0 & 2 \end{pmatrix} \qquad e)\ E = \begin{pmatrix} 1 & 1 & 0 \\ 0 & 1 & 1 \\ 1 & 0 & 1 \end{pmatrix} \qquad f)\ F = \begin{pmatrix} 3 & -7 & 9 \\ 2 & 1 & -2 \\ 5 & -3 & 3 \end{pmatrix}$$

Problema 8

Comprueba si A y B son equivalentes por filas y/o por columnas:

$$A = \begin{pmatrix} 1 & 2 & -1 & 1 \\ 2 & -1 & 1 & 0 \\ 4 & 3 & -1 & 2 \end{pmatrix} \qquad\qquad B = \begin{pmatrix} 2 & -6 & 4 & -2 \\ 5 & 5 & -2 & 3 \\ -1 & -2 & 1 & -1 \end{pmatrix}$$

▪ **Problemas propuestos** ▬▬▬▬▬▬▬▬▬▬▬▬▬▬▬▬▬

Problema 9

Halla el rango de las siguientes matrices:

$$a)\ A = \begin{pmatrix} 0 & 0 & 1 & -3 & -2 \\ 2 & 2 & 3 & -1 & 6 \\ 3 & 3 & 5 & -3 & 8 \\ 4 & 4 & 8 & -8 & 8 \\ 6 & 6 & 11 & -9 & 14 \end{pmatrix} \qquad b)\ B = \begin{pmatrix} 1 & 0 & 0 & 0 & 1 \\ 1 & 1 & 0 & 0 & 0 \\ 0 & 1 & 1 & 0 & 0 \\ 0 & 0 & 1 & 1 & 0 \\ 0 & 0 & 0 & 1 & 1 \end{pmatrix}$$

$$c)\ C = \begin{pmatrix} 1 & 0 & 1 & 2 & 1 \\ -1 & 2 & -2 & 0 & 3 \\ 2 & 1 & -1 & 1 & 0 \\ -1 & 5 & -6 & -1 & 5 \\ 2 & -2 & 3 & 2 & -1 \end{pmatrix} \qquad d)\ D = \begin{pmatrix} 1 & 2 & 3 & -1 \\ -1 & 3 & 2 & 0 \\ 2 & 0 & 1 & 0 \\ 0 & 1 & 0 & 7 \\ 1 & 2 & 3 & 1 \end{pmatrix}$$

Problema 10

Utilizando el algoritmo de Gauss-Jordan, halla las matrices inversas en caso de que existan:

$$a)\ A = \begin{pmatrix} 0 & -1 & 0 & 1 \\ 0 & 2 & -1 & 1 \\ 1 & -2 & 1 & 1 \\ -1 & 0 & 1 & 3 \end{pmatrix} \qquad b)\ B = \begin{pmatrix} 3 & 4 & 0 & 0 \\ 2 & 3 & 0 & 0 \\ 1 & 1 & 2 & 1 \\ 2 & -1 & 3 & 2 \end{pmatrix}$$

$$c)\ C = \begin{pmatrix} 4 & 2 & 1 & 1 \\ 1 & -3 & -2 & 0 \\ 7 & 10 & 1 & 3 \\ 2 & 4 & 0 & 1 \end{pmatrix} \qquad d)\ D = \begin{pmatrix} 1 & 1 & 0 & 0 \\ 0 & 1 & 1 & 0 \\ 0 & 0 & 1 & 1 \\ 1 & 0 & 0 & 1 \end{pmatrix}$$

Problema 11

Comprueba que para toda transformación elemental e y para toda matriz $A \in M_{\mathbb{R}}(n)$:

$$\begin{cases} e(I_n) \cdot A = e(A) \text{ si } e \text{ es t.e.f.} \\ A \cdot e(I_n) = e(A) \text{ si } e \text{ es t.e.c.} \end{cases}$$

en los siguientes casos:

a) $A = \begin{pmatrix} 2 & -1 \\ 3 & 5 \end{pmatrix}$ $e_1 : f_1 \leftarrow f_1 - 2f_2$ $e_2 : c_1 \leftrightarrow c_2$

b) $A = \begin{pmatrix} 1 & -1 & 3 \\ 2 & 1 & 0 \\ 0 & 2 & -5 \end{pmatrix}$ $e_1 : f_2 \leftarrow f_2 + f_3$ $e_2 : c_3 \leftarrow 2c_3$

c) $A = \begin{pmatrix} 1 & -1 \\ 3 & 0 \\ 0 & -2 \end{pmatrix}$ $e_1 : f_3 \leftarrow -2f_3$ $e_2 : c_2 \leftarrow c_2 - 5c_1$

Problema 12

Halla X e Y:

$$\begin{cases} 2X - 3Y = A \\ 4X + 5Y = -B \end{cases} \quad \text{donde:} \quad A = \begin{pmatrix} 1 & -1 & 2 \\ 2 & 0 & 3 \end{pmatrix} \quad B = \begin{pmatrix} 0 & 1 & -3 \\ -2 & -1 & -4 \end{pmatrix}$$

Problema 13

Clasifica las siguientes matrices (inversible, simétrica, antisimétrica, ortogonal):[17]

a) $A = \begin{pmatrix} a & -b \\ b & a \end{pmatrix}$

b) $B = DD^t - C^{-1}$ donde: $C = \begin{pmatrix} 1 & -1 \\ 3 & 4 \end{pmatrix}$ $D = \begin{pmatrix} 3 & -1 & 4 \\ 2 & -1 & 1 \end{pmatrix}$

Problema 14

Dada la matriz $A = \begin{pmatrix} 2 & -5 \\ 3 & 1 \end{pmatrix}$, encuentra dos números a, b tales que $A^2 + a \cdot A + b \cdot I_2 = O_2$. A partir de esta identidad, halla A^{-1}.

---

[17] Una matriz cuadrada P es **ortogonal** si es inversible y $P^{-1} = P^t$.

Problema 15

Demuestra, mediante un contraejemplo, cuáles de los siguientes enunciados son falsos:

a) $AA^t = O \Rightarrow A = O$.

b) $AB = O \Rightarrow A = O$ ó $B = O$.

c) Si A y B son dos matrices cuadradas y no nulas: $AB = O_n \Rightarrow A$ y B son singulares.

d) Si A es una matriz inversible: $r(AB) = r(B)$.

e) A cuadrada $\Rightarrow A^t A$ y AA^t son simétricas.

f) A simétrica $\Rightarrow P^t A P$ simétrica.

g) El rango de una matriz triangular superior es igual a su número de filas no nulas.

h) $A \in \mathcal{M}_\mathbb{R}(m, n), \ B \in \mathcal{M}_\mathbb{R}(n, m), \ m > n \Rightarrow AB$ es singular.

i) Una matriz cuadrada y no nula es singular si y sólo si es divisor de cero.

j) Si A es una matriz cuadrada, $A - A^t$ es antisimétrica y $A + A^t$ es simétrica.

k) $r(A + B) = r(A) + r(B)$.

l) $tr(AA^t) = 0 \Leftrightarrow A = O$.[18]

m) El cuadrado de una matriz simétrica es una matriz simétrica.

n) A simétrica, P inversible $\Rightarrow P^{-1} A P$ simétrica.

ñ) A triangular superior e inversible $\Leftrightarrow A^{-1}$ triangular superior e inversible.

o) B simétrica, C ortogonal: $A = BC \Rightarrow B^2 = AA^t$.

p) $r(A^t) = r(A)$.

q) $r(AA^t) = r(A^t A)$.

r) $AB = A, \ BA = B \Rightarrow A^2 = A, \ B^2 = B$.

s) A, B ortogonales $\Rightarrow AB$ ortogonal.

t) $A^2 + A + I_n = O_n \Rightarrow A$ es cuadrada, inversible y $A^{-1} = -A - I_n$

u) M, N simétricas: MN simétrica $\Leftrightarrow MN = NM$.

v) $AB = BA, \ AC = CA \Rightarrow BC = CB$.

w) $A, B \in \mathcal{M}_\mathbb{R}(n) : \ AB = B \Rightarrow A = I_n$.

x) $(A + B)^2 = A^2 + 2AB + B^2$.

y) $r(AB) = r(BA)$.

Problema 16

Muestra, con un ejemplo, cuáles de los siguientes enunciados son posibles:

a) $A \neq O, B \neq O$ y $AB = O$

b) $A \neq O_n$ y $A^2 = O_n$

---

[18] La **traza** de una matriz cuadrada B, denotada $tr(B)$, es la suma de los términos de su diagonal principal.

c) $A \neq O_n$, $A^2 \neq O_n$ y $A^3 = O_n$

d) $AB \neq BA$

e) $A \neq O_n$, $A \neq I_n$ y $A^2 = A$

f) $A \neq I_n$, $A \neq -I_n$ y $A^2 = I_n$

g) $(A + B)^2 \neq A^2 + 2AB + B^2$

h) $(A + B)^2 = A^2 + 2AB + B^2$

i) A diagonal, B diagonal y $AB \neq BA$

◪ Problemas propuestos

Problema 17

Discute, según los valores de sus parámetros, el rango de las siguientes matrices:

a) $A = \begin{pmatrix} 0 & r & -q \\ -r & 0 & p \\ q & -p & 0 \end{pmatrix}$ 　 b) $B = \begin{pmatrix} a & 0 & b \\ b & a & 0 \\ 0 & b & a \end{pmatrix}$ 　 c) $C = \begin{pmatrix} a & 0 & 0 & b \\ b & a & 0 & 0 \\ 0 & b & a & 0 \\ 0 & 0 & b & a \end{pmatrix}$

d) $D = \begin{pmatrix} a & 0 & 0 & 0 & b \\ b & a & 0 & 0 & 0 \\ 0 & b & a & 0 & 0 \\ 0 & 0 & b & a & 0 \\ 0 & 0 & 0 & b & a \end{pmatrix}$ 　 e) $E = \begin{pmatrix} k & 1 & 1 \\ 1 & k & 1 \\ 1 & 1 & k \end{pmatrix}$ 　 f) $F = \begin{pmatrix} k & 1 & 1 & 1 \\ 1 & k & 1 & k \\ 1 & 1 & k & k^2 \end{pmatrix}$

Problema 18

Utilizando el algoritmo de Gauss-Jordan, halla las matrices inversas en caso de que existan:

a) $A = \begin{pmatrix} k & 1 & 1 \\ 1 & k & 1 \\ 1 & 1 & k \end{pmatrix}$ 　 b) $B = \begin{pmatrix} z+4 & 0 & 0 \\ 0 & z & 1 \\ 3 & 0 & z \end{pmatrix}$ 　 c) $C = \begin{pmatrix} -5 & 0 & -12 & 0 \\ -2 & m & -10 & -2 \\ 2 & 0 & 5 & 0 \\ -6 & 0 & -18 & -1 \end{pmatrix}$

Problema 19

Dadas las matrices:

$$A = \begin{pmatrix} 6 & r & 9 \\ s & 1 & 4 \\ 4 & 2 & 5 \end{pmatrix} \quad B = \begin{pmatrix} 1 & 3 & 5 \\ 2 & 0 & 1 \\ 1 & 1 & 2 \end{pmatrix}$$

halla para qué valores de r y s se puede pasar de A a B:

a) efectuando transformaciones elementales de fila.

b) efectuando transformaciones elementales de columna.

c) efectuando transformaciones elementales de fila y transformaciones elementales de columna.

Problema 20

Comprueba que las siguientes matrices son inversibles. Exprésalas como producto de matrices elementales:

$$A = \begin{pmatrix} 2 & 1 \\ 0 & -1 \end{pmatrix} \qquad B = \begin{pmatrix} 3 & -5 \\ -5 & 4 \end{pmatrix} \qquad C = \begin{pmatrix} -1 & -1 \\ 2 & 3 \end{pmatrix}$$

Problema 21

Dada la ecuación matricial $XA + I_3 = BB^t$, calcula X, donde:

$$A = \begin{pmatrix} 2 & 0 & -1 \\ 0 & 0 & 1 \\ 1 & -1 & 1 \end{pmatrix} \qquad B = \begin{pmatrix} 2 & 1 \\ 0 & 2 \\ -1 & 3 \end{pmatrix}$$

Problema 22

Dado el sistema matricial:

$$\begin{cases} XY + YX = B \\ X^tY^t + C^t = Y^tX^t \end{cases}$$

a) Demuestra que las matrices B, C, X, Y son cuadradas y del mismo orden.

b) Demuestra que $X(B - C) = (B + C)X$

Problema 23

Demuestra que toda matriz cuadrada se puede expresar, de forma única, como suma de una matriz simétrica y una matriz antisimétrica.

Problema 24

Demuestra aquellos enunciados que son ciertos:

a) $AA^t = O \Rightarrow A = O$.

b) $AB = O \Rightarrow A = O$ ó $B = O$.

c) Si A y B son dos matrices cuadradas y no nulas: $AB = O_n \Rightarrow A$ y B son singulares.

d) Si A es una matriz inversible: $r(AB) = r(B)$.

e) A cuadrada $\Rightarrow A^tA$ y AA^t son simétricas.

f) A simétrica $\Rightarrow P^tAP$ simétrica.

g) El rango de una matriz triangular superior es igual a su número de filas no nulas.

h) $A \in \mathcal{M}_{\mathbb{R}}(m,n)$, $B \in \mathcal{M}_{\mathbb{R}}(n,m)$, $m > n \Rightarrow AB$ es singular.

i) Una matriz cuadrada y no nula es singular si y sólo si es divisor de cero.

j) Si A es una matriz cuadrada, $A - A^t$ es antisimétrica y $A + A^t$ es simétrica.

k) $r(A + B) = r(A) + r(B)$.

l) $tr(AA^t) = 0 \Leftrightarrow A = O$.

m) El cuadrado de una matriz simétrica es una matriz simétrica.

n) A simétrica, P inversible $\Rightarrow P^{-1}AP$ simétrica.

$\tilde{n}$) A triangular superior e inversible $\Leftrightarrow A^{-1}$ triangular superior e inversible.

o) B simétrica, C ortogonal: $A = BC \Rightarrow B^2 = AA^t$.

p) $r(A^t) = r(A)$.

q) $r(AA^t) = r(A^tA)$.

r) $AB = A$, $BA = B \Rightarrow A^2 = A$, $B^2 = B$.

s) A, B ortogonales $\Rightarrow AB$ ortogonal.

t) $A^2 + A + I_n = O_n \Rightarrow A$ es cuadrada, inversible y $A^{-1} = -A - I_n$.

u) M, N simétricas: MN simétrica $\Leftrightarrow MN = NM$.

v) $AB = BA$, $AC = CA \Rightarrow BC = CB$.

w) $A, B \in \mathcal{M}_{\mathbb{R}}(n): AB = B \Rightarrow A = I_n$.

x) $(A + B)^2 = A^2 + 2AB + B^2$.

y) $r(AB) = r(BA)$.

Problema 25

Sea $S = \{S_1, \ldots, S_s\}$ un conjunto libre de matrices fila de orden $1 \times n$. Sea Λ una matriz fila de orden $1 \times n$ tal que $\Lambda = \displaystyle\sum_{i=1}^{k} \lambda_i S_i$. Si $\lambda_1 \neq 0$, entonces (i) $\{\Lambda, S_2 \ldots, S_s\}$ es libre y (ii) $\langle S \rangle = \langle \Lambda, S_2 \ldots, S_s \rangle$.

Problemas propuestos

Problema 26

Demuestra la proposición:

Sean A, B, C matrices de orden $m \times n$. Sean a, b dos escalares. Entonces:

a) $A + B = B + A$

b) $(A + B) + C = A + (B + C)$

c) $O_{m,n} + A = A$

d) $(-A) + A = O_{m,n}$

e) $(a + b) \cdot A = a \cdot A + b \cdot A$

f) $a \cdot (A + B) = a \cdot A + a \cdot B$

g) $(a \cdot b) \cdot A = a \cdot (b \cdot A)$

h) $1 \cdot A = A$

i) $(A^t)^t = A$

j) $(A + B)^t = A^t + B^t$

k) $(a \cdot A)^t = a \cdot A^t$

Problema 27

Demuestra la proposición:

Sean A, A_1, A_2 matrices de orden $m \times n$. Sean B, B_1, B_2 matrices de orden $n \times h$. Sea C una matriz de orden $h \times k$. Entonces:

a) $(A \cdot B) \cdot C = A \cdot (B \cdot C)$

b) $I_m \cdot A = A \cdot I_n = A$

c) $A \cdot (B_1 + B_2) = A \cdot B_1 + A \cdot B_2$

d) $(A_1 + A_2) \cdot B = A_1 \cdot B + A_2 \cdot B$

e) $(A \cdot B)^t = B^t \cdot A^t$

Problema 28

Demuestra la proposición:

Sean $R = \{R_1, \cdots, R_r\}$ y $S = \{S_1, \cdots, S_s\}$ dos conjuntos de filas del mismo orden. Si R es libre, S es libre y $R \subset \langle S \rangle$, entonces $r \le s$.

Problema 29

Demuestra la proposición:

Sean A, B, C tres matrices de órdenes $m \times k$, $k \times n$, y $m \times n$, respectivamente. Si $C = A \cdot B$, entonces:

1. *Cada fila de C es combinación lineal de las filas de B: $C_i = A_i \cdot B = a_{i1} \cdot B_1 + \ldots + a_{ik} \cdot B_k$*

2. $r_f(C) \le r_f(B)$

3. *Cada columna de C es combinación lineal de las columnas de A: $C^j = A \cdot B^j = b_{1j} \cdot A^1 + \ldots + b_{kj} \cdot A^k$*

4. $r_c(C) \le r_c(A)$

Problema 30

Demuestra la proposición:

Sea A una matriz de orden $m \times n$. Entonces:

1. $r_f(A) \le m$, $r_c(A) \le n$

2. $r_f(A) = r_c(A)$

Problema 31

Demuestra la proposición:

Sea A una matriz de orden $m \times n$. Sean $e, \tilde{e}$ dos transformaciones elementales.

        a) Si e es una t.e.f., entonces $e(A) = e(I_m) \cdot A$

        b) Si $\tilde{e}$ es una t.e.c., entonces $\tilde{e}(A) = A \cdot \tilde{e}(I_n)$

        c) Si e es una t.e.f. y $\tilde{e}$ es una t.e.c., entonces $\tilde{e}(e(A)) = e(\tilde{e}(A)) = e(I_m) \cdot A \cdot \tilde{e}(I_n)$

        d) Si $e, \tilde{e}$ son t.e.f., entonces $\tilde{e}(e(A)) = \tilde{e}(I_m) \cdot e(I_m) \cdot A$

        e) Si $e, \tilde{e}$ son t.e.c., entonces $\tilde{e}(e(A)) = A \cdot e(I_n) \cdot \tilde{e}(I_n)$

Problema 32

Demuestra la proposición:

Si sobre una matriz A se efectúa una transformación elemental e, la matriz transformada $e(A)$ tiene el mismo rango que A.

Problema 33

Demuestra la proposición:

Tanto $\sim_f$ como $\sim_c$ son relaciones de equivalencia. Además, toda matriz A es

- *equivalente por filas a una única matriz escalonada y reducida por filas, que se denota $\mathcal{F}_A$ y se denomina la m.e.r.f. de A.*

- *equivalente por columnas a una única matriz escalonada y reducida por columnas, que se denota C_A y se denomina la m.e.r.c. de A.*

Problema 34

Demuestra la proposición:

Dos matrices A, B son equivalentes por filas (columnas) si y sólo si $\mathcal{F}_A = \mathcal{F}_B$ ($C_A = C_B$).

Problema 35

Demuestra la proposición:

El rango de una m.e.f. es igual al número de filas no nulas.

Problema 36

Demuestra la proposición:

Sean P, Q matrices inversibles de orden n. Entonces:

a) $P \cdot Q$ es una matriz inversible y: $(P \cdot Q)^{-1} = Q^{-1} \cdot P^{-1}$.

b) P^{-1} es una matriz inversible y: $(P^{-1})^{-1} = P$.

c) P^t es una matriz inversible y: $(P^t)^{-1} = (P^{-1})^t$.

d) Si $P \cdot Q = I_n$, entonces: (i) $Q \cdot P = I_n$, y (ii) $Q = P^{-1}$.

Problema 37

Demuestra la proposición:

Sea e una transformación elemental de fila. Entonces, la matriz elemental $E = e(I_n)$ es una matriz inversible y su inversa es: $E^{-1} = e^{-1}(I_n)$.

Problema 38

Demuestra la proposición:

Dada una matriz cuadrada A de orden n, las siguientes afirmaciones son equivalentes:

1. *A es inversible.*

2. *A es regular.*

3. *$\mathcal{F}_A = C_A = I_n$.*

4. *A es producto de matrices elementales.*

2 Determinantes

□ 2.1 Permutaciones

Sea $J_n = \{1, 2, \cdots, n\}$ el conjunto formado por los n primeros números naturales.

Definición 2.1 *Una* **permutación de orden** *n es una aplicación biyectiva de J_n en sí mismo.*

El conjunto de las permutaciones de orden n se denota S_n.

Notación: Sea $\sigma \in S_n$ una permutación de orden n. Obsérvese que σ queda determinada por su conjunto imagen $\{\sigma(1), \sigma(2), \ldots, \sigma(n)\}$. Por este motivo, es habitual representar cada permutación mediante su secuencia ordenada de imágenes: $\sigma = [\sigma(1)\sigma(2)\ldots\sigma(n)]$.

Proposición 2.1 *Existen $n!$ permutaciones de orden n. Es decir, el conjunto S_n tiene cardinal $n!$.*

Ejemplos 2.1

- Hay $1! = 1$ permutación de orden 1: $S_n = \{[1]\}$.

- Hay $2! = 2$ permutaciones de orden 2: $S_2 = \{[12], [21]\}$.

- Hay $3! = 6$ permutaciones de orden 3: $S_3 = \{[123], [132], [213], [231], [312], [321]\}$.

- Hay $4! = 24$ permutaciones de orden 4:

  $$S_4 = \{[1234], [1243], [1324], [1342], [1423], [1432], \ldots, [4123], [4132], [4213], [4231], [4312], [4321]\}$$

Sean σ una permutación de orden n y $\{i, j\}$ un par de índices tales que $1 \le i < j \le n$. Se dice que σ posee una **inversión** en $\{i, j\}$ si $\sigma(i) > \sigma(j)$.

Definición 2.2 *Una permutación se denomina* **par** *si posee un número par de inversiones o ninguna. En caso contrario, se denomina* **impar**.

Definición 2.3 *La* **signatura** $\epsilon(\sigma)$ *de una permutación σ es:* $\epsilon(\sigma) = (-1)^{I(\sigma)}$*, donde $I(\sigma)$ denota el número de inversiones que posee σ.*

Es decir, la permutación σ es par (resp. impar) si y sólo si su signatura es $\epsilon(\sigma) = 1$ (resp. $\epsilon(\sigma) = -1$).

Definición 2.4 *Sea* $A = (a_{ij}) \in \mathcal{M}(n)$ *una matriz cuadrada de orden* $n \in \mathbb{N}$. *Se denomina* **determinante** *de A, y se denota* |A|, *al número:*

$$|A| = \sum_{\sigma \in S_n} \epsilon(\sigma) \cdot a_{1\sigma(1)} \cdot \ldots \cdot a_{n\sigma(n)}$$

Ejemplos 2.2

- $|A| = \begin{vmatrix} a_{11} & a_{12} \\ a_{21} & a_{22} \end{vmatrix} = a_{11}a_{22} - a_{12}a_{21}$

  puesto que [12] es par y [21] es impar.

- **Regla de Sarrus** (v. figura 2.1):

  $|A| = \begin{vmatrix} a_{11} & a_{12} & a_{13} \\ a_{21} & a_{22} & a_{23} \\ a_{31} & a_{32} & a_{33} \end{vmatrix} = (a_{11}a_{22}a_{33} + a_{12}a_{23}a_{31} + a_{13}a_{21}a_{32}) - (a_{13}a_{22}a_{31} + a_{11}a_{23}a_{32} + a_{12}a_{21}a_{33})$

  puesto que el conjunto de permutaciones pares de orden 3 es: {[123], [231], [312]}.

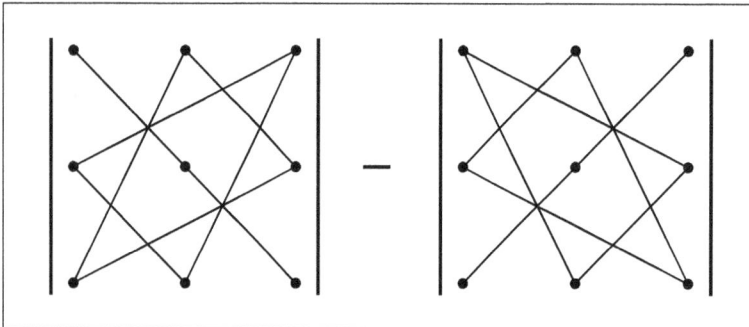

Figura 2.1 Regla de Sarrus

- Si $A = (a_{ij}) \in \mathcal{M}(n)$ es una matriz triangular, entonces: $|A| = a_{11} \cdot \ldots \cdot a_{nn}$.

- $\begin{vmatrix} a & b & b & b \\ 0 & a & 0 & 0 \\ 0 & b & a & 0 \\ 0 & b & b & a \end{vmatrix} = a^4$

  puesto que $a_{1\sigma(1)} \, a_{2\sigma(2)} \, a_{3\sigma(3)} \, a_{4\sigma(4)} \neq 0$ si y sólo si $\sigma = [1234]$.

- La única m.e.r.f. cuadrada sin filas nulas es la matriz identidad. En otras palabras, el determinante de toda m.e.r.f. cuadrada es cero, excepto si se trata de la matriz identidad, en cuyo caso es 1.

2.3 Propiedades de los determinantes ▪▪▪▪▪▪▪▪▪▪▪▪▪▪▪▪▪▪▪▪▪▪

Proposición 2.2 *Sean A una matriz cuadrada y e una transformación elemental de fila.*

a) *Si e es de tipo 1, entonces $|e(A)| = -|A|$*

b) *Si e es de tipo 2 ($e : f_i \leftarrow a \cdot f_i$), entonces $|e(A)| = a \cdot |A|$*

c) *Si e es de tipo 3, entonces $|e(A)| = |A|$*

d) *$|A| = 0$ si y sólo si A es singular.*

Proposición 2.3 *El determinante de una matriz cuadrada A es nulo si y sólo si el conjunto de sus filas (y de columnas) es ligado.*

Por ejemplo, tienen determinante nulo todas aquellas matrices cuadradas que cumplen alguna de las siguientes condiciones: con una fila (o una columna) nula, con dos filas (o dos columnas) iguales o con dos filas (o dos columnas) proporcionales.

Proposición 2.4 *Sean A, B, C matrices cuadradas de orden n y sean a, b escalares.*

a) *$|a \cdot A| = a^n \cdot |A|$*

b) *Si existe un índice $h \in \{1, \ldots, n\}$ tal que: (1) $A_h = a \cdot B_h + b \cdot C_h$ y (2) $A_i = B_i = C_i$ si $i \neq h$, entonces $|A| = a \cdot |B| + b \cdot |C|$.*

c) *$|A \cdot B| = |A| \cdot |B|$*

d) *$|A^t| = |A|$*

↪ **Ejercicio 2.1**

Proposición 2.5 *Sean A una matriz cuadrada de orden n y e una transformación elemental de columna.*

a) *$|A| = \displaystyle\sum_{\sigma \in S_n} \epsilon(\sigma) \cdot a_{\sigma(1)1} \cdot \ldots \cdot a_{\sigma(n)n}$*

b) *Si e es de tipo 1, entonces $|e(A)| = -|A|$*

c) *Si e es de tipo 2 ($e : c_i \leftarrow a \cdot c_i$), entonces $|e(A)| = a \cdot |A|$*

d) *Si e es de tipo 3, entonces $|e(A)| = |A|$*

e) *$|A| = 0$ si y sólo si $|C_A| = 0$*

2.4 Regla de Laplace ▪▪▪▪▪▪▪▪▪▪▪▪▪▪▪▪▪▪▪▪▪▪▪▪▪▪▪▪

Definición 2.5 *Dada una matriz cuadrada $A = (a_{ij})$, se denomina **menor complementario** del elemento a_{ij}, y se denota Δ_{ij}, al determinante de la matriz que resulta de eliminar la fila A_i y la columna A^j.*

Definición 2.6 *Dada una matriz cuadrada $A = (a_{ij})$, se denomina **adjunto** o **cofactor** del elemento a_{ij}, y se denota $cof(a_{ij})$, al número:*

$$cof(a_{ij}) = (-1)^{i+j} \cdot \Delta_{ij}$$

Proposición 2.6 (Regla de Laplace) *El determinante de una matriz A es igual a la suma de los productos de los elementos de una fila (o columna) por sus adjuntos:*

$$|A| = \sum_{j=1}^{n} a_{ij} \cdot cof(a_{ij}) \qquad (i \;\; fijo)$$

$$|A| = \sum_{i=1}^{n} a_{ij} \cdot cof(a_{ij}) \qquad (j \;\; fijo)$$

En la práctica, utilizando transformaciones elementales, se altera la matriz hasta conseguir una fila o una columna con el máximo número de ceros posible para implementar, a continuación, la regla de Laplace calculando el determinante a partir de dicha fila o columna (hay que tener en cuenta, además, que las transformaciones de fila o columna de tipos 1 o 2 alteran el determinante y hay que ir haciendo las correcciones oportunas).

↪ **Ejercicio 2.2**

↪ **Ejercicio 2.3**

2.5 Aplicaciones

Cálculo del rango de una matriz: método de los menores

Definición 2.7 *Sea $A = (a_{ij})$ una matriz de orden $m \times n$ y sea $h \leq \min\{m, n\}$. Un **menor** de orden h de A es el determinante de una submatriz cuadrada de A obtenida después de eliminar $m - h$ filas y $n - h$ columnas de A.*

Proposición 2.7 (Método de los menores) *Sea $A = (a_{ij})$ una matriz de orden $m \times n$ y sea $r \leq \min\{m, n\}$. Entonces:*

    a) $r(A) \leq r$ si y sólo si todos los menores de orden mayor que r son nulos.

    b) $r(A) \geq r$ si y sólo si existe al menos un menor de orden r no nulo.

    c) $r(A) = r$ si y sólo si r es el orden del mayor menor no nulo.

↪ **Ejercicio 2.4**

Cálculo de la matriz inversa: método de la matriz cofactora

Definición 2.8 *Dada una matriz cuadrada A, se denomina **matriz cofactora** de A, y se denota $cof(A)$, a la siguiente matriz cuadrada de orden n: $cof(A) = (cof(a_{ij}))$*

Proposición 2.8 *Sea A una matriz cuadrada de orden n. Su matriz cofactora $cof(A)$ cumple las siguientes propiedades:*

    a) $cof(A^t) = [cof(A)]^t$
    b) $A \cdot cof(A^t) = |A| \cdot I_n$

Proposición 2.9 (**Método de la matriz cofactora**) *Una matriz A es inversible si y sólo si* $|A| \neq 0$. *En tal caso,* $|A^{-1}| = \dfrac{1}{|A|}$ *y su matriz inversa es:*

$$A^{-1} = \frac{1}{|A|} \cdot cof(A^t)$$

↪ Ejercicio 2.5

2.6 Ejercicios

Ejercicio 2.1

Vamos a calcular los siguientes determinantes:

(i) $\Delta_2 = \begin{vmatrix} a+b & b \\ a & a+b \end{vmatrix} = (a+b)^2 - ab = a^2 + ab + b^2$

(ii) $\Delta_3 = \begin{vmatrix} a+b & b & b \\ a & a+b & b \\ a & a & a+b \end{vmatrix} \overset{[1]}{=} \begin{vmatrix} a & b & b \\ a & a+b & b \\ a & a & a+b \end{vmatrix} + \begin{vmatrix} b & b & b \\ 0 & a+b & b \\ 0 & a & a+b \end{vmatrix} \overset{[2]}{=}$

$\overset{[2]}{=} a \cdot \begin{vmatrix} 1 & b & b \\ 1 & a+b & b \\ 1 & a & a+b \end{vmatrix} + b \cdot \Delta_2 \overset{[3]}{=} a \cdot \begin{vmatrix} 1 & b & b \\ 0 & a & 0 \\ 0 & a-b & a \end{vmatrix} + b \cdot \Delta_2 =$

$= a^3 + b(a^2 + ab + b^2) = a^3 + a^2 b + ab^2 + b^3$

(iii) $\Delta_4 = \begin{vmatrix} a+b & b & b & b \\ a & a+b & b & b \\ a & a & a+b & b \\ a & a & a & a+b \end{vmatrix} \overset{[1]}{=} \begin{vmatrix} a & b & b & b \\ a & a+b & b & b \\ a & a & a+b & b \\ a & a & a & a+b \end{vmatrix} + \begin{vmatrix} b & b & b & b \\ 0 & a+b & b & b \\ 0 & a & a+b & b \\ 0 & a & a & a+b \end{vmatrix}$

$\overset{[2]}{=} a \cdot \begin{vmatrix} 1 & b & b & b \\ 1 & a+b & b & b \\ 1 & a & a+b & b \\ 1 & a & a & a+b \end{vmatrix} + b \cdot \Delta_3 \overset{[3]}{=} a \cdot \begin{vmatrix} 1 & b & b & b \\ 0 & a & 0 & 0 \\ 0 & a-b & a & 0 \\ 0 & a-b & a-b & a \end{vmatrix} + b \cdot \Delta_3 =$

$= a^4 + b(a^3 + a^2 b + ab^2 + b^3) = a^4 + a^3 b + a^2 b^2 + ab^3 + b^4$

[1] Aplicamos la propiedad *b*) de la proposición 2.4 a la columna 1.

[2] Efectuamos la t.e.f. $c_1 \leftarrow \frac{1}{a} c_1$ al primer determinante y aplicamos la regla de Laplace (en la columna 1) al segundo.

[3] Efectuamos: $f_2 \leftarrow f_2 - f_1, f_3 \leftarrow f_3 - f_1$ (y $f_4 \leftarrow f_4 - f_1$ en el caso (iii)) al primer determinante.

Ejercicio 2.2

Consideramos la siguiente matriz cuadrada de orden 3:

$$A = \begin{pmatrix} 2 & 1 & 1 \\ 1 & 0 & 1 \\ 4 & 1 & 3 \end{pmatrix}$$

Vamos a calcular su determinante por cuatro métodos diferentes:

- Regla de Sarrus:

$$|A| = \begin{vmatrix} 2 & 1 & 1 \\ 1 & 0 & 1 \\ 4 & 1 & 3 \end{vmatrix} = (2 \cdot 0 \cdot 3 + 1 \cdot 1 \cdot 4 + 1 \cdot 1 \cdot 1) - (1 \cdot 0 \cdot 4 + 1 \cdot 1 \cdot 3 + 2 \cdot 1 \cdot 1) =$$

$$(0 + 4 + 1) - (0 + 3 + 2) = 0$$

- Algoritmo de Gauss:

$$|A| = \begin{vmatrix} 2 & 1 & 1 \\ 1 & 0 & 1 \\ 4 & 1 & 3 \end{vmatrix} \overset{e_1}{=} \begin{vmatrix} 0 & 1 & -1 \\ 1 & 0 & 1 \\ 4 & 1 & 3 \end{vmatrix} \overset{e_2}{=} \begin{vmatrix} 0 & 1 & -1 \\ 1 & 0 & 1 \\ 0 & 1 & -1 \end{vmatrix} \overset{e_3}{=} \begin{vmatrix} 0 & 1 & -1 \\ 1 & 0 & 1 \\ 0 & 0 & 0 \end{vmatrix} \overset{e_4}{=} - \begin{vmatrix} 1 & 0 & 1 \\ 0 & 1 & -1 \\ 0 & 0 & 0 \end{vmatrix} = 0$$

donde: $\begin{cases} e_1 : f_1 \leftarrow f_1 - 2f_2 \\ e_2 : f_3 \leftarrow f_3 - 4f_2 \\ e_3 : f_3 \leftarrow f_3 - f_1 \\ e_4 : f_1 \leftrightarrow f_2 \end{cases}$

- Regla de Laplace (desarrollo por la primera fila):

$$|A| = \begin{vmatrix} 2 & 1 & 1 \\ 1 & 0 & 1 \\ 4 & 1 & 3 \end{vmatrix} = 2 \cdot \begin{vmatrix} 0 & 1 \\ 1 & 3 \end{vmatrix} - 1 \cdot \begin{vmatrix} 1 & 1 \\ 4 & 3 \end{vmatrix} + 1 \cdot \begin{vmatrix} 1 & 0 \\ 4 & 1 \end{vmatrix} = 2 \cdot (-1) - 1 \cdot (-1) + 1 \cdot 1 = 0$$

- Regla de Laplace (desarrollo por la segunda columna):

$$|A| = \begin{vmatrix} 2 & 1 & 1 \\ 1 & 0 & 1 \\ 4 & 1 & 3 \end{vmatrix} = -1 \cdot \begin{vmatrix} 1 & 1 \\ 4 & 3 \end{vmatrix} + 0 \cdot \begin{vmatrix} 2 & 1 \\ 4 & 3 \end{vmatrix} - 1 \cdot \begin{vmatrix} 2 & 1 \\ 1 & 1 \end{vmatrix} = -1 \cdot (-1) + 0 \cdot 2 - 1 \cdot 1 = 0$$

Ejercicio 2.3

Consideramos la siguiente matriz cuadrada de orden 4:

$$A = \begin{pmatrix} 5 & 6 & 9 & 5 \\ 2 & 2 & 3 & 0 \\ 3 & 4 & 5 & 1 \\ -3 & -4 & -5 & -6 \end{pmatrix}$$

- Calculamos su determinante aplicando la regla de Chio:[1]

$$|A| = \begin{vmatrix} 5 & 6 & 9 & 5 \\ 2 & 2 & 3 & 0 \\ 3 & 4 & 5 & 1 \\ -3 & -4 & -5 & -6 \end{vmatrix} \overset{e_1}{=} \begin{vmatrix} 5 & 6 & 9 & 5 \\ 2 & 2 & 3 & 0 \\ 0 & 0 & 0 & -5 \\ -3 & -4 & -5 & -6 \end{vmatrix} = 5 \cdot \begin{vmatrix} 5 & 6 & 9 \\ 2 & 2 & 3 \\ -3 & -4 & -5 \end{vmatrix} \overset{e_2}{=}$$

$$\overset{e_2}{=} 5 \cdot \begin{vmatrix} 5 & 1 & 9 \\ 2 & 0 & 3 \\ -3 & -1 & -5 \end{vmatrix} \overset{e_3}{=} 5 \cdot \begin{vmatrix} 5 & 1 & 9 \\ 2 & 0 & 3 \\ 2 & 0 & 4 \end{vmatrix} = -5 \cdot \begin{vmatrix} 2 & 3 \\ 2 & 4 \end{vmatrix} \overset{e_4}{=} -5 \cdot \begin{vmatrix} 2 & 3 \\ 0 & 1 \end{vmatrix} = -5 \cdot 2 \cdot 1 = -10$$

donde:
$$\begin{cases} e_1 : f_3 \leftarrow f_3 + f_4 \\ e_2 : c_2 \leftarrow c_2 - c_1 \\ e_3 : f_3 \leftarrow f_3 + f_1 \\ e_4 : f_2 \leftarrow f_2 - f_1 \end{cases}$$

- Calculamos su determinante utilizando el método del pivote, teniendo en cuenta que, si una matriz es de orden n y se pivota sobre un coeficiente no nulo $a_{ij} \neq 1$, hay que dividir el nuevo determinante por a_{ij}^{n-1}.

$$\begin{vmatrix} 5 & 6 & 9 & 5 \\ 2 & 2 & 3 & 0 \\ 3 & 4 & 5 & \boxed{1} \\ -3 & -4 & -5 & -6 \end{vmatrix} \overset{p_{34}}{=} \begin{vmatrix} -10 & -14 & -16 & 0 \\ 2 & 2 & 3 & 0 \\ 3 & 4 & 5 & 1 \\ 15 & 20 & 25 & 0 \end{vmatrix} \overset{[1]}{=} - \begin{vmatrix} -10 & -14 & -16 \\ 2 & 2 & 3 \\ 15 & 20 & 25 \end{vmatrix} \overset{[2]}{=}$$

$$\overset{[2]}{=} 10 \cdot \begin{vmatrix} 5 & 7 & 8 \\ \boxed{2} & 2 & 3 \\ 3 & 4 & 5 \end{vmatrix} \overset{p_{21}}{=} \frac{10}{4} \cdot \begin{vmatrix} 0 & 4 & 1 \\ 2 & 2 & 3 \\ 0 & 2 & 1 \end{vmatrix} \overset{[3]}{=} \frac{10}{2} \cdot \begin{vmatrix} 4 & 3 \\ 2 & 1 \end{vmatrix} = -10$$

[1]: regla de Laplace (columna 1).

[2]: $f_1 \leftarrow -\frac{1}{2} f_1, f_2 \leftarrow \frac{1}{5} f_2$.

[3]: regla de Laplace (columna 1).

Ejercicio 2.4

Consideramos la siguiente matriz de orden 3×4:

$$A = \begin{pmatrix} 2 & 1 & -4 & 3 \\ -2 & -1 & 4 & -2 \\ -2 & -1 & m & 0 \end{pmatrix}$$

Vamos a hallar su rango, según los distintos valores del parámetro m, por el método de los menores.

---

[1] Se producen ceros en una fila o columna y se desarrolla el determinante aplicando la regla de Laplace para esa fila o columna.

En primer lugar, calculamos todos sus menores de orden 3:

$$\begin{vmatrix} 1 & -4 & 3 \\ -1 & 4 & -2 \\ -1 & m & 0 \end{vmatrix} = 4 - m, \quad \begin{vmatrix} 2 & -4 & 3 \\ -2 & 4 & -2 \\ -2 & m & 0 \end{vmatrix} = 8 - 2m, \quad \begin{vmatrix} 2 & 1 & 3 \\ -2 & -1 & -2 \\ -2 & -1 & 0 \end{vmatrix} = \begin{vmatrix} 2 & 1 & -4 \\ -2 & -1 & 4 \\ -2 & -1 & m \end{vmatrix} = 0$$

Por tanto, $\begin{cases} r(A) \leq 2 & \text{si } m = 4 \\ r(A) = 3 & \text{si } m \neq 4 \end{cases}$

Para $m = 4$, el rango de A es 2, ya que existe un menor de orden 2 no nulo: $\Delta_{31} = \begin{vmatrix} -4 & 3 \\ 4 & -2 \end{vmatrix} = -4$

Ejercicio 2.5

Consideramos la siguiente matriz de orden 3:

$$A = \begin{pmatrix} 1 & 2 & 3 \\ -1 & 1 & 0 \\ 2 & 1 & -4 \end{pmatrix}$$

Calculamos su matriz cofactora:

$$cof(A) = \begin{pmatrix} \begin{vmatrix} 1 & 0 \\ 1 & -4 \end{vmatrix} & -\begin{vmatrix} -1 & 0 \\ 2 & -4 \end{vmatrix} & \begin{vmatrix} -1 & 1 \\ 2 & 1 \end{vmatrix} \\ -\begin{vmatrix} 2 & 3 \\ 1 & -4 \end{vmatrix} & \begin{vmatrix} 1 & 3 \\ 2 & -4 \end{vmatrix} & -\begin{vmatrix} 1 & 2 \\ 2 & 1 \end{vmatrix} \\ \begin{vmatrix} 2 & 3 \\ 1 & 0 \end{vmatrix} & -\begin{vmatrix} 1 & 3 \\ -1 & 0 \end{vmatrix} & \begin{vmatrix} 1 & 2 \\ -1 & 1 \end{vmatrix} \end{pmatrix} = \begin{pmatrix} -4 & -4 & -3 \\ 11 & -10 & 3 \\ -3 & -3 & 3 \end{pmatrix}$$

Finalmente, obtenemos la matriz inversa de A por el método de la matriz cofactora:

$$A^{-1} = \frac{1}{|A|} \cdot cof(A^t) = \frac{1}{|A|} \cdot (cof(A))^t = -\frac{1}{21} \begin{pmatrix} -4 & 11 & -3 \\ -4 & -10 & -3 \\ -3 & 3 & 3 \end{pmatrix} = \begin{pmatrix} \frac{4}{21} & -\frac{11}{21} & \frac{1}{7} \\ \frac{4}{21} & \frac{10}{21} & \frac{1}{7} \\ \frac{1}{7} & -\frac{1}{7} & -\frac{1}{7} \end{pmatrix}$$

□ **Problemas propuestos** ▬▬▬▬▬▬▬▬▬▬▬▬▬▬▬▬▬▬▬▬▬▬▬▬▬▬▬▬▬▬▬▬

Problema 1

Calcula el determinante de las siguientes matrices:

$$a)\ A = \begin{pmatrix} 1 & 0 & 2 \\ 2 & 5 & -1 \\ 3 & 5 & 1 \end{pmatrix} \quad b)\ B = \begin{pmatrix} -21 & 8 & 7 \\ -24 & -20 & -13 \\ -6 & 12 & 9 \end{pmatrix} \quad c)\ C = \begin{pmatrix} a & a & a+b \\ a & a+b & a \\ a+b & a & a \end{pmatrix}$$

$$d)\ D = \begin{pmatrix} 1 & a & b+c \\ 1 & b & c+a \\ 1 & c & a+b \end{pmatrix} \quad e)\ E = \begin{pmatrix} 3-x & 2 & 4 \\ 2 & -x & 2 \\ 4 & 2 & 3-x \end{pmatrix} \quad f)\ F = \begin{pmatrix} a & a-1 & -1-a \\ 2a & 6a & 2a \\ -1 & a & a+2 \end{pmatrix}$$

Problema 2

Halla todos los menores de orden mayor que uno de las siguientes matrices:

$$a)\ A = \begin{pmatrix} 2 & -2 \\ 3 & -2 \\ 3 & -5 \end{pmatrix} \quad b)\ B = \begin{pmatrix} 2 & -1 & 3 \\ 0 & 5 & 4 \\ 3 & -1 & 5 \end{pmatrix} \quad c)\ C = \begin{pmatrix} 3 & 1 & 0 & 1 \\ -2 & 1 & -1 & 0 \\ 4 & 0 & -1 & 0 \end{pmatrix}$$

Problema 3

Obtén el rango de las matrices del problema anterior.

Problema 4

Halla la matriz cofactora de las siguientes matrices:

$$a)\ A = \begin{pmatrix} 2 & -2 & 1 \\ 3 & -2 & 4 \\ 3 & -5 & -3 \end{pmatrix} \quad b)\ B = \begin{pmatrix} 2 & -1 & 3 \\ 0 & 5 & 4 \\ 3 & -1 & 5 \end{pmatrix} \quad c)\ C = \begin{pmatrix} 3 & 1 & 0 & 1 \\ -2 & 1 & -1 & 0 \\ 4 & 0 & -1 & 0 \\ 0 & 6 & -2 & 3 \end{pmatrix}$$

Problema 5

Halla, siempre que sea posible, la matriz inversa de las matrices del problema anterior.

Problema 6

Demuestra la regla de Laplace (desarrollo a partir de la segunda columna) para las matrices de orden 3.

Problema 7

Calcula el determinante de las siguientes matrices:

$$a)\ A = \begin{pmatrix} 2 & 0 & 3 & 0 \\ 2 & 1 & 1 & 2 \\ 3 & -1 & 1 & -2 \\ 2 & 1 & -2 & 1 \end{pmatrix} \qquad b)\ B = \begin{pmatrix} 1 & 1 & -1 & 3 \\ -1 & 0 & -2 & 1 \\ 0 & 2 & 3 & -1 \\ 2 & -3 & 0 & -1 \end{pmatrix}$$

$$c)\ C = \begin{pmatrix} 4 & 2 & 1 & 3 \\ -1 & 0 & 2 & 8 \\ 5 & -6 & 0 & -1 \\ 0 & 2 & 2 & 3 \end{pmatrix} \qquad d)\ D = \begin{pmatrix} \cos(a) & -\sin(a) & 0 & 0 \\ \sin(a) & \cos(a) & 0 & 0 \\ 0 & 0 & \cos(b) & -\sin(b) \\ 0 & 0 & \sin(b) & \cos(b) \end{pmatrix}$$

Problema 8

Demuestra que toda matriz A de orden 2 cumple: $A^2 - tr(A) \cdot A + |A| \cdot I_2 = O_2$

Problema 9

Demuestra, mediante un contraejemplo, cuáles de los siguientes enunciados son falsos:

a) El determinante de una matriz triangular es igual al producto de los elementos de su diagonal principal.

b) Si el determinante de una matriz cuadrada es cero, cualquier fila es combinación lineal de las demás.

c) $|-A| = -|A|$

d) $|aA| = a|A|$

e) $|A + B| = |A| + |B|$

f) $|A^k| = 0 \Rightarrow |A| = 0$

g) A ortogonal $\Rightarrow |A| \in \{-1, 1\}$

h) El determinante de toda matriz antisimétrica de orden impar es cero.

i) La m.e.r.f. de toda matriz cuadrada con determinante no nulo es I_n.

j) $|A| = 0 \Rightarrow |cof(A^t)| = 0$

Problema 10

Sabiendo que $|A| = 3$, halla el determinante de las siguientes matrices:

$$a)\ A = \begin{pmatrix} a & d & g \\ b & e & h \\ c & f & i \end{pmatrix} \qquad b)\ B = \begin{pmatrix} d & a & g \\ e & b & h \\ f & c & i \end{pmatrix} \qquad c)\ C = \begin{pmatrix} c & f & i \\ 4a & 4d & 4g \\ h & e & h \end{pmatrix}$$

$$d)\ D = \begin{pmatrix} d+2f & a+2c & g+2i \\ f & c & i \\ e & b & h \end{pmatrix} \quad e)\ E = \begin{pmatrix} 2a & g & 3d \\ 2b & h & 3e \\ 2c & i & 3f \end{pmatrix} \quad f)\ F = \begin{pmatrix} -i & f+c & c \\ -g & d+a & a \\ -h & e+b & b \end{pmatrix}$$

$$g)\ G = \begin{pmatrix} 2a & 2b & 2c \\ -d & -e & -f \\ 3g & 3h & 3i \end{pmatrix} \quad h)\ H = \begin{pmatrix} a+d & g & d \\ b+e & h & e \\ f+c & i & f \end{pmatrix} \quad i)\ I = \begin{pmatrix} d-f & -f & 2e \\ a-c & -c & 2b \\ g-i & -i & 2h \end{pmatrix}$$

Problema 11

Encuentra un ejemplo, cuando sea posible, de cada uno de los siguientes enunciados:

a) La matriz inversa de una matriz de orden 3, no triangular y cuyo determinante sea 1.

b) La matriz cofactora de una matriz singular sin ceros.

c) Dos matrices no nulas A, B que cumplan: $|A + B| = |A| + |B|$

d) Una matriz ortogonal cuyo determinante no sea 1.

e) Una matriz ortogonal, no diagonal, cuyo determinante sea 1.

f) Una matriz simétrica, no triangular, de orden 3, cuyos menores principales[2] sean todos positivos.

g) Una matriz de orden 3×4 que posea un único menor de orden 3 no nulo.

Problemas propuestos

Problema 12

Demuestra:

$$a)\ \begin{vmatrix} -2a & a+b & a+c \\ b+a & -2b & b+c \\ c+a & c+b & -2c \end{vmatrix} = 4(b+c)(c+a)(a+b)$$

$$b)\ \begin{vmatrix} a & a & a & a \\ b & b & b & a \\ c & c & b & a \\ d & c & b & a \end{vmatrix} = a(d-c)(b-c)(a-b)$$

$$c)\ \begin{vmatrix} a-b-c & 2a & 2a \\ 2b & b-c-a & 2b \\ 2c & 2c & c-a-b \end{vmatrix} = (a+b+c)^3$$

$$d)\ \begin{vmatrix} 1-a & 1-b & 1-c \\ 1-a^2 & 1-b^2 & 1-c^2 \\ 1-a^3 & 1-b^3 & 1-c^3 \end{vmatrix} = (a-1)(a-b)(a-c)(b-1)(b-c)(c-1)$$

---

[2] Son los menores complementarios de los términos de la diagonal principal.

e) $\begin{vmatrix} a & a & a & a+b \\ a & a & a+b & a \\ a & a+b & a & a \\ a+b & a & a & a \end{vmatrix} = (4a+b) \cdot b^3$

f) $\begin{vmatrix} a^2 & ab & ab & b^2 \\ ab & a^2 & b^2 & ab \\ ab & b^2 & a^2 & ab \\ b^2 & ab & ab & a^2 \end{vmatrix} = (a^2 - b^2)^4$

g) $\begin{vmatrix} 0 & 1 & 1 & 1 \\ 1 & 0 & c^2 & b^2 \\ 1 & c^2 & 0 & a^2 \\ 1 & b^2 & a^2 & 0 \end{vmatrix} = \begin{vmatrix} 0 & a & b & c \\ a & 0 & c & b \\ b & c & 0 & a \\ c & b & a & 0 \end{vmatrix} = (a+b+c)(a+b-c)(a+c-b)(a-b-c)$

Problema 13

Demuestra:[3]

a) $V_2(\lambda_1, \lambda_2) = \begin{vmatrix} 1 & 1 \\ \lambda_1 & \lambda_2 \end{vmatrix} = \lambda_2 - \lambda_1$

b) $V_3(\lambda_1, \lambda_2, \lambda_3) = \begin{vmatrix} 1 & 1 & 1 \\ \lambda_1 & \lambda_2 & \lambda_3 \\ \lambda_1^2 & \lambda_2^2 & \lambda_3^2 \end{vmatrix} = (\lambda_3 - \lambda_2)(\lambda_3 - \lambda_1)(\lambda_2 - \lambda_1)$

c) $V_3(\lambda_1, \lambda_2, \lambda_3, \lambda_4) = \begin{vmatrix} 1 & 1 & 1 & 1 \\ \lambda_1 & \lambda_2 & \lambda_3 & \lambda_4 \\ \lambda_1^2 & \lambda_2^2 & \lambda_3^2 & \lambda_4^2 \\ \lambda_1^3 & \lambda_2^3 & \lambda_3^3 & \lambda_4^3 \end{vmatrix} = (\lambda_4 - \lambda_3)(\lambda_4 - \lambda_2)(\lambda_4 - \lambda_1)(\lambda_3 - \lambda_2)(\lambda_3 - \lambda_1)(\lambda_2 - \lambda_1)$

d) $V_n(\lambda_1, \dots, \lambda_n) = \begin{vmatrix} 1 & 1 & 1 & \dots & 1 \\ \lambda_1 & \lambda_2 & \lambda_3 & \dots & \lambda_n \\ \lambda_1^2 & \lambda_2^2 & \lambda_3^2 & \dots & \lambda_n^2 \\ \lambda_1^3 & \lambda_2^3 & \lambda_3^3 & \dots & \lambda_n^3 \\ \vdots & \vdots & \vdots & \ddots & \vdots \\ \lambda_1^{n-1} & \lambda_2^{n-1} & \lambda_3^{n-1} & \dots & \lambda_n^{n-1} \end{vmatrix} = (\lambda_n - \lambda_{n-1}) \cdot \dots \cdot (\lambda_3 - \lambda_1)(\lambda_2 - \lambda_1)$

[3] Se trata de los determinantes de **Vandermonde**.

Problema 14

Demuestra que $\{-a - b - c,\ -a + b + c,\ a - b + c,\ a + b - c\}$ son las raíces del polinomio:

$$p(x) = \begin{vmatrix} x & a & b & c \\ a & x & c & b \\ b & c & x & a \\ c & b & a & x \end{vmatrix}$$

Problema 15

Sean a, b dos números reales. Sea A la matriz de orden n cuyos términos son todos iguales a a. Demuestra que: $|A + b \cdot I_n| = b^{n-1} \cdot (na + b)$

Problemas propuestos

Problema 16

Demuestra la proposición:

Existen $n!$ permutaciones de orden n. Es decir, el conjunto S_n tiene cardinal $n!$.

Problema 17

Demuestra la proposición:

Sean A una matriz cuadrada y e una transformación elemental de fila.

a) Si e es de tipo 1, entonces $|e(A)| = -|A|$

b) Si e es de tipo 2 ($e : f_i \leftarrow a \cdot f_i$), entonces $|e(A)| = a \cdot |A|$

c) Si e es de tipo 3, entonces $|e(A)| = |A|$

d) $|A| = 0$ si y sólo si A es singular.

Problema 18

Demuestra la proposición:

El determinante de una matriz cuadrada A es nulo si y sólo si el conjunto de sus filas (y de columnas) es ligado.

Problema 19

Demuestra la proposición:

Sean A, B, C matrices cuadradas de orden n y sean a, b escalares.

a) $|a \cdot A| = a^n \cdot |A|$

b) Si existe un índice $h \in \{1, \ldots, n\}$ tal que: (1) $A_h = a \cdot B_h + b \cdot C_h$ y (2) $A_i = B_i = C_i$ si $i \neq h$, entonces $|A| = a \cdot |B| + b \cdot |C|$.

c) $|A \cdot B| = |A| \cdot |B|$

d) $|A^t| = |A|$

Problema 20

Demuestra la proposición:

Sean A una matriz cuadrada de orden n y e una transformación elemental de columna.

a) $|A| = \displaystyle\sum_{\sigma \in S_n} \epsilon(\sigma) \cdot a_{\sigma(1)1} \cdot \ldots \cdot a_{\sigma(n)n}$

b) *Si e es de tipo 1, entonces* $|e(A)| = -|A|$

c) *Si e es de tipo 2* $(e : c_i \leftarrow a \cdot c_i)$, *entonces* $|e(A)| = a \cdot |A|$

d) *Si e es de tipo 3, entonces* $|e(A)| = |A|$

e) $|A| = 0$ *si y sólo si* $|C_A| = 0$

Problema 21

Demuestra la proposición:

(Regla de Laplace) *El determinante de una matriz A es igual a la suma de los productos de los elementos de una fila (o columna) por sus adjuntos:*

$$|A| = \sum_{j=1}^{n} a_{ij} \cdot cof(a_{ij}) \qquad (i \ \ fijo)$$

$$|A| = \sum_{i=1}^{n} a_{ij} \cdot cof(a_{ij}) \qquad (j \ \ fijo)$$

Problema 22

Demuestra la proposición:

(Método de los menores) *Sea* $A = (a_{ij})$ *una matriz de orden* $m \times n$ *y sea* $r \leq \text{mín}\{m, n\}$. *Entonces:*

a) $r(A) \leq r$ *si y sólo si todos los menores de orden mayor que r son nulos.*

b) $r(A) \geq r$ *si y sólo si existe al menos un menor de orden r no nulo.*

c) $r(A) = r$ *si y sólo si r es el orden del mayor menor no nulo.*

Problema 23

Demuestra la proposición:

Sea A una matriz cuadrada de orden n. Su matriz cofactora $cof(A)$ cumple las siguientes propiedades:

   a) $cof(A^t) = [cof(A)]^t$
   b) $A \cdot cof(A^t) = |A| \cdot I_n$

Problema 24

Demuestra la proposición:

(Método de la matriz cofactora) *Una matriz A es inversible si y sólo si $|A| \neq 0$. En tal caso, $|A^{-1}| = \dfrac{1}{|A|}$ y su matriz inversa es:*

$$A^{-1} = \frac{1}{|A|} \cdot cof(A^t)$$

3

Sistemas de ecuaciones

☐ **3.1 Definición, notaciones y tipos** ▰▰▰▰▰▰▰▰▰▰▰▰▰▰▰▰▰▰▰▰▰▰▰▰▰

Definición 3.1 *Se denomina* **sistema lineal**[1] *de orden* $m \times n$ a un conjunto de m ecuaciones lineales con n incógnitas:

$$\begin{cases} a_{11} \cdot x_1 & + & a_{12} \cdot x_2 & + & \ldots & + & a_{1n} \cdot x_n & = & b_1 \\ a_{21} \cdot x_1 & + & a_{22} \cdot x_2 & + & \ldots & + & a_{2n} \cdot x_n & = & b_2 \\ \vdots & & \vdots & & \ddots & & \vdots & & \vdots \\ a_{m1} \cdot x_1 & + & a_{m2} \cdot x_2 & + & \ldots & + & a_{mn} \cdot x_n & = & b_m \end{cases} \tag{3.1}$$

Los términos $a_{ij} \in \mathbb{R}$ se denominan **coeficientes** del sistema, los términos $b_j \in \mathbb{R}$ se llaman **términos independientes** y los términos x_i son las **variables** o **incógnitas** del s.e.l.

Notación matricial: El sistema lineal anterior se puede representar en forma matricial:

$$\begin{pmatrix} a_{11} & a_{12} & \ldots & a_{1n} \\ a_{21} & a_{22} & \ldots & a_{2n} \\ \vdots & \vdots & \ddots & \vdots \\ a_{m1} & a_{m2} & \ldots & a_{mn} \end{pmatrix} \begin{pmatrix} x_1 \\ x_2 \\ \vdots \\ x_n \end{pmatrix} = \begin{pmatrix} b_1 \\ b_2 \\ \vdots \\ b_m \end{pmatrix}$$

Es decir, de la forma $\mathbf{A} \cdot \mathbf{x} = \mathbf{b}$, donde:

$$\mathbf{A} = \begin{pmatrix} a_{11} & a_{12} & \ldots & a_{1n} \\ a_{21} & a_{22} & \ldots & a_{2n} \\ \vdots & \vdots & \ddots & \vdots \\ a_{m1} & a_{m2} & \ldots & a_{mn} \end{pmatrix} \qquad \mathbf{x} = \begin{pmatrix} x_1 \\ x_2 \\ \vdots \\ x_n \end{pmatrix} \qquad \mathbf{b} = \begin{pmatrix} b_1 \\ b_2 \\ \vdots \\ b_m \end{pmatrix}$$

La matriz $\mathbf{A}$ se denomina **matriz de coeficientes**, la matriz columna $\mathbf{x}$ es la **columna de incógnitas** y la matriz columna $\mathbf{b}$ es la **columna de términos independientes**.

---

[1] Abreviadamente, s.e.l. $m \times n$.

Otra forma habitual de representar el s.e.l. (3.1) es mediante su **matriz ampliada**:

$$(\mathbf{A}|\mathbf{b}) = \left(\begin{array}{cccc|c} a_{11} & a_{12} & \dots & a_{1n} & b_1 \\ a_{21} & a_{22} & \dots & a_{2n} & b_2 \\ \vdots & \vdots & \ddots & \vdots & \vdots \\ a_{m1} & a_{m2} & \dots & a_{mn} & b_m \end{array} \right)$$

Finalmente, el s.e.l. (3.1) en notación por columnas se escribe: $x_1 \cdot \mathbf{A}^1 + \dots + x_n \cdot \mathbf{A}^n = \mathbf{b}$. Es decir:

$$x_1 \cdot \left(\begin{array}{c} a_{11} \\ a_{21} \\ \vdots \\ a_{m1} \end{array} \right) + x_2 \cdot \left(\begin{array}{c} a_{12} \\ a_{22} \\ \vdots \\ a_{m2} \end{array} \right) + \dots + x_n \cdot \left(\begin{array}{c} a_{1n} \\ a_{2n} \\ \vdots \\ a_{mn} \end{array} \right) = \left(\begin{array}{c} b_1 \\ b_2 \\ \vdots \\ b_m \end{array} \right) \tag{3.2}$$

↪ **Ejercicio 3.1**

Dado un sistema lineal $m \times n$, $\mathbf{A} \cdot \mathbf{x} = \mathbf{b}$, toda matriz columna $\mathbf{c}$ de orden $n \times 1$ que cumpla: $\mathbf{A} \cdot \mathbf{c} = \mathbf{b}$ se denomina **solución del sistema**.

Definición 3.2 *Un s.e.l. $m \times n$ se llama* **compatible** *si posee al menos una solución; en caso contrario, se denomina s.e.l.* **incompatible**.[2]

Definición 3.3 *Un s.e.l. $m \times n$ compatible se llama* **determinado**[3] *si posee exactamente una solución; en caso contrario, se denomina s.e.l. compatible* **indeterminado**.[4]

Proposición 3.1 *Todo s.e.l. compatible indeterminado posee infinitas soluciones.*

Un s.e.l. $\mathbf{A} \cdot \mathbf{c} = \mathbf{b}$ se llama **homogéneo**[5] si $\mathbf{b} = O_{m,1}$, es decir, si todos sus términos independientes son nulos.[6] En caso contrario, el s.e.l. se denomina **completo**.

Obsérvese que todo s.e.l.h. es compatible, puesto que la columna $O_{n,1}$ es siempre una solución.[7]. Si ésta es su única solución, entonces se trata de un s.e.l.h. compatible determinado.

Definición 3.4 *Dado un s.e.l $\mathbf{A} \cdot \mathbf{x} = \mathbf{b}$, el s.e.l. $\mathbf{A} \cdot \mathbf{x} = \mathbf{o}$ se llama su* **s.e.l. homogéneo asociado**.

Proposición 3.2 *Sea $\mathbf{A} \cdot \mathbf{x} = \mathbf{b}$ un s.e.l. compatible indeterminado.*

a) *Si $\mathbf{x}_1, \mathbf{x}_2$ son soluciones de $\mathbf{A} \cdot \mathbf{x} = \mathbf{o}$, entonces $\mathbf{x}_1 - \mathbf{x}_2$ es solución de $\mathbf{A} \cdot \mathbf{x} = \mathbf{o}$.*

b) *Si $\mathbf{x}_1$ es solución de $\mathbf{A} \cdot \mathbf{x} = \mathbf{b}$ y $\mathbf{x}_o$ es solución de $\mathbf{A} \cdot \mathbf{x} = \mathbf{o}$, entonces $\mathbf{x}_1 + \mathbf{x}_o$ es solución de $\mathbf{A} \cdot \mathbf{x} = \mathbf{b}$.*

c) *Si S_h es el conjunto de soluciones de $\mathbf{A} \cdot \mathbf{x} = \mathbf{o}$ y $\mathbf{x}_1$ es una solución particular de $A \cdot x = \mathbf{b}$, entonces su conjunto de soluciones es $S_c = \mathbf{x}_1 + S_h = \{\mathbf{x}_1 + \mathbf{x}_o : \mathbf{x}_o \in S_h\}$.*

---

[2] Abreviadamente, I.
[3] Abreviadamente, $C.D.$
[4] Abreviadamente, $C.I.$
[5] Abreviadamente, un s.e.l.h.
[6] Notación: $\mathbf{A} \cdot \mathbf{c} = \mathbf{o}$.
[7] Denominada la **solución trivial**

↪ Ejercicio 3.2

☐ 3.2 Sistemas compatibles ▬▬▬▬▬▬▬▬▬

De acuerdo con la fórmula (3.2), el estudio de la existencia de soluciones de un s.e.l. equivale al problema de averiguar si el conjunto de columnas $\{\mathbf{A}^1, \ldots, \mathbf{A}^n, \mathbf{b}\}$ es ligado. Este hecho permite establecer el siguiente resultado.

Proposición 3.3 (Teorema de Rouché-Fröbenius) *Un s.e.l.* $\mathbf{A} \cdot \mathbf{x} = \mathbf{b}$ *es compatible si y sólo si* $r(\mathbf{A}) = r(\mathbf{A}|\mathbf{b})$

Una vez establecida la compatibilidad de un s.e.l., el siguiente paso consiste en saber si es determinado o indeterminado.

Proposición 3.4 *Sea* $\mathbf{A} \cdot \mathbf{x} = \mathbf{b}$ *un s.e.l. compatible de orden* $m \times n$, *es decir, un s.e.l. tal que* $r(\mathbf{A}) = r(\mathbf{A}|\mathbf{b}) = r \leq n$. *Entonces:*

a) *Si* $r = n$, *el sistema es compatible determinado.*

b) *Si* $r < n$, *el sistema es compatible indeterminado.*

Dado un s.e.l. compatible indeterminado de orden $m \times n$, si $r(\mathbf{A}) = r(\mathbf{A}|\mathbf{b}) = r < n$, el parámetro $n - r$ se denomina el número de **grados de libertad** del sistema y también la dimensión de su conjunto de soluciones.

↪ Ejercicio 3.3

↪ Ejercicio 3.4

↪ Ejercicio 3.5

☐ 3.3 Métodos de resolución ▬▬▬▬▬▬▬▬▬▬▬▬▬▬

Proposición 3.5 *Sea* $\mathbf{A} \cdot \mathbf{x} = \mathbf{b}$ *un s.e.l. compatible determinado de orden* $n \times n$. *Entonces, su única solución es:* $\mathbf{x} = \mathbf{A}^{-1} \cdot \mathbf{b}$.

Proposición 3.6 (Regla de Cramer)

Sea $\mathbf{A} \cdot \mathbf{x} = \mathbf{b}$ *un s.e.l. compatible determinado de orden* $n \times n$. *Entonces, su única solución es:*

$$\mathbf{x}^t = \left(\frac{\Delta_1}{|\mathbf{A}|}, \ldots, \frac{\Delta_n}{|\mathbf{A}|} \right)$$

donde Δ_i *es el determinante de la matriz que resulta de sustituir en* $\mathbf{A}$ *su columna i-ésima* $\mathbf{A}^i$ *por* $\mathbf{b}$.

Definición 3.5 *Dos sistemas de orden* $m \times n$, $\mathbf{A} \cdot \mathbf{x} = \mathbf{b}$ *y* $\mathbf{C} \cdot \mathbf{x} = \mathbf{d}$ *se llaman* **sistemas equivalentes** *si sus matrices ampliadas,* $(\mathbf{A}|\mathbf{b})$ *y* $(\mathbf{C}|\mathbf{d})$, *son equivalentes por filas.*

Proposición 3.7 *Si dos sistemas de ecuaciones lineales son equivalentes, entonces tienen el mismo conjunto de soluciones.*

↬ **Ejercicio 3.6**

Algoritmo de Gauss: Consiste en efectuar transformaciones elementales de fila sobre la matriz ampliada, hasta obtener una m.e.f.

↬ **Ejercicio 3.7**

Algoritmo de Gauss-Jordan: Consiste en efectuar transformaciones elementales de fila sobre la matriz ampliada, hasta obtener su m.e.r.f.; si el sistema es compatible determinado, en la última columna aparece la solución.

↬ **Ejercicio 3.8**

Método del pivote: Consiste en efectuar sucesivas transformaciones del tipo p_{lk} sobre la matriz ampliada, eliminando, tras cada una de ellas, la fila y la columna del pivote. Obsérvese que efectuar una transformación p_{lk} equivale a despejar la incógnita l-ésima de la ecuación k-ésima y sustituirla en el resto de ecuaciones.

↬ **Ejercicio 3.9**

3.4 Ejercicios

Ejercicio 3.1

Sea $\mathbf{A} \cdot \mathbf{x} = \mathbf{b}$ el s.e.l. 2×3, donde:

$$(\mathbf{A}|\mathbf{b}) = \begin{pmatrix} 2 & 5 & -6 & 3 \\ 3 & -4 & 2 & 0 \end{pmatrix}$$

Este sistema se puede denotar de tres maneras diferentes:

- $\begin{cases} 2x + 5y - 6z = 3 \\ 3x - 4y + 2z = 0 \end{cases}$

- $\begin{pmatrix} 2 & 5 & -6 \\ 3 & -4 & 2 \end{pmatrix} \begin{pmatrix} x \\ y \\ z \end{pmatrix} = \begin{pmatrix} 3 \\ 0 \end{pmatrix}$

- $x \cdot \begin{pmatrix} 2 \\ 3 \end{pmatrix} + y \cdot \begin{pmatrix} 5 \\ -4 \end{pmatrix} + z \cdot \begin{pmatrix} -6 \\ 2 \end{pmatrix} = \begin{pmatrix} 3 \\ 0 \end{pmatrix}$

Ejercicio 3.2

Consideramos los siguientes sistemas lineales 2×3:

$$\text{(I)} \begin{cases} 2x & - & 2y & + & z & = & 1 \\ & & y & + & 2z & = & 8 \end{cases} \qquad \text{(II)} \begin{cases} 2x & - & 2y & + & z & = & 0 \\ & & y & + & 2z & = & 0 \end{cases}$$

Observemos que:

1. El s.e.l. (I) es compatible indeterminado.
2. $\vec{z} = (1, 2, 3)$ es una solución particular del s.e.l. (I).
3. (II) es el sistema homogéneo asociado a (I).
4. El conjunto de soluciones del s.e.l.h. (II) es: $F = \langle (-5, -4, 2)^t \rangle$.

A partir de estos hechos, y teniendo en cuenta la proposición 3.2, podemos obtener tantas soluciones del sistema (I) como queramos:

$\vec{t}$	$(0, 0, 0)$	$(-5, -4, 2)$	$(10, 8, -4)$	$\ldots$
$\vec{y} = \vec{z} + \vec{t}$	$(1, 2, 3)$	$(-4, -2, 5)$	$(11, 10, -1)$	$\ldots$

Ejercicio 3.3

Consideramos los siguientes sistemas lineales:

I) $3x + y - z + t = 2$

$$\text{II)} \begin{cases} x & - & y & + & z & = & 1 \\ x & - & y & + & z & = & 2 \end{cases}$$

$$\text{III)} \begin{cases} x & + & y & = & 1 \\ & & y & = & 2 \end{cases}$$

$$\text{IV)} \begin{cases} x & + & y & = & 1 \\ x & - & y & = & 4 \\ 2x & + & 3y & = & 2 \end{cases}$$

Como consecuencia del teorema de Rouché-Fröbenius y el de caracterización de los sistemas compatibles determinados, obtenemos los siguientes resultados:

s.e.l.	m	n	$r(A)$	$r(A|\mathbf{b})$	Este s.e.l. es:
I)	1	4	1	1	Compatible indeterminado
II)	2	3	1	2	Incompatible
III)	2	2	2	2	Compatible determinado
IV)	3	2	2	3	Incompatible

Ejercicio 3.4

Consideramos el siguiente sistema lineal homogéneo 3×3:

$$\mathbf{A} \cdot \mathbf{x} = \mathbf{o}: \begin{cases} x & - & 2y & + & 2z & = & 0 \\ 2x & - & y & + & z & = & 0 \\ x & + & y & - & z & = & 0 \end{cases}$$

Calculamos el rango de la matriz del sistema $\mathbf{A}$:

$$\begin{pmatrix} 1 & -2 & 2 \\ 2 & -1 & 1 \\ 1 & 1 & -1 \end{pmatrix} \xrightarrow{e_1} \xrightarrow{e_2} \begin{pmatrix} 1 & -2 & 2 \\ 0 & 3 & -3 \\ 0 & 3 & -3 \end{pmatrix} \xrightarrow{e_3} \begin{pmatrix} 1 & -2 & 2 \\ 0 & 3 & -3 \\ 0 & 0 & 0 \end{pmatrix} \text{ donde: } \begin{cases} e_1 : f_2 \leftarrow f_2 - 2f_1 \\ e_2 : f_3 \leftarrow f_3 - f_1 \\ e_3 : f_3 \leftarrow f_3 - f_2 \end{cases}$$

Por tanto, podemos asegurar que el sistema es compatible indeterminado, con un grado de libertad.

Ejercicio 3.5

Discutimos el siguiente s.e.l. de orden 5×4 con dos parámetros:

$$\begin{cases} r \cdot x & & + & z & + & t & = & 0 \\ s \cdot x & + & y & & - & t & = & -1 \\ & & y & + & s \cdot z & + & t & = & r \\ x & & & - & z & + & t & = & 0 \\ x & - & y & + & z & & & = & -1 \end{cases}$$

$$\begin{pmatrix} r & 0 & 1 & 1 & | & 0 \\ s & 1 & 0 & -1 & | & -1 \\ 0 & 1 & s & 1 & | & r \\ 1 & 0 & -1 & 1 & | & 0 \\ 1 & -1 & 1 & 0 & | & -1 \end{pmatrix} \overset{\star_1}{\sim} \begin{pmatrix} 0 & 1 & 1 & r & | & 0 \\ 1 & -1 & 0 & s & | & -1 \\ 1 & 1 & s & 0 & | & r \\ 0 & 1 & -1 & 1 & | & 0 \\ -1 & 0 & 1 & 1 & | & -1 \end{pmatrix} \overset{\star_2}{\sim} \begin{pmatrix} -1 & 0 & 1 & 1 & | & -1 \\ 0 & 1 & -1 & 1 & | & 0 \\ 0 & 1 & 1 & r & | & 0 \\ 1 & 1 & s & 0 & | & r \\ 1 & -1 & 0 & s & | & -1 \end{pmatrix} \overset{\star_3}{\sim}$$

$$\overset{\star_3}{\sim} \begin{pmatrix} -1 & 0 & 1 & 1 & | & -1 \\ 0 & 1 & -1 & 1 & | & 0 \\ 0 & 1 & 1 & r & | & 0 \\ 0 & 1 & s+1 & 1 & | & r-1 \\ 0 & -1 & 1 & s+1 & | & -2 \end{pmatrix} \overset{\star_4}{\sim} \begin{pmatrix} -1 & 0 & 1 & 1 & | & -1 \\ 0 & 1 & -1 & 1 & | & 0 \\ 0 & 0 & 2 & r-1 & | & 0 \\ 0 & 0 & s+2 & 0 & | & r-1 \\ 0 & 0 & 0 & s+2 & | & -2 \end{pmatrix} \overset{\star_5}{\sim}$$

$$\overset{\star_5}{\sim} \begin{pmatrix} -1 & 0 & 1 & 1 & | & -1 \\ 0 & 1 & -1 & 1 & | & 0 \\ 0 & 0 & 2 & r-1 & | & 0 \\ 0 & 0 & 0 & (1-r)(s+2) & | & 2r-2 \\ 0 & 0 & 0 & s+2 & | & -2 \end{pmatrix} \overset{\star_6}{\sim} \begin{pmatrix} -1 & 0 & 1 & 1 & | & -1 \\ 0 & 1 & -1 & 1 & | & 0 \\ 0 & 0 & 2 & r-1 & | & 0 \\ 0 & 0 & 0 & s+2 & | & -2 \\ 0 & 0 & 0 & 0 & | & 0 \end{pmatrix}$$

- Intercambios de columnas: $y - t - z - x$. Efectuamos: $c_1 \leftrightarrow c_4$, $c_1 \leftrightarrow c_2$.
- Intercambios de filas: $f_1 \leftrightarrow f_5$, $f_2 \leftrightarrow f_4$, $f_3 \leftrightarrow f_5$, $f_4 \leftrightarrow f_5$.
- Suma de la fila 1 a las filas 4 y 5: $f_4 \leftarrow f_4 + f_1$, $f_5 \leftarrow f_5 + f_1$.
- Resta de la fila 2 a las filas 3 y 4, y suma de la fila 2 a la fila 5:

$$f_3 \leftarrow f_3 - f_2, f_4 \leftarrow f_4 - f_2, f_5 \leftarrow f_5 + f_2.$$

- $f_4 \leftarrow 2f_4 - (s + 2)f_3$.
- $f_4 \leftarrow f_4 - (1 - r)f_5$. Intercambio f_4 y f_5.

Por tanto, si $s = -2$, este s.e.l. es incompatible. En otro caso, es compatible determinado.

Ejercicio 3.6

Consideramos los siguientes sistemas lineales:

$$\text{(I) } \mathbf{A} \cdot \mathbf{x} = \mathbf{b}: \begin{cases} 2x & + & y & = & 1 \\ x & - & 2y & = & 3 \end{cases} \qquad \text{(II) } \mathbf{C} \cdot \mathbf{x} = \mathbf{d}: \begin{cases} 3x & - & y & = & 4 \\ 3x & + & 4y & = & -1 \end{cases}$$

Demostramos de tres formas diferentes que estos dos sistemas son equivalentes:

1. Ambos sistemas tienen la misma única solución: $(1, -1)$.

2. Las matrices $(\mathbf{A}|\mathbf{b})$ y $(\mathbf{C}|\mathbf{d})$ son equivalentes por filas. En concreto, la m.e.r.f. de ambas matrices es:

$$\begin{pmatrix} 1 & 0 & 1 \\ 0 & 1 & -1 \end{pmatrix}$$

3. Las ecuaciones del s.e.l. (II) se pueden obtener como combinación lineal de las ecuaciones de (I), y viceversa:

$$\{3x - y = 4\} = \{2x + y = 1\} + \{x - 2y = 3\}$$

$$\{3x + 4y = -1\} = 2\{2x + y = 1\} - \{x - 2y = 3\}$$

$$\{2x + y = 1\} = \tfrac{1}{3}\{3x - y = 4\} + \tfrac{1}{3}\{3x + 4y = -1\}$$

$$\{x - 2y = 3\} = \tfrac{2}{3}\{3x - y = 4\} - \tfrac{1}{3}\{3x + 4y = -1\}$$

Ejercicio 3.7

Clasificamos y resolvemos el siguiente s.e.l. de orden 3×4:

$$\mathbf{A} \cdot \mathbf{x} = \mathbf{b}: \begin{cases} x & + & y & + & z & - & 2t & = & 2 \\ 5x & - & 12y & - & 3z & + & 3t & = & 2 \\ 2x & - & 5y & - & z & + & t & = & 1 \end{cases}$$

- En primer lugar, obtengamos una m.e.f. de la matriz ampliada $(\mathbf{A}|\mathbf{b})$:

$$(\mathbf{A}|\mathbf{b}) = \begin{pmatrix} 1 & 1 & 1 & -2 & | & 2 \\ 5 & -12 & -3 & 3 & | & 2 \\ 2 & -5 & -1 & 1 & | & 1 \end{pmatrix} \xrightarrow{e_1 \ e_2} \begin{pmatrix} 1 & 1 & 1 & -2 & | & 2 \\ 0 & -17 & -8 & 13 & | & -8 \\ 0 & -7 & -3 & 5 & | & -3 \end{pmatrix} \xrightarrow{e_{34}}$$

$$\begin{pmatrix} 1 & 1 & 1 & -2 & | & 2 \\ 0 & -17 & -8 & 13 & | & -8 \\ 0 & 0 & 5 & -6 & | & 5 \end{pmatrix} = (\mathbf{C}|\mathbf{d})$$

donde: $e_1 : f_2 \leftarrow f_2 - 5f_1$, $e_2 : f_3 \leftarrow f_3 - 2f_1$, $e_{34} : f_3 \leftarrow 17f_3 - 7f_2$.

Por tanto, este s.e.l es compatible indeterminado: $r(\mathbf{A}) = r(\mathbf{C}) = 3 = r(\mathbf{C}|\mathbf{d}) = r(\mathbf{A}|\mathbf{b}) < 4 = n$.

- A partir de la m.e.f. $(\mathbf{C}|\mathbf{d})$, obtenemos la solución general:

$$\begin{cases} x + y + z - 2t & = & 2 \\ -17y - 8z + 13t & = & -8 \\ 5z - 6t & = & 5 \end{cases} \begin{array}{l} \longrightarrow \quad x = -y - z + 2t + 2 = \frac{3}{5}t + 1 \\ \longrightarrow \quad -17y = 8z - 13t - 8 = -\frac{17}{5}t \longrightarrow y = \frac{1}{5}t \\ \longrightarrow \quad 5z = 6t + 5 \longrightarrow z = \frac{6}{5}t + 1 \end{array}$$

Por tanto: $(x, y, z, t) = \left(\frac{3}{5}t + 1, \frac{1}{5}t, \frac{6}{5}t + 1, t\right) = (1, 0, 1, 0) + t\left(\frac{3}{5}, \frac{1}{5}, \frac{6}{5}, 1\right)$.

Es decir, la solución general de este sistema es $\vec{z} + F = (1, 0, 1, 0) + \langle (3, 1, 6, 5) \rangle$.

Ejercicio 3.8

Clasificamos y resolvemos el siguiente s.e.l. de orden 4×4:

$$\mathbf{A} \cdot \mathbf{x} = \mathbf{b}: \begin{cases} x & + & y & + & z & + & t & = & 0 \\ x & - & y & + & z & - & t & = & 12 \\ x & - & y & - & z & + & t & = & -6 \\ x & + & y & - & z & + & t & = & -8 \end{cases}$$

- En primer lugar, obtengamos una m.e.f. de la matriz ampliada $(\mathbf{A}|\mathbf{b})$:

$$(\mathbf{A}|\mathbf{b}) = \begin{pmatrix} 1 & 1 & 1 & 1 & | & 0 \\ 1 & -1 & 1 & -1 & | & 12 \\ 1 & -1 & -1 & 1 & | & -6 \\ 1 & 1 & -1 & 1 & | & -8 \end{pmatrix} \xrightarrow{e_1 \ e_2 \ e_3} \begin{pmatrix} 1 & 1 & 1 & 1 & | & 0 \\ 0 & -2 & 0 & -2 & | & 12 \\ 0 & -2 & -2 & 0 & | & -6 \\ 0 & 0 & -2 & 0 & | & -8 \end{pmatrix} \xrightarrow{e_4}$$

$$\begin{pmatrix} 1 & 1 & 1 & 1 & | & 0 \\ 0 & -2 & 0 & -2 & | & 12 \\ 0 & 0 & -2 & 2 & | & -18 \\ 0 & 0 & -2 & 0 & | & -8 \end{pmatrix} \xrightarrow{e_5} \begin{pmatrix} 1 & 1 & 1 & 1 & | & 0 \\ 0 & -2 & 0 & -2 & | & 12 \\ 0 & 0 & -2 & 2 & | & -18 \\ 0 & 0 & 0 & -2 & | & 10 \end{pmatrix} = (\mathbf{C}|\mathbf{d})$$

donde: $e_1 : f_2 \leftarrow f_2 - f_1$, $e_2 : f_3 \leftarrow f_3 - f_1$, $e_3 : f_4 \leftarrow f_4 - f_1$, $e_4 : f_3 \leftarrow f_3 - f_2$, $e_5 : f_4 \leftarrow f_4 - f_3$.

Por tanto, este sistema es compatible determinado: $r(\mathbf{A}) = r(\mathbf{C}) = 4 = r(\mathbf{C}|\mathbf{d}) = r(\mathbf{A}|\mathbf{b})$.

- Para resolver el sistema, es decir, para encontrar su única solución, hay tres métodos:

1. Después de encontrar una m.e.f. de la matriz ampliada, resolvemos el sistema equivalente obtenido, $\mathbf{C} \cdot \mathbf{x} = \mathbf{d}$, comenzando con la última ecuación:

$$\mathbf{C} \cdot \mathbf{x} = \mathbf{d}: \begin{cases} x + y + z + t = 0 & \longrightarrow \quad x = -y - z - t = 1 - 4 + 5 = 2 \\ \quad -2y \quad\quad\quad -2t = 12 & \longrightarrow \quad y = -t - 6 = 5 - 6 = -1 \\ \quad\quad\quad -2z + 2t = -18 & \longrightarrow \quad z = t + 9 = -5 + 9 = 4 \\ \quad\quad\quad\quad\quad -2t = 10 & \longrightarrow \quad\quad\quad t = -5 \end{cases}$$

2. Hallamos la m.e.r.f. de la matriz ampliada:

$$(\mathbf{A}|\mathbf{b}) \sim_f (\mathbf{C}|\mathbf{d}) = \begin{pmatrix} 1 & 1 & 1 & 1 & | & 0 \\ 0 & -2 & 0 & -2 & | & 12 \\ 0 & 0 & -2 & 2 & | & -18 \\ 0 & 0 & 0 & -2 & | & 10 \end{pmatrix} \overset{e_1}{\longrightarrow} \overset{e_2}{\longrightarrow} \overset{e_3}{\longrightarrow} \begin{pmatrix} 1 & 1 & 1 & 1 & | & 0 \\ 0 & 1 & 0 & 1 & | & -6 \\ 0 & 0 & 1 & -1 & | & 9 \\ 0 & 0 & 0 & 1 & | & -5 \end{pmatrix} \overset{e_4}{\longrightarrow} \overset{e_5}{\longrightarrow}$$

$$\begin{pmatrix} 1 & 0 & 0 & 1 & | & -3 \\ 0 & 1 & 0 & 1 & | & -6 \\ 0 & 0 & 1 & -1 & | & 9 \\ 0 & 0 & 0 & 1 & | & -5 \end{pmatrix} \overset{e_6}{\longrightarrow} \overset{e_7}{\longrightarrow} \overset{e_8}{\longrightarrow} \begin{pmatrix} 1 & 0 & 0 & 0 & | & 2 \\ 0 & 1 & 0 & 0 & | & -1 \\ 0 & 0 & 1 & 0 & | & 4 \\ 0 & 0 & 0 & 1 & | & -5 \end{pmatrix} = (I_4|x)$$

donde: $e_1 : f_2 \leftarrow -\frac{1}{2}f_2$, $e_2 : f_3 \leftarrow -\frac{1}{2}f_3$, $e_3 : f_4 \leftarrow -\frac{1}{2}f_4$, $e_4 : f_1 \leftarrow f_1 - f_2$, $e_5 : f_1 \leftarrow f_1 - f_3$, $e_6 : f_1 \leftarrow f_1 - f_4$, $e_7 : f_2 \leftarrow f_2 - f_4$, $e_8 : f_3 \leftarrow f_3 + f_4$.

3. Aplicamos la Regla de Cramer:

$$x = \frac{\Delta_x}{\Delta} = \frac{-16}{-8} = 2, \quad y = \frac{\Delta_y}{\Delta} = \frac{8}{-8} = -1, \quad z = \frac{\Delta_z}{\Delta} = \frac{-32}{-8} = 4, \quad t = \frac{\Delta_t}{\Delta} = \frac{40}{-8} = -5$$

Ejercicio 3.9

Resolvemos el siguiente s.e.l. de orden 4×6 por el método del pivote:

$$\begin{cases} x + 2y + z + t - 2u - v = -1 \\ 2x - y \quad\quad + 2t \quad\quad - v = 1 \\ \quad\quad y + 2z + t \quad\quad\quad = 3 \\ \quad\quad 2y - 2z \quad\quad + 2u \quad = 4 \end{cases}$$

Pivotamos y eliminamos la fila y la columna del pivote, hasta obtener una matriz fila:

$$\begin{pmatrix} x & y & z & t & u & v & | \\ \boxed{1} & 2 & 1 & 1 & -2 & -1 & | & -1 \\ 2 & -1 & 0 & 2 & 0 & -1 & | & -1 \\ 0 & 1 & 2 & 1 & 0 & 0 & | & 3 \\ 0 & 2 & -2 & 0 & 2 & 0 & | & 4 \end{pmatrix} \overset{[1]}{\longrightarrow} \begin{pmatrix} y & z & t & u & v & | \\ -5 & -2 & 0 & 4 & \boxed{1} & | & 1 \\ 1 & 2 & 1 & 0 & 0 & | & 3 \\ 2 & -2 & 0 & 2 & 0 & | & 4 \end{pmatrix} \overset{[2]}{\longrightarrow}$$

$$
\begin{pmatrix}
y & z & t & u & | \\
\boxed{1} & 2 & 1 & 0 & | & 3 \\
2 & -2 & 0 & 2 & | & 4
\end{pmatrix}
\overset{[3]}{\rightarrow}
\begin{pmatrix}
z & t & u & | \\
-6 & -2 & 2 & | & -2
\end{pmatrix}
$$

[1]: Efectuamos la tranformación p_{11} y eliminamos la fila 1 y la columna 1.
[2]: Efectuamos la tranformación p_{11} y eliminamos la fila 1 y la columna 5.
[3]: Efectuamos la tranformación p_{11} y eliminamos la fila 1 y la columna 1.

Despejamos la última incógnita de esta ecuación: $u = 3z + t - 1$. Sustituimos en las ecuaciones sobre las que hemos pivotado y despejamos las incógnitas eliminadas: $y = -2z - t + 3$, $v = -20z - 9t + 20$, $x = -11z - 6t + 11$.

☐ 3.5 Problemas propuestos

Problema 1

Clasifica los siguientes sistemas de ecuaciones lineales:

a) $\begin{cases} 2x - y + 3z = -9 \\ 4x + 2y + 5z = -7 \\ 6x - 5y - z = -1 \end{cases}$
  b) $\begin{cases} 2x - 3y + 4z = 6 \\ 3x - y + 5z = 1 \\ x + 2y + z = 4 \end{cases}$
  c) $\begin{cases} 3x + y = 1 \\ 2x - y = 2 \\ x - 3y = 3 \end{cases}$

d) $\begin{cases} x + 2y + 3z = 1 \\ 2x - y + z = -1 \\ -x + 3y + 2z = 2 \end{cases}$
  e) $\begin{cases} 12x - 13y + 14z = 7 \\ 28x + 32y - 18z = 32 \\ 34x + 19y + 15z = -49 \end{cases}$
  f) $\begin{cases} 2x + 3y = 5 \\ x - y = 2 \\ 3x + y = 6 \end{cases}$

g) $\begin{cases} 2x + y - z = 2 \\ x + y - 2z - t = 1 \\ x + 2y = 2 \\ 2x - y + 2z + t = 3 \end{cases}$
  h) $\begin{cases} 4y + 3z + 6t = 37 \\ x + 2y + 3z + 4t = 26 \\ 2x - y + z - t = -3 \\ x + y + z + t = 8 \end{cases}$
  i) $\begin{cases} 5x + y = -7 \\ 2x - y = -7 \\ 3x + y = -3 \\ 2x + 4y = 8 \end{cases}$

Problema 2

Resuelve los sistemas del ejercicio anterior que sean compatibles.

Problema 3

En los siguientes casos, determina para qué valores de λ el sistema de ecuaciones $(\mathbf{A} - \lambda \cdot I_n) \cdot \mathbf{x} = \mathbf{o}$ es compatible indeterminado:

a) $\mathbf{A} = \begin{pmatrix} 2 & 1 & 1 \\ 1 & 2 & 1 \\ 1 & 1 & 2 \end{pmatrix}$
  b) $\mathbf{A} = \begin{pmatrix} -3 & 6 & 0 \\ -2 & 3 & 0 \\ 0 & 0 & 5 \end{pmatrix}$
  c) $\mathbf{A} = \begin{pmatrix} 2 & -3 \\ -3 & 2 \end{pmatrix}$

$$d)\ \mathbf{A} = \begin{pmatrix} 3 & 17 \\ -2 & -3 \end{pmatrix} \quad e)\ \mathbf{A} = \begin{pmatrix} -1 & 1 & 0 \\ -3 & 3 & 0 \\ 0 & 0 & 3 \end{pmatrix} \quad f)\ \mathbf{A} = \begin{pmatrix} 3 & 2 & 1 \\ 2 & 6 & 2 \\ -5 & -10 & -3 \end{pmatrix}$$

$$g)\ \mathbf{A} = \begin{pmatrix} 1 & -1 & -1 & 0 \\ -1 & 1 & -1 & 0 \\ 2 & -2 & 4 & 0 \\ -1 & -1 & -1 & 1 \end{pmatrix} \quad h)\ \mathbf{A} = \begin{pmatrix} 4 & 1 & 0 & 1 \\ 2 & 3 & 0 & 1 \\ -2 & 1 & 2 & -3 \\ 2 & -1 & 0 & 5 \end{pmatrix}$$

3.5 Problemas propuestos

Problema 4

Sea $\mathbf{A} \cdot \mathbf{x} = \mathbf{b}$ un s.e.l. de orden $m \times n$. Demuestra las afirmaciones que sean ciertas. En caso contrario, halla un contraejemplo.

a) $m = 2, n = 4 \Rightarrow C.I.$
b) $r(\mathbf{A}) = n \Rightarrow C.D.$
c) Si $\mathbf{x}$ es solución, $2\mathbf{x}$ es solución $\Leftrightarrow \mathbf{b} = \mathbf{o}$
d) $m = n + 1$ y $|B| \neq 0 \Rightarrow I.$
e) $n > m \Leftrightarrow$ no $C.D.$
f) Homogéneo y $m < n \Rightarrow C.I.$
g) $C.D.$ y $m = n \Rightarrow \forall\ \mathbf{c}\ \mathbf{A} \cdot \mathbf{x} = \mathbf{c}\ \ C.D.$

Problema 5

Halla todos los polinomios $p(x)$ de grado tres que verifican: $p(1) = 2$, $p'(-2) = 29$, $p''(-1) = -18$. ¿Hay alguno que cumpla $p(-1) = 2$?

Problema 6

Halla la ecuación de la parábola que pasa por los puntos $A = (1, -1)$, $B = (3, 5)$ y $C = (-2, 20)$. Ídem, cambiando C por $D = (5, 11)$.

Problema 7

Josean ha organizado una fiesta en su casa y ha hecho 16 litros de kalimotxo de ron. Ha gastado 36 euros comprando vino de 1,6 euros/l, kola de 1,2 pts/l y ron de 6 euros/l. Sabiendo que podría haber comprado la mitad de vino y el doble de ron (no lo hizo por motivos estrictamente económicos), halla las proporciones del kalimotxo de Josean.

Problema 8

Una sustancia X pesa 3,2 gramos por cm^3 y otra sustancia Y pesa 4,3 gramos por cm^3. ¿Cuántos gramos hay de cada sustancia en una mezcla de ambas si en total pesa 50,4 gramos y su volumen total es de 13 cm^3?

Problema 9

Un fabricante de televisores obtiene un beneficio de 41 euros por cada televisor que vende y sufre una pérdida de 43 euros por cada televisor defectuoso que debe retirar del mercado. Un día ha fabricado 467 televisores y ha obtenido unos beneficios de 7.135 euros. ¿Cuántos televisores buenos y defectuosos ha fabricado ese día?

Problema 10

A las 8:00 h un avión despega de Barcelona y llega a Calcuta a las 22:00 h, hora local. A la vuelta, el mismo avión despega a las 13:00 h de Calcuta y, después de realizar el mismo trayecto y a la misma velocidad, aterriza en Barcelona a las 19:00 h, hora local. Determina tanto la duración del vuelo como la diferencia horaria entre ambas ciudades.

Problema 11

Una empresa fabrica tres tipos de fertilizantes (A, B y C) a partir de tres compuestos químicos X, Y y Z, en los porcentajes de composición que aparecen en la siguiente tabla:

%	A	B	C
X	6	8	12
Y	6	12	8
Z	8	4	12

Mezclando estos tres tipos de fertilizantes, la empresa quiere obtener un nuevo fertilizante D que contenga un 8 por ciento de cada uno de los tres compuestos químicos. ¿Qué cantidad debe utilizar de cada fertilizante para obtener 100 kg del fertilizante D?

◪ Problemas propuestos ▬▬▬▬▬▬▬▬▬

Problema 12

En los siguientes casos, encuentra un s.e.l. de orden $m \times n$ tal que:

a) $m = 2$, $n = 1$ e incompatible.

b) $m = 3$, $n = 2$ y compatible indeterminado.

c) $m = 3$, $n = 2$ e incompatible.

d) $m = 2$, $n = 3$ y compatible determinado.

e) $m = 3$, $n = 3$, homogéneo, y $(1, -1, 0)$, $(1, 2, -3)$ son soluciones.

f) $(x, y) = (1 - \lambda, 2 + 3\lambda)$ es la solución general.

g) $(x, y, z) = (2 - \lambda, 3 - \lambda, 4 + 2\lambda)$ es la solución general.

h) $(x, y, z) = (2 - \lambda + \mu, 4 + 2\lambda + 2\mu, 3 + \lambda)$ es la solución general.

i) $(x, y, z) = (2 - \lambda + \mu, 4 + 2\lambda - 2\mu, 3)$ es la solución general.

Problema 13

Discute los siguientes parámetros de ecuaciones lineales con parámetros:

a) $\begin{cases} 2x + (\alpha + 2)y + \alpha z & = \alpha^2 + 8 \\ (\alpha + 1)x + (\alpha + 1)y & = 2\alpha + 4 \\ -\alpha x + (2\alpha + 3)y + (2\alpha + 4)z & = \alpha + 1 \end{cases}$ b) $\begin{cases} bx + y + z = 1 \\ x + by + z = 1 \\ x + y + bz = 1 \end{cases}$

c) $\begin{cases} (a + 1)x + y + z = a^2 + 3a \\ x + (a + 1)y + z = a^3 + 3a^2 \\ x + y + (a + 1)z = a^4 + 3a^2 \end{cases}$ d) $\begin{cases} 3x - y + 2z & = 1 \\ x + 4y + z & = b \\ 2x - 5y + az & = -2 \end{cases}$

e) $\begin{cases} (2\alpha + 2)x + \alpha y + 2z = 2\alpha - 2 \\ 2x + (2 - \alpha)y = 0 \\ (\alpha + 1)x + (\alpha + 1)z = \alpha - 1 \end{cases}$ f) $\begin{cases} mx + y = n \\ x + my = 1 \\ x + y = n \end{cases}$

g) $\begin{cases} -5x - 12z & = 7 \\ -2x + my - 10z - 2t & = 10 \\ 2x + 5z & = -3 \\ -6x - 18z - t & = n \end{cases}$ h) $\begin{cases} bx + c^2 y + c^2 bz & = c^2 b \\ x + cy + c^2 z & = 1 \\ x + cy + bcz & = c \end{cases}$

i) $\begin{cases} x + y + mz + t = a \\ x + z + mt = b \\ mx + y + t = c \\ my + z = d \end{cases}$ j) $\begin{cases} 2x + cy + z & = 7 \\ x + cy + z + t & = d \\ x + 2cy + t & = -1 \\ dx + cy & = d \end{cases}$

k) $\begin{cases} kx + y + z + t = 2 \\ x - ky + z + t = 3 \\ x + y - kz + t = 4 \\ x + y + z - kt = 5 \\ x + y + z + t = 1 \end{cases}$ l) $\begin{cases} c^2 x - y + 3z = c^2 + 1 \\ x + y + z = 1 \\ cx + y + z = c \end{cases}$

m) $\begin{cases} -x_1 + mx_2 - x_3 = 0 \\ -x_3 + mx_4 - x_5 = 0 \\ mx_1 - x_2 = 0 \\ -x_4 + mx_5 = 0 \\ -x_2 + mx_3 - x_4 = 0 \end{cases}$ n) $\begin{cases} ax + by + z = 1 \\ x + aby + z = b \\ x + by + az = 1 \end{cases}$

ñ) $\begin{cases} x - y + 2z & = 1 + \lambda^2 \\ 3x + 2y + z & = \lambda \\ 3x + 7y - 4z & = -\displaystyle\sum_{i=0}^{3} \lambda^i \\ 2x + y + \mu z & = \lambda^3 \end{cases}$

Problema 14

Demuestra la proposición:

Todo s.e.l. compatible indeterminado posee infinitas soluciones.

Problema 15

Demuestra la proposición:

Sea $\mathbf{A} \cdot \mathbf{x} = \mathbf{b}$ un s.e.l. compatible indeterminado.

   a) *Si $\mathbf{x}_1, \mathbf{x}_2$ son soluciones de $\mathbf{A} \cdot \mathbf{x} = \mathbf{0}$, entonces $\mathbf{x}_1 - \mathbf{x}_2$ es solución de $\mathbf{A} \cdot \mathbf{x} = \mathbf{0}$.*

   b) *Si $\mathbf{x}_1$ es solución de $\mathbf{A} \cdot \mathbf{x} = \mathbf{b}$ y $\mathbf{x}_o$ es solución de $\mathbf{A} \cdot \mathbf{x} = \mathbf{0}$, entonces $\mathbf{x}_1 + \mathbf{x}_o$ es solución de $\mathbf{A} \cdot \mathbf{x} = \mathbf{b}$.*

   c) *Si S_h es el conjunto de soluciones de $\mathbf{A} \cdot \mathbf{x} = \mathbf{0}$ y $\mathbf{x}_1$ es una solución particular de $A \cdot x = \mathbf{b}$, entonces su conjunto de soluciones es $S_c = \mathbf{x}_1 + S_h = \{\mathbf{x}_1 + \mathbf{x}_o : \mathbf{x}_o \in S_h\}$.*

Problema 16

Demuestra la proposición:

(Teorema de Rouché-Fröbenius) *Un s.e.l. $\mathbf{A} \cdot \mathbf{x} = \mathbf{b}$ es compatible si y sólo si $r(\mathbf{A}) = r(\mathbf{A}|\mathbf{b})$*

Problema 17

Demuestra la proposición:

Sea $\mathbf{A} \cdot \mathbf{x} = \mathbf{b}$ un s.e.l. compatible de orden $m \times n$, es decir, un s.e.l. tal que $r(\mathbf{A}) = r(\mathbf{A}|\mathbf{b}) = r \leq n$. Entonces:

   a) *Si $r = n$, el sistema es compatible determinado.*

   b) *Si $r < n$, el sistema es compatible indeterminado.*

Problema 18

Demuestra la proposición:

Sea $\mathbf{A} \cdot \mathbf{x} = \mathbf{b}$ un s.e.l. compatible determinado de orden $n \times n$. Entonces, su única solución es: $\mathbf{x} = \mathbf{A}^{-1} \cdot \mathbf{b}$.

Problema 19

Demuestra la proposición:

(Regla de Cramer)

Sea $\mathbf{A} \cdot \mathbf{x} = \mathbf{b}$ un s.e.l. compatible determinado de orden $n \times n$. Entonces, su única solución es:

$$\mathbf{x}^t = \left(\frac{\Delta_1}{|\mathbf{A}|}, \ldots, \frac{\Delta_n}{|\mathbf{A}|} \right)$$

donde Δ_i es el determinante de la matriz que resulta de sustituir en $\mathbf{A}$ su columna i-ésima $\mathbf{A}^i$ por $\mathbf{b}$.

Problema 20

Demuestra la proposición:

Si dos sistemas de ecuaciones lineales son equivalentes, entonces tienen el mismo conjunto de soluciones.

4

Espacios vectoriales

☐ 4.1 Definición y ejemplos

Sea E un conjunto no vacío, en el que hay definidas una operación interna y otra externa:

$$E \times E \overset{+}{\longrightarrow} E \qquad \mathbb{R} \times E \overset{\cdot}{\longrightarrow} E$$
$$(\vec{u}, \vec{v}) \longmapsto \vec{u} + \vec{v} \qquad (\lambda, \vec{u}) \longmapsto \lambda \cdot \vec{u}$$

denominadas **suma** y **producto por escalares**, respectivamente.

Definición 4.1 *La terna $(E, +, \cdot)$ se denomina* **espacio vectorial** *sobre el cuerpo $\mathbb{R}$ de los números reales*[1] si se cumplen las siguientes propiedades:

i) El par $(E, +)$ es un grupo abeliano. Es decir, dados $\vec{u}, \vec{v}, \vec{w} \in E$:

   a) $(\vec{u} + \vec{v}) + \vec{w} = \vec{u} + (\vec{v} + \vec{w})$

   b) $\vec{u} + \vec{v} = \vec{v} + \vec{u}$

   c) Existe un elemento, denotado $\vec{o}$ y denominado el **elemento neutro** de E, tal que $\vec{u} + \vec{o} = \vec{u}$.

   d) Existe un elemento, denotado $-\vec{u}$ y denominado el **elemento opuesto** de $\vec{u}$, tal que $\vec{u} + (-\vec{u}) = \vec{o}$.

ii) Dados $\alpha, \beta \in \mathbb{R}$ y $\vec{u}, \vec{v} \in E$:

   e) $(\alpha + \beta) \cdot \vec{u} = \alpha \cdot \vec{u} + \beta \cdot \vec{u}$

   f) $(\alpha \cdot \beta) \cdot \vec{u} = \alpha \cdot (\beta \cdot \vec{u})$

   g) $\alpha \cdot (\vec{u} + \vec{v}) = \alpha \cdot \vec{u} + \alpha \cdot \vec{v}$

   h) $1 \cdot \vec{u} = \vec{u}$

Los elementos de un espacio vectorial se denominan **vectores**, mientras que los números reales reciben el nombre de **escalares**.

De forma completamente análoga, se definen los espacios vectoriales complejos, tomando en este caso como conjunto de escalares el cuerpo $\mathbb{C}$ de los números complejos.

---

[1] Abreviadamente, $\mathbb{R}$-espacio vectorial, o espacio vectorial real.

Proposición 4.1 *Sea* $(E, +, \cdot)$ *un espacio vectorial real. Dados* $\lambda, \alpha, \beta \in \mathbb{R}$ *y* $\vec{u}, \vec{v} \in E$:

a) *La propiedad* i) b) *se deduce del resto.*

b) *Si* $\vec{u} + \vec{v} = \vec{v}$, *entonces* $\vec{u} = \vec{o}$.

c) *Si* $\vec{u} + \vec{v} = \vec{o}$, *entonces* $\vec{v} = -\vec{u}$.

d) $0 \cdot \vec{v} = \vec{o}$

e) $\lambda \cdot \vec{o} = \vec{o}$

f) *Si* $\lambda \cdot \vec{v} = \vec{o}$, *entonces* $\lambda = 0$ *o* $\vec{v} = \vec{o}$.

g) $(-\lambda) \cdot \vec{v} = \lambda \cdot (-\vec{v}) = -(\lambda \cdot \vec{v})$

h) $-1 \cdot \vec{v} = -\vec{v}$

i) *Si* $\alpha \cdot \vec{u} = \beta \cdot \vec{u}$ *y* $\vec{u} \neq \vec{o}$, *entonces* $\alpha = \beta$.

j) *Si* $\alpha \cdot \vec{u} = \alpha \cdot \vec{v}$ *y* $\alpha \neq 0$, *entonces* $\vec{u} = \vec{v}$.

Ejemplos 4.1

Estos son algunos ejemplos de espacios vectoriales reales.

- El conjunto $\mathbb{R}^2 = \{(x, y) : x, y \in \mathbb{R}\}$, con las operaciones:

$$(x_1, y_1) + (x_2, y_2) = (x_1 + x_2, y_1 + y_2), \quad \lambda \cdot (x, y) = (\lambda x, \lambda y)$$

- El conjunto $\mathbb{R}^n = \{(x_1, x_2, \ldots, x_n) : x_1, x_2, \ldots, x_n \in \mathbb{R}\}$, con las operaciones:

$$(x_1, \ldots, x_n) + (y_1, \ldots, y_n) = (x_1 + y_1, \ldots, x_n + y_n), \quad \lambda \cdot (x_1, \ldots, x_n) = (\lambda x_1, \ldots, \lambda x_n)$$

- El conjunto $\mathbb{R}_n[x]$ de los polinomios con coeficientes reales de grado menor o igual que n, con las operaciones:

$$(a_0 + a_1 x + \ldots + a_n x^n) + (b_0 + b_1 x + \ldots + b_n x^n) = (a_0 + b_0) + (a_1 + b_1)x + \ldots + (a_n + b_n)x^n$$

$$\lambda \cdot (a_0 + a_1 x + \ldots + a_n x^n) = \lambda a_0 + (\lambda a_1)x + \ldots + (\lambda a_n)x^n$$

- El conjunto $\mathcal{M}_{\mathbb{R}}(m, n)$ de las matrices reales de orden $m \times n$, con las operaciones suma de matrices y producto por escalares definidas en la sección 1.2.

- El conjunto $\mathcal{F}(\mathbb{R}; \mathbb{R})$ de las funciones reales de variable real, con las operaciones:

$$(f + g)(x) = f(x) + g(x), \quad (\lambda \cdot f)(x) = \lambda \cdot f(x)$$

- El conjunto S_h de las soluciones de un s.e.l.h. $A \cdot \mathbf{c} = \mathbf{0}$ de orden $m \times n$, con las operaciones suma y producto por escalares de $\mathbb{R}^n$.

- El conjunto $\langle S \rangle = \left\{ \sum_{i=1}^{m} \lambda_i \vec{u}_i : \lambda_1, \ldots, \lambda_m \in \mathbb{R} \right\}$, donde $S = \{\vec{u}_1, \ldots, \vec{u}_m\}$ es un subconjunto de un espacio vectorial real, con las operaciones suma y producto por escalares definidas en él.

4.2 Independencia lineal

Definición 4.2 *Sea $S = \{\vec{u}_1, \ldots, \vec{u}_m\}$ un conjunto de vectores de un espacio vectorial E. Un vector $\vec{w}$ es* **combinación lineal** *de los vectores de S si existen m escalares: $\lambda_1, \lambda_2, \ldots, \lambda_m$, tales que*

$$\vec{w} = \lambda_1 \cdot \vec{u}_1 + \lambda_2 \cdot \vec{u}_2 + \ldots + \lambda_m \cdot \vec{u}_m$$

Una combinación lineal se denomina **nula** si es igual al vector $\vec{o}$. Si, además, todos sus escalares son nulos, se trata de la combinación lineal **trivial**[2] de los vectores de S: $0 \cdot \vec{u}_1 + \ldots + 0 \cdot \vec{u}_m = \vec{o}$.

Definición 4.3 *Un conjunto $S = \{\vec{u}_1, \ldots, \vec{u}_m\}$ de vectores de un espacio vectorial E se llama* **libre** *si su única combinación lineal nula es la combinación lineal trivial. En caso contrario, el conjunto S se denomina* **ligado**.

Los vectores de un conjunto libre se denominan **linealmente independientes**,[3] mientras que los de un conjunto ligado se denominan **linealmente dependientes**.[4]

Proposición 4.2 *Un conjunto de vectores S de cardinal al menos 2 es libre si y sólo si ningún vector de S puede obtenerse como combinación lineal del resto.*

Proposición 4.3 *Sea $S = \{\vec{u}_1, \ldots, \vec{u}_m\}$ un subconjunto libre de un espacio vectorial E.*

a) *$\vec{o} \notin S$*

b) *Todos los subconjuntos de S son libres.*

c) *Si $S = \{\vec{u}_1\}$, entonces S es libre si y sólo si $\vec{u}_1 \neq \vec{o}$.*

d) *Dado $\vec{w} \in E$, el conjunto $S \cup \{\vec{w}\}$ es libre si y sólo si $\vec{w} \notin \langle S \rangle = \left\{ \sum_{i=1}^{m} \lambda_i \vec{u}_i : \lambda_1, \ldots, \lambda_m \in \mathbb{R} \right\}$.*

e) *Sean $0 \neq \lambda \in \mathbb{R}$ y $\vec{u}_i \in S$. Entonces, el conjunto S' que resulta de reemplazar en S el vector $\vec{u}_i$ por $\lambda \vec{u}_i$, es libre.*

f) *Sean $\lambda \in \mathbb{R}$ y $\vec{u}_i, \vec{u}_j \in S$. Entonces, el conjunto S'' que resulta de reemplazar en S el vector $\vec{u}_i$ por $\vec{u}_i + \lambda \vec{u}_j$, es libre.*

Proposición 4.4 *Sea S un subconjunto de un espacio vectorial E.*

a) *Si S es ligado, entonces todo conjunto de vectores que lo contenga es también ligado.*

b) *Si el vector $\vec{o}$ pertenece a S, entonces es ligado.*

↬ **Ejercicio 4.1**

↬ **Ejercicio 4.2**

---

[2] Abreviadamente, c.l.t.
[3] Abreviadamente, l.i.
[4] Abreviadamente, l.d.

4.3 Sistemas de generadores y bases

Definición 4.4 *Sea $S = \{\vec{u}_1, \cdots, \vec{u}_m\}$ un subconjunto finito de un espacio vectorial E. Se denota $\langle S \rangle$, y se denomina el* **conjunto generado** *por S, aquél cuyos elementos son todas las combinaciones lineales de los elementos de S. Es decir:*

$$\langle S \rangle = \{\lambda_1 \cdot \vec{u}_1 + \lambda_2 \cdot \vec{u}_2 + \ldots + \lambda_m \cdot \vec{u}_m : \lambda_1, \lambda_2, \ldots, \lambda_m \in \mathbb{R}\}$$

Dados dos conjuntos de vectores S y F tales que S es finito y $F = \langle S \rangle$, el conjunto S recibe el nombre de **sistema de generadores**[5] de F.

Definición 4.5 *Sea E un espacio vectorial tal que posea un sistema de generadores finito S, es decir, tal que $E = \langle S \rangle$. Entonces, se dice que E es un espacio vectorial de* **dimensión finita**.

Proposición 4.5 *Sea $S = \{\vec{u}_1, \cdots, \vec{u}_m\}$ un sistema de generadores finito de un espacio vectorial E.*

a) *Si $\vec{u} \in E$, entonces $S \cup \{\vec{u}\}$ es un sistema de generadores de E.*

b) *Si $\vec{u}_i \in S$ y $\vec{u}_i \in \langle S \setminus \{\vec{u}_i\}\rangle$, entonces $S \setminus \{\vec{u}_i\}$ es un sistema de generadores de E.*

c) *Existe un subconjunto $\mathcal{B}$ de S que es libre y sistema de generadores de E.*

d) *Sean $0 \neq \lambda \in \mathbb{R}$ y $\vec{u}_i \in S$. Entonces, el conjunto S' que resulta de reemplazar en S el vector $\vec{u}_i$ por $\lambda \cdot \vec{u}_i$, es un sistema de generadores de E.*

e) *Sean $\lambda \in \mathbb{R}$ y $\vec{u}_i, \vec{u}_j \in S$. Entonces, el conjunto S'' que resulta de reemplazar en S el vector $\vec{u}_i$ por $\vec{u}_i + \lambda \cdot \vec{u}_j$ es un sistema de generadores de E.*

Definición 4.6 *Un sistema de generadores finito de un espacio vectorial E recibe el nombre de* **base** *de E si es libre.*

Ejemplos 4.2

Estos son algunos ejemplos de bases de espacios vectoriales reales.

- El conjunto $C = \{\vec{e}_1 = (1, 0, \ldots, 0), \vec{e}_2 = (0, 1, \ldots, 0), \ldots, \vec{e}_n = (0, 0, \ldots, 1)\}$ es una base del espacio vectorial $\mathbb{R}^n$, denominada su **base canónica**.

- El conjunto $\{1, x, \ldots, x^n), \}$ es una base del espacio vectorial $\mathbb{R}_n[x]$, denominada su **base canónica**.

- El conjunto $\{C_{ij} : 1 \leq i \leq m, 1 \leq j \leq n\}$, donde C_{ij} es la matriz cuyos términos son todos nulos excepto el ij-ésimo, que es igual a 1, es una base de $\mathcal{M}_{\mathbb{R}}(m, n)$, denominada su **base canónica**.

- Si $S = \{u_1, \ldots, u_m\}$ es un subconjunto libre de un espacio vectorial E, entonces es una base de $\langle S \rangle = \{\sum_{i=1}^{m} \lambda_i \vec{u}_i : \lambda_1, \ldots, \lambda_m \in \mathbb{R}\}$.

Proposición 4.6 *Sea $\mathcal{B}$ una base de un espacio vectorial E.*

a) *Sean $0 \neq \lambda \in \mathbb{R}$ y $\vec{u} \in \mathcal{B}$. Entonces, el conjunto $\mathcal{B}'$ que resulta de reemplazar en $\mathcal{B}$ el vector $\vec{u}$ por $\lambda\vec{u}$ es una base de E.*

b) *Sean $\lambda \in \mathbb{R}$ y $\vec{u}, \vec{v} \in \mathcal{B}$. Entonces, el conjunto $\mathcal{B}''$ que resulta de reemplazar en $\mathcal{B}$ el vector $\vec{u}$ por $\vec{u} + \lambda\vec{v}$ es una base de E.*

---

[5] Abreviadamente, s.g.

Proposición 4.7 *Todo espacio vectorial de dimensión finita posee una base.*

Proposición 4.8 *Sea $\mathcal{B} = \{\vec{u}_1, \ldots, \vec{u}_n\}$ un subconjunto finito de vectores de un espacio vectorial E. Entonces, $\mathcal{B}$ es una base de E si y sólo si cada vector de E se expresa de forma única como combinación lineal de los elementos de B.*

Proposición 4.9 (Teorema de Steinitz) *Sean $\mathcal{B}$ una base y S un subconjunto finito de vectores de un espacio vectorial E. Entonces, si S es libre, existe en $\mathcal{B}$ un subconjunto T tal que $S \cup T$ es una base de E.*

Proposición 4.10 *Sean $\mathcal{B}$ una base y S un subconjunto finito de vectores de un espacio vectorial E, tales que $card(\mathcal{B}) = n$ y $card(S) = m$. Entonces:*

a) *Si S es libre, entonces $m \leq n$*

b) *Si S es libre, entonces está contenido en una base de E.*

c) *Si S es una base de E, entonces $m = n$.*

d) *Si S es libre y $m = n$, entonces S es una base de E.*

e) *Si S es s.g. de E, entonces $n \leq m$.*

f) *Si S es s.g. de E y $m = n$, entonces S es una base de E.*

Proposición 4.11 (Teorema de la base) *Todas las bases de un espacio vectorial tienen el mismo cardinal.*

Definición 4.7 *El cardinal n de las bases de un espacio vectorial E recibe el nombre de **dimensión** de E. Notación: $\dim(E) = n$.*

Ejemplos 4.3

1. Por convenio, $\dim(\{\vec{o}\}) = 0$.
2. $\dim(\mathbb{R}^n) = n$.
3. $\dim(\mathbb{R}_n[x]) = n + 1$.
4. $\dim(\mathcal{M}_{\mathbb{R}}(m, n)) = m \cdot n$.
5. Si $S = \{\vec{u}_1, \ldots, \vec{u}_m\}$ es un conjunto de vectores de un espacio vectorial E, entonces $\dim(\langle S \rangle) \leq m$.

↬ **Ejercicio 4.3**

Definición 4.8 *Sea $\mathcal{B} = \{\vec{u}_1, \ldots, \vec{u}_n\}$ una base de un espacio vectorial E. Sea $\vec{w}$ un vector de E tal que $\vec{w} = k_1 \cdot \vec{u}_1 + \ldots + k_n \cdot \vec{u}_n$. Entonces, la n-tupla $(k_1, \ldots, k_n)$ recibe el nombre de conjunto de **coordenadas** de $\vec{w}$ respecto de la base B. En otras palabras, el escalar k_i es la i-**ésima coordenada** de $\vec{w}$ respecto de $\mathcal{B}$.*

Notación:[6]

$$[\vec{w}]_{\mathcal{B}} = \begin{pmatrix} k_1 \\ k_2 \\ \vdots \\ k_n \end{pmatrix}$$

---

[6] También es usual escribir $\vec{w} = (k_1, \ldots, k_n)_B$ o incluso simplemente $\vec{w} = (k_1, \ldots, k_n)$, si ello no da lugar a confusión.

Cambio de base

Proposición 4.12 *Sea $\mathcal{B}$ una base de un espacio vectorial E. Sea: $\lambda \in \mathbb{R}$ y $\vec{u}, \vec{v} \in E$. Entonces:*

a) $[u + v]_\mathcal{B} = [u]_\mathcal{B} + [v]_\mathcal{B}$

b) $[\lambda \cdot u]_\mathcal{B} = \lambda \cdot [u]_\mathcal{B}$

Definición 4.9 *Sea $S = \{\vec{a}_1, \vec{a}_2, \ldots, \vec{a}_m\}$ un subconjunto de vectores de un espacio vectorial E de dimensión n y $\mathcal{B}$ una base de E. La* **matriz de coordenadas** *del conjunto S respecto de la base $\mathcal{B}$ es la matriz $\mathcal{M}_{S\mathcal{B}}$ de orden $m \times n$ cuya fila i-ésima es la transpuesta de la columna de coordenadas de $\vec{a}_i$ en la base $\mathcal{B}$. Es decir:*

$$S = \{\vec{a}_1, \vec{a}_2, \ldots, \vec{a}_m\} \Rightarrow \mathcal{M}_{S\mathcal{B}} = \begin{pmatrix} [\vec{a}_1]_\mathcal{B}^t \\ [\vec{a}_2]_\mathcal{B}^t \\ \vdots \\ [\vec{a}_m]_\mathcal{B}^t \end{pmatrix} \in \mathcal{M}_\mathbb{R}(m, n)$$

Si la base considerada es la base canónica[7] C, se utilizan indistintamente las notaciones: $\mathcal{M}_{SC}$ y $\mathcal{M}_S$.

Definición 4.10 *Sean N, V dos bases de un espacio vectorial E de dimensión n. La* **matriz de cambio de base** *de N a V, denotada[8] $[I_E]_{NV}$, es la transpuesta de la matriz de coordenadas de la base N respecto de la base V. Es decir, si $N = \{\vec{v}_1, \vec{v}_2, \ldots, \vec{v}_n\}$:*

$$[I_E]_{NV} = \mathcal{M}_{NV}^t = \begin{pmatrix} [\vec{v}_1]_V & [\vec{v}_2]_V & \cdots & [\vec{v}_n]_V \end{pmatrix} \in \mathcal{M}_\mathbb{R}(n)$$

Proposición 4.13 (Fórmula de cambio de base) *Sean N, V dos bases de un espacio vectorial E de dimensión n. Sea $\vec{u}$ un vector de E. Entonces:*

$$[I_E]_{NV} \cdot [\vec{u}]_N = [\vec{u}]_V$$

Proposición 4.14 *Sean N, V dos bases de un espacio vectorial E de dimensión n. Sea S subconjunto de vectores de E. Entonces:*

a) $\mathcal{M}_{SV} = \mathcal{M}_{SN} \cdot \mathcal{M}_{NV}$

b) $\mathcal{M}_{VN} = \mathcal{M}_{NV}^{-1}$

c) $\mathcal{M}_{NV} = \mathcal{M}_N \cdot \mathcal{M}_V^{-1}$

↪ Ejercicio 4.8

4.4 Subespacios vectoriales

Definición 4.11 *Un subconjunto no vacío F de un espacio vectorial real $(E, +, .)$ es un* **subespacio vectorial** *de E si ambas operaciones están bien definidas en F. Es decir, si cumple las siguientes propiedades:*

---

[7] Suponiendo que se trata de un espacio vectorial en el que se ha predefinido una base canónica.

[8] Ver sección 5.4.

1. Si $\vec{u}, \vec{v} \in F$, entonces $\vec{u} + \vec{v} \in F$.
2. Si $\lambda \in \mathbb{R}$ y $\vec{u} \in F$, entonces $\lambda \cdot \vec{u} \in F$.

Proposición 4.15 *Sean $(E, +, .)$ un espacio vectorial real y F un subconjunto no vacío de E. Entonces, las siguientes afirmaciones son equivalentes:*

1. *F es un subespacio vectorial de E.*
2. *$(F, +, .)$ es un espacio vectorial real.*
3. *Si $\alpha, \beta \in \mathbb{R}$ y $\vec{u}, \vec{v} \in F$, entonces $\alpha \cdot \vec{u} + \beta \cdot \vec{v} \in F$.*
4. *Si $\lambda \in \mathbb{R}$ y $\vec{u}, \vec{v} \in F$, entonces $\vec{u} + \lambda \cdot \vec{v} \in F$.*

Ejemplos 4.4

Estos son algunos ejemplos de subespacios vectoriales reales.

- Todo subespacio vectorial debe contener el vector $\vec{o}$.

- En todo espacio vectorial E, el propio E y el conjunto $\{\vec{o}\}$ son subespacios vectoriales de E.

- Sea $\mathbf{A}$ una matriz de orden $m \times n$. El conjunto[9] $\Omega = \{\mathbf{A} \cdot \mathbf{x} : \mathbf{x} \in \mathbb{R}^n\}$ es un subespacio vectorial de $\mathbb{R}^m$. Además, $\dim(\Omega) = r(\mathbf{A})$.

- El conjunto F de las soluciones de un s.e.l.h. $\mathbf{A} \cdot \mathbf{x} = \mathbf{o}$ de orden $m \times n$ es un subespacio vectorial de $\mathbb{R}^n$. Además, $\dim(F) = n - r(\mathbf{A})$.

- Sean $m, n \in \mathbb{N}$ tales que $0 < m < n$. El conjunto $\mathbb{R}_m[x]$ es un subespacio vectorial de $\mathbb{R}_n[x]$.

- El conjunto $\mathcal{S}_{\mathbb{R}}(n)$ de las matrices reales simétricas de orden n es un subespacio vectorial de $\mathcal{M}_{\mathbb{R}}(m, n)$. Además, $\dim(\mathcal{S}_{\mathbb{R}}(n)) = \dfrac{n^2 + n}{2}$.

- El conjunto $\mathcal{P}(\mathbb{R}; \mathbb{R})$ de las funciones polinómicas es un subespacio vectorial del espacio vectorial $\mathcal{F}(\mathbb{R}; \mathbb{R})$ de las funciones reales de variable real.

- Sea $S = \{\vec{u}_1, \ldots, \vec{u}_m\}$ un subconjunto de un espacio vectorial E. El conjunto generado por S: $\langle S \rangle = \left\{ \sum_{i=1}^{m} \lambda_i \vec{u}_i : \lambda_1, \ldots, \lambda_m \in \mathbb{R} \right\}$ es un subespacio vectorial de E. Por esta razón, usualmente se denomina el **subespacio vectorial generado** por S.

Definición 4.12 *Dado un subconjunto S de un espacio vectorial E, se denomina **rango** de S a la dimensión del subespacio vectorial $\langle S \rangle$ generado por S. Notación: $r(S) = \dim\langle S \rangle$.*

Proposición 4.16 *Sean F, G dos subespacios vectoriales y S un conjunto de vectores de un espacio vectorial E de dimensión n. Entonces:*

a) *$\dim(F) \leq n$. Además, $\dim(F) = n$ si y sólo si $F = E$.*
b) *$F = G$ si y sólo si (i) $F \subseteq G$ y (ii) $\dim(F) = \dim(G)$.*
c) *Si $S \subset F$, entonces $\langle S \rangle \subseteq F$.*
d) *Si B es una base de E, entonces $r(S) = r(\mathcal{M}_{SB})$.*

---

[9] Identificamos $\mathbb{R}^n$ y $\mathcal{M}_{\mathbb{R}}(n, 1)$.

Proposición 4.17 *Sean $F = \langle S \rangle$ un subespacio vectorial y $\mathcal{B}$ una base de un espacio vectorial E. Sean e una transformación elemental de fila y S' el conjunto de vectores tal que $M_{S'\mathcal{B}} = e(M_{S\mathcal{B}})$. Entonces, $F = \langle S' \rangle$.*

Definición 4.13 *Sea $\mathcal{B}$ una base de un espacio vectorial E. Una base S de un subespacio vectorial F de E recibe el nombre de* **base canónica** *(con respecto a $\mathcal{B}$) de F, si la matriz de coordenadas $M_{S\mathcal{B}}$ es una m.e.r.f.*

↪ **Ejercicio 4.4**

↪ **Ejercicio 4.5**

↪ **Ejercicio 4.6**

4.5 Suma e intersección de subespacios vectoriales

Definición 4.14 *Sean F, G dos subespacios vectoriales de un espacio vectorial E. Se denomina* **suma** *de F y G, y se denota $F + G$, al conjunto de vectores de E que se pueden obtener como suma de un vector de F más un vector de G. Es decir:*

$$F + G = \{\vec{u} + \vec{v} \mid \vec{u} \in F, \vec{v} \in G\}$$

Proposición 4.18 *Sean F, G dos subespacios vectoriales de un espacio vectorial E. Entonces:*

a) $F \cap G$ *es un subespacio vectorial de E.*

b) $F + G$ *es un subespacio vectorial de E.*

Proposición 4.19 (Fórmula de Grassmann) *Sean F, G dos subespacios vectoriales de un espacio vectorial E. Entonces:*

$$\dim{(F + G)} = \dim{(F)} + \dim{(G)} - \dim{(F \cap G)}$$

Definición 4.15 *Sean F y G dos subespacios vectoriales de un espacio vectorial E tales que $F \cap G = \{\vec{o}\}$. Entonces, se dice que los subespacios vectoriales están en* **suma directa**. *Cuando esto sucede, el subespacio vectorial suma se denota $F \oplus G$.*

Definición 4.16 *Dos subespacios vectoriales F y G de un espacio vectorial E son* **suplementarios** *si están en suma directa y $E = F \oplus G$.*

Proposición 4.20 *Sean S_1, S_2 dos subconjuntos libres de un espacio vectorial E. Si $F = \langle S_1 \rangle$ y $G = \langle S_2 \rangle$ entonces, $F + G = \langle S_1 \cup S_2 \rangle$. Además, las siguientes afirmaciones son equivalentes:*

1. $S_1 \cup S_2$ *es libre.*
2. $F \cap G = \{\vec{o}\}$.
3. $\dim{(F \oplus G)} = \dim{(F)} + \dim{(G)}$.

↪ **Ejercicio 4.7**

Ejercicio 4.1

Sea $\{\vec{a}, \vec{b}, \vec{c}\}$ un subconjunto ligado de un espacio vectorial E.

- ¿Podemos asegurar que el vector $\vec{c}$ depende linealmente de los otros dos?

  La respuesta es *no*. Por ejemplo, si tomamos dos vectores linealmente independientes $\vec{b}$ y $\vec{c}$, entonces el conjunto $\{\vec{a} = -\vec{b}, \vec{b}, \vec{c}\}$ es ligado, pero $\vec{c}$ no es combinación lineal de los otros dos.

- ¿Podemos asegurar que uno de los tres vectores es combinación lineal de los otros dos?

  En este caso, la respuesta es *sí*. En efecto, si $\{\vec{a}, \vec{b}, \vec{c}\}$ es ligado, entonces existe una combinación lineal nula: $\alpha \cdot \vec{a} + \beta \cdot \vec{b} + \gamma \cdot \vec{c} = \vec{o}$, diferente de la combinación lineal trivial. Por tanto, no puede ocurrir: $\alpha = \beta = \gamma = 0$. Si, por ejemplo, $\beta \neq 0$, entonces:

$$\vec{b} = -\frac{\alpha}{\beta} \cdot \vec{a} - \frac{\gamma}{\beta} \cdot \vec{c}$$

  Es decir, el vector $\vec{b}$ depende linealmente de los otros dos.

Ejercicio 4.2

Consideramos el subconjunto de $\mathbb{R}^4$:

$$S = \{\vec{u} = (-1, -4, 5, -2), \vec{v} = (1, 0, r, s), \vec{w} = (2, 4, 6, -2)\}$$

Vamos a determinar para qué valores de los parámetros r y s, S es ligado.

Puesto que el conjunto $\{\vec{u}, \vec{w}\}$ es libre, que S sea ligado equivale a que el vector $\vec{v}$ sea combinación lineal de los otros dos:

$$\vec{v} = \alpha \cdot \vec{u} + \beta \cdot \vec{w} \Leftrightarrow (1, 0, r, s) = \alpha(-1, -4, 5, -2) + \beta(2, 4, 6, -2) \Leftrightarrow \begin{cases} 1 = -\alpha + 2\beta \\ 0 = -4\alpha + 4\beta \\ r = 5\alpha + 6\beta \\ s = -2\alpha - 2\beta \end{cases}$$

El s.e.l. formado por las dos primeras ecuaciones tiene como única solución: $\alpha = 1$, $\beta = 1$. Por tanto, sustituyendo en las dos últimas ecuaciones obtenemos que $r = 11$, $s = -4$.

Ejercicio 4.3

Vamos a demostrar que el espacio vectorial $\mathcal{M}_{\mathbb{R}}(2 \times 2)$ de las matrices reales de orden 2 es de dimensión 4. Para ello, comprobamos que el siguiente conjunto C es una base de este espacio vectorial, usualmente denominada su base canónica:

$$C = \left\{ C_{11} = \begin{pmatrix} 1 & 0 \\ 0 & 0 \end{pmatrix}, C_{12} = \begin{pmatrix} 0 & 1 \\ 0 & 0 \end{pmatrix}, C_{21} = \begin{pmatrix} 0 & 0 \\ 1 & 0 \end{pmatrix}, C_{22} = \begin{pmatrix} 0 & 0 \\ 0 & 1 \end{pmatrix} \right\}$$

- C es libre: $\alpha \cdot C_{11} + \beta \cdot C_{12} + \gamma \cdot C_{21} + \delta \cdot C_{22} = O_2 \Leftrightarrow \begin{pmatrix} \alpha & \beta \\ \gamma & \delta \end{pmatrix} = \begin{pmatrix} 0 & 0 \\ 0 & 0 \end{pmatrix} \Leftrightarrow \alpha = \beta = \gamma = \delta = 0$

- C es s.g.: $A = \begin{pmatrix} a_{11} & a_{12} \\ a_{21} & a_{22} \end{pmatrix} = a_{11} \cdot C_{11} + a_{12} \cdot C_{12} + a_{21} \cdot C_{21} + a_{22} \cdot C_{22}$

Ejercicio 4.4

Consideramos el siguiente subespacio vectorial de $\mathbb{R}^4$.

$$F = \{(x, y, z, t) \in \mathbb{R}^4 \mid x + 2y - z - t = 0\}.$$

Para demostrar que su dimensión es 3, buscamos un sistema de generadores:

$x + 2y - z - t = 0 \Leftrightarrow t = x + 2y - z :$

vector	x	y	z	t
$\vec{v}_1$	1	0	0	1
$\vec{v}_2$	0	1	0	2
$\vec{v}_3$	0	0	1	-1

Consideramos la matriz de coordenadas del conjunto $\mathcal{S} = \{\vec{v}_1, \vec{v}_2, \vec{v}_3\}$:

$$\mathcal{M}_\mathcal{S} = \begin{pmatrix} 1 & 0 & 0 & 1 \\ 0 & 1 & 0 & 2 \\ 0 & 0 & 1 & -1 \end{pmatrix}$$

Esta matriz es una m.e.r.f., lo cual nos permite asegurar que $r_f(\mathcal{M}_\mathcal{S}) = 3$. Por tanto, hemos demostrado que $\mathcal{S}$ es una base de F (concretamente, su base canónica), a partir de lo cual deducimos: $\dim(F) = 3$.

Ejercicio 4.5

Consideramos la siguiente matriz de orden tres:

$$A = \begin{pmatrix} 1 & 1 & 3 \\ 0 & 1 & 1 \\ 0 & 0 & 0 \end{pmatrix}$$

Teniendo en cuenta que A es una m.e.f., podemos asegurar que: $r_f(A) = 2$. Por tanto, su subespacio vectorial de filas $F = \langle (1, 1, 3), (0, 1, 1) \rangle \subset \mathbb{R}^3$ tiene dimensión 2.

Consideramos su subespacio vectorial de columnas: $G = \langle (1, 0, 0), (1, 1, 0), (3, 1, 0) \rangle \subset \mathbb{R}^3$. Como el conjunto $\{(1, 0, 0)(1, 1, 0)\}$ es libre y $(3, 1, 0) = 2 \cdot (1, 0, 0) + (1, 1, 0)$, podemos concluir que G tiene dimensión 2. Por tanto, $r_c(A) = 2$.

Hemos comprobado sobre la matriz A la identidad $r_f(A) = r_c(A)$.

Ejercicio 4.6

Dadas las siguientes matrices de orden 2×3:

$$A = \begin{pmatrix} 2 & 1 & 3 \\ 1 & -1 & 0 \end{pmatrix}, \quad B = \begin{pmatrix} 3 & 1 & 4 \\ -3 & 4 & 1 \end{pmatrix}$$

1. Demostramos que $A \sim_f B$. Ciertamente, ambas matrices tienen rango 2. Por tanto, ambas matrices pueden ser equivalentes por filas. Para demostrar que efectivamente lo son, hay diversos métodos:

   a) Observar que en ambas matrices la tercera columna es igual a la suma de las otras dos. Este hecho equivale a ver que los subconjuntos de $\mathbb{R}^3$: $\{A_1, A_2\}$ y $\{B_1, B_2\}$ son dos bases del subespacio vectorial de $\mathbb{R}^3$ de ecuación implícita: $x + y - z = 0$. Es decir, los subespacios vectoriales de filas de estas matrices coinciden y, por tanto, son equivalentes por filas.

   b) A partir de la matriz A, obtener, efectuando transformaciones elementales de fila, la matriz B, o viceversa.

   c) Comprobar que tienen la misma m.e.r.f.: $\mathcal{F}_A = \mathcal{F}_B = \begin{pmatrix} 1 & 0 & 1 \\ 0 & 1 & 1 \end{pmatrix}$

   d) Verificar que cada fila de A es c.l. de las filas de B, y viceversa:

   $$\begin{pmatrix} 2 & 1 & 3 \end{pmatrix} = \tfrac{11}{15}\begin{pmatrix} 3 & 1 & 4 \end{pmatrix} + \tfrac{1}{15}\begin{pmatrix} -3 & 4 & 1 \end{pmatrix}$$

   $$\begin{pmatrix} 1 & -1 & 0 \end{pmatrix} = \tfrac{1}{15}\begin{pmatrix} 3 & 1 & 4 \end{pmatrix} - \tfrac{4}{15}\begin{pmatrix} -3 & 4 & 1 \end{pmatrix}$$

   $$\begin{pmatrix} 3 & 1 & 4 \end{pmatrix} = \tfrac{4}{3}\begin{pmatrix} 2 & 1 & 3 \end{pmatrix} + \tfrac{1}{3}\begin{pmatrix} -1 & -1 & 0 \end{pmatrix}$$

   $$\begin{pmatrix} -3 & 4 & 1 \end{pmatrix} = \tfrac{1}{3}\begin{pmatrix} 2 & 1 & 3 \end{pmatrix} - \tfrac{11}{3}\begin{pmatrix} -1 & -1 & 0 \end{pmatrix}$$

2. Vamos a obtener la dimensión y las ecuaciones implícitas de sus subespacios vectoriales de filas.

   Puesto que ambas matrices son equivalentes por filas, consideramos únicamente una de ellas, por ejemplo A. Si denotamos F a su subespacio vectorial de filas, entonces: $\dim(F) = r_f(A) = 2$. Por último, se trata de encontrar su ecuación implícita. Aparte del procedimiento que consiste en encontrar una combinación lineal de las columnas de la matriz A, proponemos el siguiente método.

   Sea $\vec{v} = (x, y, z)$. Entonces:

   $$\vec{v} \in F \Leftrightarrow \vec{v} \in \langle A_1, A_2 \rangle \Leftrightarrow \langle A_1, A_2 \rangle = \langle A_1, A_2, \vec{v} \rangle \Leftrightarrow \langle A_1, A_2, \vec{0} \rangle = \langle A_1, A_2, \vec{v} \rangle \Leftrightarrow$$

   $$\Leftrightarrow \begin{pmatrix} 2 & 1 & 3 \\ 1 & -1 & 0 \\ 0 & 0 & 0 \end{pmatrix} \sim_f \begin{pmatrix} 2 & 1 & 3 \\ 1 & -1 & 0 \\ x & y & z \end{pmatrix} \Leftrightarrow \begin{pmatrix} 1 & 0 & 1 \\ 0 & 1 & 1 \\ 0 & 0 & 0 \end{pmatrix} \sim_f \begin{pmatrix} 1 & 0 & 1 \\ 0 & 1 & 1 \\ x & y & z \end{pmatrix}$$

Por tanto, calculamos la m.e.r.f. de esta última matriz:

$$\begin{pmatrix} 1 & 0 & 1 \\ 0 & 1 & 1 \\ x & y & z \end{pmatrix} \xrightarrow{e_1} \begin{pmatrix} 1 & 0 & 1 \\ 0 & 1 & 1 \\ 0 & y & z-x \end{pmatrix} \xrightarrow{e_2} \begin{pmatrix} 1 & 0 & 1 \\ 0 & 1 & 1 \\ 0 & 0 & z-x-y \end{pmatrix} \quad \text{donde:} \begin{cases} e_1 : f_3 \longleftarrow f_3 - x \cdot f_1 \\ e_2 : f_3 \longleftarrow f_3 - y \cdot f_2 \end{cases}$$

En consecuencia, la ecuación implícita de F es: $z - x - y = 0$, es decir, $x + y - z = 0$.

Ejercicio 4.7

Consideramos los siguientes subespacios vectoriales de $\mathbb{R}^4$:

$$F : \begin{cases} x - z + 2t = 0 \\ 2x + y - 4z + 5t = 0 \end{cases} \qquad G = \langle (3, -2, 3, 8), (1, 0, -3, -6) \rangle$$

Vamos a hallar una base y las ecuaciones implícitas de F, G, $F \cap G$ y $F + G$.

- $\begin{pmatrix} 1 & 0 & -1 & 2 & | & 0 \\ 2 & 1 & -4 & 5 & | & 0 \end{pmatrix} \sim_f \begin{pmatrix} 1 & 0 & -1 & 2 & | & 0 \\ 0 & 1 & -2 & 1 & | & 0 \end{pmatrix} \leftrightarrow \begin{cases} x - z + 2t = 0 \rightarrow x = z - 2t \\ y - 2z + t = 0 \rightarrow y = 2z - t \end{cases}$

Por tanto:

$$(x, y, z, t) = (z - 2t, 2z - t, z, t) = z(1, 2, 1, 0) + t(-2, -1, 0, 1) \implies F = \langle (1, 2, 1, 0), (-2, -1, 0, 1) \rangle$$

- $\begin{pmatrix} 1 & 0 & -3 & -6 \\ 3 & -2 & 3 & 8 \\ x & y & z & t \end{pmatrix} \sim_f \begin{pmatrix} 1 & 0 & -3 & -6 \\ 0 & -2 & 12 & 26 \\ 0 & y & z + 3x & t + 6x \end{pmatrix} \sim_f \begin{pmatrix} 1 & 0 & -3 & -6 \\ 0 & 1 & -6 & -13 \\ 0 & 0 & z + 3x + 6y & t + 6x + 13y \end{pmatrix}$

Por tanto:

$$G : \begin{cases} 3x + 6y + z = 0 \\ 6x + 13y + t = 0 \end{cases}$$

- $F \cap G : \begin{cases} x - z + 2t = 0 \\ 2x + y - 4z + 5t = 0 \\ 3x + 6y + z = 0 \\ 6x + 13y + t = 0 \end{cases} \leftrightarrow$

$\begin{pmatrix} 1 & 0 & -1 & 2 & | & 0 \\ 2 & 1 & -4 & 5 & | & 0 \\ 3 & 6 & 1 & 0 & | & 0 \\ 6 & 13 & 0 & 1 & | & 0 \end{pmatrix} \sim_f \begin{pmatrix} 1 & 0 & -1 & 2 & | & 0 \\ 0 & 1 & -2 & 1 & | & 0 \\ 0 & 6 & 4 & -6 & | & 0 \\ 0 & 13 & 6 & -11 & | & 0 \end{pmatrix} \sim_f \begin{pmatrix} 1 & 0 & -1 & 2 & | & 0 \\ 0 & 1 & -2 & 1 & | & 0 \\ 0 & 0 & 16 & -12 & | & 0 \\ 0 & 0 & 0 & 0 & | & 0 \end{pmatrix}$

$\leftrightarrow \begin{cases} x - z + 2t = 0 \rightarrow x = z - 2t \rightarrow x = -\frac{5}{4}t \\ y - 2z + t = 0 \rightarrow y = 2z - t \rightarrow y = \frac{1}{2}t \\ 4z - 3t = 0 \rightarrow z = \frac{3}{4}t \end{cases}$

Por tanto:

$$(x, y, z, t) = \left(-\frac{5}{4}t, \frac{1}{2}t, \frac{3}{4}t, t\right) = \frac{t}{4}(-5, 2, 3, 4) \implies F \cap G = \langle (-5, 2, 3, 4) \rangle$$

- $F + G = \langle (1, 2, 1, 0), (-2, -1, 0, 1), (3, -2, 3, 8), (1, 0, -3, -6) \rangle \implies$

$\begin{pmatrix} 1 & 2 & 1 & 0 \\ -2 & -1 & 0 & 1 \\ 3 & -2 & 3 & 8 \\ 1 & 0 & -3 & -6 \end{pmatrix} \sim_f \begin{pmatrix} 1 & 2 & 1 & 0 \\ 0 & 3 & 2 & 1 \\ 0 & -8 & 0 & 8 \\ 0 & -2 & -4 & -6 \end{pmatrix} \sim_f \begin{pmatrix} 1 & 2 & 1 & 0 \\ 0 & 1 & 0 & -1 \\ 0 & 3 & 2 & 1 \\ 0 & 1 & 2 & 3 \end{pmatrix} \sim_f \begin{pmatrix} 1 & 2 & 1 & 0 \\ 0 & 1 & 0 & -1 \\ 0 & 0 & 1 & 2 \\ 0 & 0 & 0 & 0 \end{pmatrix}$

Por tanto, $F + G = \langle(1, 2, 1, 0), (0, 1, 0, -1), (0, 0, 1, 2)\rangle$ es un subespacio vectorial de dimensión 3, cuya ecuación implícita es:

$$F + G: \begin{vmatrix} 1 & 2 & 1 & 0 \\ 0 & 1 & 0 & -1 \\ 0 & 0 & 1 & 2 \\ x & y & z & t \end{vmatrix} = \begin{vmatrix} 1 & 2 & 1 & 2 \\ 0 & 1 & 0 & 0 \\ 0 & 0 & 1 & 2 \\ x & y & z & y+t \end{vmatrix} = \begin{vmatrix} 1 & 1 & 2 \\ 0 & 1 & 2 \\ x & z & y+t \end{vmatrix} = y - 2z + t = 0$$

Ejercicio 4.8

En el espacio vectorial $E = \mathbb{R}_2[x]$, consideramos las siguientes bases:

$$C = \{1, x, x^2\}, \quad V = \{1 + x + x^2, 1 + x, 1\}, \quad N = \{2 + x + 2x^2, 1 + 3x^2, -1 + 4x - 2x^2\}$$

Vamos a obtener las coordenadas de $p(x) = 1 + x + 3x^2$ respecto a estas tres bases. Para ello, calculamos, en primer lugar, algunas matrices de cambio de base:

$$\mathcal{M}_V^t = \begin{pmatrix} 1 & 1 & 1 \\ 1 & 1 & 0 \\ 1 & 0 & 0 \end{pmatrix} \quad \mathcal{M}_N^t = \begin{pmatrix} 2 & 1 & -1 \\ 1 & 0 & 4 \\ 2 & 3 & -2 \end{pmatrix} \quad \mathcal{M}_{NV}^t = [\mathcal{M}_V^t]^{-1} \cdot \mathcal{M}_N^t = \begin{pmatrix} 2 & 3 & -2 \\ -1 & -3 & 6 \\ 1 & 1 & -5 \end{pmatrix}$$

Por tanto:

$$[p]_C = \begin{pmatrix} 1 \\ 1 \\ 3 \end{pmatrix} \quad [p]_V = \mathcal{M}_{CV}^t \cdot [p]_C = [\mathcal{M}_V^t]^{-1} \cdot [p]_C = \begin{pmatrix} 3 \\ -2 \\ 0 \end{pmatrix}$$

Para calcular las coordenadas de $p(x)$ en la base N, mostramos dos métodos diferentes:

- $[p]_N = \mathcal{M}_{CN}^t \cdot [p]_C = [\mathcal{M}_N^t]^{-1} \cdot [p]_C = \begin{pmatrix} \frac{1}{17} \\ \frac{19}{17} \\ \frac{4}{17} \end{pmatrix}$

- $[p]_N = \mathcal{M}_{VN}^t \cdot [p]_V = [\mathcal{M}_{NV}^t]^{-1} \cdot [p]_V = \begin{pmatrix} \frac{1}{17} \\ \frac{19}{17} \\ \frac{4}{17} \end{pmatrix}$

Finalmente, comprobamos los resultados obtenidos:

- $3(1 + x + x^2) - 2(1 + x) = 1 + x + 3x^2$

- $\dfrac{1}{17}(2 + x + 2x^2) + \dfrac{19}{17}(1 + 3x^2) + \dfrac{4}{17}(-1 + 4x - 2x^2) = \dfrac{1}{17}(17 + 17z + 51x^2) = 1 + x + 3x^2$

Problema 1

En los siguientes casos, expresa el vector $\vec{u} = (2, -1) \in \mathbb{R}^2$ como combinación lineal de los elementos de S:

a) $S = \{\vec{e}_1 = (1, 0), \ \vec{e}_2 = (0, 1)\}$

b) $S = \{\vec{v}_1 = (2, 2), \ \vec{v}_2 = (4, 1)\}$

c) $S = \{\vec{w}_1 = (0, 1), \ \vec{w}_2 = (2, 1), \ \vec{w}_3 = (-1, -2)\}$

d) $S = \{\vec{d}_1 = (4, -6), \ \vec{d}_2 = (-6, 9)\}$

Problema 2

Indica cuáles de los siguientes subconjuntos de $\mathbb{R}^3$ son libres:

- $A = \{\vec{u}_1 = (1, 1, 2), \ \vec{u}_2 = (1, 2, 3), \ \vec{u}_3 = (1, 0, 1)\}$
- $B = \{\vec{u}_1 = (2, 1, -1), \ \vec{u}_2 = (-5, -1, -1), \ \vec{u}_3 = (1, -1, 3)\}$
- $C = \{\vec{u}_1 = (0, 1, -1), \ \vec{u}_2 = (1, 0, -1), \ \vec{u}_3 = (1, -1, 0)\}$
- $D = \{\vec{u}_1 = (1, 0, 0), \ \vec{u}_2 = (0, -1, 0), \ \vec{u}_3 = (1, 1, 1), \ \vec{u}_4 = (1, 0, 2)\}$
- $E = \{\vec{u}_1 = (1, -1, 0), \ \vec{u}_2 = (-1, 1, 0)\}$

Problema 3

Da dos ejemplos, uno en $\mathbb{R}^2$ y el otro en $\mathbb{R}^4$, de:

a) Conjunto libre y no sistema de generadores.

b) Conjunto libre y sistema de generadores.

c) Conjunto ligado y sistema de generadores.

d) Conjunto ligado y no sistema de generadores.

Problema 4

En los siguientes casos, determina $r(S)$, así como las posibles relaciones de dependencia:

a) $S = \{\vec{a} = (1, 1, 1, 1), \ \vec{b} = (0, 1, 2, -1), \ \vec{c} = (1, 0, -2, 3), \ \vec{d} = (2, 1, 0, -1)\}$

b) $S = \{\vec{a} = (1, 0, 1, 0), \ \vec{b} = (2, 1, 0, 1), \ \vec{c} = (0, 2, -1, 1), \ \vec{d} = (3, -1, 2, 0)\}$

c) $S = \{\vec{a} = (1, 0, 2, 3), \ \vec{b} = (7, 4, -2, -1), \ \vec{c} = (5, 2, 4, 7), \ \vec{d} = (3, 2, 0, 1)\}$

d) $S = \{\vec{a} = (3, -1, n, -1), \ \vec{b} = (1, 1, 0, m), \ \vec{c} = (-3, 5, m, -4)\}$

Problema 5

En los siguientes casos, encuentra, cuando sea posible, una base B de $\mathbb{R}^3$ tal que $S \subseteq B$ o $B \subseteq S$:

a) $S = \{\vec{u}_1 = (2, 1, -1), \ \vec{u}_2 = (-3, 3, 5), \ \vec{u}_3 = (3, 6, 2)\}$

b) $S = \{\vec{v}_1 = (-3, 2, 2),\ \vec{v}_2 = (2, 3, 0),\ \vec{v}_3 = (1, 8, 2),\ \vec{v}_4 = (4, 1, 0)\}$

c) $S = \{\vec{w}_1 = (-3, 5, -4),\ \vec{w}_2 = (5, -8, -7)\}$

d) $S = \{\vec{d}_1 = (3, -2, 0),\ \vec{d}_2 = (-2, 0, 3),\ \vec{d}_3 = (0, -4, 9),\ \vec{d}_4 = (-2, 4, -6),\ \vec{d}_5 = (4, 0, -1)\}$

Problema 6

Sea $\vec{v} = (2, 1, -1)$. Halla un subconjunto S de $\mathbb{R}^3$ que contenga a $\vec{v}$ y tal que:

a) S es una base de $\mathbb{R}^3$.

b) S es un conjunto ligado de cardinal 2.

c) S es un s.g. ligado.

d) S es un conjunto ligado de cardinal 3 y todos sus subconjuntos de cardinal 2 son libres.

e) S es un conjunto ligado de cardinal 3 y todos sus subconjuntos de cardinal 2 son ligados.

Problema 7

En los siguientes casos, determina si H es un subespacio vectorial de E. En caso afirmativo, obtén sus ecuaciones paramétricas, implícitas, y una base.

a) $H = \{(x, y, z) \mid 2x + y - z = 0\},\ E = \mathbb{R}^3$

b) $H = \{(x, y, z) \mid x - y + z = 1\},\ E = \mathbb{R}^3$

c) $H = \{(x, y, z) \mid x - y = 0,\ y + z = 0\},\ E = \mathbb{R}^3$

d) $H = \{(x, y, z, t) \mid x - y + z = 0,\ x - 2y + t = 1\},\ E = \mathbb{R}^4$

e) $H = \{(x, y, z, t) \mid 2x - y + z = 0,\ y + z - t = 0\},\ E = \mathbb{R}^4$

f) $H = \{(2 - \lambda, \lambda, -3\lambda) : \lambda \in \mathbb{R}\ \},\ E = \mathbb{R}^3$

g) $H = \{(\lambda - \mu, 2\lambda + 3\mu, -\mu, 0) : \lambda, \mu \in \mathbb{R}\ \},\ E = \mathbb{R}^4$

h) $H = \{(\lambda, -2\lambda, -\lambda) : \lambda \in \mathbb{R}\ \},\ E = \mathbb{R}^3$

i) $H = \langle\{\vec{v}_1, \vec{v}_2\}\rangle,\ \vec{v}_1 = (1, -1, 2),\ \vec{v}_2 = (0, 1, 1),\ E = \mathbb{R}^3$

j) $H = \langle\{\vec{u}_1, \vec{u}_2, \vec{u}_3\}\rangle,\ \vec{u}_1 = (0, 1, -1, 1),\ \vec{u}_2 = (1, 0, 1, -1),\ \vec{u}_3 = (2, 1, 1, -1),\ E = \mathbb{R}^4$

k) $H = \langle\{\vec{u}, \vec{v}\}\rangle,\ \vec{u} = (-2, -4),\ \vec{v} = (3, 6),\ E = \mathbb{R}^2$

l) $H = \langle\{\vec{u}\}\rangle,\ \vec{u} = (-1, 0, 2),\ E = \mathbb{R}^3$

m) $H = \mathbb{R}^2,\ E = \mathbb{R}^3$

n) $H = \langle\{\vec{u}, \vec{v}, \vec{w}\}\rangle,\ \vec{u} = (1, 0, -1),\ \vec{v} = (2, 1, 1),\ \vec{w} = (0, -1, -1),\ E = \mathbb{R}^3$

ñ) $H = \{(x, y, z) \mid 2x + y - z^2 = 0\},\ E = \mathbb{R}^3$

o) $H = \{(x_1, 0, x_3, 0) : x_1, x_3 \in \mathbb{R}\},\ E = \mathbb{R}^4$

p) $H = \{(x, y, z) \mid x + y = 0,\ xy + z = 0\},\ E = \mathbb{R}^3$

q) $H = \{(x, y) \mid x^2 + y^2 = 0\},\ E = \mathbb{R}^2$

r) $H = \{(x, y, z) \mid x^2 + z^2 + 1 = 0\},\ E = \mathbb{R}^3$

s) $H = \{(\alpha + \gamma, \alpha + \beta + 2\gamma, 2\beta + 2\gamma) : \alpha, \beta, \gamma \in \mathbb{R}\ \},\ E = \mathbb{R}^3$

$t)$ $H = \{(\alpha, \alpha + \beta + 2\gamma, 2\beta) : \alpha, \beta, \gamma \in \mathbb{R}\}$, $E = \mathbb{R}^3$

$u)$ $H = \{(x_1, \ldots, x_n) \mid \sum_{i=1}^{n} i x_i = 0\}$, $E = \mathbb{R}^n$

Problema 8

Demuestra que $\langle \{\vec{u}_1, \vec{u}_2\} \rangle = \langle \{\vec{v}_1, \vec{v}_2\} \rangle$ si: $\vec{u}_1 = (1, 2, 1)$, $\vec{u}_2 = (1, 3, 2)$, $\vec{v}_1 = (1, 1, 0)$, $\vec{v}_2 = (3, 8, 5)$.

Problema 9

Halla una base del subespacio vectorial de $\mathbb{R}^3$ generado por $\vec{u}_1 = (1, 2, 0)$, $\vec{u}_2 = (1, 8, 4)$, $\vec{u}_3 = (1, 5, 2)$, $\vec{u}_4 = (0, 3, 2)$, y encuentra una base de $\mathbb{R}^3$ que la contenga.

Problema 10

Halla las ecuaciones implícitas y la base canónica de los siguientes subespacios vectoriales:

a) $F = \langle \{\vec{u}_1 = (0, 0, 3, 6), \vec{u}_2 = (2, 2, 1, 2), \vec{u}_3 = (-3, -3, 5, 10), \vec{u}_4 = (-1, -1, 1, 2)\} \rangle \subseteq \mathbb{R}^4$

b) $G = \langle \{\vec{v}_1 = (1, 1, 3), \vec{v}_2 = (0, 2, 4), \vec{v}_3 = (-3, 4, -5)\} \rangle \subseteq \mathbb{R}^3$

c) $H = \langle \{\vec{w}_1 = (2, 1, 3, 0), \vec{w}_2 = (3, 0, 1, 2), \vec{w}_3 = (4, 0, -1, 5), \vec{w}_4 = (-1, 4, 5, -2)\} \rangle \subseteq \mathbb{R}^4$

Problema 11

Halla las ecuaciones implícitas y la base canónica de los siguientes subespacios vectoriales:

a) $F = \{(\beta + 3\gamma, 2\alpha - \beta - \gamma, \alpha + \gamma) : \alpha, \beta, \gamma \in \mathbb{R}\} \subset \mathbb{R}^3$

b) $G = \{(\alpha + 2\beta - \gamma, \alpha + \gamma, -\beta + \gamma, -2\alpha - 4\beta + 2\gamma) : \alpha, \beta, \gamma \in \mathbb{R}\} \subset \mathbb{R}^4$

c) $H = \{(x, y, z, t) = (2\alpha + \beta - 3\gamma, \alpha - 2\gamma, \alpha - 2\gamma, -\alpha - \beta + \gamma) : \alpha, \beta, \gamma \in \mathbb{R}\} \subset \mathbb{R}^4$

Problema 12

Dados los subespacios vectoriales de $\mathbb{R}^4$:

$$F = \langle \{\vec{u}_1 = (1, 2, 1, 3), \vec{u}_2 = (2, 0, 3, 2)\} \rangle$$

$$G = \langle \{\vec{v}_1 = (-1, 6, -3, 5), \vec{v}_2 = (0, 4, -1, 4), \vec{v}_3 = (3, 2, 1, -1)\} \rangle$$

comprueba que $F \subset G$ y obtén dos bases de G, una que contenga la base de F dada y la otra que contenga la base canónica de F.

Problema 13

En los siguientes casos, calcula la dimensión de U, V, $U + V$ y la base canónica de $U \cap V$:

a) $U = \{(x, y, z) \mid x - 4y - 7z = 0\}$ $V = \langle \{\vec{u} = (1, 2, 5), \vec{v} = (3, -1, -2), \vec{w} = (4, 1, 3)\} \rangle$

b) $U = \langle \{\vec{u} = (1, 2, 5), \vec{v} = (-2, 3, -3), \vec{w} = (0, 0, 0)\} \rangle$ $V = \{(x, y, z) \mid 3x + 2y = 0, \ y + z = 0\}$

c) $U = \{(x_1, x_2, x_3, x_4, x_5) \mid x_1 = x_2 - x_3 = x_2 + x_3 + x_5\}$
$V = \{(x_1, x_2, x_3, x_4, x_5) \mid 2x_1 + x_2 + x_3 - x_4 = 0\}$

d) $U = \{(x, y, z, t) \mid 2x + y - 3t = 0\}$ $V = \langle\{\vec{a} = (-1, 5, -3, 1), \ \vec{b} = (3, -3, 2, 1)\}\rangle$

e) $U = \langle\{\vec{a} = (2, 0, -1, 1), \ \vec{b} = (1, 1, 2, 1)\}\rangle$ $V = \{(x, y, z, t) \mid x = y = z\}$

f) $U = \langle\{\vec{a} = (2, 5, -3, 6), \ \vec{b} = (1, 3, -2, 4)\}\rangle$ $V = \{(x, y, z, t) \mid 3x + y + 5z = 0, \ 2x - y + 4z + 2t = 0\}$

g) $U = \{(x, y, z, t) \mid x + y + z = 0\}$ $V = \langle\{(2, 5, -3, 1), \ (-4, 2, -1, -2), \ (-2, 3, -7, -1), \ (6, 1, 0, 3)\}\rangle$

Problema 14

En los siguientes casos, halla dos subespacios suplementarios distintos de F:

a) $F = \langle\{\vec{u} = (1, 2, -1), \ \vec{v} = (3, -1, -3), \ \vec{w} = (-4, -1, 4)\}\rangle \subset \mathbb{R}^3$

b) $F = \langle\{\vec{u} = (1, 3, 0, -1), \ \vec{v} = (2, 5, 1, 2), \ \vec{w} = (1, 2, 1, 3)\}\rangle \subset \mathbb{R}^4$

c) $F = \{(x_1, x_2, x_3, x_4, x_5) \mid x_1 = x_2 - x_3 = x_2 + x_3 + x_5\} \subset \mathbb{R}^5$

Problema 15

En los siguientes casos, comprueba si B es una base de $\mathbb{R}^3$ y, en caso afirmativo, obtén $[\vec{x}]_B$:

a) $B = \{\vec{u}_1 = (-1, 0, 0), \ \vec{u}_2 = (0, 1, 0), \ \vec{u}_3 = (0, 0, 2)\}, \ \vec{x} = (-3, 2, 5)$

b) $B = \{\vec{u}_1 = (-1, 1, -1), \ \vec{u}_2 = (1, 1, 1), \ \vec{u}_3 = (2, 4, 8)\}, \ \vec{x} = (1, 2, 0)$

c) $B = \{\vec{u}_1 = (-1, 0, 1), \ \vec{u}_2 = (2, 1, 0), \ \vec{u}_3 = (1, 2, 3)\}, \ \vec{x} = (0, 2, 0)$

d) $B = \{\vec{u}_1 = (1, 0, 1), \ \vec{u}_2 = (0, 1, 1), \ \vec{u}_3 = (1, 1, 0)\}, \ \vec{x} = (1, 0, 3)$

e) $B = \{\vec{u}_1 = (1, 1, 1), \ \vec{u}_2 = (1, 1, 2), \ \vec{u}_3 = (1, 2, 3)\}, \ \vec{x} = (6, 9, 14)$

f) $B = \{\vec{u}_1 = (2, 1, 4), \ \vec{u}_2 = (1, -1, 3), \ \vec{u}_3 = (3, 2, 5)\}, \ \vec{x} = (5, 9, 5)$

◼ Problemas propuestos ▬▬▬▬▬▬▬▬▬▬▬▬▬▬

Problema 16

Dado el subconjunto de $\mathbb{R}^4$:

$$S = \{\vec{v}_1 = (1, 1, 0, m), \ \vec{v}_2 = (3, -1, n, -1), \ \vec{v}_3 = (-3, 5, n, 4)\}$$

determina para qué valores de m y n, S es un conjunto ligado. Calcula, en este caso, la relación de dependencia.

Problema 17

En los siguientes casos, calcula el valor de m para que los siguientes vectores de $\mathbb{R}^5$ sean linealmente dependientes:

a) $\vec{v}_1 = (1, 1, 0, 2, 3), \ \vec{v}_2 = (0, 3, 5, 1, 2), \ \vec{v}_3 = (1, 4, 5, m, 5)$

b) $\vec{v}_1 = (0, 4, 5, m, 5 - 2m)$, $\vec{v}_2 = (0, 3, 5, 1, 2)$, $\vec{v}_3 = (-3, 1, 0, 2, 3)$

c) $\vec{v}_1 = (3, 2, 0, 2, 0)$, $\vec{v}_2 = (6, 4, 5m, 4 + m, 2m)$, $\vec{v}_3 = (0, 0, 5, 1, 2)$

Problema 18

Determina, según los valores de α, β, γ, los rangos de los subconjuntos S_1, S_2, S_3 de $\mathbb{R}^3$.

- $S_1 = \{\vec{a} = (\alpha, 1, 1), \ \vec{b} = (1, \alpha, 1), \ \vec{c} = (1, 1, \alpha)\}$
- $S_2 = \{\vec{a} = (\alpha, 1, 1), \ \vec{b} = (-1, -\alpha, -1), \ \vec{c} = (-1, -1, \alpha)\}$
- $S_3 = \{\vec{a} = (0, \gamma, -\beta), \ \vec{b} = (-\gamma, 0, \alpha), \ \vec{c} = (\beta, -\alpha, 0)\}$

Problema 19

Demuestra que todo subconjunto de $\mathbb{R}^3$ de cardinal 3 cuyos elementos son vectores de la forma $(1, x, x^2)$ es una base.

Problema 20

Halla la base canónica del subespacio vectorial de soluciones de cada uno de los siguientes sistemas de ecuaciones lineales homogéneas:

a) $\begin{cases} (k + 5)x + (2k - 1)y - z = 0 \\ x + (k - 2)y - z = 0 \\ 3x + 2y + z = 0 \end{cases}$ b) $\begin{cases} x + y + mz = 0 \\ x - y + z = 0 \\ 2x + y - z = 0 \end{cases}$ c) $\begin{cases} 5x + 4y - 5z + 2t = 0 \\ 2x + y + z - t = 0 \\ x + y - 2z + t = 0 \end{cases}$

Problema 21

Discute para qué valores de r y s $\langle\{\vec{u}_1, \vec{u}_2, \vec{u}_3\}\rangle = \langle\{\vec{v}_1, \vec{v}_2, \vec{v}_3\}\rangle$, donde:

$$\vec{u}_1 = (6, r, 9), \ \vec{u}_2 = (s, 1, 4), \ \vec{u}_3 = (4, 2, 5), \ \vec{v}_1 = (1, 3, 5), \ \vec{v}_2 = (2, 0, 1), \ \vec{v}_3 = (1, 1, 2)$$

Problema 22

Determina para qué valores de m el vector $\vec{w} = (1, 5, m)$ pertenece al subespacio vectorial de $\mathbb{R}^3$ generado por los vectores $\vec{u}_1 = (0, 7, -1)$, $\vec{u}_2 = (3, 1, -1)$, $\vec{u}_3 = (1, -2, 0)$.

Problema 23

En los siguientes casos, discute la dimensión de F:

a) $F = \langle\{(a, 0, 0), \ (1, a, 0), \ (2, 0, b)\}\rangle \subset \mathbb{R}^3$

b) $F = \langle\{(2, 3, 1), \ (a + 2, 3, 2), \ (a, b, 1)\}\rangle \subset \mathbb{R}^3$

c) $F = \langle\{(2, 1, 3, 0), \ (2, -5, 0, 1), \ (2, m, -6, 2)\}\rangle \subset \mathbb{R}^4$

d) $F = \langle\{(a, a, a, a), \ (a, b, b, b), \ (a, b, c, c), \ (a, b, c, d)\}\rangle \subset \mathbb{R}^4$

e) $F = \langle \{(r, 1, 1),\ (1, r, 1),\ (1, 1, r)\} \rangle \subset \mathbb{R}^3$

f) $F = \langle \{(0, r, -s),\ (-r, 0, t),\ (s, -t, 0)\} \rangle \subset \mathbb{R}^3$

g) $F_m = \{(x, y, z, t) = (m(\alpha + (2 + m)\beta), 0, \alpha + \beta, 0)\} \subset \mathbb{R}^4$

Problema 24

Sean los subespacios vectoriales de $\mathbb{R}^3$:

$$F = \langle \{\vec{u}_1 = (0, 0, 5),\ \vec{u}_2 = (2, 3, -1),\ \vec{u}_3 = (-4, -6, 1)\} \rangle$$
$$G = \langle \{\vec{v}_1 = (2, 1, 3),\ \vec{v}_2 = (5, 2, 6),\ \vec{v}_3 = (1, 1, 3)\} \rangle$$

Halla la base canónica de $F \cap G$ y complétala hasta obtener una base de F, otra de G y otra de $\mathbb{R}^3$.

Problema 25

Sean F, G dos subespacios vectoriales de $\mathbb{R}^n$ de dimensiones $n - 1$ y 2, respectivamente. Demuestra que si F no contiene a G, entonces $\dim (F \cap G) = 1$ y $F + G = \mathbb{R}^n$.

Problema 26

Dos subespacios vectoriales F, G de $\mathbb{R}^n$ son suplementarios si y sólo si $\dim (F) + \dim (G) = n$ y $F \cap G = \{\vec{\partial}\}$.

Problema 27

Sean los subespacios vectoriales de $\mathbb{R}^4$:

$$F = \langle \{\vec{u}_1 = (1, 1, 5, 2),\ \vec{u}_2 = (2, 3, 11, 5),\ \vec{u}_3 = (0, 1, 1, 1)\} \rangle$$
$$G = \langle \{\vec{v}_1 = (2, 1, 3, 2),\ \vec{v}_2 = (5, 2, 6, 2),\ \vec{v}_3 = (1, 1, 3, 4)\} \rangle$$

Demuestra que F y G son subespacios vectoriales suplementarios en $\mathbb{R}^4$. Obtén la descomposición del vector $\vec{a} = (2, 0, 0, 3)$ sobre ellos.

Problema 28

Sean los subespacios vectoriales de $\mathbb{R}^4$:

$$F = \langle \{\vec{u}_1 = (0, 0, 5, 2),\ \vec{u}_2 = (2, 3, -1, 5),\ \vec{u}_3 = (0, 1, 1, 1)\} \rangle$$
$$G = \langle \{\vec{v}_1 = (2, 1, 3, 2),\ \vec{v}_2 = (5, 2, 6, 2),\ \vec{v}_3 = (1, 1, 3, 4)\} \rangle$$

Demuestra que $F + G = \mathbb{R}^4$, pero no son subespacios vectoriales suplementarios. Obtén dos descomposiciones del vector $\vec{a} = (2, 0, 0, 3)$ sobre ellos.

Problema 29

Sean los subespacios vectoriales de $\mathbb{R}^4$:

$$F = \{(x, y, z, t) \mid (2 + \lambda)x + y + z - t = 0,\ x + z - t = 0\}$$

$$G = \{(x, y, z, t) \mid (3 + \lambda)x + y + 2z - 2t = 0, \ x - y + (\lambda + 2)z - t = 0\}$$

Determina, según los diversos valores de λ, las dimensiones de F, G, $F + G$ y $F \cap G$.

Problema 30

Indica cuáles de los siguientes subconjuntos de $\mathbb{R}_2[x]$ son libres:

a) $S_1 = \{p_1(x) = 1 + x^2, \ p_2(x) = 1 + x + 2x^2, \ p_3(x) = 1 + 2x + 3x^2\}$

b) $S_2 = \{p_1(x) = 1 - x^2, \ p_2(x) = 1 - x, \ p_3(x) = x - x^2\}$

c) $S_3 = \{p_1(x) = 1 + 2x^2, \ p_2(x) = 1 + x + x^2, \ p_3(x) = -x, \ p_4(x) = 1\}$

Problema 31

En los siguientes casos, determina si H es un subespacio vectorial de E. En caso afirmativo, obtén sus ecuaciones paramétricas, implícitas, y una base.

a) $H = \{p(x) \mid$ grado de $p(x)$ es 2$\}$, $E = \mathbb{R}_2[x]$

b) $H = \{p(x) \mid p(1) = 0\}$, $E = \mathbb{R}_2[x]$

c) $H = \{p(x) \mid p(-x) = -p(x)\}$, $E = \mathbb{R}_3[x]$

d) $H = \{A \mid A^t = A\}$, $E = \mathcal{M}_\mathbb{R}(2)$

e) $H = \{A \mid A^t = -A\}$, $E = \mathcal{M}_\mathbb{R}(3)$

f) $H = \{A \mid A^2 = O_3\}$, $E = \mathcal{M}_\mathbb{R}(3)$

g) $H = \{A \mid tr(A) = 0\}$, $E = \mathcal{M}_\mathbb{R}(2)$

h) $H = \{A \mid a_{11} = -3a_{11}\}$, $E = \mathcal{M}_\mathbb{R}(2)$

i) $H = \{a + bx + cx^2 + dx^3 \mid a - c + 2d = 0, \ 3c - 5d = 0\}$, $E = \mathbb{R}_3[x]$

j) $H = \{A \mid a_{ij} = 0 \text{ si } i \leq j\}$, $E = \mathcal{M}_\mathbb{R}(3)$

k) $H = \{A \mid a_{ij} = 0 \text{ si } i \neq j\}$, $E = \mathcal{M}_\mathbb{R}(2)$

l) $H = \{A \mid A^t = 3A\}$, $E = \mathcal{M}_\mathbb{R}(2)$

m) $H = \{A \mid a_{11} = a_{23} = -a_{21} + 2a_{13}\}$, $E = \mathcal{M}_\mathbb{R}(2 \times 3)$

n) $H = \{p(x) \mid p(x)$ es múltiplo de $x^2 + 1\}$, $E = \mathbb{R}_3[x]$

ñ) $H = \{p(x) \mid p(1)$ es un número entero $\}$, $E = \mathbb{R}_3[x]$

Problema 32

Sea $F = \{C \in \mathcal{M}_\mathbb{R}(2) \mid C \cdot B = A \cdot C\}$, donde:

$$A = \begin{pmatrix} 3 & 2 \\ -1 & 0 \end{pmatrix} \qquad B = \begin{pmatrix} 2 & 0 \\ -5 & 1 \end{pmatrix}$$

Demuestra que F es un subespacio vectorial de $\mathcal{M}_\mathbb{R}(2)$ y obtén su base canónica.

Problema 33

Demuestra que $B_1=\{2 + x + x^2,\ 1 + 2x + x^2,\ 1 + x + 2x^2\}$ y $B_2=\{1 + x^2,\ x + x^2,\ 1 + x\}$ son sendas bases de $\mathbb{R}_2[x]$. Halla $[p(x)]_{B_1}$, sabiendo que $[p(x)]_{B_2}^t = (2 \ -1 \ \ 4)$.

Problema 34

Sean los subconjuntos de $\mathbb{R}_2[x]$: $S_1=\{2 - 3x,\ x - 2x^2\}$ y $S_2=\{2 - 4x + 2x^2,\ 2 - x - 4x^2\}$.

a) Demuestra que S_1 y S_2 generan el mismo subespacio vectorial F de $\mathbb{R}_2[x]$.

b) Obtén la matriz $M_{S_1 S_2}$

c) Halla $p(x)$ y $[p(x)]_{S_1}$, sabiendo que $[p(x)]_{S_2}^t = (2 \ 2)$.

Problema 35

Sea el subespacio vectorial de $\mathbb{R}^4$: $F=\langle\{(a, 0, 5, 1),\ (2, 0, 0, b),\ (0, 0, 2, -1)\}\rangle$.

a) Discute $\dim(F)$ según los diversos valores de los parámetros a, b.

b) Discute en qué casos el vector $\vec{v} = (2, 0, 1, 3)$ pertenece a F.

c) En cada uno de los casos del apartado anterior, obtén $[\vec{v}]_S$, donde S es cualquier base de F contenida en el sistema de generadores dado.

Problema 36

Sean $H=\langle\{\vec{a}, \vec{b}\}\rangle$, $K=\langle\{\vec{c}, \vec{d}\}\rangle$, $F=\langle\{\vec{a}, \vec{b}, \vec{c}\}\rangle$, $G=\langle\{\vec{a}, \vec{b}, \vec{d}\}\rangle$ subespacios vectoriales de $\mathbb{R}^4$, donde:

$$S = \{\vec{a} = (1, 2, 0, 0),\ \vec{b} = (0, 0, -1, 2),\ \vec{c} = (2, 3, 0, 0),\ \vec{d} = (0, 0, 2, -3)\}$$

a) Demuestra que $F + G = H \oplus K = \mathbb{R}^4$.

b) Halla las bases canónicas C_H y C_K, de H y K.

c) Demuestra que S es una base de $\mathbb{R}^4$. Calcula $[\vec{x}]_S$, sabiendo que $[\vec{x}]_B^t = (2\ 1\ 2\ 3)$, donde $B = C_H \cup C_K$.

d) Halla las ecuaciones implícitas de $H + \langle\{\vec{a} + \vec{b}, \vec{c} + \vec{d}\}\rangle$.

◤ **Problemas propuestos** ▬▬▬▬▬▬▬▬▬▬▬▬▬▬▬

Problema 37

Sea $S = \{\vec{a},\ \vec{b},\ \vec{c}\}$ un subconjunto de un espacio vectorial real E. Demuestra que las siguientes afirmaciones son equivalentes:

a) S es libre.

b) $S_1=\{\vec{a} + \vec{b},\ \vec{b},\ \vec{b} + \vec{c}\}$ es libre.

c) $S_2=\{\vec{a} + \vec{b},\ \vec{a} + \vec{c},\ \vec{b} + \vec{c}\}$ es libre.

d) $S_3=\{\vec{a},\ \vec{a} + \vec{b},\ \vec{a} + \vec{b} + \vec{c}\}$ es libre.

Problema 38

Sea E un espacio vectorial real de dimensión n. Sea S un subconjunto de cardinal m de E que es sistema de generadores y cumple la siguiente condición: ninguno de sus subconjuntos de cardinal $m - 1$ es s.g. Demuestra que S es una base de E.

Problema 39

Sea S un subconjunto libre de cardinal m de un espacio vectorial real E que cumple la siguiente condición: todos los conjuntos de cardinal $m + 1$ que contienen a S son ligados. Demuestra que S es una base de E.

Problema 40

Demuestra que un subconjunto S de $\mathbb{R}^4$ con cuatro elementos es ligado si y sólo si sus coordenadas son solución de una ecuación lineal homogénea con cuatro incógnitas.

Problema 41

Sean $\vec{u}$, $\vec{v}$, $\vec{w}$ tres vectores tales que $\alpha.\vec{u} + \beta.\vec{v} + \gamma.\vec{w} = \vec{o}$. Demuestra que, si $\alpha.\gamma \neq 0$, entonces $\langle\{\vec{u}, \vec{v}\}\rangle = \langle\{\vec{v}, \vec{w}\}\rangle$.

Problema 42

Demuestra que la unión de dos subespacios vectoriales es un espacio vectorial si y sólo si uno está contenido en el otro.

Problema 43

Sean F, G, H tres subespacios vectoriales de $\mathbb{R}^n$. Demuestra que $F \cap G + F \cap H \subseteq F \cap (G + H)$. Comprueba mediante un contraejemplo que, en general, la igualdad no es cierta.

Problema 44

Sean F, G, H tres subespacios vectoriales de $\mathbb{R}^n$. Demuestra que $F + (G \cap H) \subseteq (F + G) \cap (F + H)$. Demuestra que, si $F \subseteq H$, entonces se cumple la igualdad. Comprueba mediante un contraejemplo que, en general, la igualdad no es cierta.

Problema 45

Los únicos subespacios vectoriales de cualquier espacio vectorial E que tienen un único suplementario son $\{\vec{o}\}$ y E. Demuéstralo en $\mathbb{R}^3$.

Problema 46

Si F, G son dos subespacios vectoriales de dimensión m de un espacio vectorial E de dimensión n, entonces tienen un suplementario común. Demuéstralo para $E = \mathbb{R}^4$ y $m = 2$. Halla un subespacio vectorial de $\mathbb{R}^3$ que sea suplementario común de $F = \langle\{(1, 2, -1), (3, -1, -3)\}\rangle$ y $G = \langle\{(2, 1, -1), (1, -1, 0)\}\rangle$.

Problema 47

Sean $F = \langle\{A_1, B_1, C_1\}\rangle$ y $G = \langle\{A_2, B_2, C_2\}\rangle$ dos subespacios vectoriales de $\mathcal{M}_{\mathbb{R}}(2)$, donde:

$$A_1 = \begin{pmatrix} -1 & 3 \\ -2 & 1 \end{pmatrix} \quad B_1 = \begin{pmatrix} 3 & 1 \\ -2 & 5 \end{pmatrix} \quad C_1 = \begin{pmatrix} 3 & 9 \\ 6 & -3 \end{pmatrix}$$

$$A_2 = \begin{pmatrix} 1 & 0 \\ 2 & 1 \end{pmatrix} \quad B_2 = \begin{pmatrix} 0 & 1 \\ 1 & 1 \end{pmatrix} \quad C_2 = \begin{pmatrix} -1 & 1 \\ 2 & 1 \end{pmatrix}$$

Halla la dimensión y una base de F, G, $F \cap G$ y $F + G$.

Problema 48

En los siguientes casos, calcula la dimensión de F, G, $F + G$ y la base canónica de $F \cap G$:

a) $F = \{a + bx + cx^2 \mid a - 4b - 7c = 0\}$, $G = \langle\{1 + 2x + 5x^2, \ 3 - x - 2x^2\}\rangle$

b) $F = \{a + bx + cx^2 + dx^3 + ex^4 \mid a = b - c = b + c + e\}$, $G = \{a + bx + cx^2 + dx^3 + ex^4 \mid 2a + b + c - d = 0\}$

c) $F = \{a + bx + cx^2 + dx^3 \mid 2a + b - 3d = 0\}$, $G = \langle\{-1 + 5x - 3x^2 + x^3, \ 3 - 3x + 2x^2 + x^3\}\rangle$

Problema 49

Dados los subespacios vectoriales de $\mathbb{R}_3[x]$:

$$F = \langle\{x, \ x^2, \ x^3\}\rangle, \quad G = \langle\{x^2, \ x^3\}\rangle, \quad H = \mathbb{R}_1[x]$$

Demuestra que $F + H = G + H = \mathbb{R}_3[x]$. Halla una base de $F \cap G$, $F \cap H$ y $G \cap H$.

Problema 50

Sean las bases de $\mathbb{R}_2[x]$: $C = \{1, \ x, \ x^2\}$, $N = \{1 + x^2, \ x + x^2, \ a + bx + cx^2\}$. Halla $a, b, c \in \mathbb{R}$ sabiendo que:

$$2M_{CN}^t = \begin{pmatrix} 3 & 1 & -1 \\ -1 & 1 & 1 \\ -1 & -1 & 1 \end{pmatrix}$$

Problema 51

Sean C la base canónica de $\mathbb{R}_3[x]$ y la base $B = \{p_1(x), p_2(x), p_3(x), p_4(x)\}$:

$$p_1(x) = 2 + 5x - 3x^2 + 6x^3, \ p_2(x) = 1 + 3x - 2x^2 + 4x^3, \ p_3(x) = -x^2 + 2x^3, \ p_4(x) = -x^2 + 3x^3$$

Sean $F = \langle\{p_1(x), p_2(x)\}\rangle$, $G = \{a + bx + cx^2 + dx^3 \mid 3a + b + 5c = 0, \ 2a - b + 4c + 2d = 0\}$.

a) Halla $\mathcal{M}_{CB}$ y $[2 - x^2 - x^3]_B$.

b) Halla las ecuaciones implícitas de $F + G$.

c) Halla una base de $F \cap G$.

d) Halla la base canónica de $F + G$.

Problema 52

Dados los siguientes subespacios vectoriales de $\mathcal{M}_{\mathbb{R}}(2)$:

$$F = \{A \mid A^t = 3A\}, \quad G = \{A \mid tr(A) = 0\}, \quad H = \{A \mid a_{11} + a_{21} = a_{12} + a_{22} = 0\}$$

Demuestra que $(F + G) \cap H$ es un espacio vectorial de dimensión 1. Si $\{M\}$ es su base canónica, halla las coordenadas de M respecto a la base canónica de $F + G$.

Problema 53

Sea $E = \mathcal{S}_{\mathbb{R}}(2)$ el espacio vectorial de las matrices simétricas de orden 2. Sean las bases de E:

$$B_1 = \left\{ \begin{pmatrix} 1 & -1 \\ -1 & 2 \end{pmatrix}, \begin{pmatrix} 4 & 1 \\ 1 & 0 \end{pmatrix}, \begin{pmatrix} 3 & -2 \\ -2 & 1 \end{pmatrix} \right\}$$

$$B_2 = \left\{ \begin{pmatrix} 4 & 1 \\ 1 & 0 \end{pmatrix}, \begin{pmatrix} -3 & 2 \\ 2 & -1 \end{pmatrix}, \begin{pmatrix} 0 & 2 \\ 2 & 0 \end{pmatrix} \right\}$$

a) Halla la base canónica, C_E, de E.

b) Sea M la matriz de E tal que $[M]^t_{B_2} = (2 \ -1 \ 3)$. Halla M, $[M]_{B_1}$ y $[M]_{C_E}$.

c) Sea M la matriz de E tal que $[M]^t_{B_1} = (2 \ -1 \ 3)$. Halla M, $[M]_{B_2}$ y $[M]_{C_E}$.

Problema 54

Sea $V = \{\vec{w}_1, \ldots, \vec{w}_n\}$ una base de un espacio vectorial E. Sea $\vec{u} \in E$ tal que $\vec{u} = \sum_{i=1}^{n} \lambda_i \vec{w}_i$. Si $\lambda_1 \neq 0$, entonces $N = \{\vec{u}, \vec{w}_2, \ldots, \vec{w}_n\}$ es una base de E.

Problemas propuestos

Problema 55

Demuestra la proposición:

Sea $(E, +, \cdot)$ un espacio vectorial real. Dados $\lambda, \alpha, \beta \in \mathbb{R}$ y $\vec{u}, \vec{v} \in E$:

a) *La propiedad* i) b) *se deduce del resto.*

b) *Si $\vec{u} + \vec{v} = \vec{v}$, entonces $\vec{u} = \vec{o}$.*

c) *Si $\vec{u} + \vec{v} = \vec{o}$, entonces $\vec{v} = -\vec{u}$.*

d) $0 \cdot \vec{v} = \vec{o}$

e) $\lambda \cdot \vec{o} = \vec{o}$

f) Si $\lambda \cdot \vec{v} = \vec{o}$, entonces $\lambda = 0$ o $\vec{v} = \vec{o}$.

g) $(-\lambda) \cdot \vec{v} = \lambda \cdot (-\vec{v}) = -(\lambda \cdot \vec{v})$

h) $-1 \cdot \vec{v} = -\vec{v}$

i) Si $\alpha \cdot \vec{u} = \beta \cdot \vec{u}$ y $\vec{u} \neq \vec{o}$, entonces $\alpha = \beta$.

j) Si $\alpha \cdot \vec{u} = \alpha \cdot \vec{v}$ y $\alpha \neq 0$, entonces $\vec{u} = \vec{v}$.

Problema 56

Demuestra la proposición:

Un conjunto de vectores S de cardinal al menos 2 es libre si y sólo si ningún vector de S puede obtenerse como combinación lineal del resto.

Problema 57

Demuestra la proposición:

Sea $S = \{\vec{u}_1, \ldots, \vec{u}_m\}$ un subconjunto libre de un espacio vectorial E.

a) $\vec{o} \notin S$

b) *Todos los subconjuntos de S son libres.*

c) *Si $S = \{\vec{u}_1\}$, entonces S es libre si y sólo si $\vec{u}_1 \neq \vec{o}$.*

d) *Dado $\vec{w} \in E$, el conjunto $S \cup \{\vec{w}\}$ es libre si y sólo si $\vec{w} \notin \langle S \rangle = \left\{ \sum_{i=1}^{m} \lambda_i \vec{u}_i : \lambda_1, \ldots, \lambda_m \in \mathbb{R} \right\}$.*

e) *Sean $0 \neq \lambda \in \mathbb{R}$ y $\vec{u}_i \in S$. Entonces, el conjunto S' que resulta de reemplazar en S el vector $\vec{u}_i$ por $\lambda \vec{u}_i$, es libre.*

f) *Sean $\lambda \in \mathbb{R}$ y $\vec{u}_i, \vec{u}_j \in S$. Entonces, el conjunto S'' que resulta de reemplazar en S el vector $\vec{u}_i$ por $\vec{u}_i + \lambda \vec{u}_j$, es libre.*

Problema 58

Demuestra la proposición:

Sea S un subconjunto de un espacio vectorial E.

a) *Si S es ligado, entonces todo conjunto de vectores que lo contenga es también ligado.*

b) *Si el vector $\vec{o}$ pertenece a S, entonces es ligado.*

Problema 59

Demuestra la proposición:

Sea $S = \{\vec{u}_1, \cdots, \vec{u}_m\}$ un sistema de generadores finito de un espacio vectorial E.

a) *Si $\vec{u} \in E$, entonces $S \cup \{\vec{u}\}$ es un sistema de generadores de E.*

b) Si $\vec{u}_i \in S$ y $\vec{u}_i \in \langle S \setminus \{\vec{u}_i\}\rangle$, entonces $S \setminus \{\vec{u}_i\}$ es un sistema de generadores de E.

c) Existe un subconjunto $\mathcal{B}$ de S que es libre y sistema de generadores de E.

d) Sean $0 \neq \lambda \in \mathbb{R}$ y $\vec{u}_i \in S$. Entonces, el conjunto S' que resulta de reemplazar en S el vector $\vec{u}_i$ por $\lambda \cdot \vec{u}_i$, es un sistema de generadores de E.

e) Sean $\lambda \in \mathbb{R}$ y $\vec{u}_i, \vec{u}_j \in S$. Entonces, el conjunto S'' que resulta de reemplazar en S el vector $\vec{u}_i$ por $\vec{u}_i + \lambda \cdot \vec{u}_j$ es un sistema de generadores de E.

Problema 60

Demuestra la proposición:

Sea $\mathcal{B}$ una base de un espacio vectorial E.

a) Sean $0 \neq \lambda \in \mathbb{R}$ y $\vec{u} \in \mathcal{B}$. Entonces, el conjunto $\mathcal{B}'$ que resulta de reemplazar en $\mathcal{B}$ el vector $\vec{u}$ por $\lambda\vec{u}$ es una base de E.

b) Sean $\lambda \in \mathbb{R}$ y $\vec{u}, \vec{v} \in \mathcal{B}$. Entonces, el conjunto $\mathcal{B}''$ que resulta de reemplazar en $\mathcal{B}$ el vector $\vec{u}$ por $\vec{u} + \lambda\vec{v}$ es una base de E.

Problema 61

Demuestra la proposición:

Todo espacio vectorial de dimensión finita posee una base.

Problema 62

Demuestra la proposición:

Sea $\mathcal{B} = \{\vec{u}_1, \ldots, \vec{u}_n\}$ un subconjunto finito de vectores de un espacio vectorial E. Entonces, $\mathcal{B}$ es una base de E si y sólo si cada vector de E se expresa de forma única como combinación lineal de los elementos de B.

Problema 63

Demuestra la proposición:

(Teorema de Steinitz) Sean $\mathcal{B}$ una base y S un subconjunto finito de vectores de un espacio vectorial E. Entonces, si S es libre, existe en $\mathcal{B}$ un subconjunto T tal que $S \cup T$ es una base de E.

Problema 64

Demuestra la proposición:

Sean $\mathcal{B}$ una base y S un subconjunto finito de vectores de un espacio vectorial E, tales que $card(\mathcal{B}) = n$ y $card(S) = m$. Entonces:

a) Si S es libre, entonces $m \leq n$

b) Si S es libre, entonces está contenido en una base de E.

c) *Si S es una base de E, entonces m = n.*

d) *Si S es libre y m = n, entonces S es una base de E.*

e) *Si S es s.g. de E, entonces n ≤ m.*

f) *Si S es s.g. de E y m = n, entonces S es una base de E.*

Problema 65

Demuestra la proposición:

(Teorema de la base) *Todas las bases de un espacio vectorial tienen el mismo cardinal.*

Problema 66

Demuestra la proposición:

Sea $\mathcal{B}$ una base de un espacio vectorial E. Sea: $\lambda \in \mathbb{R}$ y $\vec{u}, \vec{v} \in E$. Entonces:

a) $[u + v]_{\mathcal{B}} = [u]_{\mathcal{B}} + [v]_{\mathcal{B}}$ b) $[\lambda \cdot u]_{\mathcal{B}} = \lambda \cdot [u]_{\mathcal{B}}$

Problema 67

Demuestra la proposición:

(Fórmula de cambio de base) *Sean N, V dos bases de un espacio vectorial E de dimensión n. Sea $\vec{u}$ un vector de E. Entonces:*

$$[I_E]_{NV} \cdot [\vec{u}]_N = [\vec{u}]_V$$

Problema 68

Demuestra la proposición:

Sean N, V dos bases de un espacio vectorial E de dimensión n. Sea S subconjunto de vectores de E. Entonces:

a) $\mathcal{M}_{SV} = \mathcal{M}_{SN} \cdot \mathcal{M}_{NV}$ b) $\mathcal{M}_{VN} = \mathcal{M}_{NV}^{-1}$ c) $\mathcal{M}_{NV} = \mathcal{M}_N \cdot \mathcal{M}_V^{-1}$

Problema 69

Demuestra la proposición:

Sean $(E, +, .)$ un espacio vectorial real y F un subconjunto no vacío de E. Entonces, las siguientes afirmaciones son equivalentes:

1. *F es un subespacio vectorial de E.*
2. *$(F, +, .)$ es un espacio vectorial real.*
3. *Si $\alpha, \beta \in \mathbb{R}$ y $\vec{u}, \vec{v} \in F$, entonces $\alpha \cdot \vec{u} + \beta \cdot \vec{v} \in F$.*
4. *Si $\lambda \in \mathbb{R}$ y $\vec{u}, \vec{v} \in F$, entonces $\vec{u} + \lambda \cdot \vec{v} \in F$.*

Problema 70

Demuestra la proposición:

Sean F, G dos subespacios vectoriales y S un conjunto de vectores de un espacio vectorial E de dimensión n. Entonces:

a) $\dim(F) \leq n$. *Además,* $\dim(F) = n$ *si y sólo si* $F = E$.
b) $F = G$ *si y sólo si (i)* $F \subseteq G$ *y (ii)* $\dim(F) = \dim(G)$.
c) *Si* $S \subset F$, *entonces* $\langle S \rangle \subseteq F$.
d) *Si* B *es una base de* E, *entonces* $r(S) = r(M_{SB})$.

Problema 71

Demuestra la proposición:

Sean $F = \langle S \rangle$ un subespacio vectorial y $\mathcal{B}$ una base de un espacio vectorial E. Sean e una transformación elemental de fila y S' el conjunto de vectores tal que $M_{S'\mathcal{B}} = e(M_{S\mathcal{B}})$. Entonces, $F = \langle S' \rangle$.

Problema 72

Demuestra la proposición:

Sean F, G dos subespacios vectoriales de un espacio vectorial E. Entonces:

a) $F \cap G$ *es un subespacio vectorial de* E.
b) $F + G$ *es un subespacio vectorial de* E.

Problema 73

Demuestra la proposición:

(Fórmula de Grassmann) *Sean F, G dos subespacios vectoriales de un espacio vectorial E. Entonces:*

$$\dim(F + G) = \dim(F) + \dim(G) - \dim(F \cap G)$$

Problema 74

Demuestra la proposición:

Sean S_1, S_2 dos subconjuntos libres de un espacio vectorial E. Si $F = \langle S_1 \rangle$ y $G = \langle S_2 \rangle$ entonces, $F + G = \langle S_1 \cup S_2 \rangle$. Además, las siguientes afirmaciones son equivalentes:

1. $S_1 \cup S_2$ *es libre.*
2. $F \cap G = \{\vec{0}\}$.
3. $\dim(F \oplus G) = \dim(F) + \dim(G)$.

Aplicaciones lineales

5

Sean E, F dos espacios vectoriales reales.

Definición 5.1 *Una aplicación $f : E \to F$ se denomina **lineal** si cumple las siguientes propiedades:*

[I] *Si $\vec{u}, \vec{v} \in E$, entonces $f(\vec{u} + \vec{v}) = f(\vec{u}) + f(\vec{v})$*

[II] *Si $\lambda \in \mathbb{R}$ y $\vec{u} \in E$, entonces $f(\lambda \cdot \vec{u}) = \lambda \cdot f(\vec{u})$*

Proposición 5.1 *Sea $f : E \to F$ una aplicación. Entonces, las siguientes afirmaciones son equivalentes:*

1. *f es lineal.*
2. *Si $\alpha, \beta \in \mathbb{R}$ y $\vec{u}, \vec{v} \in E$, entonces $f(\alpha \cdot \vec{u} + \beta \cdot \vec{v}) = \alpha \cdot f(\vec{u}) + \beta \cdot f(\vec{v})$.*
3. *Si $\{\lambda_1, \ldots, \lambda_k\} \subset \mathbb{R}$ y $\{\vec{u}_1, \ldots, \vec{u}_k\} \subset E$, entonces $f(\lambda_1 \cdot \vec{u}_1 + \ldots + \lambda_k \cdot \vec{u}_k) = \lambda_1 \cdot f(\vec{u}_1) + \ldots + \lambda_k \cdot f(\vec{u}_k)$*
4. *Si $\lambda \in \mathbb{R}$ y $\vec{u}, \vec{v} \in E$, entonces: (1) $f(\vec{o}) = \vec{o}$, (2) $f(\vec{u} + \lambda \cdot \vec{v}) = f(\vec{u}) + \lambda \cdot f(\vec{v})$.*

Ejemplos 5.1

Estos son algunos ejemplos de aplicaciones lineales y no lineales.

- La aplicación $f : \mathbb{R}^2 \to \mathbb{R}^2$ definida por $f(x, y) = (x - y, x + y + 1)$ no es lineal porque $f(0, 0) = (0, 1) \neq (0, 0)$.

- Dado $a \in \mathbb{R}$, la aplicación $f : \mathbb{R} \to \mathbb{R}$ definida por $f(x) = ax$ es lineal.

- Dados $a, b \in \mathbb{R}$, la aplicación $f : \mathbb{R}^2 \to \mathbb{R}$ definida por $f(x, y) = ax + by$ es lineal.

- Dados $a, b \in \mathbb{R}$, la aplicación $f : \mathbb{R} \to \mathbb{R}^2$ definida por $f(x) = (ax, bx)$ es lineal.

- La aplicación $f : \mathbb{R}^2 \to \mathbb{R}$ definida por $f(x, y) = x + y^2$ no es lineal porque, por ejemplo, $-f(0, 1) = -1$, mientras que $f(0, -1) = 1$.

- La aplicación $f : \mathbb{R}_2[x] \to \mathbb{R}_1[x]$ definida por $f(p(x)) = p'(x)$ es lineal.

- La aplicación $f : \mathcal{M}(m, n) \to \mathcal{M}(m, n)$ definida por $f(A) = A^t$ es lineal.

- La aplicación $f : \mathcal{M}(n, n) \to \mathbb{R}$ definida por $f(A) = tr(A)$ es lineal.

- La aplicación $I_E : E \to E$ definida por $I_E(\vec{u}) = \vec{u}$ es lineal y recibe el nombre de **automorfismo identidad** sobre E.

- La aplicación $O_E : E \to E$ definida por $O_E(\vec{u}) = \vec{o}$ es lineal y recibe el nombre de **endomorfismo nulo** sobre E.

Definición 5.2 *Sea $f : E \to F$ una aplicación lineal. Entonces:*

- *f es un* **monomorfismo** *si es inyectiva.*

- *f es un* **epimorfismo** *si es exhaustiva.*

- *f es un* **isomorfismo**[1] *si es biyectiva.*

- *f es un* **endomorfismo** *si $E = F$.*

- *f es un* **automorfismo** *si es biyectiva y $E = F$.*

- *f es una* **forma lineal** *sobre E si $F = \mathbb{R}$.*

Proposición 5.2 *Sean E, F espacios vectoriales reales tales que $\dim(E) = n$, $\dim(F) = m$.*

Sea $f : E \to F$ una aplicación lineal.

a) *Si $S = \{\vec{u}_1, \ldots, \vec{u}_k\} \subset E$ es ligado, entonces $f(S) = \{f(\vec{u}_1), \ldots, f(\vec{u}_k)\} \subset F$ es ligado.*

b) *Si $f(S)$ es libre, entonces S es libre.*

c) *Si f es un epimorfismo, entonces $n \geq m$.*

d) *Si f es un monomorfismo, entonces S es libre si y sólo si $f(S)$ es libre.*

e) *Si f es un monomorfismo, entonces $n \leq m$.*

f) *Si f es un isomorfismo, entonces $n = m$.*

g) *Si f es un isomorfismo, entonces S es una base de E si y sólo si $f(S)$ es una base de F.*

☐ 5.2 Operaciones

Sean E y F espacios vectoriales reales.

El conjunto de las aplicaciones lineales de E en F se denota $\mathcal{L}_{\mathbb{R}}(E; F)$.

Definición 5.3 *Dadas $f, g \in \mathcal{L}_{\mathbb{R}}(E; F)$, su* **suma** *$f + g$ es la aplicación definida por:*

$$(f + g)(\vec{u}) = f(\vec{u}) + g(\vec{u})$$

Definición 5.4 *Dados $f \in \mathcal{L}_{\mathbb{R}}(E; F)$ y $\lambda \in \mathbb{R}$, la aplicación[2] $\lambda \cdot f$ es la definida por:*

$$(\lambda \cdot f)(\vec{u}) = \lambda \cdot f(\vec{u})$$

---

[1] En tal caso, se dice que E y F son **isomorfos**.
[2] Se trata de la operación **producto por escalares**.

Definición 5.5 *Sean E, F, G espacios vectoriales reales. Dados $f \in \mathcal{L}_{\mathbb{R}}(E; F)$ y $g \in \mathcal{L}_{\mathbb{R}}(F; G)$, su compo*-sición[3] *$gf$ es la aplicación de E en G definida por:*

$$(gf)(\vec{u}) = g(f(\vec{u}))$$

Proposición 5.3 *Sean E, F, G espacios vectoriales reales. Sean $f, g \in \mathcal{L}_{\mathbb{R}}(E; F)$, $h \in \mathcal{L}_{\mathbb{R}}(F; G)$ y $\lambda \in \mathbb{R}$. Entonces, las aplicaciones $f + g$, $\lambda \cdot f$ y hf son lineales.*

Proposición 5.4 *El conjunto $\mathcal{L}_{\mathbb{R}}(E; F)$ con las operaciones suma y producto por escalares definidas anteriormente es un espacio vectorial real.*

Proposición 5.5 *Sean $f, g, h \in \mathcal{L}_{\mathbb{R}}(E; E)$. Entonces:*

a) *$gf \in \mathcal{L}_{\mathbb{R}}(E; E)$*

b) *$h(gf) = (hg)f$*

c) *$I_E f = f I_E = f$*

d) *$h(f + g) = hf + hg$*

e) *$(g + h)f = gf + hf$*

f) *f, g son automorfismos si y sólo si gf lo es. Además, $(gf)^{-1} = f^{-1} g^{-1}$*

g) *f es un automorfismo si y sólo si f^{-1} lo es.*

Definición 5.6 *Si $f \in \mathcal{L}_{\mathbb{R}}(E; E)$ y $p(x) = a_m x^m + \ldots + a_1 x + a_0$, entonces $p(f)$ es la aplicación lineal:*

$$p(f) = a_m f^m + \ldots + a_1 f + a_0 I_E$$

Ejemplos 5.2

Estos son algunos ejemplos de operaciones con aplicaciones lineales.

- Sean $f, g \in \mathcal{L}_{\mathbb{R}}(\mathbb{R}^2; \mathbb{R})$ definidas por $f(x, y) = x - y$, $g(x, y) = 2x + 3y$.

  Entonces, $f + g \in \mathcal{L}_{\mathbb{R}}(\mathbb{R}^2; \mathbb{R})$ es la aplicación lineal definida por $(f + g)(x, y) = 3x + 2y$.

- Sea $f \in \mathcal{L}_{\mathbb{R}}(\mathbb{R}^2; \mathbb{R}^2)$ definida por $f(x, y) = (-y, 2x + 3y)$.

  Entonces, $2f \in \mathcal{L}_{\mathbb{R}}(\mathbb{R}^2; \mathbb{R}^2)$ es la aplicación lineal definida por $(2f)(x, y) = (-2y, 4x + 6y)$.

- Sean $f, g \in \mathcal{L}_{\mathbb{R}}(\mathbb{R}^2; \mathbb{R}^2)$ definidas por $f(x, y) = (-y, 2x + 3y)$, $g(x, y) = (x - y, 2x)$. Entonces:

  □ $gf \in \mathcal{L}_{\mathbb{R}}(\mathbb{R}^2; \mathbb{R}^2)$ es la aplicación lineal definida por:

  $$(gf)(x, y) = g(f(x, y)) = g(-y, 2x + 3y) = (-2x - 4y, -2y)$$

  □ $fg \in \mathcal{L}_{\mathbb{R}}(\mathbb{R}^2; \mathbb{R}^2)$ es la aplicación lineal definida por:

  $$(fg)(x, y) = f(g(x, y)) = f(x - y, 2x) = (-2x, 8x - 2y)$$

---

[3] La aplicación gf también se denota $g \circ f$.

□ $f^2 \in \mathcal{L}_{\mathbb{R}}(\mathbb{R}^2; \mathbb{R}^2)$ es la aplicación lineal definida por:

$$f^2(x, y) = f(f(x, y)) = f(-y, 2x + 3y) = (-2x - 3y, 6x + 7y)$$

- Sea $f \in \mathcal{L}_{\mathbb{R}}(\mathbb{R}^2; \mathbb{R}^2)$ definida por $f(x, y) = (-y, 2x + 3y)$ y $p(x) = x^2 - 2x + 3$.

  Entonces, $p(f) = f^2 - 2f + 3I_{\mathbb{R}^2} \in \mathcal{L}_{\mathbb{R}}(\mathbb{R}^2; \mathbb{R}^2)$ es la aplicación lineal definida por:

  $p(f)(x, y) = (f^2 - 2f + 3I_{\mathbb{R}^2})(x, y) = f^2(x, y) - 2f(x, y) + 3I_{\mathbb{R}^2}(x, y) =$

  $= (-2x - 3y, 6x + 7y) - 2(-y, 2x + 3y) + 3(x, y) = (x - y, 2x + 4y).$

- Sea $f \in \mathcal{L}_{\mathbb{R}}(\mathbb{R}; \mathbb{R})$ definida por $f(x) = 2x$.

  Entonces, $f^{-1} \in \mathcal{L}_{\mathbb{R}}(\mathbb{R}; \mathbb{R})$ es la aplicación lineal definida por $f^{-1}(x) = \dfrac{x}{2}$.

5.3 Núcleo e imagen

Definición 5.7 *El* **núcleo** *de una aplicación lineal* $f : E \rightarrow F$, *denotado* $Ker(f)$, *es el conjunto de vectores del espacio vectorial* E *cuya imagen es el vector* $\vec{o}$ *de* F. *Es decir:*

$$Ker(f) = \{\vec{u} \in E \mid f(\vec{u}) = \vec{o}\}$$

Definición 5.8 *La* **imagen** *de una aplicación lineal* $f : E \rightarrow F$, *denotada* $Im(f)$, *es el conjunto de vectores del espacio vectorial* F *que son imagen de algún vector del espacio vectorial* E. *Es decir:*

$$Im(f) = \{\vec{v} \in F \mid \exists \vec{u} \in E : f(\vec{u}) = \vec{v}\} = \{f(\vec{u}) : \vec{u} \in E\}$$

Proposición 5.6 *Sea* $f : E \rightarrow F$ *una aplicación lineal. Entonces:*

a) $Ker(f)$ *es un subespacio vectorial de* f.

b) f *es un monomorfismo si y sólo si* $Ker(f) = \{\vec{o}\}$.

c) $Im(f)$ *es un subespacio vectorial de* F.

d) f *es un epimorfismo si y sólo si* $Im(f) = F$.

⇝ **Ejercicio 5.1**

Definición 5.9 *Se denominan* **nulidad** *y* **rango** *de una aplicación lineal* f, *y se denotan* $\eta(f)$ *y* $r(f)$, *a la dimensión del núcleo y de la imagen, respectivamente:*

$$\eta(f) = \dim Ker(f), \quad r(f) = \dim Im(f)$$

Proposición 5.7 (Teorema de la dimensión) *Sean* E, F *espacios vectoriales reales tales que* $\dim(E) = n$, $\dim(F) = m$, *y* $f \in \mathcal{L}_{\mathbb{R}}(E; F)$. *Entonces,* $\eta(f) + r(f) = n$.

5.4 Matrices asociadas

En adelante, $\mathcal{B}_1 = \{\vec{u}_1, \vec{u}_2, \ldots, \vec{u}_n\}$ y $\mathcal{B}_2 = \{\vec{v}_1, \vec{v}_2, \ldots, \vec{v}_m\}$ son sendas bases de E y F, que son espacios vectoriales de dimensiones n y m, respectivamente.

Sea $f \in \mathcal{L}_R(E; F)$ y $S = \{\vec{a}_1, \vec{a}_2, \ldots, \vec{a}_s\}$ un subconjunto del espacio vectorial de salida E. El conjunto de vectores de F: $f(S) = \{f(\vec{a}_1), f(\vec{a}_2), \ldots, f(\vec{a}_s)\}$ se denomina **conjunto de imágenes** de S.

Definición 5.10 *Sea $f \in \mathcal{L}_R(E; F)$. La matriz asociada a f en las bases $\mathcal{B}_1$, $\mathcal{B}_2$ es la transpuesta de la matriz de coordenadas del conjunto de imágenes de $\mathcal{B}_1$ respecto a la base $\mathcal{B}_2$:*

$$[f]_{\mathcal{B}_1 \mathcal{B}_2} = \mathcal{M}^t_{f(\mathcal{B}_1)\mathcal{B}_2}$$

Es decir:

$$\begin{cases} f(\vec{u}_1) = a_{11} \cdot \vec{v}_1 + \ldots + a_{m1} \cdot \vec{v}_m \\ \qquad\qquad \vdots \\ f(\vec{u}_n) = a_{1n} \cdot \vec{v}_1 + \ldots + a_{mn} \cdot \vec{v}_m \end{cases} \Leftrightarrow [f]_{\mathcal{B}_1 \mathcal{B}_2} = \begin{pmatrix} a_{11} & \cdots & a_{1n} \\ \vdots & \ddots & \vdots \\ a_{m1} & \cdots & a_{mn} \end{pmatrix}$$

Ejemplos 5.3

Estos son algunos ejemplos de matrices asociadas a aplicaciones lineales.

- Sea $f : \mathbb{R}^2 \to \mathbb{R}$ definida por $f(x, y) = x - y$.

  Su matriz asociada en las bases canónicas es: $\begin{pmatrix} 1 & -1 \end{pmatrix}$

- Sea $f : \mathbb{R} \to \mathbb{R}^2$ definida por $f(x) = (x, 2x)$.

  Su matriz asociada en las bases canónicas es: $\begin{pmatrix} 1 \\ 2 \end{pmatrix}$

- Sea $f : \mathbb{R}^2 \to \mathbb{R}^2$ definida por $f(x) = (x + y, 2x - y)$.

  Su matriz asociada en las bases canónicas es: $\begin{pmatrix} 1 & 1 \\ 2 & -1 \end{pmatrix}$

- Sea $f : \mathbb{R}^2 \to \mathbb{R}^3$ definida por $f(x) = (x + y, 2x - y, x - 5y)$.

  Su matriz asociada en las bases canónicas es: $\begin{pmatrix} 1 & 1 \\ 2 & -1 \\ 1 & -5 \end{pmatrix}$

- Sea $f : \mathbb{R}^2 \to \mathbb{R}$ definida por $f(x, y) = 2x - y$.

  - Si $B = \{\vec{u}_1 = (2, 1), \vec{u}_2 = (1, 1)\}$ y $C = \{1\}$, entonces: $[f]_{BC} = \begin{pmatrix} 3 & 1 \end{pmatrix}$

  - Si $C = \{\vec{e}_1 = (1, 0), \vec{e}_2 = (0, 1)\}$ y $B = \left\{\dfrac{1}{2}\right\}$, entonces: $[f]_{CB} = \begin{pmatrix} 4 & -2 \end{pmatrix}$

  - Si $B_1 = \{\vec{u}_1 = (2, 1), \vec{u}_2 = (1, 1)\}$ y $B_2 = \left\{\dfrac{1}{2}\right\}$, entonces: $[f]_{B_1 B_2} = \begin{pmatrix} 6 & 2 \end{pmatrix}$

Proposición 5.8 Sea $f \in \mathcal{L}_R(E;F)$.

a) $[f]_{\mathcal{B}_1 \mathcal{B}_2}$ es una matriz de orden $m \times n$.

b) Dado $\vec{u} \in E$, $[f(\vec{u})]_{\mathcal{B}_2} = [f]_{\mathcal{B}_1 \mathcal{B}_2}[\vec{u}]_{\mathcal{B}_1}$.

c) $f(\mathcal{B}_1)$ es un sistema de generadores de $Im(f)$. Es decir: $Im(f) = \langle f(\vec{u}_1), \ldots, f(\vec{u}_n)\rangle$.

d) $r(f) = r_c([f]_{\mathcal{B}_1 \mathcal{B}_2})$, $\eta(f) = n - r_f([f]_{\mathcal{B}_1 \mathcal{B}_2})$.

↪ **Ejercicio 5.2**

Proposición 5.9 Sea A una matriz de orden $m \times n$. Entonces, existe una única aplicación lineal $f \in \mathcal{L}_R(E;F)$ tal que $[f]_{\mathcal{B}_1 \mathcal{B}_2} = A$.

Si $E = \mathbb{R}^n$, $F = \mathbb{R}^n$, y las bases elegidas son las bases canónicas de uno y otro espacio vectorial, el endomorfismo determinado en la anterior proposición se denota f_A. A partir de este hecho, los conceptos *núcleo*, *imagen*, *nulidad* y *rango*, referidos a una matriz A, son los ya definidos para el endomorfismo f_A. Por ejemplo:

$$\eta(A) = \dim Ker(A) = \dim Ker(f_A) = \eta(f_A) = n - r(f_A) = n - \dim Im(f_A) = n - \dim Im(A) = n - r(A).$$

Proposición 5.10 Sean $\mathcal{B}_1, \mathcal{B}_2, \mathcal{B}_3$ respectivas bases de los espacios vectoriales E, F, G. Sean $f, g \in \mathcal{L}_{\mathbb{R}}(E;F)$, $h \in \mathcal{L}_{\mathbb{R}}(F;G)$ y $\lambda \in \mathbb{R}$. Entonces:

a) $[f + g]_{\mathcal{B}_1 \mathcal{B}_2} = [f]_{\mathcal{B}_1 \mathcal{B}_2} + [g]_{\mathcal{B}_1 \mathcal{B}_2}$

b) $[\lambda \cdot f]_{\mathcal{B}_1 \mathcal{B}_2} = \lambda \cdot [f]_{\mathcal{B}_1 \mathcal{B}_2}$

c) $[hf]_{\mathcal{B}_1 \mathcal{B}_3} = [h]_{\mathcal{B}_2 \mathcal{B}_3} \cdot [f]_{\mathcal{B}_1 \mathcal{B}_2}$

d) Si $E = F$, entonces:[4] $[f^k]_{\mathcal{B}_1} = [f]^k_{\mathcal{B}_1}$

e) Si $E = F$ y $p(x) \in \mathbb{R}[x]$, entonces $[p(f)]_{\mathcal{B}_1} = p([f]_{\mathcal{B}_1})$

f) Si f es un isomorfismo, entonces: $[f^{-1}]_{\mathcal{B}_2 \mathcal{B}_1} = [f]^{-1}_{\mathcal{B}_1 \mathcal{B}_2}$

Proposición 5.11 La aplicación definida por $f \to [f]_{\mathcal{B}_1 \mathcal{B}_2}$, es un isomorfismo de $\mathcal{L}_R(E;F)$ en $\mathcal{M}_{\mathbb{R}}(m, n)$. En consecuencia, $\dim(\mathcal{L}_R(E;F)) = m \cdot n$.

Cambios de bases

En adelante, V_1, N_1 son bases del espacio vectorial E y V_2, N_2 son bases del espacio vectorial F.

Proposición 5.12 Sea I_E el automorfismo identidad sobre el espacio vectorial E. Entonces,

a) $[I_E]_{N_1 V_1} = \mathcal{M}^t_{N_1 V_1}$

b) $[I_E]_{V_1 N_1} = [I_E]^{-1}_{N_1 V_1}$

c) $[I_E]_{N_1} = [I_E]_{V_1} = I_n$

---

[4] La matriz $[f]_{\mathcal{B}_1 \mathcal{B}_1}$ usualmente se denota $[f]_{\mathcal{B}_1}$.

Proposición 5.13 *Sea f una aplicación lineal de E en F. Entonces:*

a) $[f]_{N_1 V_2} = [f]_{V_1 V_2} \cdot [I_E]_{N_1 V_1}$

b) $[f]_{V_1 N_2} = [I_F]_{V_2 N_2} \cdot [f]_{V_1 V_2}$

c) $[f]_{N_1 N_2} = [I_F]_{V_2 N_2} \cdot [f]_{V_1 V_2} \cdot [I_E]_{N_1 V_1}$

d) *Si $E = F$, entonces:* $[f]_{N_1} = [I_E]_{V_1 N_1} \cdot [f]_{V_1} \cdot [I_E]_{N_1 V_1}$

Es decir, si $[I_E]_{N_1 V_1} = P$, $[I_F]_{N_2 V_2} = Q$ y $[f]_{V_1 V_2} = A$, entonces:

a) $B = [f]_{N_1 V_2} \Rightarrow B = A \cdot P$

b) $B = [f]_{V_1 N_2} \Rightarrow B = Q^{-1} \cdot A$

c) $B = [f]_{N_1 N_2} \Rightarrow B = Q^{-1} \cdot A \cdot P$

d) $B = [f]_{N_1} \Rightarrow B = P^{-1} \cdot A \cdot P$

$\hookrightarrow$ Ejercicio 5.3

$\hookrightarrow$ Ejercicio 5.4

$\hookrightarrow$ Ejercicio 5.5

5.5 Ejercicios

Ejercicio 5.1

Consideramos la siguiente aplicación:

$$\mathbb{R}^3 \quad \overset{f}{\longrightarrow} \quad \mathbb{R}^2$$
$$(x, y, z) \quad \longmapsto \quad (2x - y, -x + 3z)$$

- En primer lugar, comprobamos que f es una aplicación lineal:

  ◦ $f(0, 0, 0) = (0, 0)$

  ◦ $\vec{a} = (a_1, a_2, a_3),\ \vec{b} = (b_1, b_2, b_3) \in \mathbb{R}^3$:

  $f(\vec{a} + \vec{b}) = f(a_1 + b_1, a_2 + b_2, a_3 + b_3) = (2(a_1 + b_1) - (a_2 + b_2), -(a_1 + b_1) + 3(a_3 + b_3)) =$

  $= (2a_1 - a_2, -a_1 + 3a_3) + (2b_1 - b_2, -b_1 + 3b_3) = f(a_1, a_2, a_3) + f(b_1, b_2, b_3) = f(\vec{a}) + f(\vec{b})$

  ◦ $\lambda \in \mathbb{R},\ \vec{a} = (a_1, a_2, a_3) \in \mathbb{R}^3$:

  $f(\lambda \cdot \vec{a}) = f(\lambda a_1, \lambda a_2, \lambda a_3) = (2\lambda a_1 - \lambda a_2, -\lambda a_1 + 3\lambda a_3) = \lambda(2a_1 - a_2, -a_1 + 3a_3) = \lambda \cdot f(\vec{a})$

- En segundo lugar, calculamos el núcleo de f:

  $Ker(f) = \{\vec{x} \in \mathbb{R}^3 : f(\vec{x}) = \vec{o}\} = \{(x, y, z) \in \mathbb{R}^3 : 2x - y = 0, -x + 3z = 0\} = \langle (3, 6, 1) \rangle$

- Finalmente, hallamos la imagen de f:

$C = \{e_1 = (1,0,0),\ e_2 = (0,1,0),\ e_3 = (0,0,1)\}$ base canónica de $\mathbb{R}^3 \Rightarrow$

$$Im\,(f) = \langle f(e_1), f(e_2), f(e_3) \rangle = \langle (2,-1), (-1,0), (0,3) \rangle = \langle (-1,0), (0,3) \rangle = \mathbb{R}^2$$

Por tanto, f es un epimorfismo.

Ejercicio 5.2

Consideramos la siguiente aplicación:

$$\mathbb{R}_2[x] \quad \xrightarrow{f} \quad \mathbb{R}^3$$
$$a + bx + cx^2 \quad \longmapsto \quad (2a - c, 3b - 3c, 2a + b - 2c)$$

- En primer lugar, comprobamos que f es una aplicación lineal:

  - $f(0 + 0x + 0x^2) = (0,0,0)$

  - $\lambda \in \mathbb{R},\ \{p_1(x) = a_1 + b_1 x + c_1 x^2,\ p_2(x) = a_2 + b_2 x + c_2 x^2\} \subset \mathbb{R}_2[x]$:

    $f((\lambda \cdot p_1(x) + p_2(x)) = f((\lambda a_1 + a_2) + (\lambda b_1 + b_2)x + (\lambda c_1 + c_2)x^2) =$

    $= (2(\lambda a_1 + a_2) - (\lambda c_1 + c_2), 3(\lambda b_1 + b_2) - 3(\lambda c_1 + c_2), 2(\lambda a_1 + a_2) + (\lambda b_1 + b_2) - 2(\lambda c_1 + c_2)) =$

    $= \lambda(2a_1 - c_1, 3b_1 - 3c_1, 2a_1 + b_1 - 2c_1) + (2a_2 - c_2, 3b_2 - 3c_2, 2a_2 + b_2 - 2c_2) =$

    $= \lambda f(p_1(x)) + f(p_2(x))$

- En segundo lugar, calculamos la matriz asociada $[f]_{C_1 C_2}$, donde C_1 y C_2 son las bases canónicas de $\mathbb{R}_2[x]$ y $\mathbb{R}^3$, respectivamente:

$$f(C_1) = \{(2,0,2), (0,3,1), (-1,-3,-2)\} \quad \Rightarrow \quad [f]_{C_1 C_2} = \begin{pmatrix} 2 & 0 & -1 \\ 0 & 3 & -3 \\ 2 & 1 & -2 \end{pmatrix} = A$$

- Por último, hallamos las dimensiones de $Ker\,(f)$ e $Im\,(f)$:

  - $\dim\,Im\,(f) = r_c(A) = 2$
  - $\dim\,Ker\,(f) = \dim\,\mathbb{R}_2[x] - \dim\,Im\,(f) = 3 - 2 = 1$

Ejercicio 5.3

Sea $f : \mathbb{R}^2 \to \mathbb{R}^3$ la aplicación lineal definida por $\quad f(1,0) = (1,2,1);\quad f(0,1) = (0,1,1)$.

- Primero, calculamos la matriz asociada a f en las bases canónicas:

$$f(C_1) = \{(1,2,1), (0,1,1)\} \quad \Rightarrow \quad [f]_{C_1 C_2} = \begin{pmatrix} 1 & 0 \\ 2 & 1 \\ 1 & 1 \end{pmatrix}$$

- A continuación, obtenemos la expresión explícita de esta aplicación:

$$\vec{x} = (x,y) \in \mathbb{R}^2 \Rightarrow [f(\vec{x})]_{C_2} = \begin{pmatrix} 1 & 0 \\ 2 & 1 \\ 1 & 1 \end{pmatrix} \begin{pmatrix} x \\ y \end{pmatrix} = \begin{pmatrix} x \\ 2x + y \\ x + y \end{pmatrix} \Rightarrow f(x,y) = (x, 2x + y, x + y)$$

- Finalmente, dada la base $\mathcal{B} = \{(2,1),(3,2)\}$, calculamos la matriz $[f]_{\mathcal{B}C_2}$ por dos métodos diferentes:

○ $f(\mathcal{B}) = \{(2,5,3),(3,8,5)\} \quad \Rightarrow \quad [f]_{\mathcal{B}C_2} = \begin{pmatrix} 2 & 3 \\ 5 & 8 \\ 3 & 5 \end{pmatrix}$

○ $[f]_{\mathcal{B}C_2} = [f]_{C_1C_2} \cdot [I_{\mathbb{R}^2}]_{\mathcal{B}C_1} = \begin{pmatrix} 1 & 0 \\ 2 & 1 \\ 1 & 1 \end{pmatrix} \begin{pmatrix} 2 & 3 \\ 1 & 2 \end{pmatrix} = \begin{pmatrix} 2 & 3 \\ 5 & 8 \\ 3 & 5 \end{pmatrix}$

Ejercicio 5.4

Sean $f \in \mathcal{L}_{\mathbb{R}}(\mathbb{R}^2;\mathbb{R}^3)$, $g \in \mathcal{L}_{\mathbb{R}}(\mathbb{R}^3;\mathbb{R}^2)$ y $h \in \mathcal{L}_{\mathbb{R}}(\mathbb{R}^2;\mathbb{R}^2)$ las aplicaciones lineales determinadas por:

$$\begin{cases} f(1,0) = (1,0,1) \\ f(0,1) = (0,1,2) \end{cases} \qquad \begin{cases} g(1,0,1) = (0,1) \\ g(1,1,0) = (3,2) \\ g(0,0,1) = (1,-1) \end{cases} \qquad h = gf$$

Queremos calcular $h(\vec{a})$, donde $\vec{a} = (3,-2)$. Para ello, tenemos en cuenta los siguientes hechos:

- $[h(\vec{a})]_{C_1} = [h]_{C_1C_1} \cdot [\vec{a}]_{C_1}$, donde C_1 es la base canónica de $\mathbb{R}^2$.

- $[h]_{C_1C_1} = [g]_{\mathcal{B}C_1} \cdot [f]_{C_1\mathcal{B}}$, donde $\mathcal{B} = \{(1,0,1),(1,1,0),(0,0,1)\}$ es una base de $\mathbb{R}^3$.

- $[f]_{C_1\mathcal{B}} = [I_{\mathbb{R}^3}]_{C_2\mathcal{B}} \cdot [f]_{C_1C_2}$, donde C_2 es la base canónica de $\mathbb{R}^3$.

- $[I_{\mathbb{R}^3}]_{C_2\mathcal{B}} = [I_{\mathbb{R}^3}]_{\mathcal{B}C_2}^{-1}$

- $[I_{\mathbb{R}^3}]_{\mathcal{B}C_2} = \begin{pmatrix} 1 & 1 & 0 \\ 0 & 1 & 0 \\ 1 & 0 & 1 \end{pmatrix} = Q$

- $[f]_{C_1C_2} = \begin{pmatrix} 1 & 0 \\ 0 & 1 \\ 1 & 2 \end{pmatrix} = A$

- $[g]_{\mathcal{B}C_1} = \begin{pmatrix} 0 & 3 & 1 \\ 1 & 2 & -1 \end{pmatrix} = B$

Por tanto, $[h(\vec{a})]_{C_1} = B \cdot Q^{-1} \cdot A \cdot [\vec{a}]_{C_1} = \begin{pmatrix} 0 & 6 \\ 1 & -2 \end{pmatrix} \begin{pmatrix} 3 \\ -2 \end{pmatrix} = \begin{pmatrix} -12 \\ 7 \end{pmatrix}$. Es decir, $h(\vec{a}) = (-12,7)$.

Ejercicio 5.5

Sean E y F espacios vectoriales reales de dimensiones 3 y 2, respectivamente. Consideramos dos bases de E:

$$V_E = \{\vec{e}_1, \vec{e}_2, \vec{e}_3\}, \quad N_E = \{\vec{u}_1, \vec{u}_2, \vec{u}_3\}, \quad \text{notación:} \quad \begin{cases} [\vec{x}]_{V_E} = (x_1, x_2, x_3) \\ [\vec{x}]_{N_E} = (\hat{x}_1, \hat{x}_2, \hat{x}_3) \end{cases}$$

y dos bases de F:

$$V_F = \{\vec{v}_1, \vec{v}_2\}, \quad N_F = \{\vec{w}_1, \vec{w}_2\}, \quad \text{notación:} \quad \begin{cases} [\vec{y}]_{V_F} = (y_1, y_2) \\ [\vec{y}]_{N_F} = (\tilde{y}_1, \tilde{y}_2) \end{cases}$$

Conocemos las siguientes relaciones:

$$\begin{cases} \vec{u}_1 = 2\vec{e}_1 - 2\vec{e}_2 \\ \vec{u}_2 = \vec{e}_1 + \vec{e}_2 - \vec{e}_3 \\ \vec{u}_3 = -3\vec{e}_1 + \vec{e}_2 - \vec{e}_3 \end{cases} \quad (1) \qquad \begin{cases} \tilde{y}_1 = 3y_1 + 2y_2 \\ \tilde{y}_2 = y_1 - y_2 \end{cases} \quad (2)$$

Sea f la aplicación lineal de E en F determinada por:

$$f(x_1, x_2, x_3) = (x_1 + 2x_2 + x_3)\vec{w}_1 + (4x_1 - 5x_2 - x_3)\vec{w}_2 \qquad (3)$$

Vamos a obtener todas las matrices de cambio de base, así como las cuatro matrices asociadas a f.

- Escribiendo por columnas las coordenadas de los vectores de la base N_E dadas en (1), conseguimos la matriz de cambio de base de N_E a V_E:

$$[I_E]_{N_E V_E} = \begin{pmatrix} 2 & 1 & -3 \\ -2 & 1 & 1 \\ 0 & -1 & -1 \end{pmatrix} \Rightarrow [I_E]_{N_E V_E} = [I_E]_{N_E V_E}^{-1} = \frac{1}{4}\begin{pmatrix} 0 & -2 & -2 \\ 1 & 1 & -2 \\ -1 & -1 & -2 \end{pmatrix}$$

A continuación, escribimos matricialmente las expresiones (2):

$$\begin{pmatrix} 3 & 2 \\ 1 & -1 \end{pmatrix} \cdot \begin{pmatrix} y_1 \\ y_2 \end{pmatrix} = \begin{pmatrix} \widetilde{y}_1 \\ \widetilde{y}_2 \end{pmatrix} \Leftrightarrow \begin{pmatrix} 3 & 2 \\ 1 & -1 \end{pmatrix} \cdot [\vec{y}]_{V_F} = [\vec{y}]_{N_F}$$

Por tanto:

$$[I_F]_{V_F N_F} = \begin{pmatrix} 3 & 2 \\ 1 & -1 \end{pmatrix} \Rightarrow [I_F]_{N_F V_F} = \frac{1}{5}\begin{pmatrix} 1 & 2 \\ 1 & -3 \end{pmatrix}$$

- Nos disponemos a obtener las cuatro posibles matrices asociadas a f respecto de las bases dadas. En primer lugar, teniendo en cuenta (3):

$$[f(\vec{x})]_{N_F} = \begin{pmatrix} x_1 + 2x_2 + x_3 \\ 4x_1 - 5x_2 - x_3 \end{pmatrix} = \begin{pmatrix} 1 & 2 & 1 \\ 4 & -5 & -1 \end{pmatrix}\begin{pmatrix} x_1 \\ x_2 \\ x_3 \end{pmatrix} \Rightarrow [f]_{V_E N_F} = \begin{pmatrix} 1 & 2 & 1 \\ 4 & -5 & -1 \end{pmatrix}$$

A partir de esta matriz, aplicando las fórmulas de cambios de base, obtenemos las otras tres:

$$[f]_{V_E V_F} = \frac{1}{5}\begin{pmatrix} 9 & -8 & -1 \\ -11 & 17 & 4 \end{pmatrix}, \quad [f]_{N_E V_F} = \frac{1}{5}\begin{pmatrix} 34 & 2 & -34 \\ -56 & 2 & 46 \end{pmatrix}, \quad [f]_{N_E N_F} = \begin{pmatrix} -2 & 2 & -2 \\ 18 & 0 & -16 \end{pmatrix}$$

Problema 1

En los siguientes casos, averigua si f es lineal y, en caso afirmativo, halla la matriz asociada en las bases canónicas, $r(f)$ y la base canónica de $Ker(f)$:

a) $f : \mathbb{R}^3 \longrightarrow \mathbb{R}^3,\quad f(x, y, z) = (x + y, x - y, x + y - z)$

b) $f : \mathbb{R}^3 \longrightarrow \mathbb{R}^3,\quad f(x, y, z) = (x + 2y - 3z, x - z, y + z)$

c) $f : \mathbb{R}^4 \longrightarrow \mathbb{R}^3,\quad f(x, y, z, t) = (x, 0, z)$

d) $f : \mathbb{R}^3 \longrightarrow \mathbb{R}^2,\quad f(x, y, z) = (x - 2y, z + y)$

e) $f : \mathbb{R}^2 \longrightarrow \mathbb{R}^3,\quad f(x, y) = (2x + y, x - y, 3y)$

f) $f : \mathbb{R} \longrightarrow \mathbb{R}^3,\quad f(x) = (-x, 2, 3x)$

g) $f : \mathbb{R}^5 \longrightarrow \mathbb{R},\quad f(x^1, x^2, x^3, x^4, x^5) = x^1 + x^2 + x^3 + x^4 + x^5$

h) $f : \mathbb{R}^2 \longrightarrow \mathbb{R},\quad f(x, y) = x - y + 1$

i) $f : \mathbb{R}^3 \longrightarrow \mathbb{R},\quad f(x, y, z) = x - 2y + 3z$

Problema 2

Sean los vectores de $\mathbb{R}^2$: $\vec{a} = (1, 5)$, $\vec{b} = (1, 6)$. Demuestra que existe una única aplicación lineal $f \in \mathcal{L}_\mathbb{R}(\mathbb{R}^2; \mathbb{R})$ tal que: $f(\vec{a}) = -1$, $f(\vec{b}) = 0$. Halla $f(0, -1)$ y $f(-3, 2)$.

Problema 3

Sea el endomorfismo de $\mathbb{R}^2$ definido por $f(x, y) = (2x - y, -8x + 4y)$. Determina cuáles de los siguientes vectores son del núcleo y/o de la imagen de f:

$$\vec{a} = (5, 10), \quad \vec{b} = (1, -4), \quad \vec{c} = (3, 2), \quad \vec{o} = (0, 0), \quad \vec{u} = (5, 0), \quad \vec{v} = (1, 1)$$

Problema 4

En los siguientes casos, determina si existe una aplicación lineal f de E en F. En caso afirmativo, halla su matriz asociada en las bases canónicas:

a) $f : \mathbb{R}^2 \longrightarrow \mathbb{R}^2,\quad f(1, 1) = (0, 3),\ f(2, 0) = (1, 1),\ f(1, -1) = (-3, 0)$

b) $f : \mathbb{R}^3 \longrightarrow \mathbb{R}^2,\quad f(1, 0, 0) = (-1, 5),\ f(1, 0, 1) = (0, -3),\ f(1, 1, 1) = (-2, 1, 0)$

c) $f : \mathbb{R}^3 \longrightarrow \mathbb{R}^3,\quad f(1, 0, 0) = (-1, 5, 0),\ f(1, 0, 1) = (0, -3, 7),\ f(1, 1, 1) = (-2, a, 0)$

d) $f : \mathbb{R}^2 \longrightarrow \mathbb{R},\quad f(1, 1) = 2,\ f(-1, -1) = -2,\ f(2, 2) = 4$

Problema 5

Sea f una aplicación de $\mathbb{R}^2$ en sí mismo. En los casos en que $f \in \mathcal{L}_\mathbb{R}(\mathbb{R}^2; \mathbb{R}^2)$, halla $f(x, y)$ o describe geométricamente f en el plano cartesiano $\mathbb{R}^2$, y determina $Ker(f)$ e $Im(f)$:

a) $f(\vec{u})$ es el vector simétrico a $\vec{u}$ respecto el eje y.

b) $f(x, y) = (x, 0)$

c) $f(\vec{u})$ es el vector simétrico a $\vec{u}$ respecto el origen de coordenadas.

d) $f(x, y) = (2x, 2y)$

e) $f(x, y) = (2x, -2y)$

f) $f(\vec{u})$ es el vector obtenido al girar $\vec{u}$ en sentido positivo 30° respecto el origen de coordenadas.

g) $f(\vec{u})$ es el vector obtenido al sumar al vector $\vec{u}$ el vector $\vec{i} = (1, 0)$

h) $f(\vec{u})$ es el vector obtenido al girar $\vec{u}$ en sentido negativo 90° respecto el origen de coordenadas.

Problema 6

En los siguientes casos, clasifica f, halla una base y las ecuaciones implícitas de $Im(f)$ y $Ker(f)$:

a) $f : \mathbb{R}^2 \longrightarrow \mathbb{R}^2, \quad f(x, y) = (0, -2x)$

b) $f : \mathbb{R}^2 \longrightarrow \mathbb{R}, \quad f(x, y) = 2x + 2y$

c) $f : \mathbb{R}^2 \longrightarrow \mathbb{R}^3, \quad f(x, y) = (-x + 2y, 3x + y, 4y)$

d) $f : \mathbb{R}^3 \longrightarrow \mathbb{R}^2, \quad f(x, y, z) = (x + y - z, 2x + 2y + 2z)$

e) $f : \mathbb{R}^3 \longrightarrow \mathbb{R}^3, \quad f(x, y, z) = (x + y, x + z, y + z)$

f) $f : \mathbb{R}^3 \longrightarrow \mathbb{R}^4, \quad f(x, y, z) = (x, x - z, 4z, 0)$

g) $f : \mathbb{R}^4 \longrightarrow \mathbb{R}^4, \quad f(x, y, z, t) = (y - z + t, x + 3y + z + 2t, -y + z + t, x + y + z)$

Problema 7

Dadas las aplicaciones lineales y las bases:

$$\begin{cases} f : \mathbb{R}^2 \longrightarrow \mathbb{R}, \quad f(x, y) = 2x - y \\ g : \mathbb{R} \longrightarrow \mathbb{R}^2, \quad g(x) = (x, -2x) \end{cases} \quad \begin{cases} C_1 \text{ base canónica de } \mathbb{R}^2 \\ B_1 = \{(1, 2), (-1, 1)\} \text{ base de } \mathbb{R}^2 \\ C_2 \text{ base canónica de } \mathbb{R} \\ B_2 = \{-2\} \text{ base de } \mathbb{R} \end{cases}$$

Halla $[f]_{C_1 C_2}$, $[f]_{C_1 B_2}$, $[f]_{B_1 C_2}$, $[f]_{B_1 B_2}$, $[g]_{C_2 C_1}$, $[g]_{C_2 B_1}$, $[g]_{B_2 C_1}$, $[g]_{B_2 B_1}$, $[f\,g]_{B_2}$, $[g f]_{B_1}$.

Problema 8

Sean $B_1 = \{\vec{u}_1 \vec{u}_2\}$, $B_2 = \{\vec{e}_1 = \vec{u}_1 - \vec{u}_2, \vec{e}_2 = 2\vec{u}_1 - \vec{u}_2\}$ dos bases de $\mathbb{R}^2$. Sea f el endomorfismo de $\mathbb{R}^2$ definido por $f(\vec{u}_1) = \vec{e}_1 - \vec{e}_2, f(\vec{u}_2) = \vec{e}_1 + \vec{e}_2$. Halla $[f]_{B_1}$, $[f]_{B_2}$.

Problema 9

Dadas las aplicaciones lineales y las bases:

$$\begin{cases} f : \mathbb{R}^3 \longrightarrow \mathbb{R}^2, \quad f(x, y, z) = (2x - y, z) \\ g : \mathbb{R}^2 \longrightarrow \mathbb{R}^2, \quad g(x, y) = (x - y, 2x) \\ h : \mathbb{R}^3 \longrightarrow \mathbb{R}^2, \quad h(x, y, z) = (z - x, y) \end{cases} \quad \begin{cases} C_1 \text{ base canónica de } \mathbb{R}^2 \\ B_1 = \{(1, 2), (-1, 1)\} \text{ base de } \mathbb{R}^2 \\ B_2 = \{(1, 0, -1), (4, 0, 3), (1, 1, 0)\} \text{ base de } \mathbb{R}^3 \end{cases}$$

a) Halla $[f]_{B_2C_1}$, $[h]_{B_2C_1}$, $[f]_{B_2B_1}$, $[g]_{B_1B_1}$.

b) Obtén explícitamente $3h, f + h, gf, g(f + h)$.

c) Halla $[f + h]_{B_2C_1}$, $[gf]_{B_2B_1}$, $[3h]_{B_2B_1}$.

Problema 10

Sea el endomorfismo de $\mathbb{R}^3$ definido por: $f(x, y, z) = (y+z, x+y, x+z)$. Demuestra que es un automorfismo. Halla $f^{-1}(x, y, z)$.

Problema 11

Sea $B=\{\vec{u}_1\vec{u}_2\vec{u}_3\}$ una base de $\mathbb{R}^3$. Sean f, g los endomorfismos de $\mathbb{R}^3$ definidos por:

$$f(\vec{u}_1) = f(\vec{u}_2) = f(\vec{u}_3) = \vec{u}_1 + \vec{u}_2 + \vec{u}_3, \quad g(\vec{u}_1) = \vec{u}_2, \quad g(\vec{u}_2) = \vec{u}_3, \quad g(\vec{u}_3) = \vec{u}_1$$

a) Comprueba que f y g conmutan.

b) Halla, si es posible, las matrices de f^{-1}, g^{-1}, f^2 y g^2 en la base B.

Problema 12

Sean los endomorfismos de $\mathbb{R}^2$ y $\mathbb{R}^3$:

$$f(x, y) = (x, 2x + 3y), \quad g(x, y, z) = (x, 3x - y - 2z, -6x + 6y + 6z)$$

y los polinomios $p(x) = x^2 - 4x + 3$, $q(x) = x^3 - 6x^2 + 11x - 6$. Halla $p(f)$, $p(g)$, $q(f)$ y $q(g)$. Comprueba que $p(g)(g - 2I_{\mathbb{R}^3})$ es el endomorfismo nulo de $\mathbb{R}^3$.

◼ Problemas propuestos ▰▰▰▰▰▰▰▰▰▰▰▰▰▰▰▰▰▰▰▰▰▰▰▰

Problema 13

En los siguientes casos, averigua si f es lineal y, en caso afirmativo, halla la matriz asociada en las bases canónicas $r(f)$ y $\eta(f)$:

a) $f : \mathbb{R}_2[x] \longrightarrow \mathbb{R}_3[x], \quad f(a + bx + cx^2) = a + ax + bx^2 + cx^3$

b) $f : \mathbb{R}_2[x] \longrightarrow \mathbb{R}_2[x], \quad f(a + bx + cx^2) = 1 + (a - 2c)x + (b + c)x^2$

c) $f : M_{\mathbb{R}}(2) \longrightarrow M_{\mathbb{R}}(2), \quad f(A) = A^t$

d) $f : M_{\mathbb{R}}(2) \longrightarrow M_{\mathbb{R}}(2), \quad f(A) = AB - BA$, donde: $b_{11} = -b_{12} = 2b_{21} = -3b_{22} = 6$

e) $f : M_{\mathbb{R}}(2) \longrightarrow \mathbb{R}, \quad f(A) = tr(A)$

f) $f : M_{\mathbb{R}}(3) \longrightarrow \mathbb{R}, \quad f(A) = |A|$

g) $f : M_{\mathbb{R}}(2) \longrightarrow S_{\mathbb{R}}(2), \quad f(A) = A + A^t$

h) $f : M_{\mathbb{R}}(2) \longrightarrow M_{\mathbb{R}}(2), \quad f(A) = e(A)$ donde: $e : f_1 \leftarrow f_1 - 2f_2$

i) $f : \mathbb{R}_2[x] \longrightarrow M_{\mathbb{R}}(2), \quad f(p(x)) = p(I_2)$

$j)\ f: \mathbb{R}_2[x] \longrightarrow \mathbb{R}_3[x], \quad f(p(x)) = p'(x)$

$k)\ f: \mathbb{R}_2[x] \longrightarrow \mathbb{R}^3, \quad f(p(x)) = (p'(-1), p'(0), p'(1))$

Problema 14

En los siguientes casos, clasifica f, halla una base y las ecuaciones implícitas de $Im\,(f)$ y $Ker\,(f)$:

a) $f: \mathbb{R}_2[x] \longrightarrow \mathbb{R}_3[x], \quad f(p(x)) = x \cdot p(x)$

b) $f: \mathbb{R}_3[x] \longrightarrow \mathbb{R}^3, \quad f(a + bx + cx^2 + dx^3) = (a + b, c, d)$

c) $f: M_\mathbb{R}(2) \longrightarrow \mathbb{R}_3[x], \quad f(A) = a_{11} + a_{12}x + a_{21}x^2 + a_{22}x^3$

d) $f: M_\mathbb{R}(2) \longrightarrow \mathbb{R}, \quad f(A) = tr(A - A^t)$

Problema 15

Sea el endomorfismo f de $\mathbb{R}_3[x]$ definido por $f(p(x)) = x \cdot p'(x) + kx^2 p''(x)$. Discute, según los diferentes valores del parámetro k, la nulidad de f. Halla en cada caso una base de $Ker\,(f)$.

Problema 16

En los siguientes casos, halla $[f]_C$, $\eta(f)$ y $r(f)$:

a) $f: \mathbb{R}^3 \longrightarrow \mathbb{R}^3, \quad f(4, 1, 1) = (1, 0, -1), \quad Ker\,(f) = \{(x, y, z)/x - 3y + 2z = 0\}$

b) $f: \mathbb{R}^3 \longrightarrow \mathbb{R}^3, \quad f(0, 0, 1) = (1, 2, 3), \quad Ker\,(f) = \{(x, y, z)/x + y + z = 0\}$

Problema 17

En los siguientes casos, discute $\eta(f)$ y $r(f)$:

a) $f: \mathbb{R}^3 \longrightarrow \mathbb{R}^3, \quad f(x, y, z) = (-2x + 4y + 2z, x + \lambda y + \lambda z, -x + 2y + z)$

b) $f: \mathbb{R}^4 \longrightarrow \mathbb{R}^4, \quad f(x, y, z, t) = (x + y + z + \lambda t, x + y + \lambda z + t, x + \lambda y + z + t, \lambda x + y + z + t)$

c) $f: \mathbb{R}^3 \longrightarrow \mathbb{R}_2[x], \quad f(x, y, z) = (\lambda x - 2x - y + 2z) + (2x + y - \lambda y + \lambda z + z)X + (\lambda x - 3y + 2\lambda z)X^2$

d) $f: \mathbb{R}_2[x] \longrightarrow \mathbb{R}^3, \quad f(a + bx + cx^2) = (\lambda a - c, a + b + c, 2b)$

e) $f: \mathbb{R}^3 \longrightarrow \mathbb{R}^3, \quad f(x, y, z) = (x + \alpha y + 4z, \beta x + y, 4x + z)$

f) $f: \mathbb{R}^3 \longrightarrow \mathbb{R}^4, \quad f(x, y, z) = (x + \lambda y + 7z, \lambda x + y + 5z, \lambda y + y + 8z, x + y + \lambda z)$

g) $f: \mathbb{R}^3 \longrightarrow \mathbb{R}^3, \quad f(x, y, z) = (\alpha x + y + z, x + y + \beta z, x + y + z)$

Problema 18

Sea f la aplicación lineal de $\mathbb{R}^3$ en $\mathbb{R}^4$ cuya matriz en las bases canónicas es:

$$\begin{pmatrix} 0 & a & 0 \\ 2 & a & 0 \\ 0 & 2 & -a \\ 2 & 0 & 1 \end{pmatrix}$$

a) Discute, según los valores del parámetro a, $\eta(f)$ y $r(f)$.

b) Discute, según los valores del parámetro a, cuándo el vector $\vec{w} = (1, 2, 2, 1)$ pertenece a $Im\,(f)$.

c) Para $a = 0$, halla la base canónica de $F \cap Im\,(f)$, donde F es el subespacio generado por los dos últimos vectores de la base canónica de $\mathbb{R}^4$.

Problema 19

Halla el rango, la nulidad y la matriz en la base canónica del endomorfismo f de $\mathbb{R}^3$ que cumple:

- $Ker\,(f) \cap Im\,(f) = \langle(1, -1, 1)\rangle$
- $f(1, 2, 7) \in \langle(1, 2, 7)\rangle$
- $tr([f]_C) = 3$
- $f(2, -1, 9) = (3, 0, 9)$

Problema 20

Sea $C = \{\vec{e}_1, \vec{e}_2, \vec{e}_3, \vec{e}_4\}$ la base canónica de $\mathbb{R}^4$. Sea f el endomorfismo de $\mathbb{R}^4$ que cumple:

$$\begin{cases} f(\vec{e}_1) = (4a, -1 - a, -4, -5 - a) \\ f(\vec{e}_2) = (8a, -2 - 2a, -8, -10 - 2a) \\ f(\vec{e}_3) = (-9, 3, 3, 6) \\ f(\vec{e}_4) = (6, -2 + a, 1, -1 + a) \end{cases}$$

a) Determina para qué valores de a, $\eta(f) = r(f)$.

b) En los casos obtenidos en el apartado anterior, halla sendas bases de $Ker\,(f)$ y $Im\,(f)$.

c) Obtén, para $a = 0$, la matriz asociada a f en la base:

$$N = \{\vec{u}_1 = (0, 0, 1, 0), \vec{u}_2 = (-4, 1, 1, 0), \vec{u}_3 = (1, 0, 1, 1), \vec{u}_4 = (0, 1, 2, 2)\}$$

Problema 21

Sea $f : \mathbb{R}_2[x] \longrightarrow \mathbb{R}^2$ la aplicación lineal definida por $f(a + bx + cx^2) = (a + b, a + c)$. Sean C_1, C_2 las bases canónicas de $\mathbb{R}_2[x]$ y $\mathbb{R}^2$, respectivamente. Sean las bases:

$$B_1 = \{1 + x, 1 + x^2, x\}, \quad B_2 = \{(1, -1), (1, 1)\}$$

Halla las matrices $[f]_{C_1 C_2}$, $[f]_{B_1 C_2}$, $[f]_{C_1 B_2}$, $[f]_{B_1 B_2}$.

Problema 22

Sea la base de $\mathbb{R}^3$ $B = \{(1, 0, 0), (1, 0, -1), (2, 1, 3)\}$. Sea f el endomorfismo de $\mathbb{R}^3$ tal que:

$$[f]_{BC} = \begin{pmatrix} 2 & -1 & 3 \\ 1 & 0 & 1 \\ 2 & 1 & 0 \end{pmatrix}$$

a) Halla $[f(1, 1, 1)]_B$

b) Halla $[f]_C$

c) Halla $[p(f)]_{CB}$, donde: $p(x) = x^2 - x + 1$.

Problema 23

Sea f el endomorfismo de $\mathbb{R}^3$ definido por $f(x, y, z) = (x + y, x + 2z, z)$.

Sean los subespacios vectoriales de $\mathbb{R}^3$: $F = \{(x, y, z)/x = y - z = 0\}$ $G = \langle(1, 0, 1), (1, 0, -1)\rangle$.

Demuestra que f es un automorfismo y que $f(F)$ y $f(G)$ son subespacios suplementarios en $\mathbb{R}^3$.

Problema 24

Sea f un endomorfismo de $\mathbb{R}^3$ del que se sabe:

$$f(2, 0, 1) = f(1, 1, 0) \neq (0, 0, 0) \quad r\{f(1, 1, 0), f(0, 1, 0)\} = 2$$

a) Halla el rango y la nulidad de f.

b) Halla la base canónica del núcleo de f.

c) Halla las ecuaciones paramétricas del conjunto $f^{-1}(f(2, 0, 1))$.

Problema 25

Sea A una matriz de orden n. Sean f y g los endomorfismos de $\mathbb{R}^n$ cuyas matrices en la base canónica son A y A^t, respectivamente. Demuestra que $Ker(f)$ e $Im(g)$ son subespacios suplementarios de $\mathbb{R}^n$. Comprueba este resultado en los siguientes casos:

a) $A = \begin{pmatrix} 1 & -1 \\ -2 & 2 \end{pmatrix}$

b) $A = \begin{pmatrix} 1 & -1 \\ 0 & 2 \end{pmatrix}$

c) $A = \begin{pmatrix} 1 & 1 & 1 \\ 2 & 1 & 0 \\ -1 & 0 & 1 \end{pmatrix}$

d) $A = \begin{pmatrix} 2 & 1 & 1 \\ 0 & 0 & 0 \\ -4 & -2 & -2 \end{pmatrix}$

Problema 26

Un endomorfismo $f \in \mathcal{L}_\mathbb{R}(E; E)$ se llama **proyector** si cumple $f^2 = f$. Una matriz $A \in \mathcal{M}_\mathbb{R}(n)$ se denomina **idempotente** si $A^2 = A$. Sea B una base de E. Demuestra que un endomorfismo f es un proyector si y sólo si $A = [f]_B$ es una matriz idempotente.

Problema 27

En los siguientes casos, demuestra que los endomorfismos de $\mathbb{R}^2$ son proyectores. Representa gráficamente en el plano cartesiano el núcleo y la imagen. Describe geométricamente cada endomorfismo.

a) $f(x, y) = (x, 0)$

b) $f(x, y) = (0, y)$

c) $f(x, y) = (x + y, 0)$

d) $f(x, y) = (x, x)$

e) $f(x, y) = (y, y)$

f) $f(x, y) = (-x + y, -2x + 2y)$

g) $f(x, y) = (2x + y, -2x - y)$

h) $f(x, y) = (ax + y, (a - a^2)x + (1 - a)y)$

Problema 28

Sean f, g dos endomorfismos de $\mathbb{R}^3$ de los que se sabe:

$$\eta(f) = \eta(g) = 2, \quad Im\,(f) = Im(g) \quad Ker\,(f) = Ker\,(g)$$

Demuestra que existe un número α tal que $f = \alpha g$.

Problema 29

Halla la matriz asociada en la base canónica del endomorfismo de $\mathbb{R}^2$ definido por $f(-1, -1) = (1, 1)$, $f((3, 0)) = (1, -2)$. Demuestra que los conjuntos de vectores:

$$F = \{\vec{v} \in \mathbb{R}^2 \mid f(\vec{v}) = \vec{v}\}, \quad G = \{\vec{v} \in \mathbb{R}^2 \mid f(\vec{v}) = -\vec{v}\}$$

son subespacios suplementarios en $\mathbb{R}^2$.

Problema 30

Sea f el endomorfismo de $\mathbb{R}^2$ del que se sabe: $3f^2 + 2f - I_{R^2} = O_{R^2}, f(3, 0) = (-1, -6)$. Demuestra que f es un automorfismo, halla f^{-1} y obtén la matriz asociada a f en la base canónica.

Problema 31

En los siguientes casos, demuestra u obtén un contraejemplo:

a) Si el 0 no es raíz del polinomio $p(x)$ y f es un endomorfismo tal que $p(f) = O_E$, entonces f es un automorfismo.

b) Si $A^2 = A$, entonces $A - 2I_n$, $2A - I_n$ y $A - I_n$ son regulares.

c) Dos matrices asociadas de una aplicación lineal siempre tienen el mismo rango.

d) Dos matrices asociadas de un endomorfismo siempre tienen el mismo determinante.

e) Si B_1, B_2 son dos bases de un espacio vectorial E y f es un endomorfismo de E, entonces $|[f]_{B_1}| = |[f]_{B_2}|$.

f) Si *f* es un epimorfismo de $\mathbb{R}^n$ en $\mathbb{R}^m$, entonces $m \leq n$.

g) Si *f* es un monomorfismo de $\mathbb{R}^n$ en $\mathbb{R}^m$, entonces $n \leq m$.

h) La nulidad y el rango de un endomorfismo de $\mathbb{R}^5$ no pueden coincidir.

i) Todo endomorfismo exhaustivo es un automorfismo.

j) El conjunto de antiimágenes, por una aplicación lineal, de un vector no nulo nunca es un espacio vectorial.

k) La nulidad de toda aplicación lineal de $\mathbb{R}^n$ en $\mathbb{R}$ es $n - 1$.

◢ Problemas propuestos ▬▬▬▬▬▬▬▬▬▬▬▬▬▬▬▬▬▬▬▬▬▬▬▬▬▬▬▬

Problema 32

Sea la aplicación lineal de $\mathbb{R}^2$ en $H = \{A \in \mathcal{M}_\mathbb{R}(2) / a_{22} = a_{12} - a_{21}\}$ definida por:

$$f(1,0) = \begin{pmatrix} 2 & 0 \\ 0 & 0 \end{pmatrix} \quad f(0,1) = \begin{pmatrix} 1 & 3 \\ 2 & 1 \end{pmatrix}$$

a) Comprueba que *f* está bien definida y es única.

b) Obtén la base canónica de *H*.

c) Halla la matriz asociada a *f* en las bases canónicas de $\mathbb{R}^2$ y *H*.

d) Halla la matriz asociada a *f* en las bases canónicas de $\mathbb{R}^2$ y $\mathcal{M}_\mathbb{R}(2)$.

e) Halla el núcleo y la imagen de *f*.

Problema 33

Sean $f, g \in \mathcal{L}_\mathbb{R}(\mathbb{R}^2; \mathbb{R})$. Demuestra que la aplicación $h \in \mathcal{L}_\mathbb{R}(\mathbb{R}^2; \mathbb{R}^2)$ definida por $h(\vec{u}) = (f(\vec{u}), g(\vec{u}))$ es lineal. Estudia $r(h)$ y $\eta(h)$ según los diferentes valores de $r(f), \eta(f), r(g)$ y $\eta(g)$.

Problema 34

Sea $f \in \mathcal{L}_\mathbb{R}(E_n; F_m)$ tal que $\eta(f) = h$ y $r(f) = k$. Sean $B_1 = \{\vec{u}_1, \ldots, \vec{u}_h\}$, $B_2 = \{\vec{w}_1, \ldots, \vec{w}_k\}$ sendas bases de $Ker(f)$ e $Im(f)$, respectivamente. Sea $S = \{\vec{v}_1, \ldots, \vec{v}_k\}$ un subconjunto de E_n tal que: $f(\vec{v}_1) = \vec{w}_1, \ldots, f(\vec{v}_k) = \vec{w}_k$.

a) Sin utilizar el teorema de la dimensión, demuestra que $B_1 \cup S$ es una base de E_n,

b) Deduce el teorema de la dimensión.

c) A partir del teorema de la dimensión, demuestra que el rango por filas y el rango por columnas de cualquier matriz siempre coinciden.

d) Sea S' un subconjunto de la base canónica de F_m tal que $B_2 \cup S'$ es una base de F_m. Halla la matriz asociada respecto de las dos bases construidas.

e) Lleva a cabo todos los pasos descritos anteriormente con el endomorfismo de $\mathbb{R}^3$ definido por:

$$f(x, y, z) = (2x + y + z, -x + y - 2z, x + 2y - z)$$

Problema 35

Sea f un endomorfismo de $\mathbb{R}_3[x]$ del que se sabe: $f(1+x) = x - x^3$, $f(1+x^2) = 1 + x + x^2$. En los siguientes casos, halla $[f]_C$:

a) $Ker(f) = Im(f)$

b) $f^2 = I_{\mathbb{R}_3[x]}$

c) $f^2 = f$

Problema 36

Sea $\vec{v} \neq \vec{0}$ un vector de $\mathbb{R}^3$. Sea f un endomorfismo de $\mathbb{R}^3$ que cumple $\vec{v} \notin Ker(f^2)$, $\vec{v} \in Ker(f^3)$. Demuestra que el conjunto $S = \{\vec{v}, f(\vec{v}), f^2(\vec{v})\}$ es una base de $\mathbb{R}^3$ y halla $[f]_S$.

Problema 37

Sea $S = \{\vec{v}_1 \vec{v}_2 \vec{v}_3 \vec{v}_4\}$ un sistema de generadores de $\mathbb{R}^3$. Sea f un endomorfismo de $\mathbb{R}^3$ tal que:

$$f(\vec{v}_1) = \vec{v}_2, \quad f(\vec{v}_2) = \vec{v}_3, \quad f(\vec{v}_3) = \vec{v}_4, \quad f(\vec{v}_4) = \vec{v}_1$$

Demuestra que todo subconjunto de S de cardinal 3 es una base de $\mathbb{R}^3$. Determina las relaciones de dependencia de los elementos de S.

Problema 38

Sea f un endomorfismo de un espacio vectorial real E de dimensión n. Demuestra que las siguientes afirmaciones son equivalentes:

a) $E = Ker(f) + Im(f)$

b) $E = Ker(f) \oplus Im(f)$

c) $Ker(f) \cap Im(f) = \{\vec{0}\}$

d) $Im(f) = Im(f^2)$

e) $Ker(f) = Ker(f^2)$

Problema 39

Sea $f \in \mathcal{L}_{\mathbb{R}}(E; E)$. Demuestra:

a) f proyector $\Leftrightarrow I_E\text{-}f$ proyector

b) f proyector $\Rightarrow E = Ker(f) \oplus Im(f)$

c) f proyector $\Rightarrow Ker(f) = Im(I_E - f)$, $Im(f) = Ker(I_E - f)$

Problema 40

Sea f el endomorfismo no nulo de $\mathbb{R}^2$ definido por $f(x, y) = (ax + by, acx + bcy)$. Demuestra que f es un proyector si y sólo si $a + bc = 1$.

Problema 41

Sea $S = \{\vec{a}, \vec{b}, \vec{c}, \vec{d}, \vec{u}, \vec{v}, \vec{w}\}$ el siguiente subconjunto de $\mathbb{R}^3$:

$\vec{a} = (1, 2, 0), \vec{b} = (0, 7, 1), \vec{c} = (-2, 3, 1), \vec{d} = (0, 3, 2), \vec{u} = (-1, 1, 2), \vec{v} = (-2, 6, 3), \vec{w} = (1, -2, 1)$

Sea f el endomorfismo de $\mathbb{R}^3$ del que se sabe que $f(\vec{b}) \in \langle \vec{c} \rangle, f(\vec{a}) \in Ker(f), f(\vec{d}) \in \langle \vec{u} \rangle, f(\vec{v}) = \vec{w}$.

Halla la matriz asociada a f en la base canónica.

Problema 42

Sea $S = \{\vec{a}, \vec{b}, \vec{c}, \vec{d}, \vec{e}\}$ el siguiente subconjunto de $\mathbb{R}^3$:

$\vec{a} = (3, 1, -1), \vec{b} = (-1, 2, 1), \vec{c} = (1, 1, 1), \vec{d} = (-1, -2, 1), \vec{e} = (16, 0, -8)$.

Sea f el endomorfismo de $\mathbb{R}^3$ del que se sabe que $f(\vec{a}) \in \langle \vec{b} \rangle, f(\vec{b}) \in \langle \vec{c} \rangle, f(\vec{c}) \in \langle \vec{a} \rangle, f(\vec{d}) = \vec{e}$.

Halla la matriz asociada a f en la base canónica.

Problema 43

Sea f un endomorfismo de $\mathbb{R}^3$ de rango 1. Demuestra que existe un número α tal que $f^2 = \alpha f$. Demuestra que, si $\alpha \neq 1$, entonces $f - I_{\mathbb{R}^3}$ es un automorfismo.

Problema 44

Dadas las matrices de orden 3:

$$A = \begin{pmatrix} 15 & -11 & 5 \\ 20 & -15 & 8 \\ 8 & -7 & 6 \end{pmatrix}, \quad B = \begin{pmatrix} 1 & 0 & 0 \\ 0 & 2 & 0 \\ 0 & 0 & 3 \end{pmatrix}$$

Sea f el endomorfismo de $\mathbb{R}^3$ cuya matriz en la base canónica es A.

a) Comprueba que A y B tienen el mismo rango.

b) Halla dos bases B_1 y B_2, tales que $[f]_{B_1 B_2} = I_3$.

c) Halla dos bases D_1 y D_2, tales que $[f]_{D_1 D_2} = B$.

d) Halla, si es posible, una base Λ, tal que $[f]_\Lambda = B$

Problema 45

Demuestra que F es un subespacio vectorial de $M_{\mathbb{R}}(2)$:

$$F = \left\{ \begin{pmatrix} a & b+c \\ -b+c & a \end{pmatrix}, \ a, b, c \in \mathbb{R} \right\}$$

Sea la aplicación f de F en F definida por:

$$f\left(\begin{pmatrix} x & y \\ z & t \end{pmatrix}\right) = \begin{pmatrix} 0 & \dfrac{3y - z}{2} \\ \dfrac{3z - y}{2} & 0 \end{pmatrix}$$

Halla la matriz asociada a f en la base canónica de F. Halla sendas bases de $Ker\,(f)$ e $Im\,(f)$.

Problemas propuestos

Problema 46

Demuestra la proposición:

Sea $f : E \to F$ una aplicación. Entonces, las siguientes afirmaciones son equivalentes:

1. *f es lineal.*
2. *Si $\alpha, \beta \in \mathbb{R}$ y $\vec{u}, \vec{v} \in E$, entonces $f(\alpha \cdot \vec{u} + \beta \cdot \vec{v}) = \alpha \cdot f(\vec{u}) + \beta \cdot f(\vec{v})$.*
3. *Si $\{\lambda_1, \dots, \lambda_k\} \subset \mathbb{R}$ y $\{\vec{u}_1, \dots, \vec{u}_k\} \subset E$, entonces $f(\lambda_1 \cdot \vec{u}_1 + \dots + \lambda_k \cdot \vec{u}_k) = \lambda_1 \cdot f(\vec{u}_1) + \dots + \lambda_k \cdot f(\vec{u}_k)$*
4. *Si $\lambda \in \mathbb{R}$ y $\vec{u}, \vec{v} \in E$, entonces: (1) $f(\vec{o}) = \vec{o}$, (2) $f(\vec{u} + \lambda \cdot \vec{v}) = f(\vec{u}) + \lambda \cdot f(\vec{v})$*

Problema 47

Demuestra la proposición:

Sean E, F espacios vectoriales reales tales que $\dim(E) = n$, $\dim(F) = m$.

Sea $f : E \to F$ una aplicación lineal.

   a) *Si $S = \{\vec{u}_1, \dots, \vec{u}_k\} \subset E$ es ligado, entonces $f(S) = \{f(\vec{u}_1), \dots, f(\vec{u}_k)\} \subset F$ es ligado.*
   b) *Si $f(S)$ es libre, entonces S es libre.*
   c) *Si f es un epimorfismo, entonces $n \geq m$.*
   d) *Si f es un monomorfismo, entonces S es libre si y sólo si $f(S)$ es libre.*
   e) *Si f es un monomorfismo, entonces $n \leq m$.*
   f) *Si f es un isomorfismo, entonces $n = m$.*
   g) *Si f es un isomorfismo, entonces S es una base de E si y sólo si $f(S)$ es una base de F.*

Problema 48

Demuestra la proposición:

Sean E, F, G espacios vectoriales reales. Sean $f, g \in \mathcal{L}_{\mathbb{R}}(E; F)$, $h \in \mathcal{L}_{\mathbb{R}}(F; G)$ y $\lambda \in \mathbb{R}$. Entonces, las aplicaciones $f + g$, $\lambda \cdot f$ y hf son lineales.

Problema 49

Demuestra la proposición:

El conjunto $\mathcal{L}_{\mathbb{R}}(E;F)$ con las operaciones suma y producto por escalares definidas anteriormente es un espacio vectorial real.

Problema 50

Demuestra la proposición:

Sean $f, g, h \in \mathcal{L}_{\mathbb{R}}(E;E)$. Entonces:

a) $gf \in \mathcal{L}_{\mathbb{R}}(E;E)$

b) $h(gf) = (hg)f$

c) $I_E f = f I_E = f$

d) $h(f+g) = hf + hg$

e) $(g+h)f = gf + hf$

f) *f, g son automorfismos si y sólo si gf lo es. Además,* $(gf)^{-1} = f^{-1}g^{-1}$

g) *f es un automorfismo si y sólo si f^{-1} lo es.*

Problema 51

Demuestra la proposición:

Sea $f : E \to F$ una aplicación lineal. Entonces:

a) *$Ker(f)$ es un subespacio vectorial de f.*

b) *f es un monomorfismo si y sólo si $Ker(f) = \{\vec{0}\}$.*

c) *$Im(f)$ es un subespacio vectorial de F.*

d) *f es un epimorfismo si y sólo si $Im(f) = F$.*

Problema 52

Demuestra la proposición:

(Teorema de la dimensión) *Sean E, F espacios vectoriales reales tales que $\dim(E) = n$, $\dim(F) = m$, y $f \in \mathcal{L}_{\mathbb{R}}(E;F)$. Entonces, $\eta(f) + r(f) = n$.*

Problema 53

Demuestra la proposición:

Sea $f \in \mathcal{L}_R(E;F)$.

a) *$[f]_{\mathcal{B}_1 \mathcal{B}_2}$ es una matriz de orden $m \times n$.*

b) Dado $\vec{u} \in E$, $[f(\vec{u})]_{\mathcal{B}_2} = [f]_{\mathcal{B}_1 \mathcal{B}_2} [\vec{u}]_{\mathcal{B}_1}$.

c) $f(\mathcal{B}_1)$ es un sistema de generadores de $Im(f)$. Es decir: $Im(f) = \langle f(\vec{u}_1), \ldots, f(\vec{u}_n) \rangle$.

d) $r(f) = r_c([f]_{\mathcal{B}_1 \mathcal{B}_2})$, $\eta(f) = n - r_f([f]_{\mathcal{B}_1 \mathcal{B}_2})$.

Problema 54

Demuestra la proposición:

Sea A una matriz de orden $m \times n$. Entonces, existe una única aplicación lineal $f \in \mathcal{L}_R(E; F)$ tal que $[f]_{\mathcal{B}_1 \mathcal{B}_2} = A$.

Problema 55

Demuestra la proposición:

Sean $\mathcal{B}_1, \mathcal{B}_2, \mathcal{B}_3$ respectivas bases de los espacios vectoriales E, F, G. Sean $f, g \in \mathcal{L}_\mathbb{R}(E; F)$, $h \in \mathcal{L}_\mathbb{R}(F; G)$ y $\lambda \in \mathbb{R}$. Entonces:

a) $[f + g]_{\mathcal{B}_1 \mathcal{B}_2} = [f]_{\mathcal{B}_1 \mathcal{B}_2} + [g]_{\mathcal{B}_1 \mathcal{B}_2}$

b) $[\lambda \cdot f]_{\mathcal{B}_1 \mathcal{B}_2} = \lambda \cdot [f]_{\mathcal{B}_1 \mathcal{B}_2}$

c) $[hf]_{\mathcal{B}_1 \mathcal{B}_3} = [h]_{\mathcal{B}_2 \mathcal{B}_3} \cdot [f]_{\mathcal{B}_1 \mathcal{B}_2}$

d) Si $E = F$, entonces: $[f^k]_{\mathcal{B}_1} = [f]^k_{\mathcal{B}_1}$

e) Si $E = F$ y $p(x) \in \mathbb{R}[x]$, entonces $[p(f)]_{\mathcal{B}_1} = p([f]_{\mathcal{B}_1})$

f) Si f es un isomorfismo, entonces: $[f^{-1}]_{\mathcal{B}_2 \mathcal{B}_1} = [f]^{-1}_{\mathcal{B}_1 \mathcal{B}_2}$

Problema 56

Demuestra la proposición:

La aplicación definida por $f \rightarrow [f]_{\mathcal{B}_1 \mathcal{B}_2}$, es un isomorfismo de $\mathcal{L}_R(E; F)$ en $M_\mathbb{R}(m, n)$. En consecuencia, $\dim(\mathcal{L}_R(E; F)) = m \cdot n$.

Problema 57

Demuestra la proposición:

Sea I_E el automorfismo identidad sobre el espacio vectorial E. Entonces,

a) $[I_E]_{N_1 V_1} = \mathcal{M}^t_{N_1 V_1}$

b) $[I_E]_{V_1 N_1} = [I_E]^{-1}_{N_1 V_1}$

c) $[I_E]_{N_1} = [I_E]_{V_1} = I_n$

Problema 58

Demuestra la proposición:

Sea f una aplicación lineal de E en F. Entonces:

a) $[f]_{N_1 V_2} = [f]_{V_1 V_2} \cdot [I_E]_{N_1 V_1}$

b) $[f]_{V_1 N_2} = [I_F]_{V_2 N_2} \cdot [f]_{V_1 V_2}$

c) $[f]_{N_1 N_2} = [I_F]_{V_2 N_2} \cdot [f]_{V_1 V_2} \cdot [I_E]_{N_1 V_1}$

d) *Si $E = F$, entonces:* $[f]_{N_1} = [I_E]_{V_1 N_1} \cdot [f]_{V_1} \cdot [I_E]_{N_1 V_1}$

Endomorfismos

6

6.1 Vectores y valores propios

Definición 6.1 *Sea f un endomorfismo sobre un espacio vectorial real E. Un vector $\vec{v} \in E$ se denomina* **vector propio** *de f si $\vec{v} \neq \vec{0}$ y su imagen $f(\vec{v})$ depende linealmente de $\vec{v}$. En otras palabras, si existe un escalar λ tal que:*

$$f(\vec{v}) = \lambda \cdot \vec{v}$$

Definición 6.2 *Sean $f \in \mathcal{L}_{\mathbb{R}}(E;E)$ y $\vec{v}$ un vector propio de f tal que $f(\vec{v}) = \lambda \cdot \vec{v}$. El escalar λ se denomina* **valor propio** *de f.*

La ecuación $f(\vec{v}) = \lambda \cdot \vec{v}$ equivale a decir que $\vec{v}$ es un vector propio[1] de f de valor propio[2] λ.

Proposición 6.1 *Sea $f \in \mathcal{L}_{\mathbb{R}}(E;E)$ y $\lambda \in \mathbb{R}$. Sea el conjunto:*

$$V_f(\lambda) = \{\vec{v} \in E \mid f(\vec{v}) = \lambda \cdot \vec{v}\}$$

Entonces:

    a) λ es un VAP de f si y sólo si $\{\vec{0}\} \subsetneq V_f(\lambda)$.

    b) $V_f(\lambda) = Ker\,(f - \lambda \cdot I_E)$

    c) $V_f(\lambda)$ es un subespacio vectorial de E.

Si λ es un VAP de f, el conjunto $V_f(\lambda)$ recibe el nombre de **subespacio propio** de f asociado a λ.

Definición 6.3 *Sea A una matriz cuadrada de orden n. El* **polinomio caraterístico** *de A, denotado $p_A(x)$, es:*

$$p_A(x) = |A - x \cdot I_n| = \begin{vmatrix} a_{11} - x & \dots & a_{1n} \\ \vdots & \ddots & \vdots \\ a_{n1} & \dots & a_{nn} - x \end{vmatrix}$$

---

[1] También denominado **autovector** y **VEP**.
[2] También denominado **autovalor** y **VAP**.

Obsérvese que el determinante anterior es efectivamente un polinomio de grado n.

Proposición 6.2 *Sean B_1, B_2 dos bases de un espacio vectorial E y $f \in \mathcal{L}_\mathbb{R}(E; E)$. Si $A = [f]_{\mathcal{B}_1}$ y $B = [f]_{\mathcal{B}_2}$, entonces $p_A(x) = p_B(x)$.*

Este resultado permite introducir la siguiente definición:

Definición 6.4 *Sea E un espacio vectorial real de dimensión n. Sea f un endomorfimo sobre E. Se denomina **polinomio característico** de f, y se denota $p_f(x)$, al polinomio:*

$$p_f(x) = |[f]_\mathcal{B} - x \cdot I_n|$$

donde $\mathcal{B}$ es una base arbitraria de E.

La ecuación $|[f]_\mathcal{B} - x \cdot I_n| = 0$ se llama la **ecuación característica** de f. El conjunto de soluciones reales de $|[f]_\mathcal{B} - x \cdot I_n| = 0$ se denota $\sigma(f)$ y recibe el nombre de **espectro** de f.

$$\sigma(f) = \{\lambda \in \mathbb{R} \mid |[f]_\mathcal{B} - \lambda \cdot I_n| = 0\}$$

Ejemplos 6.1

Estos son algunos ejemplos de valores propios, vectores propios y polinomios característicos.

- Sea $f \in \mathcal{L}_\mathbb{R}(\mathbb{R}^n; \mathbb{R}^n)$ tal que $\eta(f) \geq 1$. Entonces, los vectores del núcleo f son todos, excepto el vector $\vec{o}$, vectores propios de f de valor propio 0. Es decir, $V_f(0) = Ker(f)$.

- Sea $f \in \mathcal{L}_\mathbb{R}(\mathbb{R}^2; \mathbb{R}^2)$ tal que $[f]_C = A = \begin{pmatrix} 1 & 2 \\ 2 & 1 \end{pmatrix}$.

  Entonces, $p_f(x) = p_A(x) = \begin{vmatrix} 1-x & 2 \\ 2 & 1-x \end{vmatrix} = (1-x)^2 - 4 = x^2 - 2x - 3$. Por tanto, $\sigma(f) = \{-1, 3\}$.

- Sea $f \in \mathcal{L}_\mathbb{R}(\mathbb{R}^2; \mathbb{R}^2)$ tal que $[f]_C = A = \begin{pmatrix} 0 & 1 \\ -1 & 0 \end{pmatrix}$.

  Entonces, $p_f(x) = p_A(x) = \begin{vmatrix} -x & 1 \\ -1 & -x \end{vmatrix} = x^2 + 1$. Por tanto, $\sigma(f) = \emptyset$.

- Sea $f \in \mathcal{L}_\mathbb{R}(\mathbb{R}^3; \mathbb{R}^3)$ tal que $[f]_C = A = \begin{pmatrix} 2 & 3 & 4 \\ 0 & 1 & 2 \\ 0 & 0 & 1 \end{pmatrix}$.

  Entonces, (i) $\sigma(f) = \{1, 2\}$, (ii) $\vec{e}_1$ es un vector propio de f de valor propio 2, puesto que $f(\vec{e}_1) = 2\vec{e}_1$, y (iii) $\vec{v} = (-3, 1, 0)$ es un vector propio de f de valor propio 1:

  $$f(\vec{v}) = \vec{v} \Leftrightarrow \begin{pmatrix} 2 & 3 & 4 \\ 0 & 1 & 2 \\ 0 & 0 & 1 \end{pmatrix} \begin{pmatrix} x \\ y \\ z \end{pmatrix} = \begin{pmatrix} x \\ y \\ z \end{pmatrix} \Leftrightarrow \begin{cases} 2x + 3y + 4z = x \\ y + 2z = y \\ z = z \end{cases} \Leftrightarrow \begin{cases} x + 3y = 0 \\ z = 0 \end{cases} \Leftrightarrow \vec{v} = (-3y, y, 0)$$

Proposición 6.3 *El espectro de un endomorfismo f es igual al conjunto de sus valores propios.*

Proposición 6.4 *Sea* $\sigma(f) = \{\lambda_1, \ldots \lambda_r\}$ *el espectro de un endomorfismo* f. *Sea* $S = \{\vec{v}_1, \ldots \vec{v}_r\}$ *un conjunto de vectores propios tales que* $f(\vec{v}_i) = \lambda_i \vec{v}_i$. *Entonces,* S *es libre.*

Proposición 6.5 *Sea* $\sigma(f) = \{\lambda_1, \ldots \lambda_r\}$ *el espectro de un endomorfismo* f. *Sea* $\mathcal{B}_i$ *una base del subespacio propio* $V_f(\lambda_i)$. *Entonces, el conjunto* $S = \mathcal{B}_1 \cup \ldots \cup \mathcal{B}_r$ *es libre.*

6.2 Endomorfismos diagonalizables

Definición 6.5 *Un endomorfismo* f *sobre un espacio vectorial* E *se llama* **diagonalizable** *si existe una base* N *tal que* $[f]_N$ *es una matriz diagonal.*

Ciertamente, la matriz $[f]_N$ es diagonal si y sólo si $N = \{\vec{v}_1, \vec{v}_2, \ldots, \vec{v}_n\}$ es una base de vectores propios:

$$[f]_N = D = \begin{pmatrix} d_{11} & 0 & \cdots & 0 \\ 0 & d_{22} & \cdots & 0 \\ \vdots & \vdots & \ddots & \vdots \\ 0 & 0 & \cdots & d_{nn} \end{pmatrix} \Leftrightarrow \begin{cases} f(\vec{v}_1) = d_{11}\vec{v}_1 \\ f(\vec{v}_2) = d_{22}\vec{v}_2 \\ \quad\vdots \\ f(\vec{v}_n) = d_{nn}\vec{v}_n \end{cases}$$

Proposición 6.6 *Sea* f *un endomorfismo diagonalizable. Entonces, su polinomio característico descompone totalmente en* $\mathbb{R}$, *es decir, todas sus raíces son reales.*

Proposición 6.7 (Teorema elemental de diagonalización) *Sea* f *un endomorfismo tal que su polinomio característico descompone completamente en* $\mathbb{R}$ *y todas sus raíces son simples:*[3]

$$p_f(x) = (-1)^n \cdot (x - \lambda_1)(x - \lambda_2) \cdot \ldots \cdot (x - \lambda_n)$$

Entonces, f es un endomorfismo diagonalizable.

Definición 6.6 *Sean* E *un espacio vectorial real de dimensión* n, f *un endomorfismo sobre* E *y* λ *un valor propio de* f. *Entonces:*

- *La* **multiplicidad geométrica** *de* λ, *denotada* $\bar{m}(\lambda)$, *es la dimensión del subespacio propio de* f *asociado a* λ. *Es decir,* $\bar{m}(\lambda) = \dim(V_f(\lambda))$.
- *La* **multiplicidad algebraica** *de* λ, *denotada* $m(\lambda)$, *es el mayor número natural* s *tal que el polinomio* $(x - \lambda)^s$ *es divisor de* $p_f(x)$. *Es decir,* $m(\lambda) = s$ *si y sólo si* $p_f(x) = (x - \lambda)^s q(x)$ *y* $q(\lambda) \neq 0$.

Proposición 6.8 *Sea* λ *un valor propio de un endomorfismo* f. *Entonces:*

$$1 \leq \bar{m}(\lambda) \leq m(\lambda)$$

Proposición 6.9 (Teorema general de diagonalización) *Un endomorfismo* f *es diagonalizable si y sólo si:*

---

[3] Una raíz es simple si su multiplicidad algebraica es 1.

1. Su polinomio característico $p_f(x)$ descompone completamente en $\mathbb{R}$:

$$p_f(x) = (-1)^n \cdot (x - \lambda_1)^{m(\lambda_1)} \cdot \ldots \cdot (x - \lambda_r)^{m(\lambda_r)}$$

2. La multiplicidad geométrica $\bar{m}(\lambda_i)$ y la multiplicidad algebraica $m(\lambda_i)$ de cada valor propio λ_i coinciden:

$$\begin{cases} \bar{m}(\lambda_1) = m(\lambda_1) \\ \bar{m}(\lambda_2) = m(\lambda_2) \\ \quad\vdots \\ \bar{m}(\lambda_r) = m(\lambda_r) \end{cases}$$

↬ Ejercicio 6.1

↬ Ejercicio 6.2

Matrices diagonalizables

Definición 6.7 *Sean A, B dos matrices cuadradas de orden n. Se dice que A y B son* **semejantes**, *si existe una matriz regular P de orden n tal que:* $B = P^{-1} \cdot A \cdot P$.

Definición 6.8 *Una matriz A de orden n se llama* **diagonalizable** *si es semejante a una matriz diagonal.*

Sea A una matriz cuadrada de orden n. De acuerdo con la proposicion 5.9, existe un único endomorfismo f_A sobre $\mathbb{R}^n$ tal que $[f_A]_C = A$, donde C es la base canónica de $\mathbb{R}^n$. A partir de este hecho, los conceptos *vector propio, valor propio, espectro, multiplicidad geométrica* y *multiplicidad algebraica*, referidos a una matriz A, son los ya definidos para el endomorfismo f_A.

Proposición 6.10 (Teorema general de diagonalización) *Una matriz A es diagonalizable si y sólo si lo es el endomorfismo f_A, es decir, si y sólo si:*

1. *Su polinomio característico $p_A(x)$ descompone completamente en $\mathbb{R}$.*
2. *La multiplicidad geométrica $\bar{m}(\lambda_i)$ y la multiplicidad algebraica $m(\lambda_i)$ de cada valor propio λ_i coinciden.*

↬ Ejercicio 6.3

■ 6.3 Teorema de Cayley-Hamilton

Sean $q(x) = a_m x^m + a_{m-1} x^{m-1} + \ldots + a_1 x + a_0$ un polinomio de grado m y A una matriz cuadrada de orden n. Se denota $q(A)$ a la siguiente matriz de orden n:

$$q(A) = a_m \cdot A^m + a_{m-1} \cdot A^{m-1} + \ldots + a_1 \cdot A + a_0 \cdot I_n$$

Proposición 6.11 *Sean A, B matrices cuadradas de orden n y $q(x)$ un polinomio. Si A y B son semejantes, entonces también lo son $q(A)$ y $q(B)$.*

Definición 6.9 *Sea A una matriz cuadrada de orden n. Un polinomio* $q(x)$ *recibe el nombre de* **polinomio anulador** *de A si* $q(A) = O_n$.

Proposición 6.12 (Teorema de Cayley-Hamilton) *Sea A una matriz cuadrada de orden n. Entonces, su polinomio característico es un polinomio anulador de A. Es decir:*

$$p_A(A) = O_n$$

↪ Ejercicio 6.4

6.4 Ejercicios

Ejercicio 6.1

Consideramos el siguiente endomorfismo de $\mathbb{R}^3$:

$$\mathbb{R}^3 \overset{f}{\longrightarrow} \mathbb{R}^3$$
$$(x, y, z) \longmapsto (x + y, x + 3y - z, 2y + z)$$

Vamos a calcular su polinomio característico, el espectro y la tabla completa de multiplicidades. A partir de estos datos, deduciremos que este endomorfismo no diagonaliza.

- En primer lugar, obtenemos la matriz asociada a f en la base canónica:

$$[f]_C = A = \begin{pmatrix} 1 & 1 & 0 \\ 1 & 3 & -1 \\ 0 & 2 & 1 \end{pmatrix}$$

- A continuación, calculamos el polinomio característico de f:

$$p_f(x) = p_A(x) = \begin{vmatrix} 1-x & 1 & 0 \\ 1 & 3-x & -1 \\ 0 & 2 & 1-x \end{vmatrix} = (1-x)^2(3-x) - (1-x) + 2(1-x) =$$

$$= (1-x)[(1-x)(3-x) - 1 + 2] = (1-x)(x^2 - 4x + 4) = (1-x)(x-2)^2$$

- A partir de este punto, obtenemos el espectro de f: $\sigma(f) = \{1, 2\}$.

- Finalmente, elaboramos la tabla completa de multiplicidades. Para ello, únicamente nos falta conocer la dimensión del subespacio de vectores propios de valor propio 2 (nótese que la dimensión del subespacio de autovectores de valor propio 1 es necesariamente 1):

$$\bar{m}(2) = \dim \, Ker\,(f - 2I_{\mathbb{R}^3}) = 3 - r(A - 2I_3) = 3 - 2 = 1$$

Por tanto:

λ	$\bar{m}(\lambda)$	$m(\lambda)$
1	1	1
2	1	2

Ejercicio 6.2

Sea el endomorfismo f de $\mathbb{R}^4$, cuya matriz asociada en la base canónica es:

$$[f]_C = A = \begin{pmatrix} 1 & 1 & 1 & 1 \\ 1 & 1 & -1 & -1 \\ 1 & -1 & 1 & -1 \\ 1 & -1 & -1 & 1 \end{pmatrix}$$

- En primer lugar, demostramos que este endomorfismo diagonaliza:

$$p_f(x) = p_A(x) = \begin{vmatrix} 1-x & 1 & 1 & 1 \\ 1 & 1-x & -1 & -1 \\ 1 & -1 & 1-x & -1 \\ 1 & -1 & -1 & 1-x \end{vmatrix} = (x+2)(x-2)^3 \Rightarrow \sigma(f) = \{-2, 2\}$$

El valor propio -2 es simple, hecho que nos permite asegurar que $\bar{m}(-2) = m(-2) = 1$. En cuanto al valor propio 2:

$$\bar{m}(2) = \dim \ Ker \ (f - 2I_{\mathbb{R}^4}) = 4 - r(A - 2I_4) = 4 - 1 = 3 = m(2)$$

- A continuación, obtenemos una base de vectores propios:

  ▫ $\lambda_1 = -2$:

$$\begin{pmatrix} 3 & 1 & 1 & 1 \\ 1 & 3 & -1 & -1 \\ 1 & -1 & 3 & -1 \\ 1 & -1 & -1 & 3 \end{pmatrix} \begin{pmatrix} x \\ y \\ z \\ t \end{pmatrix} = \begin{pmatrix} 0 \\ 0 \\ 0 \\ 0 \end{pmatrix} \Leftrightarrow \begin{pmatrix} 1 & 0 & 0 & 1 \\ 0 & 1 & 0 & -1 \\ 0 & 0 & 1 & -1 \end{pmatrix} \begin{pmatrix} x \\ y \\ z \\ t \end{pmatrix} = \begin{pmatrix} 0 \\ 0 \\ 0 \end{pmatrix}$$

Por tanto, $V_f(-2) = Ker \ (f + 2I_{\mathbb{R}^4}) = \langle (-1, 1, 1, 1) \rangle = \langle \vec{v}_1 \rangle$.

  ▫ $\lambda_1 = 2$:

$$\begin{pmatrix} -1 & 1 & 1 & 1 \\ 1 & -1 & -1 & -1 \\ 1 & -1 & -1 & -1 \\ 1 & -1 & -1 & -1 \end{pmatrix} \begin{pmatrix} x \\ y \\ z \\ t \end{pmatrix} = \begin{pmatrix} 0 \\ 0 \\ 0 \\ 0 \end{pmatrix} \Leftrightarrow -x + y + z + t = 0$$

Por tanto, $V_f(2) = Ker \ (f - 2I_{\mathbb{R}^4}) = \langle (1, 1, 0, 0), (1, 0, 1, 0), (1, 0, 0, 1) \rangle = \langle \vec{v}_2, \vec{v}_3, \vec{v}_4 \rangle$.

En definitiva, el conjunto $\mathcal{B} = \{\vec{v}_1, \vec{v}_2, \vec{v}_3, \vec{v}_4\}$ constituye una base de vectores propios de f.

- Por último, la fórmula de cambio de base: $[f]_\mathcal{B} = [I_{\mathbb{R}^4}]_{C\mathcal{B}} \cdot [f]_C \cdot [I_{\mathbb{R}^4}]_{\mathcal{B}C}$, nos conduce a la relación matricial: $D = P^{-1} \cdot A \cdot P$, donde:

$$D = [f]_\mathcal{B} = \begin{pmatrix} -2 & 0 & 0 & 0 \\ 0 & 2 & 0 & 0 \\ 0 & 0 & 2 & 0 \\ 0 & 0 & 0 & 2 \end{pmatrix}, \qquad P = [I_{\mathbb{R}^4}]_{\mathcal{B}C} = \begin{pmatrix} -1 & 1 & 1 & 1 \\ 1 & 1 & 0 & 0 \\ 1 & 0 & 1 & 0 \\ 1 & 0 & 0 & 1 \end{pmatrix}$$

Ejercicio 6.3

Vamos a averiguar para qué valores de los parámetros a y b diagonaliza la matriz

$$A = \begin{pmatrix} a & 0 & 1 \\ 0 & 2 & b \\ 0 & -b & 2 \end{pmatrix}$$

- Primero, calculamos su polinomio característico:

$$p_A(x) = \begin{vmatrix} a - x & 0 & 1 \\ 0 & 2 - x & b \\ 0 & -b & 2 - x \end{vmatrix} = (a - x)[(2 - x)^2 + b^2] = (a - x)(x^2 - 4x + 4 + b^2)$$

Por tanto, este polinomio descompone completamente en $\mathbb{R}$ si y sólo si $b = 0$, lo que constituye una condición necesaria para que A diagonalice.

- Supongamos que $b = 0$. En este caso, $p_A(x) = (a - x)(2 - x)^2$. Distinguimos dos casos:

  - $a = 2$: $\bar{m}(2) = 3 - r(A - 2I_3) = 3 - 1 = 2 < m(2) = 3$
  - $a \neq 2$: $\bar{m}(2) = 3 - r(A - 2I_3) = 3 - 1 = 2 = m(2)$

Por consiguiente, la matriz A diagonaliza si y sólo si $b = 0$ y $a \neq 2$.

Ejercicio 6.4

Sea la matriz $A = \begin{pmatrix} 1 & 1 \\ -2 & 4 \end{pmatrix}$.

- En primer lugar, calculamos su polinomio característico:

$$p_A(x) = det(A - x \cdot I_2) = \begin{vmatrix} 1 - x & 1 \\ -2 & 4 - x \end{vmatrix} = (1 - x)(4 - x) + 2 = x^2 - 5x + 6 = (x - 2)(x - 3)$$

- A continuación, aplicamos el teorema de Cayley-Hamilton para obtener la matriz A^{-1}:

$$p_A(A) = O_2 \Leftrightarrow A^2 - 5A + 6I_2 = O_2 \Leftrightarrow 6I_2 = A(-A + 5I_2) \Leftrightarrow A^{-1} = \tfrac{1}{6}(-A + 5I_2) = \begin{pmatrix} \frac{2}{3} & -\frac{1}{6} \\ \frac{1}{3} & \frac{1}{6} \end{pmatrix}$$

- Como consecuencia del teorema elemental de diagonalización, sabemos que la matriz A diagonaliza. Es decir, existe una matriz regular P tal que $D = P^{-1}AP$, donde $D = \begin{pmatrix} 2 & 0 \\ 0 & 3 \end{pmatrix}$.

Calculamos la matriz de cambio de base P:

  - $\lambda_1 = 2$: $\begin{pmatrix} -1 & 1 \\ -2 & 2 \end{pmatrix} \begin{pmatrix} x \\ y \end{pmatrix} = \begin{pmatrix} 0 \\ 0 \end{pmatrix} \Rightarrow -x + y = 0 \Rightarrow P^1 = \begin{pmatrix} 1 \\ 1 \end{pmatrix}$
  - $\lambda_1 = 3$: $\begin{pmatrix} -2 & 1 \\ -2 & 1 \end{pmatrix} \begin{pmatrix} x \\ y \end{pmatrix} = \begin{pmatrix} 0 \\ 0 \end{pmatrix} \Rightarrow -2x + y = 0 \Rightarrow P^2 = \begin{pmatrix} 1 \\ 2 \end{pmatrix}$

Por tanto: $P = \begin{pmatrix} 1 & 1 \\ 1 & 2 \end{pmatrix}$.

- Por último, aprovechamos el paso anterior para obtener una fórmula que nos va a permitir calcular fácilmente cualquier potencia de A:

$$D = P^{-1}AP \Leftrightarrow A = PDP^{-1} \Rightarrow A^n = PDP^{-1}PDP^{-1} \cdot \ldots \cdot PDP^{-1} = PD^nP^{-1} \Leftrightarrow$$

$$\Leftrightarrow \begin{pmatrix} 1 & 1 \\ -2 & 4 \end{pmatrix}^n = \begin{pmatrix} 1 & 1 \\ 1 & 2 \end{pmatrix} \begin{pmatrix} 2^n & 0 \\ 0 & 3^n \end{pmatrix} \begin{pmatrix} 2 & -1 \\ -1 & 1 \end{pmatrix}$$

☐ **Problemas propuestos** ▬▬▬

Problema 1

En los siguientes casos, halla $p_f(x)$, $\sigma(f)$ y la tabla completa de multiplicidades:

a) $f : \mathbb{R}^2 \longrightarrow \mathbb{R}^2$, $\quad f(x,y) = (2x, x - y + 1)$

b) $f : \mathbb{R}^2 \longrightarrow \mathbb{R}^2$, $\quad f(x,y) = (2x + 5y, -x - 2y)$

c) $f : \mathbb{R}^2 \longrightarrow \mathbb{R}^2$, $\quad f(x,y) = (2x + y, 3y)$

d) $f : \mathbb{R} \longrightarrow \mathbb{R}$, $\quad\;\; f(x) = 3x$

e) $f : \mathbb{R}^3 \longrightarrow \mathbb{R}^3$, $\quad f(x,y,z) = (x - 2y, z, y)$

f) $f : \mathbb{R}^3 \longrightarrow \mathbb{R}^3$, $\quad f(x,y,z) = (x + y, x - y, x + y - z)$

g) $f : \mathbb{R}^3 \longrightarrow \mathbb{R}^3$, $\quad f(x,y,z) = (-x, 2x - z, 3x + y)$

h) $f : \mathbb{R}^3 \longrightarrow \mathbb{R}^3$, $\quad f(x,y,z) = (x + 2y - 3z, x - z, y + z)$

i) $f : \mathbb{R}^4 \longrightarrow \mathbb{R}^4$, $\quad f(x,y,z,t) = (x, 0, z, 0)$

j) $f : \mathbb{R}^5 \longrightarrow \mathbb{R}^5$, $\quad f(x^1, x^2, x^3, x^4, x^5) = (x^1, x^2, x^4 + x^5, 0, 0)$

k) $f : \mathbb{R}^3 \longrightarrow \mathbb{R}^2$, $\quad f(x,y,z) = (x - 2y + 3z, 2z)$

Problema 2

Demuestra que los autovalores de una matriz triangular son los términos de su diagonal principal.

Problema 3

Sea A una matriz de orden 2. Demuestra que $p(x) = x^2 - tr(A).x + |A|$ es su polinomio caraterístico.

Problema 4

Sea A una matriz de orden 3. Demuestra que $p(x) = -x^3 + tr(A) \cdot x^2 - c \cdot x + |A|$ es su polinomio característico, donde $c = \Delta_{11} + \Delta_{22} + \Delta_{33}$.

Problema 5

Demuestra que el término independiente del polinomio característico de una matriz es igual a su determinante.

Problema 6

Demuestra que toda matriz y su transpuesta tienen el mismo polinomio característico.

Problema 7

Demuestra que un endomorfismo f es automorfismo si y sólo si el 0 no es un valor propio.

Problema 8

Demuestra que un automorfismo f y f^{-1} tienen los mismos autovectores. Halla la relación entre ambos espectros.

Problema 9

Sean A una matriz $n \times n$ y a un escalar no nulo. Demuestra que λ es un VAP de A si y sólo si $a\lambda$ es un VAP de aA.

Problema 10

En los siguientes casos, halla una base de cada uno de los subespacios de vectores propios de f:

a) $f : \mathbb{R}^3 \longrightarrow \mathbb{R}^3, \quad f(x, y, z) = (-x, -3x + y + 2z, 6x - 6y - 6z)$
b) $f : \mathbb{R}^3 \longrightarrow \mathbb{R}^3, \quad f(x, y, z) = (2y, 2z, 0)$
c) $f : \mathbb{R}^3 \longrightarrow \mathbb{R}^3, \quad f(x, y, z) = (5x + 2y + z, -8x - 3y - 2z, 7x + 4y + 3z)$

Problema 11

En cada uno de los siguientes casos, halla, si es posible, una matriz diagonal D y una matriz P tales que $D = P^{-1}AP$:

$$a)\, A = \begin{pmatrix} 6 & 0 & -3 \\ 0 & 3 & 0 \\ 0 & 0 & 3 \end{pmatrix} \qquad b)\, A = \begin{pmatrix} 8 & -1 & -8 \\ 0 & 2 & 0 \\ 0 & 0 & 0 \end{pmatrix} \qquad c)\, A = \begin{pmatrix} 1 & 0 & 0 \\ -1 & 1 & -1 \\ 1 & 0 & 2 \end{pmatrix}$$

$$d)\, A = \begin{pmatrix} 1 & 3 & 3 \\ -1 & 1 & -1 \\ 1 & 0 & 2 \end{pmatrix} \qquad e)\, A = \tfrac{1}{2}\begin{pmatrix} -1 & -1 & 1 \\ 2 & 2 & 2 \\ 3 & 3 & 1 \end{pmatrix} \qquad f)\, A = \begin{pmatrix} 3 & 2 & 4 \\ 2 & 0 & 2 \\ 4 & 2 & 3 \end{pmatrix}$$

Problema 12

En cada uno de los siguientes casos, halla, si es posible, una base B de $\mathbb{R}^4$ y una matriz diagonal D tales que $[f]_B = D$:

a) $f(x, y, z, t) = (x - y - z, -x + y - z, 2x - 2y + 4z, -x - y - z + t)$
b) $f(x, y, z, t) = (4x + y + t, 2x + 3y + t, -2x + y + 2z - 3t, 2x - y + 5t)$
c) $f(x, y, z, t) = (x + y + z + t, x + y - z - t, x - y + z - t, x - y - z + t)$

d) $f(x, y, z, t) = (x + y + z + t, x + y - z - t, x - y + 4z - 4t, x - y + 2z + 4t)$

e) $f(x, y, z, t) = (x + 2y + 3t, -x - 2y - 3t, 2z, x + 2y + 3t)$

f) $f(x, y, z, t) = (3x - y, 3y, x + 3z + t, y + 3t)$

g) $f(x, y, z, t) = (x + 2z, y + 2t, 4x + 3z, -y + 3t)$

h) $f(x, y, z, t) = (x + y, x - z - 2t, z + t, x + 2y + z)$

Problema 13

Sean f, g los endomorfismos de $\mathbb{R}^2$ definidos por $[f]_C = [g]_{BC} = A$, donde:

$$B = \{(1, -1), (1, -2)\}, \quad A = \begin{pmatrix} 2 & 3 \\ -1 & -2 \end{pmatrix}$$

a) Demuestra que f es diagonalizable.

b) Demuestra que g no es diagonalizable.

c) Demuestra que $f g$ es diagonalizable.

d) Demuestra que $f - 3g$ no es diagonalizable.

Problema 14

De un endomorfismo f de $\mathbb{R}^3$ se conocen sus subespacios propios: $V_f(1) = \langle (1, 1, 1), (1, 2, 1) \rangle$, $V_f(2) = \langle (0, 1, 2) \rangle$. Obtén la matriz asociada a f en la base canónica.

Problema 15

Halla, si existe, una base de vectores propios del endomorfismo f de $\mathbb{R}^3$ del que se sabe:

$$f(2, 1, 0) = (1, 5, -3), \quad f(1, 0, -1) = (2, 0, -2), \quad f(0, 1, 3) = (-4, 6, 2)$$

▪ Problemas propuestos ▬▬▬▬▬▬▬▬▬▬▬▬▬▬▬▬

Problema 16

En los siguientes casos, halla una base de cada uno de los subespacios de vectores propios de f:

a) $f : \mathbb{R}_2[x] \longrightarrow \mathbb{R}_2[x], \quad f(a + bx + cx^2) = 2a + b + c + (a + 2b + c)x + (a + b + 2c)x^2$

b) $f : \mathbb{R}_2[x] \longrightarrow \mathbb{R}_2[x], \quad f(a + bx + cx^2) = a - c - (a + b + c)x + bx^2$

c) $f : \mathcal{M}_{\mathbb{R}}(2) \longrightarrow \mathcal{M}_{\mathbb{R}}(2), \quad f(A) = A^t$

d) $f : \mathcal{M}_{\mathbb{R}}(2) \longrightarrow \mathcal{M}_{\mathbb{R}}(2), \quad f(a_{11}, a_{12}, a_{21}, a_{22}) = (2a_{11} + a_{12}, a_{12}, a_{21}, 3a_{21} + 2a_{22})$

e) $f : \mathcal{M}_{\mathbb{R}}(2) \longrightarrow \mathcal{M}_{\mathbb{R}}(2), \quad f(a_{11}, a_{12}, a_{21}, a_{22}) = (2a_{11} + a_{12}, 2a_{12}, a_{21} + 3a_{22}, a_{22})$

Problema 17

En los siguientes casos, determina si A, que es una matriz cuadrada no nula, es diagonalizable, no diagonalizable o puede suceder cualquier cosa. En este último caso, encuentra dos ejemplos contrapuestos.

a) $p_A(x) = (2 - x)(3 - x)x$

b) $p_A(x) = (3 - x)x^2$

c) $p_A(x) = x^4$

d) $p_A(x) = x^3 + 4x$

e) $p_A(x) = x^3 - 4x$

f) $p_A(x) = x^4 + 1$

g) $p_A(x) = (x^2 - 1)^2$

h) $p_A(x) = (x - 2)^3$

Problema 18

Halla $f(x, y, z)$, donde f es un endomorfismo de $\mathbb{R}^3$ del que se sabe que (i) $\sigma(f) = \{-1, 2\}$;
(ii) $\{(1, 0, -1), (1, 1, 0), (1, -1, 1)\}$ es una base de vectores propios, y (iii) su matriz en la base canónica es:

$$A = \begin{pmatrix} a & b & c \\ d & 1 & 1 \\ e & 1 & 1 \end{pmatrix}$$

Problema 19

Halla $f(x, y, z)$, donde f es un endomorfismo de $\mathbb{R}^3$ del que se sabe que $\{(1, 1, 0), (-1, 0, 2), (0, 1, -1)\}$ es una base de vectores propios y que su matriz en la base canónica es:

$$A = \begin{pmatrix} a & 1 & d \\ b & 2 & e \\ c & -1 & f \end{pmatrix}$$

Problema 20

En los siguientes casos, discute para qué valores de a y b la matriz A diagonaliza:

$$a)\, A = \begin{pmatrix} 1 & b & 1 \\ 0 & 1 & a \\ 0 & 0 & 1 \end{pmatrix} \qquad b)\, A = \begin{pmatrix} 1 & b & 1 \\ 0 & 1 & -2 \\ 0 & 0 & a \end{pmatrix} \qquad c)\, A = \begin{pmatrix} 1 & 0 & 0 \\ b & 1 & 0 \\ 3 & a & 2 \end{pmatrix}$$

$$d)\, A = \begin{pmatrix} 1 & 0 & 0 \\ 2 & 1 & 0 \\ a & b & 2 \end{pmatrix} \qquad e)\, A = \begin{pmatrix} 1 & 2 & -2 \\ 2 & 1 & b \\ 2 & 2 & -3 \end{pmatrix} \qquad f)\, A = \begin{pmatrix} a & 0 & 1 \\ 0 & 2 & b \\ 0 & -b & 2 \end{pmatrix}$$

Problema 21

Todas las matrices simétricas diagonalizan. Demuéstralo para $n = 2$.

Problema 22

Sea f el endomorfismo de $\mathbb{R}_2[x]$ definido por $f(p(x)) = (x^2 - 1)p''(x) + (2x + 1)p'(x)$. Halla, si es posible, una base N tal que $[f]_N$ es una matriz diagonal.

Problema 23

Sea f un endomorfismo de $\mathbb{R}^3$ del que se sabe:

$$f(1,0,1) = (-2,0,-2), \quad (1,1,1) \in Ker(f - 2I_{\mathbb{R}^3}), \quad (0,1,1) \in Ker(f)$$

Demuestra que f diagonaliza. Halla la matriz asociada a f en la base canónica.

Problema 24

Sea f el endomorfismo de $\mathcal{M}_\mathbb{R}(2)$ definido por $f(A) = AB$, donde $B = \begin{pmatrix} -1 & 0 \\ 1 & -3 \end{pmatrix}$.

Halla una matriz regular Q y una matriz diagonal D tales que $[f]_C = Q^{-1}DQ$.

Problema 25

Sea f un endomorfismo no inversible de $\mathbb{R}^2$ tal que $-3 \in \sigma(f)$ y $(-1, 2) \in Ker(f)$. Demuestra que f es diagonalizable. Además, cumple que $[f]_B$ es diagonal, donde $B = \{(2, -4), (-1, 3)\}$. Halla $[f]_C$.

Problema 26

Sea f una aplicación de $\mathbb{R}^2$ en sí mismo. En los casos en que $f \in \mathcal{L}_\mathbb{R}(\mathbb{R}^2; \mathbb{R}^2)$, halla $f(x,y)$ o describe geométricamente f en el plano cartesiano $\mathbb{R}^2$. En los casos en que f diagonalice, halla una base de vectores propios.

  a) $f(\vec{u})$ es el vector simétrico a $\vec{u}$ respecto el eje y.

  b) $f(x,y) = (x,o)$

  1. $f(\vec{u})$ es el vector simétrico a $\vec{u}$ respecto el origen de coordenadas.

  c) $f(x,y) = (2x, 2y)$

  d) $f(x,y) = (2x, -2y)$

  e) $f(\vec{u})$ es el vector obtenido al girar $\vec{u}$ en sentido positivo $30°$ respecto el origen de coordenadas.

  f) $f(\vec{u})$ es el vector obtenido al sumar al vector $\vec{u}$ el vector $\vec{i} = (1, 0)$.

  g) $f(\vec{u})$ es el vector obtenido al girar $\vec{u}$ en sentido negativo $90°$ respecto el origen de coordenadas.

Problema 27

Sea f el endomorfismo de $\mathbb{R}_2[x]$ definido por $f(a + bx + cx^2) = 3a + 2b + 2c + bx + (-4a - 4b - 3c)x^2$.

  a) Demuestra que f es un automorfismo.

b) Demuestra que $f^2 = I_{\mathbb{R}_2[x]}$.

c) Halla la tabla completa de multiplicidades.

d) Demuestra que f es diagonalizable.

e) Halla una base de vectores propios.

Problema 28

Sean f, g dos endomorfismos diagonalizables de $\mathbb{R}^3$ tales que $p_f(x) = (-1 - x)(x - 2)^2$ y $p_g(x) = (-1 - x)(x - 3)^2$. Demuestra que existe un vector no nulo $\vec{d}$ que es, a la vez, autovector de f y de g.

Problema 29

Sea f el endomorfismo de $\mathcal{M}_{\mathbb{R}}(2)$ definido por:

$$f(A)= \begin{pmatrix} 5a_{11} & 2a_{11} + 5a_{12} + 3a_{21} \\ -2a_{11} + 2a_{21} & 4a_{11} + 6a_{21} + 5a_{22} \end{pmatrix}$$

Halla una base B de vectores propios y obtén la matriz $[f]_B$.

Problema 30

Sea f un endomorfismo de $\mathbb{R}^n$. Demuestra, mediante un contraejemplo, cuáles de los siguientes enunciados son falsos:

a) Si la nulidad de f es mayor que 1, entonces diagonaliza.

b) f es un epimorfismo si y sólo si el 0 no pertenece a su espectro.

c) El grado del polinomio característico de f es n.

d) Si el rango de f es $n - 2$ y su espectro tiene cardinal $n - 1$, entonces diagonaliza.

e) Si g es otro endomorfismo y ambos diagonalizan, entonces $f + g$ diagonaliza.

f) Si $p_f(x)$ es divisible por $x^2 + 1$, entonces f no diagonaliza.

g) Si $f^2 = I_{\mathbb{R}^n}$, entonces $\sigma(f) = \{-1, 1\}$.

h) Si el cardinal del espectro de f es 2 y sus subespacios propios son suplementarios, entonces f diagonaliza.

i) Si existe una base B tal que $[f]_B$ es triangular, entonces $p_f(x)$ descompone totalmente en $\mathbb{R}$.

j) Si existe una base B tal que $[f]_B$ es triangular, entonces f diagonaliza.

◤ **Problemas propuestos** ━━━━━━━━━━━━━━━━━━━━━━━━━━━━━

Problema 31

Demuestra que si dos matrices son semejantes, tienen el mismo polinomio característico. Comprueba, mediante un contraejemplo, que el recíproco no es cierto.

Problema 32

Sean A, B dos matrices $n \times n$. Demuestra que, si B es regular, entonces $p_{AB}(x) = p_{BA}(x)$.

Problema 33

Sean A, B dos matrices de orden n. Sea $\vec{x}$ un vector propio común de valor propio común λ. Demuestra que $\vec{x}$ es un vector propio de $A + B$ de valor 2λ. Comprueba, mediante un contraejemplo, que el recíproco no es cierto.

Problema 34

Sea A una matriz de orden n y $q(x)$ un polinomio arbitrario. Sea $\vec{v}$ un autovector de A de autovalor λ. Demuestra:

a) $\vec{v}$ es un autovector de A^m de autovalor λ^m.

b) $\vec{v}$ es un autovector de $q(A)$ de autovalor $q(\lambda)$.

c) Comprueba, mediante un contraejemplo, que el recíproco de estas afirmaciones es, en general, falso.

Problema 35

Sea $f \in \mathcal{L}_{\mathbb{R}}(\mathbb{R}^n; \mathbb{R}^n)$ distinto del endomorfismo nulo $O_{\mathbb{R}^n}$ y del endomorfismo identidad $I_{\mathbb{R}^n}$. Demuestra que si f es un proyector, entonces su espectro es $\sigma(f) = \{0, 1\}$.

Problema 36

Sea A una matriz de orden n. Demuestra que, si n es impar, posee al menos un valor propio. Demuestra que, si n es de orden par y $|A| < 0$, entonces posee al menos dos valores propios.

Problema 37

Demuestra que, si dos endomorfismos f, g diagonalizan en la misma base, entonces: $fg = gf$.

Problema 38

Sea A una matriz no nula de orden n tal que $A^n = O_n$. Demuestra que A no diagonaliza.

Problema 39

Sea f un endomorfismo de $\mathbb{R}^3$ definido por: $f(x, y, z) = (ax + by + bz, bx + ay + bz, bx + by + az)$. Halla sus valores propios. Demuestra que siempre diagonaliza. Para $b = -1$, halla una base de vectores propios de f.

Problema 40

De un endomorfismo f de $\mathbb{R}^3$ se sabe que los vectores $\vec{a} = (1, 0, 0)$, $\vec{b} = (1, 1, 0)$, $\vec{c} = (0, 1, 0)$, $\vec{d} = (0, 0, 1)$ son autovectores. Sabiendo que hay vectores que no son propios, halla los subespacios propios de f.

Problema 41

Sea f el endomorfismo de $\mathbb{R}^4$ definido por $f(x, y, z, t) = (x - y + 2z - 2t, z - t, x - y + z, x - y + z)$.

a) Comprueba que $\sigma(f) = \{0, 1\}$ y que no diagonaliza.

b) Halla sendas bases de $Ker(f^2)$ y $Ker(f - I_{\mathbb{R}^4})^2$.

c) Si $\vec{x}$ es un vector de $Ker(f^2)$ que no pertenece a $Ker(f)$, demuestra que el conjunto $B_1 = \{\vec{x}, f(\vec{x})\}$ es una base de $Ker(f^2)$.

d) Si $\vec{y}$ es un vector de $Ker(f - I_{\mathbb{R}^4})^2$ que no pertenece a $Ker(f - I_{\mathbb{R}^4})$, entonces demuestra que el conjunto $B_2 = \{\vec{y}, (f - I_{\mathbb{R}^4})(\vec{y})\}$ es una base de $Ker(f - I_{\mathbb{R}^4})^2$.

e) Demuestra que $B = B_1 \cup B_2$ es una base de $\mathbb{R}^4$.

f) Halla la matriz asociada a f en la base B.

Problema 42

Sea f el endomorfismo de $\mathbb{R}^3$ cuya matriz asociada en la base canónica es:

$$\begin{pmatrix} 1 & a & \frac{1}{2} \\ 0 & b & 0 \\ \frac{1}{2} & a & 1 \end{pmatrix}$$

a) Halla para qué valores de a, b el endomorfismo f es diagonalizable.

b) Halla para qué valores de a, b se verifica la siguiente condición: Existe una base $N = \{\vec{u}_1, \vec{u}_2, \vec{u}_3\}$ tal que $f(\alpha_1 \vec{u}_1 + \alpha_2 \vec{u}_2 + \alpha_3 \vec{u}_3) = \frac{3}{2}\alpha_2 \vec{u}_2 + \frac{1}{2}\alpha_3 \vec{u}_3$ para todo $\alpha_1, \alpha_2, \alpha_3 \in \mathbb{R}$.

c) Obtén una base N que cumpla la condición del apartado anterior.

d) En un caso en que f no diagonalice, halla, si es posible, una matriz asociada a f que sea diagonal.

e) En un caso en que f no diagonalice, halla, si es posible, una base B tal que la matriz asociada a f en B sea:

$$\begin{pmatrix} \frac{1}{2} & 0 & 0 \\ 0 & \frac{3}{2} & 0 \\ 0 & 1 & \frac{3}{2} \end{pmatrix}$$

Problema 43

Sea A una matriz de orden n y rango $r \notin \{0, n\}$ tal que: $A^2 = A$. Demuestra:

a) $\sigma(A) = \{0, 1\}$

b) $\dim V_A(1) = r$

c) A diagonaliza.

Problema 44

Comprueba que la matriz $M = \begin{pmatrix} 2 & 1 \\ 1 & 2 \end{pmatrix}$ es raíz de su polinomio característico. Calcula M^4, M^{45} y M^{-1}.

Problema 45

Sea A una matriz de orden 4 tal que $p_A(x) = x^4 - x^2$. Demuestra que A diagonaliza si y sólo si su rango es 2. Obtén A^7, A^{11}, A^{14} y A^{28}.

Problema 46

Sean f, g dos endomorfismos de $\mathbb{R}^n$. Demuestra que $f g$ y $g f$ tienen los mismos valores propios.

Problema 47

Sea f el endomorfismo de $\mathbb{R}^2$ cuya descripción geométrica es: $f(\vec{u})$ es el simétrico de $\vec{u}$ respecto de la bisectriz del primer y tercer cuadrantes. Si A es su matriz asociada en la base canónica, calcula $3A^{23} - 2A^{14} - 3A + 5I_2$.

Problema 48

Sea F el subespacio vectorial de $\mathbb{R}^3$ de ecuación implícita: $x + y + z = 0$. Sea f el endomorfismo de F definido por $f(x, y, z) = (2x - y, x + 3z, -3x + y - 3z)$.

  a) Halla la base canónica de F: C_F.

  b) Demuestra que f está bien definido.

  c) Halla $[f]_{C_F}$.

  d) Demuestra que f es un automorfismo diagonalizable de F.

Problemas propuestos

Problema 49

Demuestra la proposición:

Sea $f \in \mathcal{L}_{\mathbb{R}}(E; E)$ y $\lambda \in \mathbb{R}$. Sea el conjunto:

$$V_f(\lambda) = \{\vec{v} \in E \mid f(\vec{v}) = \lambda \cdot \vec{v}\}$$

Entonces:

  a) λ *es un VAP de f si y sólo si $\{\vec{o}\} \subsetneq V_f(\lambda)$.*

  b) $V_f(\lambda) = Ker\,(f - \lambda \cdot I_E)$

  c) $V_f(\lambda)$ *es un subespacio vectorial de E.*

Problema 50

Demuestra la proposición:

Sean B_1, B_2 dos bases de un espacio vectorial E y $f \in \mathcal{L}_{\mathbb{R}}(E; E)$. Si $A = [f]_{B_1}$ y $B = [f]_{B_2}$, entonces $p_A(x) = p_B(x)$.

Problema 51

Demuestra la proposición:

El espectro de un endomorfismo f es igual al conjunto de sus valores propios.

Problema 52

Demuestra la proposición:

Sea $\sigma(f) = \{\lambda_1, \ldots \lambda_r\}$ el espectro de un endomorfismo f. Sea $S = \{\vec{v}_1, \ldots \vec{v}_r\}$ un conjunto de vectores propios tales que $f(\vec{v}_i) = \lambda_i \vec{v}_i$. Entonces, S es libre.

Problema 53

Demuestra la proposición:

Sea $\sigma(f) = \{\lambda_1, \ldots \lambda_r\}$ el espectro de un endomorfismo f. Sea $\mathcal{B}_i$ una base del subespacio propio $V_f(\lambda_i)$. Entonces, el conjunto $S = \mathcal{B}_1 \cup \ldots \cup \mathcal{B}_r$ es libre.

Problema 54

Demuestra la proposición:

Sea f un endomorfismo diagonalizable. Entonces, su polinomio característico descompone totalmente en $\mathbb{R}$, es decir, todas sus raíces son reales.

Problema 55

Demuestra la proposición:

(Teorema elemental de diagonalización) *Sea f un endomorfismo tal que su polinomio característico descompone completamente en $\mathbb{R}$ y todas sus raíces son simples:*

$$p_f(x) = (-1)^n \cdot (x - \lambda_1)(x - \lambda_2) \cdot \ldots \cdot (x - \lambda_n)$$

Entonces, f es un endomorfismo diagonalizable.

Problema 56

Demuestra la proposición:

Sea λ un valor propio de un endomorfismo f. Entonces:

$$1 \leq \bar{m}(\lambda) \leq m(\lambda)$$

Problema 57

Demuestra la proposición:

(**Teorema general de diagonalización**) *Un endomorfismo f es diagonalizable si y sólo si:*

1. *Su polinomio característico $p_f(x)$ descompone completamente en $\mathbb{R}$:*

$$p_f(x) = (-1)^n \cdot (x - \lambda_1)^{m(\lambda_1)} \cdot \ldots \cdot (x - \lambda_r)^{m(\lambda_r)}$$

2. *La multiplicidad geométrica $\bar{m}(\lambda_i)$ y la multiplicidad algebraica $m(\lambda_i)$ de cada valor propio λ_i coinciden:*

$$\begin{cases} \bar{m}(\lambda_1) = m(\lambda_1) \\ \bar{m}(\lambda_2) = m(\lambda_2) \\ \vdots \\ \bar{m}(\lambda_r) = m(\lambda_r) \end{cases}$$

Problema 58

Demuestra la proposición:

(**Teorema general de diagonalización**) *Una matriz A es diagonalizable si y sólo si lo es el endomorfismo f_A, es decir, si y sólo si:*

1. *Su polinomio característico $p_A(x)$ descompone completamente en $\mathbb{R}$.*
2. *La multiplicidad geométrica $\bar{m}(\lambda_i)$ y la multiplicidad algebraica $m(\lambda_i)$ de cada valor propio λ_i coinciden.*

Problema 59

Demuestra la proposición:

Sean A, B matrices cuadradas de orden n y $q(x)$ un polinomio. Si A y B son semejantes, entonces también lo son $q(A)$ y $q(B)$.

Problema 60

Demuestra la proposición:

(**Teorema de Cayley-Hamilton**) *Sea A una matriz cuadrada de orden n. Entonces, su polinomio característico es un polinomio anulador de A. Es decir:*

$$p_A(A) = O_n$$

7 Espacios euclídeos

☐ **7.1 Producto escalar** ▬▬▬▬▬▬▬▬▬▬▬▬▬▬▬▬▬▬▬▬▬▬▬▬▬▬▬▬▬▬▬

Sea E es un espacio vectorial real de dimensión n.

Definición 7.1 *Un* **producto escalar** *sobre E es una operación*

$$
\begin{array}{rcl}
E \times E & \longrightarrow & \mathbb{R} \\
(\vec{u}, \vec{v}) & \longmapsto & \vec{u} \cdot \vec{v}
\end{array}
$$

que satisface las siguientes propiedades:

Dados $\vec{u}, \vec{v}, \vec{w} \in E$ y $\alpha, \beta \in \mathbb{R}$,

1. $\vec{u} \cdot \vec{v} = \vec{v} \cdot \vec{u}$
2. $(\alpha \cdot \vec{u} + \beta \cdot \vec{v}) \cdot \vec{w} = \alpha \cdot (\vec{u} \cdot \vec{w}) + \beta \cdot (\vec{u} \cdot \vec{w})$
3. *Si $\vec{u} \neq \vec{o}$, entonces $\vec{u} \cdot \vec{u} > 0$*

Un espacio vectorial con un producto escalar recibe el nombre de **espacio euclídeo**.

Ejemplos 7.1

Estos son algunos ejemplos de espacios euclídeos.

- El espacio vectorial $\mathbb{R}^2$ con la operación:

$$
\vec{u} \cdot \vec{v} = \begin{pmatrix} u_1 & u_2 \end{pmatrix} \begin{pmatrix} v_1 \\ v_2 \end{pmatrix} = u_1 v_1 + u_2 v_2
$$

que se denomina el **producto escalar canónico** de $\mathbb{R}^2$.

- El espacio vectorial $\mathbb{R}^2$ con la operación:

$$
\vec{u} \cdot \vec{v} = \begin{pmatrix} u_1 & u_2 \end{pmatrix} \begin{pmatrix} 3 & 0 \\ 0 & 4 \end{pmatrix} \begin{pmatrix} v_1 \\ v_2 \end{pmatrix} = 3 u_1 v_1 + 4 u_2 v_2
$$

- El espacio vectorial $\mathbb{R}^n$ con la operación:

$$\vec{u} \cdot \vec{v} = \begin{pmatrix} u_1 & \cdots & u_n \end{pmatrix} \begin{pmatrix} v_1 \\ \vdots \\ v_n \end{pmatrix} = \sum_{i=1}^{n} u_i v_i = u_1 v_1 + \ldots u_n v_n$$

que se denomina el **producto escalar canónico** de $\mathbb{R}^n$.

- El espacio vectorial $\mathbb{R}_n[x]$ con la operación:[1]

$$(p \,|q) = \int_{-1}^{1} p(x)q(x)dx$$

- El espacio vectorial $\mathcal{M}_{\mathbb{R}}(2,2)$ con la operación:[2]

$$(A|B) = tr(A \cdot B^t) = \sum_{i,i=1}^{2} a_{ij}b_{ij} = a_{11}b_{11} + a_{12}b_{12} + a_{21}b_{21} + a_{22}b_{22}$$

↪ **Ejercicio 7.1**

Definición 7.2 *La* **norma euclídea**[3] *sobre un espacio euclídeo E es la operación:*

$$\begin{array}{ccc} E & \overset{\|\ \|}{\longrightarrow} & \mathbb{R}^+ \\ \vec{u} & \longmapsto & \|\vec{u}\| \end{array}$$

donde $\|\vec{u}\| = +\sqrt{\vec{u} \cdot \vec{u}}$.

Proposición 7.1 *Sea E un espacio vectorial euclídeo. Dados $\vec{u}, \vec{v} \in E$ y $\lambda \in \mathbb{R}$,*

a) $\|\vec{u}\| = 0 \Leftrightarrow \vec{u} = \vec{o}$
b) $\|\lambda \cdot \vec{u}\| = |\lambda| \cdot \|\vec{u}\|$
c) (**Desigualdad de Cauchy-Schwarz**) $|\vec{u} \cdot \vec{v}| \leq \|\vec{u}\| \cdot \|\vec{v}\|$
d) (**Desigualdad triangular**) $\|\vec{u} + \vec{v}\| \leq \|\vec{u}\| + \|\vec{v}\|$

↪ **Ejercicio 7.2**

Definición 7.3 *Sea $S = \{\vec{u}_1, \vec{u}_2, \ldots, \vec{u}_k\}$ un subconjunto de un espacio euclídeo E. La matriz de orden k:*

$$G_S = \begin{pmatrix} \vec{u}_1 \cdot \vec{u}_1 & \vec{u}_1 \cdot \vec{u}_2 & \cdots & \vec{u}_1 \cdot \vec{u}_k \\ \vec{u}_2 \cdot \vec{u}_1 & \vec{u}_2 \cdot \vec{u}_2 & \cdots & \vec{u}_2 \cdot \vec{u}_k \\ \vdots & \vdots & \ddots & \vdots \\ \vec{u}_k \cdot \vec{u}_1 & \vec{u}_k \cdot \vec{u}_2 & \cdots & \vec{u}_n \cdot \vec{u}_k \end{pmatrix}$$

recibe el nombre de **matriz de Gram** *del conjunto S.*

---

[1] No se utiliza la notación $p \cdot q$, para no confundir el producto escalar con el producto de polinomios.
[2] No se utiliza la notación $A \cdot A$, para no confundir el producto escalar con el producto de matrices.
[3] O, simplemente, la norma.

Proposición 7.2 *Sean* V, N *dos bases de un espacio euclídeo* E. *Si* $\vec{u}, \vec{v} \in E$ *y* $P = [I_E]_{NV}$, *entonces:*

a) $\vec{u} \cdot \vec{v} = [\vec{u}]_V^t \, G_V [\vec{v}]_V$

b) $G_N = P^t \cdot G_V \cdot P$

c) G_V *es una matriz simétrica y regular.*

7.2 Bases ortonormales

Dos vectores $\vec{u}, \vec{v}$ de un espacio euclídeo E se llaman **ortogonales** si $\vec{u} \cdot \vec{v} = 0$. Notación: $\vec{u} \perp \vec{v}$.

Definición 7.4 *Un conjunto* $S = \{\vec{v}_1, \cdots, \vec{v}_k\}$ *de un espacio euclídeo* E *se denomina* **sistema ortogonal**[4] *si* $\vec{o} \notin S$ *y su matriz de Gram* G_S *es diagonal, es decir, si cada vector de* S *es ortogonal a los demás.*

Un vector $\vec{u}$ de un espacio euclídeo se denomina **unitario** si $\vec{u} \cdot \vec{u} = 1$.

Definición 7.5 *Un conjunto* $T = \{\vec{e}_1, \cdots, \vec{e}_k\}$ *de un espacio euclídeo* E *se denomina* **sistema ortonormal**[5] *si su matriz de Gram* G_T *es la matriz identidad* I_k, *es decir, si es un sistema ortonormal de vectores unitarios.*

Ejemplos 7.2

Estos son algunos ejemplos de sistemas ortogonales y ortonormales.

- La base canónica de $\mathbb{R}^3$, $C = \{\vec{e}_1 = (1,0,0), \vec{e}_1 = (0,1,0), \vec{e}_1 = (0,0,1)\}$ es una base ortonormal respecto del producto escalar canónico.

- Si $a \neq 0$, el conjunto $\{(a,b),(-b,a)\}$ es una base ortogonal de $\mathbb{R}^2$ con el producto escalar canónico.

- Si $\beta - \alpha = 90°$, el conjunto $\{(\cos\alpha, \sin\alpha), (\cos\beta, \sin\beta)\}$ es una base ortonormal de $\mathbb{R}^2$ con el producto escalar canónico.

- El conjunto $\{x, x^2\}$ es un sistema ortogonal de $\mathbb{R}_n[x]$ con el producto escalar $(p|q) = \int_{-1}^{1} p(x)q(x)dx$.

- El conjunto $\{(1,1),(5,-2)\}$ es una base ortogonal de $\mathbb{R}^2$ con el producto escalar:

$$\vec{u} \cdot \vec{v} = \begin{pmatrix} u_1 & u_2 \end{pmatrix} \begin{pmatrix} 1 & 1 \\ 1 & 4 \end{pmatrix} \begin{pmatrix} v_1 \\ v_2 \end{pmatrix} = u_1 v_1 + u_1 v_2 + u_2 + v_1 + 4 u_2 v_2$$

- El conjunto $\left\{ \begin{pmatrix} 1 & 0 \\ 0 & 1 \end{pmatrix}, \begin{pmatrix} 0 & 1 \\ 1 & 0 \end{pmatrix}, \begin{pmatrix} 1 & 1 \\ -1 & -1 \end{pmatrix} \right\}$ es un sistema ortogonal de $\mathcal{M}_\mathbb{R}(2)$ con el producto escalar $(A|B) = tr(A \cdot B^t)$.

Definición 7.6 *Sea* P *una matriz regular de orden* n. *Entonces,* P *se denomina:*

- **ortogonal**, *si* $P^{-1} = P^t$.

- **definida positiva**, *si existe una matriz regular* Q *tal que:* $P = Q^t \cdot Q$.

---

[4] Si S es una base, entonces se denomina base ortogonal.
[5] Si T es una base, entonces se denomina base ortonormal o también BON.

Proposición 7.3 *Sean N una base ortonormal de un espacio euclídeo E de dimensión n y $S = \{\vec{v}_1, \ldots, \vec{v}_k\}$ un sistema ortogonal de E. Entonces:*

a) *(Teorema de Pitágoras)* $\left\| \sum_{i=1}^{k} \vec{v}_i \right\|^2 = \sum_{i=1}^{k} \|\vec{v}_i\|^2.$

b) $G_S = \mathcal{M}_{SN} \mathcal{M}_{SN}^t$

c) *S es libre.*

d) *S es una base ortonormal si y sólo si $k = n$ y $P = [I_E]_{SN}$ es una matriz ortogonal.*

Proposición 7.4 (Fórmulas de Parseval) *Sea $N = \{\vec{e}_1, \ldots, \vec{e}_n\}$ una base ortonormal de un espacio euclídeo E. Dados $\vec{u}, \vec{v} \in E$:*

a) $\vec{u} = \sum_{i=1}^{n} (\vec{u} \cdot \vec{e}_i) \vec{e}_i$

b) $\vec{u} \cdot \vec{v} = \sum_{i=1}^{n} (\vec{u} \cdot \vec{e}_i)(\vec{v} \cdot \vec{e}_i)$

c) $\|\vec{u}\|^2 = \sum_{i=1}^{n} |\vec{u} \cdot \vec{e}_i|^2$

Proposición 7.5 (Método de ortogonalización de Gram-Schmidt) *Sea $\Omega = \{\vec{u}_1, \cdots, \vec{u}_k\}$ un subconjunto libre de vectores de un espacio euclídeo E de dimensión n. Sea $S = \{\vec{v}_1, \cdots, \vec{v}_k\}$ el conjunto de vectores determinado por:*

$$
\begin{cases}
\vec{v}_1 = \vec{u}_1 \\[2mm]
\vec{v}_2 = \vec{u}_2 - \dfrac{\vec{u}_2 \vec{v}_1}{\vec{v}_1 \vec{v}_1} \cdot \vec{v}_1 \\[2mm]
\quad\vdots \\[2mm]
\vec{v}_i = \vec{u}_i - \displaystyle\sum_{j=1}^{i-1} \dfrac{\vec{u}_i \cdot \vec{v}_j}{\vec{v}_j \cdot \vec{v}_j} \cdot \vec{v}_j \\[2mm]
\quad\vdots \\[2mm]
\vec{v}_k = \vec{u}_k - \displaystyle\sum_{j=1}^{k-1} \dfrac{\vec{u}_k \cdot \vec{v}_j}{\vec{v}_j \cdot \vec{v}_j} \cdot \vec{v}_j
\end{cases}
$$

Entonces:

1. *$\langle \vec{v}_1, \ldots, \vec{v}_i \rangle = \langle \vec{u}_1, \ldots, \vec{u}_i \rangle$, para todo $i \in \{1, \ldots, k\}$.*

2. *S es un sistema ortogonal.*

3. *El conjunto $T = \left\{ \dfrac{\vec{v}_1}{\|\vec{v}_1\|}, \ldots, \dfrac{\vec{v}_k}{\|\vec{v}_k\|} \right\}$ es un sistema ortonormal.*

En particular, de este resultado se deduce que todo espacio euclídeo de dimensión finita posee una base ortonormal.

Proposición 7.6 *Sea* $\Omega = \{\vec{u}_1, \cdots, \vec{u}_k\}$ *un subconjunto libre de vectores de un espacio euclídeo E de dimensión n. Entonces, su matriz de Gram G_Ω es definida positiva.*

Proposición 7.7 *Sea A una matriz de orden n. La operación de $\mathbb{R}^n$ definida por $\vec{u} \cdot \vec{v} = [\vec{u}]_C^t A \, [\vec{v}]_C$, es un producto escalar si y sólo si A es definida positiva. En tal caso, $G_C = A$.*

Definición 7.7 *Sean $f \in \mathcal{L}_{\mathbb{R}}(\mathbb{R}^n, \mathbb{R}^n)$ y $A \in \mathcal{M}_{\mathbb{R}}(n)$.*

- *La matriz A se llama* **diagonalizable ortogonalmente** *si existe una matriz ortogonal P tal que la matriz $P^t \cdot A \cdot P$ es una matriz diagonal.*

- *El endomorfismo f* **diagonaliza ortogonalmente** *si existe una base ortonormal N tal que la matriz asociada $[f]_C$ es una matriz diagonal.*

Proposición 7.8 *Sea A una matriz cuadrada de orden n. Entonces, los siguientes enunciados son equivalentes:*

1. *A es diagonalizable ortogonalmente.*
2. *A es simétrica.*

Definición 7.8 *Un endomorfismo de $\mathbb{R}^n$ se denomina* **simétrico** *si su matriz asociada en la base canónica $[f]_C$ es una matriz simétrica.*

Proposición 7.9 *Todo endomorfismo simétrico de $\mathbb{R}^n$ diagonaliza ortogonalmente.*

↪ Ejercicio 7.3

7.3 Proyección ortogonal

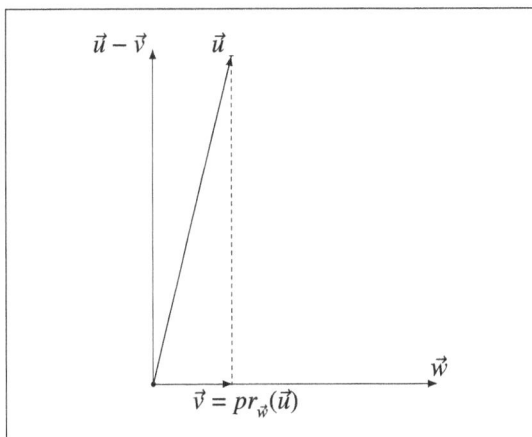

Fig. 7.1 El vector $\vec{v}$ es la proyección ortogonal de $\vec{u}$ sobre $\vec{w}$.

Definición 7.9 *Sean $\vec{u}, \vec{w}$ dos vectores de un espacio euclídeo E tal que $\vec{w} \neq \vec{o}$.*

- El vector

$$pr_{\vec{w}}(\vec{u}) = \frac{\vec{u} \cdot \vec{w}}{\vec{w} \cdot \vec{w}} \cdot \vec{w}$$

se denomina la **proyección ortogonal** de $\vec{u}$ sobre $\vec{w}$ (Fig. 7.1).

- El escalar

$$\frac{\vec{u} \cdot \vec{w}}{\vec{w} \cdot \vec{w}}$$

recibe el nombre de **coeficiente de Fourier** de $\vec{u}$ respecto de $\vec{w}$.

↪ Ejercicio 1.1

Proposición 7.10 *Sean $\{\vec{u}, \vec{v}, \vec{w}\}$ vectores de un espacio euclídeo E. Si $\vec{w} \neq \vec{o}$ y $\vec{v} = pr_{\vec{w}}(\vec{u})$, entonces*

a) $(\vec{u} - \vec{v}) \perp \vec{w}$

b) $\vec{u} \cdot \vec{v} = \vec{v} \cdot \vec{v}$

c) $\vec{u} \cdot \vec{w} = \vec{v} \cdot \vec{w}$

d) $\|\vec{u} - \vec{v}\| \leq \|\vec{u} - \lambda \cdot \vec{w}\|$, *para todo $\lambda \in \mathbb{R}$.*

Proposición 7.11 *Sean $\{\vec{u}, \vec{w}\}$ vectores de un espacio euclídeo E tal que α es el ángulo que forman. Entonces:*

$$\vec{u} \cdot \vec{w} = \|\vec{u}\| \cdot \|\vec{w}\| \cdot \cos \alpha$$

Proposición 7.12 *Sea F un subespacio vectorial de un espacio euclídeo E de dimensión n. Sea $\vec{u}$ un vector de E. Entonces, existe un único vector $\vec{v}$ en F tal que el vector $\vec{u} - \vec{v}$ es ortogonal a todos los vectores de F.*

Definición 7.10 *El vector $\vec{v}$ de la proposición 7.12 se denomina la* **proyección ortogonal**[6] *de $\vec{u}$ sobre F, y se denota $\vec{v} = pr_F(\vec{u})$.*

Proposición 7.13 *Sea $S = \{\vec{w}_1, \cdots, \vec{w}_k\}$ una base de un subespacio vectorial F de un espacio euclídeo E. Sean $\vec{u}, \vec{v} \in E$ tales que $\vec{v} = pr_F(\vec{u})$. Entonces:*

a) $[\vec{v}]_S = G_S^{-1} \cdot \begin{pmatrix} \vec{u} \cdot \vec{w}_1 \\ \vdots \\ \vec{u} \cdot \vec{w}_k \end{pmatrix}$

b) *Si S es un sistema ortogonal,* $\vec{v} = \displaystyle\sum_{i=1}^{k} pr_{w_i}(\vec{u})$

c) *Si S es un sistema ortonormal,* $\vec{v} = \displaystyle\sum_{i=1}^{k} (\vec{u} \cdot \vec{w}_i) \cdot w_i$

Proposición 7.14 *Sea F un subespacio vectorial de un espacio euclídeo E. Sean $\vec{u}, \vec{v} \in E$ tales que $\vec{v} = pr_F(\vec{u})$. Entonces:*

a) **(Desigualdad de Bessel)** $\|\vec{v}\| \leq \|\vec{u}\|$

b) $\vec{u} \cdot \vec{w} = \vec{v} \cdot \vec{w}$, *para todo $\vec{w} \in F$.*

c) $\|\vec{u} - \vec{v}\| \leq \|\vec{u} - \vec{w}\|$, *para todo $\vec{w} \in F$.*

7.4 Subespacios ortogonales

Definición 7.11 *Sean F, G dos subespacios vectoriales de un espacio euclídeo E. Se dice que F y G son* **ortogonales**, *y se denota $F \perp G$, si para todo $\vec{u} \in F$ y para todo $\vec{v} \in G$ se cumple $\vec{u} \cdot \vec{v} = 0$.*

Definición 7.12 *Sea F un subespacio vectorial de un espacio euclídeo E. Se denomina* **subespacio ortogonal** *de F, y se denota $F^{\perp}$, al conjunto:*

$$F^{\perp} = \{\vec{u} \in E \mid \vec{u} \cdot \vec{v} = 0, \forall \vec{v} \in F\}$$

---

[6] También recibe el nombre de la **mejor aproximación** de $\vec{u}$ en F.

Proposición 7.15 $F^\perp$ *es un subespacio vectorial de* E.

Proposición 7.16 *Sea* $F = \langle \vec{u}_1, \ldots, \vec{u}_k \rangle$ *un subespacio vectorial de un espacio euclídeo* E *de dimensión* n. *Entonces:*

a) $E^\perp = \{\vec{o}\}$

b) $\{\vec{o}\}^\perp = E$

c) $\vec{w} \in F^\perp$ *si y sólo si:* $\vec{w} \cdot \vec{u}_1 = 0, \ldots, \vec{w} \cdot \vec{u}_k = 0$

d) $F \oplus F^\perp = E$

e) $\dim(F^\perp) = n - \dim(F)$

f) $(F^\perp)^\perp = F$

Proposición 7.17 *Sean* F, G *dos subespacios vectoriales de un espacio euclídeo* E *de dimensión* n. *Entonces:*

a) $F \subseteq G \Rightarrow G^\perp \subseteq F^\perp$

b) $(F + G)^\perp = F^\perp \cap G^\perp$

c) $(F \cap G)^\perp = F^\perp + G^\perp$

↪ **Ejercicio 7.5**

↪ **Ejercicio 7.6**

7.5 Producto vectorial

En esta sección, únicamente consideramos el espacio euclídeo $\mathbb{R}^3$ con el producto escalar canónico:

$$\vec{u} \cdot \vec{v} = \begin{pmatrix} u_1 & u_2 & u_3 \end{pmatrix} \begin{pmatrix} v_1 \\ v_2 \\ v_3 \end{pmatrix} = u_1 v_1 + u_2 v_2 + u_3 v_3$$

Definición 7.13 *Sean* $\vec{u} = (u_1, u_2, u_3)$, $\vec{v} = (v_1, v_2, v_3) \in \mathbb{R}^3$. *El* **producto vectorial** *de* $\vec{u}$ *por* $\vec{v}$, *denotado* $\vec{u} \times \vec{v}$, *es el vector:*

$$\vec{u} \times \vec{v} = \left(\begin{vmatrix} u_2 & u_3 \\ v_2 & v_3 \end{vmatrix}, \ -\begin{vmatrix} u_1 & u_3 \\ v_1 & v_3 \end{vmatrix}, \ \begin{vmatrix} u_1 & u_2 \\ v_1 & v_2 \end{vmatrix} \right)$$

Es decir:

$$\mathbb{R}^3 \times \mathbb{R}^3 \ \xrightarrow{\times} \ \mathbb{R}^3$$

$$(\vec{u}, \vec{v}) \ \longmapsto \ \vec{u} \times \vec{v} \ = \ \begin{vmatrix} \vec{i} & \vec{j} & \vec{k} \\ u_1 & u_2 & u_3 \\ v_1 & v_2 & v_3 \end{vmatrix}$$

donde $\{\vec{i} = (1,0,0), \vec{j} = (0,1,0), \vec{k} = (0,0,1)\}$ es la base canónica de $\mathbb{R}^3$ y:

$$\begin{vmatrix} \vec{i} & \vec{j} & \vec{k} \\ u_1 & u_2 & u_3 \\ v_1 & v_2 & v_3 \end{vmatrix} = \begin{vmatrix} u_2 & u_3 \\ v_2 & v_3 \end{vmatrix} \cdot \vec{i} - \begin{vmatrix} u_1 & u_3 \\ v_1 & v_3 \end{vmatrix} \cdot \vec{j} + \begin{vmatrix} u_1 & u_2 \\ v_1 & v_2 \end{vmatrix} \cdot \vec{k}$$

Proposición 7.18 *La única operación interna sobre $\mathbb{R}^3$ que satisface las siguientes propiedades es el producto vectorial.*

Dados $\vec{u}, \vec{v}, \vec{w} \in \mathbb{R}^3$ y $\lambda \in \mathbb{R}$:

a) $\vec{u} \times (\vec{v} + \vec{w}) = (\vec{u} \times \vec{v}) + (\vec{u} \times \vec{w})$

b) $(\vec{u} + \vec{v}) \times \vec{w} = (\vec{u} \times \vec{w}) + (\vec{v} \times \vec{w})$

c) $(\lambda \cdot \vec{u}) \times \vec{v} = \vec{u} \times (\lambda \cdot \vec{v}) = \lambda \cdot (\vec{u} \times \vec{v})$

d) $\vec{u} \times \vec{u} = \vec{o}$

e) $\vec{u} \times \vec{v} = -\vec{v} \times \vec{u}$

f) $\vec{i} \times \vec{j} = \vec{k},\ \vec{j} \times \vec{k} = \vec{i},\ \vec{k} \times \vec{i} = \vec{j}$

Proposición 7.19 *Sean $S = \{\vec{u}, \vec{v}\} \subseteq \mathbb{R}^3$ y $\widetilde{S} = \{\vec{u}, \vec{v}, \vec{u} \times \vec{v}\}$.*

a) $\vec{u} \times \vec{v} \neq \vec{o}$ *si y sólo si* $r(S) = 2$

b) $\vec{u} \cdot (\vec{u} \times \vec{v}) = 0,\ \ \vec{v} \cdot (\vec{u} \times \vec{v}) = 0$

c) *Si S es libre, entonces $\widetilde{S}$ es una base directa[7] de $\mathbb{R}^3$.*

d) $\|\vec{u} \times \vec{v}\| = \sqrt{|M_{\widetilde{S}}|} = \sqrt{|G_S|} = \|\vec{u}\| \cdot \|\vec{v}\| \cdot \sin \alpha$

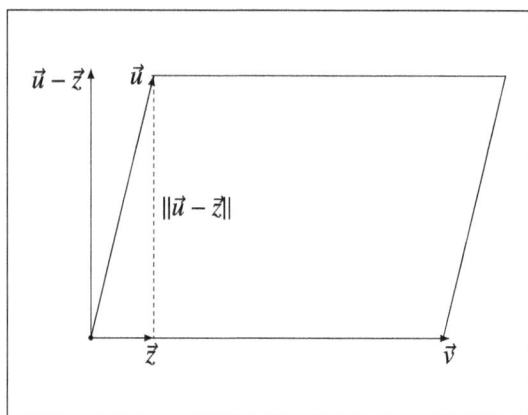

Fig. 7.2 Paralelogramo determinado por $S = \{\vec{u}, \vec{v}\}$.

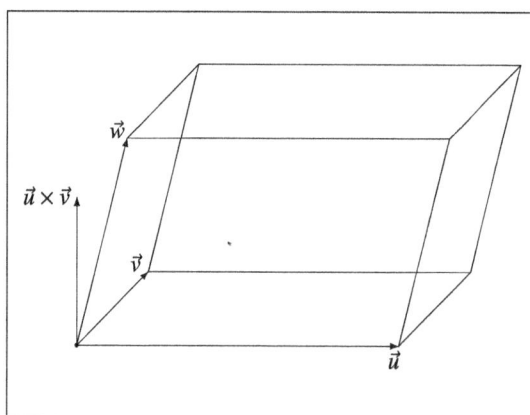

Fig. 7.3 Paralelepípedo determinado por $\mathcal{T} = \{\vec{u}, \vec{v}, \vec{w}\}$.

Proposición 7.20 *Sea $\mathcal{T} = \{\vec{u}, \vec{v}, \vec{w}\}$ una base de $\mathbb{R}^3$.*

a) $\|\vec{u} \times \vec{v}\|$ *es el área del paralelogramo determinado por $S = \{\vec{u}, \vec{v}\}$ (Fig. 7.2).*

b) $\dfrac{\|\vec{u} \times \vec{v}\|}{\|\vec{v}\|}$ *es una altura del paralelogramo determinado por S (Fig. 7.2).*

---

[7] Una base B de $\mathbb{R}^n$ se denomina **directa** si el determinante de su matriz de coordenadas M_B es positivo.

c) $\dfrac{|(\vec{u} \times \vec{v}) \cdot \vec{w}|}{\|\vec{u} \times \vec{v}\|}$ es la altura del paralelepípedo determinado por $\mathcal{T}$ (Fig. 7.3).

d) $|(\vec{u} \times \vec{v}) \cdot \vec{w}|$ es el volumen del paralelepípedo determinado por $\mathcal{T}$ (Fig. 7.3).

Proposición 7.21 *Sea* $\mathcal{T} = \{\vec{u}, \vec{v}, \vec{w}\}$ *un subconjunto de* $\mathbb{R}^3$.

a) $(\vec{u} \times \vec{v}) \cdot \vec{w} = |M_{\mathcal{T}}|$

b) $(\vec{u} \times \vec{v}) \cdot \vec{w} = -(\vec{u} \times \vec{w}) \cdot \vec{v}$

c) $\vec{u} \times (\vec{v} \times \vec{w}) = (\vec{w} \cdot \vec{u}) \cdot \vec{v} - (\vec{v} \cdot \vec{u}) \cdot \vec{w}$

d) **(Identidad de Jacobi)** $\vec{u} \times (\vec{v} \times \vec{w}) + \vec{v} \times (\vec{w} \times \vec{u}) + \vec{w} \times (\vec{u} \times \vec{v}) = \vec{o}$

↪ Ejercicio 7.7

7.6 Ejercicios

Ejercicio 7.1

El espacio vectorial $\mathcal{M}_{\mathbb{R}}(2, 2)$ con la operación:

$$(A|B) = tr(A \cdot B^t) = \sum_{i,j=1}^{2} a_{ij}b_{ij} = a_{11}b_{11} + a_{12}b_{12} + a_{21}b_{21} + a_{22}b_{22}$$

es un espacio euclídeo:

- $(B|A) = tr(B \cdot A^t) = \displaystyle\sum_{i,j=1}^{2} b_{ij}a_{ij} = \sum_{i,j=1}^{2} a_{ij}b_{ij} = tr(A \cdot B^t) = (A|B)$

- $(\alpha \cdot A + \beta \cdot B|C) = tr((\alpha \cdot A + \beta \cdot B) \cdot C^t) = tr(\alpha \cdot A \cdot C^t + \beta \cdot B \cdot C^t) = \alpha \cdot tr(A \cdot C^t) + \beta \cdot tr(B \cdot C^t) = \alpha \cdot (A|C) + \beta \cdot (B|C)$

- $A \neq O_2 \Rightarrow (A|A) = tr(A \cdot A^t) = \displaystyle\sum_{i,j=1}^{2} a_{ij}^2 > 0$

Ejercicio 7.2

Sea $\mathbb{R}^2$ con el producto escalar canónico. Sean $\vec{u}, \vec{v} \in \mathbb{R}^2$ tales que α es el ángulo que forman. Entonces:

$$\vec{u} \cdot \vec{v} = \|\vec{u}\| \cdot \|\vec{v}\| \cdot \cos \alpha$$

En efecto, sean β y γ los ángulos positivos que forman los vectores $\vec{u}$ y $\vec{v}$ con el semieje positivo de abscisas, respectivamente. Sin pérdida de generalidad, supongamos que $\beta \geq \gamma$.

Entonces, $\alpha = \beta - \gamma$, $\vec{u} = \|\vec{u}\| \cdot (\cos \beta, \sin \beta)$ y $\vec{v} = \|\vec{v}\| \cdot (\cos \gamma, \sin \gamma)$. Por tanto:

$$\vec{u} \cdot \vec{v} = \|\vec{u}\| \cdot \|\vec{v}\| \cdot (\cos \beta \cdot \cos \gamma + \sin \beta \cdot \sin \gamma) = \|\vec{u}\| \cdot \|\vec{v}\| \cdot \cos(\beta - \gamma) = \|\vec{u}\| \cdot \|\vec{v}\| \cdot \cos \alpha$$

Ejercicio 7.3

Consideramos la siguiente matriz simétrica de orden 3.

$$A = \begin{pmatrix} 3 & 2 & 4 \\ 2 & 0 & 2 \\ 4 & 2 & 3 \end{pmatrix}$$

Vamos a hallar una base ortonormal de vectores propios de f_A.

- Calculamos su polinomio característico:

$$p_A(x) = \begin{vmatrix} 3-x & 2 & 4 \\ 2 & -x & 2 \\ 4 & 2 & 3-x \end{vmatrix} = (x+1)^2(8-x)$$

Por tanto, $\sigma(A) = \{-1, 8\}$.

- Hallamos una base ortogonal de vectores propios:

  □ $(x, y, z) \in Ker(f_A + I_{\mathbb{R}^3}) \Leftrightarrow \begin{pmatrix} 4 & 2 & 4 \\ 2 & 1 & 2 \\ 4 & 2 & 4 \end{pmatrix} \begin{pmatrix} x \\ y \\ z \end{pmatrix} = \begin{pmatrix} 0 \\ 0 \\ 0 \end{pmatrix} \Leftrightarrow 2x + y + 2z = 0.$

  Obtenemos un vector no nulo de este subespacio propio: $\vec{v}_1 = (1, 0, -1)$. A continuación, obtenemos un segundo vector $\vec{v}_2 = (x, y, z)$ de $Ker(f_A + I_{\mathbb{R}^3})$, que sea ortogonal a $\vec{v}_1 = (1, 0, -1)$:

$$\begin{cases} \vec{v}_2 \in Ker(f_A + I_{\mathbb{R}^3}) \\ \vec{v}_2 \perp \vec{v}_1 \end{cases} \Leftrightarrow \begin{cases} 2x + y + 2z = 0 \\ x - z = 0 \end{cases} \Rightarrow \vec{v}_2 = (1, -4, 1)$$

  □ $(x, y, z) \in Ker(f_A - 8I_{\mathbb{R}^3}) \Leftrightarrow \begin{pmatrix} -5 & 2 & 4 \\ 2 & -8 & 2 \\ 4 & 2 & -5 \end{pmatrix} \begin{pmatrix} x \\ y \\ z \end{pmatrix} = \begin{pmatrix} 0 \\ 0 \\ 0 \end{pmatrix} \Rightarrow \vec{v}_3 = (2, 1, 2)$

Por tanto, $B = \{\vec{v}_1 = (1, 0, -1), \vec{v}_2 = (1, -4, 1), \vec{v}_3 = (2, 1, 2)\}$ es una base de vectores propios. Es decir, $D = P^{-1}AP$, donde:

$$D = \begin{pmatrix} -1 & 0 & 0 \\ 0 & -1 & 0 \\ 0 & 0 & 8 \end{pmatrix}, \qquad P = \begin{pmatrix} 1 & 1 & 2 \\ 0 & -4 & 1 \\ -1 & 1 & 2 \end{pmatrix}$$

- Por último, dividiendo cada vector de B por su norma, obtenemos una base ortonormal de vectores propios:

$$N = \left\{ \vec{v}_1 = \left(\frac{\sqrt{2}}{2}, 0, -\frac{\sqrt{2}}{2} \right), \quad \vec{v}_2 = \left(\frac{\sqrt{18}}{18}, -\frac{2\sqrt{18}}{9}, \frac{\sqrt{18}}{18} \right), \quad \vec{v}_3 = \left(\frac{2}{3}, \frac{1}{3}, \frac{2}{3} \right) \right\}$$

Es decir, $D = Q^t A Q = Q^{-1} A Q$, donde:

$$D = \begin{pmatrix} -1 & 0 & 0 \\ 0 & -1 & 0 \\ 0 & 0 & 8 \end{pmatrix}, \qquad Q = \begin{pmatrix} \frac{\sqrt{2}}{2} & \frac{\sqrt{18}}{18} & \frac{2}{3} \\ 0 & -\frac{2\sqrt{18}}{9} & \frac{1}{3} \\ -\frac{\sqrt{2}}{2} & \frac{\sqrt{18}}{18} & \frac{2}{3} \end{pmatrix}$$

Ejercicio 7.4

En el espacio vectorial euclídeo $\mathbb{R}^2$, consideramos el conjunto:

$$S = \{\vec{a} = (3, -4),\ \vec{b} = (0, 2)\}.$$

- A partir de la matriz de coordenadas de S, calculamos su matriz de Gram:

$$M_S = \begin{pmatrix} 3 & -4 \\ 0 & 2 \end{pmatrix} \Rightarrow G_S = M_S M_S^t = \begin{pmatrix} 25 & -8 \\ -8 & 4 \end{pmatrix}$$

- A continuación, a partir del correspondiente coeficiente de Fourier c, obtenemos la proyección ortogonal de $\vec{a}$ sobre $\vec{b}$:

$$c = \frac{\vec{a} \cdot \vec{b}}{\vec{b} \cdot \vec{b}} = \frac{-8}{4} \Rightarrow pr_{\vec{b}}(\vec{a}) = c \cdot \vec{b} = -2 \cdot (0, 2) = (0, -4)$$

- Procediendo de forma similar, calculamos la proyección ortogonal de $\vec{b}$ sobre $\vec{a}$:

$$pr_{\vec{a}}(\vec{b}) = \frac{\vec{b} \cdot \vec{a}}{\vec{a} \cdot \vec{a}} \cdot \vec{a} = \frac{-8}{25} \cdot (3, -4) = \left(-\frac{24}{25}, \frac{32}{25}\right)$$

- Finalmente, obtenemos el ángulo que forman los vectores $\vec{a}$ y $\vec{b}$:

$$\cos\ \alpha = \frac{\vec{a} \cdot \vec{b}}{\|\vec{a}\| \cdot \|\vec{b}\|} = \frac{-8}{5 \cdot 2} = -\frac{4}{5} \Rightarrow \alpha \simeq 2,5 \text{ radianes}$$

Ejercicio 7.5

Consideramos el conjunto de $\mathbb{R}^3$: $S = \{\vec{u} = (1, 2, -2),\ \vec{v} = (0, 4, 3)\}$

- Matriz de Gram de S: $G_S = \begin{pmatrix} \vec{u} \cdot \vec{u} & \vec{u} \cdot \vec{v} \\ \vec{v} \cdot \vec{u} & \vec{v} \cdot \vec{v} \end{pmatrix} = \begin{pmatrix} 9 & 2 \\ 2 & 25 \end{pmatrix}$

- Ecuación implícita del subespacio vectorial $F = \langle S \rangle$:

$$\begin{vmatrix} 1 & 2 & -2 \\ 0 & 4 & 3 \\ x & y & z \end{vmatrix} = \begin{vmatrix} 2 & -2 \\ 4 & 3 \end{vmatrix} x - \begin{vmatrix} 1 & -2 \\ 0 & 3 \end{vmatrix} y + \begin{vmatrix} 1 & 2 \\ 0 & 4 \end{vmatrix} z = 14x - 3y + 4z = 0$$

- Base y ecuaciones implícitas del subespacio $F^\perp$:

  □ $F : 14x - 3y + 4z = 0 \Leftrightarrow F^\perp = \langle (14, -3, 4) \rangle$

  □ $F = <(1, 2, -2), (0, 4, 3)> \Leftrightarrow F^\perp: \begin{cases} x + 2y - 2z = 0 \\ 4y + 3z = 0 \end{cases}$

- Proyección ortogonal del vector $\vec{a} = (1, 2, -1)$ sobre $F^\perp = <\vec{w}>$, que denotamos $\vec{b}$:

$$\vec{b} = \frac{\vec{a} \cdot \vec{w}}{\vec{w} \cdot \vec{w}} \cdot \vec{w} = \frac{4}{221}(14, -3, 4) = \left(\frac{56}{221}, -\frac{12}{221}, \frac{16}{221}\right)$$

- Base ortogonal de F, aplicando el método de Gram-Schmidt, que denotamos $\mathcal{B} = \{\vec{x}, \vec{z}\}$:

$$\begin{cases} \vec{x} = \vec{u} = (1, 2, -2) \\ \vec{y} = \vec{v} - \dfrac{\vec{v} \cdot \vec{x}}{\vec{x} \cdot \vec{x}} \cdot \vec{x} = (0, 4, 3) - \dfrac{2}{9}(1, 2, -2) = \left(-\dfrac{2}{9}, \dfrac{32}{9}, \dfrac{31}{9}\right) \end{cases}$$

Por tanto, $\mathcal{B} = \{\vec{x} = (1, 2, -2), \vec{z} = (-2, 32, 31)\}$ es una base ortogonal de F.

- Proyección ortogonal del vector $\vec{a} = (1, 2, -1)$ sobre F, que denotamos $\vec{c}$, por dos métodos diferentes:

  □ $\vec{c} = \dfrac{\vec{a} \cdot \vec{x}}{\vec{x} \cdot \vec{x}} \cdot \vec{x} + \dfrac{\vec{a} \cdot \vec{z}}{\vec{z} \cdot \vec{z}} \cdot \vec{z} = \dfrac{7}{9}(1, 2, -2) + \dfrac{31}{1989}(-2, 32, 31) = \left(\dfrac{165}{221}, \dfrac{454}{221}, -\dfrac{237}{221}\right)$

  □ $\vec{c} = \vec{a} - \vec{b} = (1, 2, -1) - \left(\dfrac{56}{221}, -\dfrac{12}{221}, \dfrac{16}{221}\right) = \left(\dfrac{165}{221}, \dfrac{454}{221}, -\dfrac{237}{221}\right)$

Ejercicio 7.6

Sea $B = \{\vec{u}_1, \vec{u}_2, \vec{u}_3\}$ una base de $\mathbb{R}^3$ cuya matriz de Gram es:

$$G_B = \begin{pmatrix} 1 & 0 & 0 \\ 0 & 2 & 1 \\ 0 & 1 & 3 \end{pmatrix}$$

Sea el conjunto de vectores $S = \{\vec{a} = \vec{u}_1 + \vec{u}_2, \vec{b} = \vec{u}_3\}$.

- Calculamos la matriz de Gram de S:

$$G_S = M_{SB}G_B M_{SB}^t = \begin{pmatrix} 1 & 1 & 0 \\ 0 & 0 & 1 \end{pmatrix} \begin{pmatrix} 1 & 0 & 0 \\ 0 & 2 & 1 \\ 0 & 1 & 3 \end{pmatrix} \begin{pmatrix} 1 & 0 \\ 1 & 0 \\ 0 & 1 \end{pmatrix} = \begin{pmatrix} 3 & 1 \\ 1 & 3 \end{pmatrix}$$

- Obtenemos, a partir de la base B, una base ortonormal de $\mathbb{R}^3$, aplicando el método de Gram-Schmidt:

  □ En primer lugar, hallamos una base ortogonal:

$$\begin{cases} \vec{v}_1 = \vec{u}_1 \\ \vec{v}_2 = \vec{u}_2 - \dfrac{\vec{u}_2 \cdot \vec{v}_1}{\vec{v}_1 \cdot \vec{v}_1} \vec{v}_1 = \vec{u}_2 - \dfrac{0}{1}\vec{u}_1 = \vec{u}_2 \\ \vec{v}_3 = \vec{u}_3 - \dfrac{\vec{u}_3 \cdot \vec{v}_1}{\vec{v}_1 \cdot \vec{v}_1} \vec{v}_1 - \dfrac{\vec{u}_3 \cdot \vec{v}_2}{\vec{v}_2 \cdot \vec{v}_2} \vec{v}_2 = \vec{u}_3 - \dfrac{0}{1}\vec{u}_1 - \dfrac{1}{2}\vec{u}_2 = -\dfrac{1}{2}\vec{u}_2 + \vec{u}_3 \end{cases}$$

  □ Y, a partir de la base ortogonal $\{\vec{v}_1, \vec{v}_2, \vec{v}_3\}$, obtenemos una base ortonormal $N = \{\vec{w}_1, \vec{w}_2, \vec{w}_3\}$:

$$\begin{cases} \vec{w}_1 = \dfrac{\vec{v}_1}{\|\vec{v}_1\|} = \dfrac{\vec{v}_1}{1} = \vec{u}_1 \\ \vec{w}_2 = \dfrac{\vec{v}_2}{\|\vec{v}_2\|} = \dfrac{\vec{u}_2}{\sqrt{2}} = \dfrac{1}{\sqrt{2}}\vec{u}_2 \\ \vec{w}_3 = \dfrac{\vec{v}_3}{\|\vec{v}_3\|} = \dfrac{\vec{v}_3}{\sqrt{\frac{5}{2}}} = \dfrac{\sqrt{2}}{\sqrt{5}}\vec{v}_3 = -\dfrac{\sqrt{10}}{10}\vec{u}_2 + \dfrac{\sqrt{10}}{5}\vec{u}_3 \end{cases}$$

- Consideramos el subespacio vectorial $F = \langle S \rangle$. Hallamos una base del subespacio vectorial $F^\perp$ (nótese que dim $F^\perp = 3 - \text{dim } F = 3 - 2 = 1$):

$$\vec{c} = \alpha\vec{u}_1 + \beta\vec{u}_2 + \gamma\vec{u}_3 \in F^\perp \Leftrightarrow \begin{cases} \vec{a} \cdot \vec{c} = 0 \\ \\ \vec{b} \cdot \vec{c} = 0 \end{cases} \Rightarrow \begin{cases} \alpha + 2\beta + \gamma = 0 \\ \\ \beta + 3\gamma = 0 \end{cases} \Leftrightarrow \begin{cases} \alpha = 5\gamma \\ \beta = -3\gamma \\ \gamma = \gamma \end{cases}$$

Por tanto, $F^\perp = \langle 5\vec{u}_1 - 3\vec{u}_2 + \vec{u}_3 \rangle$.

Ejercicio 7.7

Consideramos el siguiente conjunto de vectores de $\mathbb{R}^3$: $S = \{\vec{x} = (1, -1, 0), \vec{y} = (1, 0, -3)\}$.

- Calculamos el producto vectorial de estos dos vectores:

$$\vec{x} \times \vec{y} = \begin{vmatrix} \vec{i} & \vec{j} & \vec{k} \\ 1 & -1 & 0 \\ 1 & 0 & -3 \end{vmatrix} = \begin{vmatrix} -1 & 0 \\ 0 & -3 \end{vmatrix} \vec{i} - \begin{vmatrix} 1 & 0 \\ 1 & -3 \end{vmatrix} \vec{j} + \begin{vmatrix} 1 & -1 \\ 1 & 0 \end{vmatrix} \vec{k} = 3\vec{i} + 3\vec{j} + \vec{k} = (3, 3, 1)$$

- Obtenemos el área del paralelogramo determinado por los vectores de S, de tres formas diferentes:

$$\circ \quad \|\vec{x} \times \vec{y}\| = \sqrt{3^2 + 3^2 + 1^2} = \sqrt{19}$$

$$\circ \quad G_S = \begin{pmatrix} 2 & 1 \\ 1 & 10 \end{pmatrix} \Rightarrow \sqrt{|G_S|} = \sqrt{19}$$

$$\circ \quad \cos\alpha = \frac{\vec{x} \cdot \vec{y}}{|\vec{x}| \cdot \|\vec{y}\|} = \frac{1}{\sqrt{2}\sqrt{10}} = \frac{1}{\sqrt{20}} \Rightarrow \|\vec{x}\| \cdot \|\vec{y}\| \cdot \sin\alpha = \|\vec{x}\| \cdot \|\vec{y}\| \cdot \sqrt{1 - \cos^2\alpha} = \sqrt{19}$$

- Hallamos el volumen del paralelepípedo determinado por $\bar{S} = \{\vec{x}, \vec{y}, \vec{x} \times \vec{y}\}$, de dos formas diferentes:

$$\circ \quad (\vec{x} \times \vec{y}) \cdot (\vec{x} \times \vec{y}) = \|(\vec{x} \times \vec{y})\|^2 = 19$$
$$\circ \quad det(\vec{x}, \vec{y}, \vec{x} \times \vec{y}) = 19$$

☐ Problemas propuestos

Problema 1

En los siguientes casos, halla $\vec{u} \cdot \vec{v}$, $\|\vec{u}\|$, $\|\vec{v}\|$ y comprueba la desigualdad de Cauchy-Schwarz:

a) $\vec{u} = (3, 4), \vec{v} = (2, -3)$

b) $\vec{u} = (3, 6), \vec{v} = (-2, -4)$

c) $\vec{u} = (2, -3, 4), \vec{v} = (0, 6, 5)$

d) $\vec{u} = (2, -1, 1), \vec{v} = (1, 0, -1)$

e) $\vec{u} = (2, -3, 1, 0), \vec{v} = (-1, -1, -1, 0)$

Problema 2

Halla $\|\vec{a}\|$, $\|\vec{b}\|$, $(\vec{a}-3\vec{b})\cdot(\vec{a}+\vec{b})$ y la proyección ortogonal de $\vec{a}$ sobre $\vec{b}$, donde: $\vec{a} = (2,-3,1)$ y $\vec{b} = (-1,0,2)$.

Problema 3

En los siguientes casos, halla la proyección ortogonal de $\vec{x}$ sobre $\vec{y}$:

a) $\vec{x} = (2,3), \vec{y} = (5,-1)$

b) $\vec{x} = (2,1,2), \vec{y} = (0,3,4)$

c) $\vec{x} = (1,0,1,1), \vec{y} = (-2,0,-1,1)$

d) $\vec{x} = (0,0,5,-4,3), \vec{y} = (0,0,1,0,0)$

Problema 4

En los siguientes casos, halla M_S y G_S:

a) $S = \{(1,2),(-2,1)\}$

b) $S = \{(-1,1),(1,0),(0,-2)\}$

c) $S = \{(1,-1,0),(2,1,0),(0,0,-2)\}$

d) $S = \{(-b,a,0),(0,-c,b),(a,b,c)\}$

Problema 5

Halla condiciones necesarias y suficientes para que las desigualdades triangular y de Cauchy-Schwarz sean igualdades.

Problema 6

En los siguientes casos, dada la base $B = \{\vec{u}_1, \vec{u}_2, \vec{u}_3\}$, halla una base ortogonal $N = \{\vec{w}_1, \vec{w}_2, \vec{w}_3\}$ tal que $\langle\vec{u}_1\rangle = \langle\vec{w}_1\rangle$, $\langle\vec{u}_1, \vec{u}_2\rangle = \langle\vec{w}_1, \vec{w}_2\rangle$.

a) $B = \{\vec{u}_1 = (1,1,1), \vec{u}_2 = (0,1,1), \vec{u}_3 = (0,0,1)\}$

b) $B = \{\vec{u}_1 = (0,1,1), \vec{u}_2 = (0,0,1), \vec{u}_3 = (1,1,1)\}$

c) $B = \{\vec{u}_1 = (0,0,1), \vec{u}_2 = (1,1,1), \vec{u}_3 = (0,1,1)\}$

Problema 7

Dados los vectores $\vec{x} = (-1,0,2)$, $\vec{y} = (2,1,-1)$ y $\vec{z} = (1,2,2)$, calcula:

$\vec{x}\times\vec{y}$, $\vec{y}\times\vec{z}$, $\vec{z}\times\vec{x}$, $\vec{x}\times(\vec{z}\times\vec{x})$, $(\vec{x}\times\vec{y})\times\vec{z}$, $\vec{x}\times(\vec{y}\times\vec{z})$, $(\vec{x}\times\vec{z})\times\vec{y}$, $(\vec{x}+\vec{y})\times(\vec{x}-\vec{z})$, $(\vec{x}\times\vec{y})\times(\vec{x}\times\vec{z})$

Problema 8

Sea $B = \{\vec{u}_1, \vec{u}_2\}$ una base de $\mathbb{R}^2$. Demuestra que $N = \{\vec{w}_1, \vec{w}_2\}$ es una base ortonormal:

$$\vec{w}_1 = \frac{\vec{u}_1}{\|\vec{u}_1\|}, \quad \vec{w}_2 = \frac{\vec{u}_2 - (\vec{u}_2 \cdot \vec{w}_1)\vec{w}_1}{\|\vec{u}_2 - (\vec{u}_2 \cdot \vec{w}_1)\vec{w}_1\|}$$

Problema 9

Sea $B = \{\vec{w}_1, \vec{w}_2, \vec{w}_3\}$ una base ortonormal de $\mathbb{R}^3$. Sea $N = \{\vec{u}_1, \vec{u}_2, \vec{u}_3\}$ otra base tal que:

$$\mathcal{M}_{BN}^t = \begin{pmatrix} 1 & -1 & -1 \\ 0 & 1 & 0 \\ 0 & 0 & 1 \end{pmatrix}$$

Halla G_N, $\mathcal{M}_{NB}$ y el ángulo que forman $\vec{u}_3$ y $\vec{w}_3$.

Problema 10

Sea $F = \langle (1, -1, 1), (2, -3, 3) \rangle$.

a) Halla la base canónica de $F^\perp$.

b) Halla la proyección ortogonal del vector $\vec{u} = (0, -2, 0)$ sobre $F^\perp$.

c) Halla una base ortonormal de F y amplíala a una base ortonormal de $\mathbb{R}^3$.

Problemas propuestos

Problema 11

Dados los vectores $\vec{v} = (1, 2, 3, 4, 5)$ y $\vec{w} = (1, \frac{1}{2}, \frac{1}{3}, \frac{1}{4}, \frac{1}{5})$, halla dos vectores $\vec{x}$, $\vec{y}$ que satisfagan las siguientes condiciones: $\vec{w} = \vec{x} + 2\vec{y}$, $\vec{y} \cdot \vec{v} = 0$, $r\{\vec{v}, \vec{x}\} = 1$.

Problema 12

En el espacio euclídeo $\mathbb{R}^2$, demuestra e interpreta geométricamente las siguientes identidades:

a) $\|\vec{u} + \vec{v}\|^2 - \|\vec{u} - \vec{v}\|^2 = 4\vec{u} \cdot \vec{v}$

b) $\|\vec{u} + \vec{v}\|^2 + \|\vec{u} - \vec{v}\|^2 = 2\|\vec{u}\|^2 + 2\|\vec{v}\|^2$

c) $\|\vec{u}\| = \|\vec{v}\| \Leftrightarrow (\vec{u} + \vec{v}) \perp (\vec{u} - \vec{v})$

d) $\left| \|\vec{u}\| - \|\vec{v}\| \right| \leq \|\vec{u} - \vec{v}\|$

Problema 13

Sea $S = \{\vec{u}_1, \vec{u}_2\}$ un conjunto libre de $\mathbb{R}^n$. Demuestra que $|G_S| > 0$.

Problema 14

Sean $L_1 = \{x_1, \cdots, x_n\}$, $L_1 = \{y_1, \cdots, y_n\}$ dos conjuntos de n números reales. Demuestra:

$$(x_1y_1 + x_2y_2 + \cdots + x_ny_n)^2 \leq (x_1^2 + x_2^2 + \cdots + x_n^2)(y_1^2 + y_2^2 + \cdots + y_n^2)$$

Problema 15

Sean $\vec{u}, \vec{v}, \vec{w}$ tres vectores de $\mathbb{R}^3$ tales que $\vec{u}$ y $\vec{v}$ forman un ángulo de $\frac{\pi}{8}$ radianes. Halla el ángulo que forman $\vec{v}$ y $\vec{w}$, sabiendo que $\|\vec{u}\| = 5\|\vec{v}\| = \|\vec{w}\| = 5$ y $\|\vec{u} - \vec{v} + \vec{w}\| = \|\vec{u} + \vec{v} + \vec{w}\|$.

Problema 16

Halla la base canónica y una base ortonormal de $F^{\perp}$, donde $F = \langle (1, 2, 3, -1, 2), (2, 4, 7, 2, -1) \rangle$.

Problema 17

Halla la proyección ortogonal del vector $\vec{u} = (1, 1, 1, 1)$ sobre el núcleo del endomorfismo de $\mathbb{R}^4$ definido por $f(x, y, z, t) = (x - y + t, x + z, -x + 3y + 2z - 3t, 2x + 2y - z + 3t))$.

Problema 18

Sea $B = \{\vec{u}_1, \vec{u}_2, \vec{u}_3\}$ una base de $\mathbb{R}^3$ que satisface $\vec{u}_1 \cdot \vec{u}_1 = \vec{u}_2 \cdot \vec{u}_2 = 2\vec{u}_1 \cdot \vec{u}_2 = \vec{u}_3 \cdot \vec{u}_3 = 2$ y $\vec{u}_1 \cdot \vec{u}_3 = \vec{u}_2 \cdot \vec{u}_3 = 0$. Halla una base ortonormal del s.v. ortogonal a $F = \langle \vec{u}_1 - \vec{u}_2, \vec{u}_1 + \vec{u}_2 \rangle$.

Problema 19

Sea B una base de $\mathbb{R}^n$. Demuestra que B es ortonormal si y sólo si su matriz de coordenadas $\mathcal{M}_B$ es ortogonal.

Problema 20

Halla las dos alturas del paralelogramo determinado por $S = \{\vec{u} = (1, -1, 1), \vec{v} = (2, 1, 0)\}$.

Problema 21

Dadas las matrices:

$$A = \begin{pmatrix} 1 & -5 & 2 \\ 1 & 4 & 1 \\ 2 & -1 & 3 \end{pmatrix}, \quad b_\beta = \begin{pmatrix} -2 \\ \beta \\ 1 \end{pmatrix}$$

a) Sea S el subconjunto de R^3 tal que $\mathcal{M}_{SC} = A$ y sea $\vec{u}$ el vector tal que $[\vec{u}]_C = b_2$. Obtén la proyección ortogonal del vector $\vec{u}$ sobre el subespacio vectorial $F = \langle S \rangle$.

b) Si $\vec{w}$ es el vector de R^3 tal que $[\vec{w}]_C = b_0$, halla una base ortonormal del subespacio vectorial $G = \langle \vec{w} \rangle^{\perp}$. Demuestra que $\dim(F \cap G) = 1$ y $\dim(F + G) = 3$.

c) Sea $\{\vec{c}\}$ la base canónica de $F \cap G$. Halla el área y las dos alturas del paralelogramo determinado por $\Omega = \{\vec{c}, \vec{d}\}$, donde $[\vec{d}]_C = b_1$.

Problemas propuestos

Problema 22

Sean $\vec{u}, \vec{w}$ dos vectores de un espacio euclídeo tales que: (i) $\forall \alpha, \beta \in \mathbb{R}$ $(4\beta\vec{u} - 9\alpha\vec{w}) \perp (\alpha\vec{u} + \beta\vec{w})$ y (ii) $\vec{u} = 6$. Halla las normas de $\vec{w}$ y $2\vec{u} + 3\vec{w}$.

Problema 23

Sea $B = \{\vec{w}_1, \vec{w}_2, \vec{w}_3\}$ una base de $\mathbb{R}^3$ y $\vec{a}, \vec{b}$ dos vectores tales que: (i) $\|\vec{w}_1\| = \|\vec{w}_2\| = \|\vec{w}_3\| = \sqrt{5}$, (ii) $\vec{w}_1 \cdot \vec{w}_2 = \vec{w}_2 \cdot \vec{w}_3 = \vec{w}_3 \cdot \vec{w}_1 = 2$ y (iii) $[\vec{a}]_B^t = (2 \ -1 \ 0)$, $[\vec{b}]_B^t = (2 \ 0 \ 1)$. Halla el coeficiente de Fourier de $\vec{a}$ respecto de $\vec{b}$, así como el ángulo que forman.

Problema 24

Sea A una matriz de orden $m \times n$. Sean $f \in \mathcal{L}_\mathbb{R}(\mathbb{R}^n; \mathbb{R}^m)$ y $g \in \mathcal{L}_\mathbb{R}(\mathbb{R}^m; \mathbb{R}^n)$, cuyas matrices en las bases canónicas son A y A^t, respectivamente. Demuestra que $\text{Ker}(f)$ e $\text{Im}(g)$ son subespacios suplementarios y ortogonales de $\mathbb{R}^n$.

Problema 25

Sea S un conjunto libre de $\mathbb{R}^n$. Demuestra que todos los menores principales de G_S son estrictamente positivos.

Problema 26

Sea $B = \{\vec{w}_1, \cdots, \vec{w}_m\}$ una base ortonormal de un subespacio vectorial F de $\mathbb{R}^n$. Demuestra que la proyección ortogonal de cualquier vector $\vec{u} \in \mathbb{R}^n$ sobre $F^\perp$ es:

$$\vec{u} - (\vec{u} \cdot \vec{w}_1)\vec{w}_1 - \cdots - (\vec{u} \cdot \vec{w}_m)\vec{w}_m$$

Problema 27

En los siguientes casos, halla una base ortogonal B de vectores propios de A:

$$a)\ A = \begin{pmatrix} 7 & 3 \\ 3 & -1 \end{pmatrix} \quad b)\ A = \begin{pmatrix} 5 & 4 \\ 4 & -1 \end{pmatrix} \quad c)\ A = \begin{pmatrix} 1 & 2 \\ 2 & -2 \end{pmatrix}$$

Problema 28

En los siguientes casos, halla una base ortonormal de vectores propios del endomorfismo f determinado por:

a) $f(x, y, z) = (2x + y + z, x + 2y + z, x + y + 2z)$

b) $f(x, y, z) = (10x + 6z, 4y, 6x + 10z)$

c) $f(x, y, z, t) = (x + y, x + y, z + 2t, 2z - 2t)$

Problema 29

Sean $f, g \in \mathcal{L}_\mathbb{R}(\mathbb{R}^3; \mathbb{R}^3)$, de quienes se sabe:

$$\begin{cases} f(1,2,1) = (5,-1,8) \\ f(0,1,1) = (1,0,3) \\ f(0,2,3) = (0,-1,7) \end{cases} \quad ; \quad [g]_C = A + A^t$$

donde $C = \{\vec{e}_1 \vec{e}_2 \vec{e}_3\}$ es la base canónica de $\mathbb{R}^3$ y $A = [f]_C$.

 a) Halla la matriz A.

 b) Obtén una BON de VEP's del endomorfismo g.

 c) Halla la proyección ortogonal del vector $g(\vec{e}_3)$ sobre $\langle \{\vec{e}_2, \ g(\vec{e}_2)\} \rangle$.

 d) Calcula el área del paralelogramo determinado por $S = \{\vec{a}, \vec{b}\}$ y el volumen del paralelepípedo determinado por $\tilde{S} = \{\vec{a}, \vec{b}, \vec{a} \times \vec{b}\}$, donde: $\vec{a} = g^2(\vec{e}_1)$, $\vec{b} = g(\vec{e}_3)$.

Problema 30

Demuestra, mediante un contraejemplo, cuáles de los siguientes enunciados son falsos:

 a) $\vec{u} \cdot \vec{v} = \vec{u} \cdot \vec{w} \Rightarrow \vec{u} = \vec{o}$ ó $\vec{v} = \vec{w}$

 b) $\vec{u} \cdot \vec{v} = \vec{o} \ \forall \vec{v} \Rightarrow \vec{u} = \vec{0}$

 c) $\vec{u} \cdot \vec{v} = 0 \Rightarrow \|\vec{u} + \lambda \vec{v}\| \geq \|\vec{u}\| \ \forall \lambda \in \mathbb{R}$

 d) $\|\vec{u} + \lambda \vec{v}\| \geq \|\vec{u}\| \ \forall \lambda \in \mathbb{R} \Rightarrow \vec{u} \cdot \vec{v} = 0$

 e) $\vec{u} \times (\vec{v} \times \vec{w}) = (\vec{u} \times \vec{v}) \times \vec{w}$

 f) $\{\vec{u}, \vec{v}\}$ libre $\Rightarrow \{\vec{u} + \vec{v}, \vec{u} - \vec{v}, \vec{u} \times \vec{v}\}$ libre

 g) $\{\vec{u}, \vec{v}\}$ libre $\Rightarrow \{\vec{u} + \vec{v}, \vec{u} + (\vec{u} \times \vec{v}), \vec{v} + (\vec{u} \times \vec{v})\}$ libre

 h) $\{\vec{u}, \vec{v}\}$ libre $\Rightarrow \{\vec{u}, \vec{v}, (\vec{u} + \vec{v}) \times (\vec{u} - \vec{v})\}$ libre

 i) $\vec{u} \cdot (\vec{v} \times \vec{w}) = \vec{v} \cdot (\vec{w} \times \vec{u}) = \vec{w} \cdot (\vec{u} \times \vec{v})$

 j) $B = \{\vec{w}_1, \vec{w}_2, \vec{w}_3\}$ ortonormal $\Leftrightarrow \forall \vec{v} \in \mathbb{R}^3 \ \vec{v} = (\vec{v} \cdot \vec{w}_1)\vec{w}_1 + (\vec{v} \cdot \vec{w}_2)\vec{w}_2 + (\vec{v} \cdot \vec{w}_3)\vec{w}_3$

Problema 31

Sea A una matriz definida positiva. Entonces:

 a) Todos sus valores propios son estrictamente positivos.

 b) Existe una matriz B tal que $A = B^2$.

Problemas propuestos

Problema 32

Demuestra la proposición:

Sea E un espacio vectorial euclídeo. Dados $\vec{u}, \vec{v} \in E$ y $\lambda \in \mathbb{R}$,

a) $\|\vec{u}\| = 0 \Leftrightarrow \vec{u} = \vec{o}$

b) $\|\lambda \cdot \vec{u}\| = |\lambda| \cdot \|\vec{u}\|$

c) **(Desigualdad de Cauchy-Schwarz)** $|\vec{u} \cdot \vec{v}| \leq \|\vec{u}\| \cdot \|\vec{v}\|$

d) **(Desigualdad triangular)** $\|\vec{u} + \vec{v}\| \leq \|\vec{u}\| + \|\vec{v}\|$

Problema 33

Demuestra la proposición:

Sean V, N dos bases de un espacio euclídeo E. Si $\vec{u}, \vec{v} \in E$ y $P = [I_E]_{NV}$, entonces:

a) $\vec{u} \cdot \vec{v} = [\vec{u}]^t_V G_V [\vec{v}]_V$

b) $G_N = P^t \cdot G_V \cdot P$

c) G_V *es una matriz simétrica y regular.*

Problema 34

Demuestra la proposición:

Sean N una base ortonormal de un espacio euclídeo E de dimensión n y $S = \{\vec{v}_1, \ldots, \vec{v}_k\}$ un sistema ortogonal de E. Entonces:

a) **(Teorema de Pitágoras)** $\| \sum_{i=1}^{k} \vec{v}_i \|^2 = \sum_{i=1}^{k} \|\vec{v}_i\|^2.$

b) $G_S = \mathcal{M}_{SN} \mathcal{M}^t_{SN}$

c) S *es libre.*

d) S *es una base ortonormal si y sólo si $k = n$ y $P = [I_E]_{SN}$ es una matriz ortogonal.*

Problema 35

Demuestra la proposición:

(Fórmulas de Parseval) *Sea $N = \{\vec{e}_1, \ldots, \vec{e}_n\}$ una base ortonormal de un espacio euclídeo E. Dados $\vec{u}, \vec{v} \in E$:*

a) $\vec{u} = \sum_{i=1}^{n} (\vec{u} \cdot \vec{e}_i) \vec{e}_i$

b) $\vec{u} \cdot \vec{v} = \sum_{i=1}^{n} (\vec{u} \cdot \vec{e_i})(\vec{v} \cdot \vec{e_i})$

c) $\|\vec{u}\|^2 = \sum_{i=1}^{n} |\vec{u} \cdot \vec{e_i}|^2$

Problema 36

Demuestra la proposición:

(Método de ortogonalización de Gram-Schmidt) *Sea* $\Omega = \{\vec{u}_1, \cdots, \vec{u}_k\}$ *un subconjunto libre de vectores de un espacio euclídeo E de dimensión n. Sea $S = \{\vec{v}_1, \cdots, \vec{v}_k\}$ el conjunto de vectores determinado por:*

$$
\begin{cases}
\vec{v}_1 = \vec{u}_1 \\[2mm]
\vec{v}_2 = \vec{u}_2 - \dfrac{\vec{u}_2 \vec{v}_1}{\vec{v}_1 \vec{v}_1} \cdot \vec{v}_1 \\[2mm]
\quad\vdots \\[2mm]
\vec{v}_i = \vec{u}_i - \displaystyle\sum_{j=1}^{i-1} \dfrac{\vec{u}_i \cdot \vec{v}_j}{\vec{v}_j \cdot \vec{v}_j} \cdot \vec{v}_j \\[2mm]
\quad\vdots \\[2mm]
\vec{v}_k = \vec{u}_k - \displaystyle\sum_{j=1}^{k-1} \dfrac{\vec{u}_k \cdot \vec{v}_j}{\vec{v}_j \cdot \vec{v}_j} \cdot \vec{v}_j
\end{cases}
$$

Entonces:

1. $\langle \vec{v}_1, \ldots, \vec{v}_i \rangle = \langle \vec{u}_1, \ldots, \vec{u}_i \rangle$, *para todo $i \in \{1, \ldots, k\}$.*

2. *S es un sistema ortogonal.*

3. *El conjunto $T = \left\{ \dfrac{\vec{v}_1}{\|\vec{v}_1\|}, \ldots, \dfrac{\vec{v}_k}{\|\vec{v}_k\|} \right\}$ es un sistema ortonormal.*

Problema 37

Demuestra la proposición:

Sea $\Omega = \{\vec{u}_1, \cdots, \vec{u}_k\}$ *un subconjunto libre de vectores de un espacio euclídeo E de dimensión n. Entonces, su matriz de Gram G_Ω es definida positiva.*

Problema 38

Demuestra la proposición:

Sea A una matriz de orden n. La operación de $\mathbb{R}^n$ definida por $\vec{u} \cdot \vec{v} = [\vec{u}]_C^t A [\vec{v}]_C$, es un producto escalar si y sólo si A es definida positiva. En tal caso, $G_C = A$.

Problema 39

Demuestra la proposición:

Sea A una matriz cuadrada de orden n. Entonces, los siguientes enunciados son equivalentes:

1. *A es diagonalizable ortogonalmente.*
2. *A es simétrica.*

Problema 40

Demuestra la proposición:

Todo endomorfismo simétrico de $\mathbb{R}^n$ diagonaliza ortogonalmente.

Problema 41

Demuestra la proposición:

Sean $\{\vec{u}, \vec{v}, \vec{w}\}$ vectores de un espacio euclídeo E. Si $\vec{w} \neq \vec{o}$ y $\vec{v} = pr_{\vec{w}}(\vec{u})$, entonces

a) $(\vec{u} - \vec{v}) \perp \vec{w}$
b) $\vec{u} \cdot \vec{v} = \vec{v} \cdot \vec{v}$
c) $\vec{u} \cdot \vec{w} = \vec{v} \cdot \vec{w}$
d) $\|\vec{u} - \vec{v}\| \leq \|\vec{u} - \lambda \cdot \vec{w}\|$, *para todo $\lambda \in \mathbb{R}$.*

Problema 42

Demuestra la proposición:

Sean $\{\vec{u}, \vec{w}\}$ vectores de un espacio euclídeo E tal que α es el ángulo que forman. Entonces:

$$\vec{u} \cdot \vec{w} = \|\vec{u}\| \cdot \|\vec{w}\| \cdot \cos \alpha$$

Problema 43

Demuestra la proposición:

Sea F un subespacio vectorial de un espacio euclídeo E de dimensión n. Sea $\vec{u}$ un vector de E. Entonces, existe un único vector $\vec{v}$ en F tal que el vector $\vec{u} - \vec{v}$ es ortogonal a todos los vectores de F.

Problema 44

Demuestra la proposición:

Sea $S = \{\vec{w}_1, \cdots, \vec{w}_k\}$ una base de un subespacio vectorial F de un espacio euclídeo E. Sean $\vec{u}, \vec{v} \in E$ tales que $\vec{v} = pr_F(\vec{u})$. Entonces:

a) $[\vec{v}]_S = G_S^{-1} \cdot \begin{pmatrix} \vec{u} \cdot \vec{w}_1 \\ \vdots \\ \vec{u} \cdot \vec{w}_k \end{pmatrix}$

b) Si S es un sistema ortogonal, $\vec{v} = \displaystyle\sum_{i=1}^{k} pr_{w_i}(\vec{u})$

c) Si S es un sistema ortonormal, $\vec{v} = \displaystyle\sum_{i=1}^{k} (\vec{u} \cdot \vec{w}_i) \cdot w_i$

Problema 45

Demuestra la proposición:

Sea F un subespacio vectorial de un espacio euclídeo E. Sean $\vec{u}, \vec{v} \in E$ tales que $\vec{v} = pr_F(\vec{u})$. Entonces:

a) **(Desigualdad de Bessel)** $\|\vec{v}\| \leq \|\vec{u}\|$
b) $\vec{u} \cdot \vec{w} = \vec{v} \cdot \vec{w}$, para todo $\vec{w} \in F$.
c) $\|\vec{u} - \vec{v}\| \leq \|\vec{u} - \vec{w}\|$, para todo $\vec{w} \in F$.

Problema 46

Demuestra la proposición:

$F^{\perp}$ es un subespacio vectorial de E.

Problema 47

Demuestra la proposición:

Sea $F = \langle \vec{u}_1, \ldots, \vec{u}_k \rangle$ un subespacio vectorial de un espacio euclídeo E de dimensión n. Entonces:

a) $E^{\perp} = \{\vec{0}\}$
b) $\{\vec{0}\}^{\perp} = E$
c) $\vec{w} \in F^{\perp}$ si y sólo si: $\vec{w} \cdot \vec{u}_1 = 0, \ldots, \vec{w} \cdot \vec{u}_k = 0$
d) $F \oplus F^{\perp} = E$
e) $\dim(F^{\perp}) = n - \dim(F)$
f) $(F^{\perp})^{\perp} = F$

Problema 48

Demuestra la proposición:

Sean F, G dos subespacios vectoriales de un espacio euclídeo E de dimensión n. Entonces:

a) $F \subseteq G \Rightarrow G^{\perp} \subseteq F^{\perp}$

b) $(F + G)^\perp = F^\perp \cap G^\perp$

c) $(F \cap G)^\perp = F^\perp + G^\perp$

Problema 49

Demuestra la proposición:

La única operación interna sobre $\mathbb{R}^3$ que satisface las siguientes propiedades es el producto vectorial.

Dados $\vec{u}, \vec{v}, \vec{w} \in \mathbb{R}^3$ y $\lambda \in \mathbb{R}$:

a) $\vec{u} \times (\vec{v} + \vec{w}) = (\vec{u} \times \vec{v}) + (\vec{u} \times \vec{w})$

b) $(\vec{u} + \vec{v}) \times \vec{w} = (\vec{u} \times \vec{w}) + (\vec{v} \times \vec{w})$

c) $(\lambda \cdot \vec{u}) \times \vec{v} = \vec{u} \times (\lambda \cdot \vec{v}) = \lambda \cdot (\vec{u} \times \vec{v})$

d) $\vec{u} \times \vec{u} = \vec{o}$

e) $\vec{u} \times \vec{v} = -\vec{v} \times \vec{u}$

f) $\vec{i} \times \vec{j} = \vec{k}, \ \vec{j} \times \vec{k} = \vec{i}, \ \vec{k} \times \vec{i} = \vec{j}$

Problema 50

Demuestra la proposición:

Sean $S = \{\vec{u}, \vec{v}\} \subseteq \mathbb{R}^3$ y $\widetilde{S} = \{\vec{u}, \vec{v}, \vec{u} \times \vec{v}\}$.

a) $\vec{u} \times \vec{v} \neq \vec{o}$ *si y sólo si* $r(S) = 2$

b) $\vec{u} \cdot (\vec{u} \times \vec{v}) = 0, \ \ \vec{v} \cdot (\vec{u} \times \vec{v}) = 0$

c) *Si S es libre, entonces $\widetilde{S}$ es una base directa de $\mathbb{R}^3$.*

d) $\|\vec{u} \times \vec{v}\| = \sqrt{|M_{\widetilde{S}}|} = \sqrt{|G_S|} = \|\vec{u}\| \cdot \|\vec{v}\| \cdot \sin \alpha$

Problema 51

Demuestra la proposición:

Sea $\mathcal{T} = \{\vec{u}, \vec{v}, \vec{w}\}$ una base de $\mathbb{R}^3$.

a) $\|\vec{u} \times \vec{v}\|$ *es el área del paralelogramo determinado por $S = \{\vec{u}, \vec{v}\}$ (Fig. 7.2).*

b) $\dfrac{\|\vec{u} \times \vec{v}\|}{\|\vec{v}\|}$ *es una altura del paralelogramo determinado por S (Fig. 7.2).*

c) $\dfrac{|(\vec{u} \times \vec{v}) \cdot \vec{w}|}{\|\vec{u} \times \vec{v}\|}$ *es la altura del paralelepípedo determinado por $\mathcal{T}$ (Fig. 7.3).*

d) $|(\vec{u} \times \vec{v}) \cdot \vec{w}|$ *es el volumen del paralelepípedo determinado por $\mathcal{T}$ (Fig. 7.3).*

Problema 52

Demuestra la proposición:

Sea $\mathcal{T} = \{\vec{u}, \vec{v}, \vec{w}\}$ un subconjunto de $\mathbb{R}^3$.

a) $(\vec{u} \times \vec{v}) \cdot \vec{w} = |M_{\mathcal{T}}|$

b) $(\vec{u} \times \vec{v}) \cdot \vec{w} = -(\vec{u} \times \vec{w}) \cdot \vec{v}$

c) $\vec{u} \times (\vec{v} \times \vec{w}) = (\vec{w} \cdot \vec{u}) \cdot \vec{v} - (\vec{v} \cdot \vec{u}) \cdot \vec{w}$

d) (Identidad de Jacobi) $\vec{u} \times (\vec{v} \times \vec{w}) + \vec{v} \times (\vec{w} \times \vec{u}) + \vec{w} \times (\vec{u} \times \vec{v}) = \vec{0}$

Apéndice 1
Razonamiento lógico

A1

Aristóteles, en el *Organon*, define la lógica como *el arte de la argumentación correcta y verdadera*, y es a partir de ese momento de la historia del pensamiento cuando se empiezan a sentar las bases del razonamiento deductivo. Posteriormente, con el colosal desarrollo del pensamiento de la mano de los filósofos escolásticos, se afianzan los conceptos y se sientan las bases de la lógica hasta desembocar en el intento llevado a cabo por los pensadores modernos del *Círculo de Viena* de sistematización del razonamiento acercándolo al lenguaje matemático.

Tres principios forman el fundamento de la lógica aristotélica y, por tanto, de toda la lógica: el **principio de no contradicción**, que establece que no pueden ser ciertas a la vez una proposición y su contraria; el **principio del tercio excluido**, que establece que entre dos proposiciones que juntas forman una contradicción no hay una tercera posibilidad y el **principio de identidad**, que establece que una proposición es igual a ella misma, o que no puede ser que una proposición sea verdadera y falsa al mismo tiempo.

Proposiciones y conectores

Definición 1 *Se denomina* **proposición simple**, *y se denota con letras minúsculas:* $p, q, r, \ldots$, *a un enunciado que atribuya alguna cualidad o propiedad a un objeto o conjunto de objetos.*

Ejemplo 1

Son proposiciones simples:

- *Los triángulos equiláteros son isósceles.*

- *Todos los números reales son números naturales.*

- *El conjunto de las matrices cuadradas, con la operación suma, tiene estructura de grupo.*

Definición 2 *Se denomina* **conector simple** *a:*

- *La* **disyunción** *o, que se denota con el símbolo* $\vee$.

- *La* **conjunción** *y, que se denota con el símbolo* $\wedge$.

- *La* **negación** *no, que se denota con el símbolo* $\neg$.

Definición 3 *Se denomina* **proposición compuesta**, *y se denota con letras mayúsculas* $P, Q, R, \ldots$, *a una unión de proposiciones simples mediante conectores.*

Ejemplo 2

Dadas las proposiciones simples:

- p: el número 3 es raíz del polinomio $x^2 - 8x + 13$

- q: la matriz M tiene como polinomio característico $x^2 - 8x + 13$

construimos las siguientes proposiciones compuestas:

- $P = p \lor q$: el número 3 es raíz del polinomio $x^2 - 8x + 13$ o la matriz M tiene como polinomio característico $x^2 - 8x + 13$

- $Q = \neg p \lor q$: el número 3 no es raíz del polinomio $x^2 - 8x + 13$ o la matriz M tiene como polinomio característico $x^2 - 8x + 13$

Tablas de verdad

Toda proposición p puede tomar el valor verdadero, y se denota con 1, o falso, y se denota con 0. Esto se representa en la denominada **la tabla de verdad** de p:

p
0
1

Definición 4 *Las tablas de verdad de las proposiciones compuestas $p \lor q$, $p \land q$ y $\neg p$ son:*

p	q	$p \lor q$
0	0	0
0	1	1
1	0	1
1	1	1

p	q	$p \land q$
0	0	0
0	1	0
1	0	0
1	1	1

p	$\neg p$
0	1
1	0

A partir de estas tres proposiciones, se construye la tabla de verdad de cualquier proposición.

Definición 5 *La **proposición condicional** es $p \to q = \neg p \lor q$.*

Su tabla de verdad es:

p	q	$\neg p$	$\neg p \lor q$
0	0	1	1
0	1	1	1
1	0	0	0
1	1	0	1

$\Rightarrow$

p	q	$p \to q$
0	0	1
0	1	1
1	0	0
1	1	1

La proposición p se denomina *antecedente* y la proposición q, *consecuente*. Obsérvese que sólo en el caso de que p sea verdadera y q falsa la implicación es falsa.

Definición 6 *Dada la proposición condicional $p \to q$:*

- *La condicional $q \to p$ se denomina la* **recíproca** *de $p \to q$.*
- *La condicional $\neg p \to \neg q$ se denomina la* **inversa** *de $p \to q$.*
- *La condicional $\neg q \to \neg p$ se denomina la* **contrarrecíproca** *de $p \to q$.*

Definición 7 *La proposición* **bicondicional** *es $p \leftrightarrow q = (p \to q) \wedge (q \to p)$.*

Su tabla de verdad es:

p	q	$p \to q$	$q \to p$	$(p \to q) \wedge (q \to p)$
0	0	1	1	1
0	1	1	0	0
1	0	0	1	0
1	1	1	1	1

$\Rightarrow$

p	q	$p \leftrightarrow q$
0	0	1
0	1	0
1	0	0
1	1	1

Definición 8 *Una* **tautología** *es una proposición cuya tabla de verdad toma siempre el valor 1. Una* **contradicción** *es una proposición cuya tabla de verdad toma siempre el valor 0.*

Ejemplo 3

Las proposiciones compuestas:

1. *$(3 + 5 = 8)$ o $(3 - 1 = 2)$*
2. *$(3 + 5 = 8)$ o $(3 - 1 = 0)$*
3. *$(3 + 5 = 16)$ o $(3 - 1 = 2)$*
4. *$(3 + 5 = 11)$ o $(3 - 1 = 1)$*

son las tres primeras tautologías, y la última es una contradicción.

Ejemplo 4

La proposición compuesta $p \wedge [\neg(p \vee q)]$ es una contradicción:

p	q	$p \vee q$	$\neg(p \vee q)$	$p \wedge [\neg(p \vee q)]$
1	1	1	0	0
1	0	1	0	0
0	1	1	0	0
0	0	0	1	0

Proposición 1 *Las siguientes proposiciones son tautologías:*

[MP] modus ponens: $[(p \to q) \wedge p] \to q$

[MT] modus tollens: $[(p \to q) \wedge (\neg q)] \to (\neg p)$

[SD] silogismo disyuntivo: $[(p \vee q) \wedge (\neg p)] \to q;\ [(p \vee q) \wedge (\neg q)] \to p$

[SI] simplificación: $p \wedge q \to p;\ p \wedge q \to q$

[AD] adición: $p \to (p \lor q)$; $q \to (p \lor q)$

[DN] doble negación: $\neg(\neg p) \leftrightarrow p$

[CO] contraposición: $(p \to q) \leftrightarrow [(\neg q) \to (\neg p)]$

[LM] leyes de Morgan: $\neg(p \land q) \leftrightarrow (\neg p \lor \neg q)$; $\neg(p \lor q) \leftrightarrow (\neg p \land \neg q)$

Reglas de inferencia lógica

Definición 9 *Sean P, Q dos proposiciones (simples o compuestas). Entonces:*

- *P es equivalente a Q, denotado $P \Leftrightarrow Q$, si la proposición $P \leftrightarrow Q$ es una tautología.*

- *P implica Q, denotado $P \Rightarrow Q$, si la proposición $P \to Q$ es una tautología.*

Ejemplo 5

De acuerdo con la proposición 1, son equivalentes: $\neg(\neg p)$ y p, $(p \to q)$ y $[(\neg q) \to (\neg p)]$, $\neg(p \land q)$ y $(\neg p \lor \neg q)$, $\neg(p \lor q)$ y $(\neg p \land \neg q)$.

Un método para comprobar que dos proposiciones son equivalentes consiste en comparar sus tablas de verdad: si la tabla de verdad de P coincide con la tabla de verdad de Q, entonces $P \leftrightarrow Q$ es una tautología. A modo de ejemplo, comprobamos que $\neg(p \lor q)$ y $(\neg p \land \neg q)$ son equivalentes:

p	q	$p \lor q$	$\neg(p \lor q)$	$\neg p$	$\neg q$	$(\neg p) \land (\neg q)$
1	1	1	0	0	0	0
1	0	1	0	0	1	0
0	1	1	0	1	0	0
0	0	0	1	1	1	1

También, de acuerdo con la proposición 1, $[(p \to q) \land p]$ implica q, $[(p \to q) \land (\neg q)]$ implica $(\neg p)$, etc.

Lo que caracteriza tanto a las equivalencias como a las implicaciones es que, independientemente del valor que tomen las proposiciones que aparecen en ellas, el valor final de la proposición así compuesta es verdadero. Este hecho indica que lo que se valora como verdadero es el razonamiento que representan tales proposiciones. Ésta es precisamente la esencia del método deductivo que se aborda en este anexo.

En general, un razonamiento consta de una serie de proposiciones $P_1, P_2, \cdots$ que se toman como ciertas, denominadas **premisas**, y una proposición final R que se deduce de las premisas, que se llama **conclusión**. Notación:

$$\begin{array}{c} P_1 \\ P_2 \\ \vdots \\ \hline R \end{array}$$

El camino que lleva de las premisas a la conclusión recibe el nombre de **razonamiento deductivo**. Las reglas que rigen dicho razonamiento son las denominadas **reglas de inferencia lógica** (que naturalmente se basan en todo lo visto hasta ahora) y son las siguientes:

- Reglas de inferencia empleando implicaciones.

[MP] Regla *modus ponens*:

$$\frac{\begin{array}{c} p \rightarrow q \\ p \end{array}}{q}$$

que se puede enunciar: Si las premisas de un razonamiento son una condicional y su antecedente, se deduce como conclusión el consecuente del condicional.

[MT] Regla *modus tollens*:

$$\frac{\begin{array}{c} p \rightarrow q \\ \neg q \end{array}}{\neg p}$$

que se puede enunciar: Si las premisas de un razonamiento son una condicional y la negación de su consecuente, se deduce como conclusión la negación de su antecedente.

[SD] Reglas del silogismo disyuntivo:

$$\frac{\begin{array}{c} p \vee q \\ \neg p \end{array}}{q} \quad , \quad \frac{\begin{array}{c} p \vee q \\ \neg q \end{array}}{p}$$

que se pueden enunciar: Si las premisas de un razonamiento son una disyunción y la negación de una de sus partes, la conclusión es la afirmación de la otra parte.

[SI] Reglas de simplificación:

$$\frac{p \wedge q}{\neg p} \quad , \quad \frac{p \wedge q}{\neg q}$$

que se pueden enunciar: Si la premisa de un razonamiento es una conjunción de proposiciones, la conclusión es cualquiera de las partes de la conjunción.

[AD] Regla de la adición:

$$\frac{p}{p \vee q}$$

que se puede enunciar: Si la premisa de un razonamiento es una proposición cualquiera, la conclusión es la disyunción de dicha proposición con otra proposición cualquiera.

- Reglas de inferencia empleando equivalencias:
  En el razonamiento deductivo que se hace empleando las premisas $P_1, P_2, \cdots$ o la conclusión R, en ocasiones, es útil sustituir alguna proposición (que forme parte de las premisas o de la conclusión) por otra equivalente. A tal efecto, se tienen las siguientes:

[DN] Regla de la doble negación: $\neg\neg P \Leftrightarrow P$

[CO] Regla del contrarrecíproco: $(P \rightarrow Q) \Leftrightarrow (\neg Q \rightarrow \neg P)$, que equivale a decir que es lo mismo demostrar una proposición condicional que su contrarrecíproca.

[BI] Regla de la bicondicional: $(P \leftrightarrow Q) \Leftrightarrow [(P \rightarrow Q) \wedge (Q \rightarrow P)]$, que equivale a decir que es lo mismo demostrar una bicondicional que la conjunción de cada condicional en los dos sentidos.

Demostraciones

La formalización lógica de una demostración se hace combinando las reglas de inferencia lógica. Para ello, se procede del modo siguiente:

1. Se simbolizan las proposiciones simples con letras minúsculas.

2. Se escriben las premisas numerándolas.

3. Se deducen de las premisas otras proposiciones utilizando las reglas de inferencia.

4. Por último, se deduce la conclusión.

Ejemplo 6

Se quiere comprobar la validez del razonamiento:

$$(p \to q) \lor r$$
$$\neg r$$
$$\neg q$$
$$\overline{}$$
$$\neg p$$

Primero, se enumeran las premisas:

1. $\neg r$

2. $\neg q$

3. $(p \to q) \lor r$

A continuación, se efectúan las deducciones:

- *De 1 y 3, por la regla de inferencia SD se deduce:*

4. $(p \to q)$

- *De 2 y 4, por la regla de inferencia MT se deduce:*

5. $\neg p$

que es la conclusión.

Si una demostración lo es de una proposición condicional, entonces se toma también como premisa el antecedente del condicional que se quiera demostrar.

Ejemplo 7

Se quiere comprobar la validez del razonamiento:

$$p \lor q$$
$$(\neg r) \lor (\neg q)$$
$$\overline{}$$
$$(\neg p) \to (\neg r)$$

Premisas:

   1. $\neg p$

   2. $p \lor q$

   3. $(\neg r) \lor (\neg q)$

Se ha tomado como primera premisa el antecedente de la conclusión.

- *De 1 y 2, por la regla SD, se deduce:*

   4. q

- *De 3 y 4, por la regla SD, se deduce:*

   5. $\neg r$

que es la conclusión.

Otro tipo de demostración es la conocida como **reducción al absurdo**. Empieza suponiendo que la conclusión del razonamiento es falsa y se llega así a una contradicción respecto las premisas.

Ejemplo 8

Se quiere comprobar la validez del razonamiento:

$$\begin{array}{c} \neg p \to q \\ \neg q \lor r \\ \underline{\neg r} \\ s \lor p \end{array}$$

Premisas:

   1. $\neg(s \lor p)$

   2. $\neg p \to q$

   3. $\neg q \lor r$

   4. $\neg r$

Se ha tomado como primera premisa la negación de la conclusión.

- *De la segunda ley de Morgan aplicada a 1, se deduce:*

   5. $(\neg s) \land (\neg p)$

- *De 5, por la regla SI, se deduce:*

   6. $\neg p$

- *De 2 y 6, por la regla MP, se deduce:*

   7. q

- *De 3 y 7, por la regla SD, se deduce:*

   8. *r*

que es una contradicción con la premisa 4, luego la negación de la conclusión que se ha tomado como premisa 1. es falsa y de ahí la veracidad de la conclusión.

Por último, se ve un modo de demostración conocida como **demostración por inducción**, que se basa en lo siguiente:

Proposición 2 *Sea $p(n)$ una propiedad que depende de un número natural $n \in \mathbb{N}$. Entonces, son equivalentes:*

i) • *$p(n_o)$ es cierta para un valor inicial $n_o \in \mathbb{N}$.*

   • *Si $p(n_o), p(n_o + 1), \cdots , p(n)$ son ciertas, entonces $p(n + 1)$ es cierta.*

ii) *$p(n)$ es cierta para todo valor $n \geq n_o$.*

Problemas propuestos ▬▬▬▬▬▬▬▬▬▬▬▬▬▬▬▬▬▬▬▬▬▬▬▬▬▬▬

Problema 1

Demuestra que son tautologías las proposiciones *modus ponens*, *modus tollens*, el silogismo disyuntivo y las leyes de Morgan.

Problema 2

Comprueba que el siguiente razonamiento es válido:

   Si llueve, las calles se mojan.
   Las calles no están mojadas.
   Luego no ha llovido.

Problema 3

Una proposición q se dice que es **incompatible** con la proposición p si la implicación $q \rightarrow \neg p$ es verdadera.

Demuestra que, si q es incompatible con p, entonces p es incompatible con q.

Problema 4

Escribe proposiciones que sean equivalentes a las siguientes:

   i) $p \rightarrow \neg q$
   ii) $p \rightarrow (q \wedge r)$
   iii) $\neg(\neg p \vee q)$
   iv) $\neg p \rightarrow q$
   v) $(p \vee q) \rightarrow r$
   vi) $p \wedge (q \wedge r)$

Problema 5

Deduce la conclusión de las premisas:

1. $p \lor q$
2. $\neg q \lor r$
3. $r \to s$
4. $\neg p$

Problema 6

Con las siguientes premisas (independientemente de que sean ciertas o no), deduce una conclusión:

1. Si M es una matriz que no cumple las condiciones de diagonalización, entonces la matriz M no es simétrica.
2. Si todos los valores propios de la matriz M son distintos y de multiplicidad 1, entonces la matriz M es simétrica.
3. Todos los valores propios de la matriz M son distintos y de multiplicidad 1.

Problema 7

Determina el valor de las proposiciones:

 i) Si $3 + 2 = 7$, entonces $4 + 4 = 8$.

 ii) No es cierto que $2 + 2 = 5$ si y sólo si $4 + 4 = 10$.

 iii) París está en Inglaterra o Londres está en Francia.

 iv) No es cierto que $1 + 1 = 3$ o que $2 + 1 = 3$.

 v) Es falso que, si París está en Inglaterra, entonces Londres está en Francia.

Problema 8

Demuestra por recurrencia la propiedad:

$$n! > 2^n$$

para $n \geq 4$.

Problema 9

Demuestra la fórmula:

$$1 + 2 + 3 + \cdots + n = \frac{(1 + n) \cdot n}{2}$$

Problema 10

Demuestra la proposición:

Sea $p(n)$ una propiedad que depende de un número natural $n \in \mathbb{N}$. Entonces, son equivalentes:

i) ▪ $p(n_o)$ *es cierta para un valor inicial* $n_o \in \mathbb{N}$.

   ▪ *Si* $p(n_o), p(n_o + 1), \cdots, p(n)$ *son ciertas, entonces* $p(n + 1)$ *es cierta.*

ii) $p(n)$ *es cierta para todo valor* $n \geq n_o$.

Apéndice 2
Conjuntos

A2

Hasta finales del siglo xix, no parece que haya habido ninguna dificultad en admitir, de un modo claro e incuestionable, la noción intuitiva de conjunto o clase como una unidad formada por objetos. Cantor[1] enuncia su famosa definición: *Se entiende por conjunto la agrupación, en un todo, de objetos bien diferenciados de nuestra intuición o de nuestra mente*, sin que ningún matemático o lógico de la época presente ninguna objección al respecto, y demuestra que el cardinal de un conjunto es estrictamente menor que el cardinal del conjunto de sus partes.

No tardan en aparecer las primeras objecciones a los trabajos que Cantor está realizando sobre conjuntos: Weierstrass, Schwarz, Kronecker, Dedekind y otros grandes matemáticos de la época forman parte de la ebullición de ideas y empiezan a aparecer las primeras paradojas que, durante más de treinta años, hacen, de una parte, tambalear la estructura del edificio de la Matemática construido hasta entonces y, de otra, resurgir nuevas ideas y conceptos que unifican las matemáticas, a través de la nueva teoría de conjuntos, a raíz de lo cual nacen nuevos elementos matemáticos y el nuevo edificio de la Matemática se afianza en fundamentos sólidos.

Elementos y subconjuntos

Se entiende por **conjunto**, de modo intuitivo, una colección de objetos tales que formen una entidad propia. Así, se habla del conjunto de rectas de un plano, del conjunto de los números pares, del conjunto de vocales a, e, i, o, u, etc.

En general, un conjunto se denota con letras mayúsculas $A, B, C, \ldots$, y los objetos que forman parte del mismo con letras minúsculas $a, b, c, \ldots$. Además, si el conjunto C está formado por los objetos a, b, c, d, se escribe: $C = \{a, b, c, d\}$.

Un conjunto puede determinarse:

- Por **extensión**, cuando se exponen todos los objetos que lo componen.
- Por **comprensión**, cuando se expresa alguna propiedad que caracteriza a todos sus objetos.

Ejemplos 1

Los siguientes conjuntos están definidos por comprensión y por extensión:

- $A = \{n \in \mathbb{N} \mid n < 5\} = \{0, 1, 2, 3, 4\}$

---

[1] *Gesammelte Abhandlungen*, Berlín, Springer, 1932.

- $B = \{x \in \mathbb{R} \mid x^2 + x - 1 = 0\} = \{\frac{-1+\sqrt{5}}{2}, \frac{-1-\sqrt{5}}{2}\}$
- $C = \{3 \cdot n \mid n \in \mathbb{N}, n < 6\} = \{0, 3, 6, 9, 12, 15\}$
- $D = \{n^3 \mid n \in \mathbb{N}, n < 5\} = \{0, 1, 8, 27, 64\}$

Si x es un objeto que forma parte de un conjunto C, entonces se dice que x es un **elemento** del conjunto, se denota $x \in C$, y se lee: *el elemento x pertenece al conjunto C*. En caso contrario, se escribe: $x \notin C$.

Si todos los elementos de un conjunto A son elementos de un conjunto B, entonces se dice que el conjunto A es un **subconjunto** del conjunto B, se denota $A \subseteq B$ y se lee: *el conjunto A está contenido en el conjunto B*. Y si, en esta circunstancia, hay elementos del conjunto B que no son elementos del conjunto A, entonces se dice que el conjunto A es un subconjunto propio del conjunto B, y se denota $A \subset B$.

Si todos los elementos x de un conjunto C cumplen una propiedad p, entonces se denota $\forall x \in C, p$, y se lee: *para todo x de C se verifica p*.[2]

En cambio, si sólo algunos elementos del conjunto cumplen la propiedad, se denota $\exists x \in C \mid p$, y se lee: *existe al menos un elemento x de C que verifica la propiedad p*. Y si sólo un elemento x del conjunto C cumple tal propiedad, se denota $\exists! x \in C \mid p$.

Los símbolos $\forall$, $\exists$ y $\exists!$ que delimitan el ámbito en el que se cumple alguna condición o propiedad se denominan **cuantificadores**, **universal** el primero de ellos y **existencial** los otros dos.

Ejemplos 2

- *Todo número natural n es un número entero: $\forall n \in \mathbb{N}, n \in \mathbb{Z}$.*

- *Todo polinomio $p(x)$ de grado mayor o igual que 1 con coeficientes complejos tiene al menos una raíz a: $\forall p(x) \in \mathbb{C}[x] \setminus \mathbb{C}, \exists a \in \mathbb{C}$ tal que $p(a) = 0$.*

- *F es el conjunto de pares ordenados (x, y) de números reales que cumplen la ecuación $2x - y = 0$: $F = \{(x, y) \in \mathbb{R}^2 \mid 2x - y = 0\}$.*

- *3 es impar: $3 \notin \{2 \cdot n \mid n \in \mathbb{N}\}$.*

- *Si 2 es raíz del polinomio $p(x)$, entonces también es raíz del polinomio $q(x)$: $p(2) = 0 \Rightarrow q(2) = 0$.*

El **cardinal**, denotado $card(C)$, de un conjunto finito C es el número de elementos que contiene. Si un conjunto A tiene un número infinito de elementos, se denota $card(A) = \infty$. Un conjunto se llama **unitario** si su cardinal es 1, es decir, si contiene un único elemento.

El **conjunto de partes** de un conjunto A, denotado $\mathcal{P}(A)$, es aquél cuyos elementos son los subconjuntos de A. Dos elementos particulares de $\mathcal{P}(A)$ son el propio conjunto A y el **conjunto vacío** $\emptyset$, que, por convenio, se considera subconjunto de todos los conjuntos. Un subconjunto de A se denomina **propio** si es diferente de A y de $\emptyset$:

$$\mathcal{P}(A) = \{B \mid B \subseteq A\} = \{\emptyset, \ldots, A\}$$

Proposición 1 *Sea A un conjunto tal que $card(A) = n$. Entonces, $card(\mathcal{P}(A)) = 2^n$.*

---

[2] También: *todos los elementos de C cumplen la propiedad p*, y: *para todo x de C, la propiedad p es verdadera*.

Unión, intersección y complementación ▬▬▬▬▬▬▬▬▬▬

En adelante, se supone que todos los conjuntos son subconjuntos de un cierto conjunto U, que se denomina el **conjunto universal**.

Definición 1 *Dados dos conjuntos A, B, se denomina* **unión** *de A con B, y se denota $A \cup B$, al subconjunto de U:*

$$A \cup B = \{x \in U \mid x \in A \text{ o } x \in B\}$$

Definición 2 *Dados dos conjuntos A, B, se denomina* **intersección** *de A con B, y se denota $A \cap B$, al subconjunto de U:*

$$A \cap B = \{x \in U \mid x \in A \text{ y } x \in B\}$$

Proposición 2 *Sean A, B subconjuntos de un conjunto universal U. Entonces:*

a) $A \cap B \subseteq A \subseteq A \cup B, \ A \cap B \subseteq B \subseteq A \cup B$

b) $A \cap B = A \Leftrightarrow A \subseteq B$

c) $A \cup B = A \Leftrightarrow B \subseteq A$

d) $A \cup \emptyset = A, \ A \cup A = A, \ A \cup U = U, \ A \cap \emptyset = \emptyset, \ A \cap A = A, \ A \cap U = A$

e) $A \cup B = B \cup A, \ A \cap B = B \cap A$

f) $A \cup (B \cup C) = (A \cup B) \cup C, \ A \cap (B \cap C) = (A \cap B) \cap C$

g) $A \cup (B \cap C) = (A \cup B) \cap (A \cup C), \ A \cap (B \cup C) = (A \cap B) \cup (A \cap C)$

h) $A \cup (A \cap B) = A, \ A \cap (A \cup B) = A$

Definición 3 *Dados dos conjuntos A, B de $\mathcal{P}(U)$, se denomina* **diferencia** *de A con B, y se denota $A \setminus B$, al subconjunto de A:*

$$A \setminus B = \{x \in U \mid x \in A, x \notin B\}$$

Definición 4 *Dado un conjunto A, se denomina* **complementario** *de A, y se denota $\overline{A}$, al subconjunto de U:*

$$\overline{A} = U \setminus A = \{x \in U \mid x \notin A\}$$

Proposición 3 *Sean A, B subconjuntos de un conjunto universal U. Entonces:*

a) $\overline{\overline{A}} = A$

b) $A \subset B \Leftrightarrow \overline{B} \subset \overline{A}$

c) $A \cap \overline{A} = \emptyset, \ A \cup \overline{A} = U$

d) $\overline{A \cup B} = \overline{A} \cap \overline{B}, \ \overline{A \cap B} = \overline{A} \cup \overline{B}$

e) $A \setminus B \subseteq A, \ B \setminus A \subseteq B$

f) $A \cup (B \setminus A) = A \cup B, \ A \cap (B \setminus A) = \emptyset$

g) $A \subseteq B \Leftrightarrow A \cup (B \setminus A) = B$

Ejemplo 9 *A partir de estas propiedades, se demuestran otras muchas. Por ejemplo:*

- $(A \cap B) \cup (C \cap D) \overset{[1]}{=} [(A \cap B) \cup C] \cap [(A \cap B) \cup D] \overset{[1]}{=} [(A \cup C) \cap (B \cup C)] \cap [(A \cup D) \cap (B \cup D)] \overset{[2]}{=}$ $\overset{[2]}{=} (A \cup C) \cap (A \cup D) \cap (B \cup D) \cap (B \cup C)$

- $\overline{\overline{A} \cup \overline{B}} \overset{[3]}{=} \overline{\overline{A}} \cap \overline{\overline{B}} \overset{[4]}{=} A \cap B$

[1] *Proposición 2, apartado 7.*
[2] *Proposición 2, apartados 5 y 6.*
[3] *Proposición 3, apartado 4.*
[4] *Proposición 3, apartado 1.*

Aplicaciones

En esta sección, A y B son dos conjuntos no vacíos.

Definición 5 *Se denomina* **producto cartesiano** *de A por B, y se denota $A \times B$, al conjunto:*

$$A \times B = \{(a, b) \mid a \in A, b \in B\}$$

Los elementos de $A \times B$ reciben el nombre de **pares ordenados**.

Una correspondencia entre los conjuntos A y B viene determinada mediante una ley o criterio que establezca un modo de asociar elementos del conjunto A con elementos del conjunto B. Dicho de modo riguroso:

Definición 6 *Se denomina* **correspondencia** *de A en B, y se denota $f : A \rightarrow B$ o $A \overset{f}{\rightarrow} B$, a cada uno de los subconjuntos del producto cartesiano $A \times B$.*

Si dos elementos $a \in A$, $b \in B$ son tales que el par ordenado (a, b) pertenece al subconjunto de $A \times B$ que define una correspondencia f, entonces se dice que a y b están relacionados, o bien que b es una imagen de a, y se denota: $b = f(a)$.

Dada una correspondencia $f : A \rightarrow B$, el subconjunto de A cuyos elementos están relacionados con elementos de B se denomina **conjunto origen** de f y se denota $Dom(f)$, mientras que el subconjunto de B cuyos elementos están relacionados con elementos de A se denomina **conjunto imagen** de f, y se denota $Im(f)$.

Definición 7 *Una correspondencia $f : A \rightarrow B$ se llama* **aplicación**, *si cada elemento de A tiene una imagen y sólo una en B:*

$$\forall a \in A, \exists! b \in B \text{ tal que } f(a) = b$$

Definición 8 *Sea $f : A \rightarrow B$ una aplicación de A en B. Entonces, f se llama:*

- **aplicación inyectiva** *si no existen dos elementos de A que tengan la misma imagen en B:*

$$\forall a_1, a_2 \in A, a_1 \neq a_2 \Rightarrow f(a_1) \neq f(a_2)$$

- aplicación exhaustiva[3] *si Im (f) = B:*

$$\forall b \in B, \quad \exists a \in A \mid f(a) = b$$

- aplicación biyectiva[4] *si es inyectiva y exhaustiva.*

Ejemplos 3

Estos son algunos ejemplos de aplicaciones.

- *La* aplicación identidad $I_A : A \rightarrow A$, *definida por* $\forall a \in A$, $I_A(a) = a$. *Se trata de una aplicación biyectiva.*

- *La* aplicación constante $F_b : A \rightarrow B$ *definida por* $\forall a \in A$, $F_b(a) = b$, *donde b es un elemento prefijado de B.*

- *La aplicación* $f : \mathbb{N} \rightarrow \mathbb{N}$, *definida por* $\forall n \in \mathbb{N}$, $f(n) = 2n$. *Se trata de una aplicación inyectiva, pero no exhaustiva, puesto que, por ejemplo,* $1 \notin Im (f)$.

- *La aplicación* $f : \mathbb{R} \rightarrow \mathbb{R}$, *definida por* $\forall x \in \mathbb{R}$, $f(x) = x^3$. *Se trata de una aplicación biyectiva.*

- *La aplicación* $f : \mathbb{R}^2 \rightarrow \mathbb{R}$, *definida por* $\forall (x, y) \in \mathbb{R}^2$, $f(x, y) = y$. *Se trata de una aplicación exhaustiva, pero no inyectiva, puesto que, por ejemplo,* $f(1, 0) = f(2, 0) = 0$.

Dos conjuntos son **equipotentes** si es posible establecer una biyección entre ellos.

Proposición 4 *Dos conjuntos finitos son equipotentes si y sólo si tienen el mismo cardinal.*

En el caso de conjuntos infinitos, se toma la proposición anterior como definición. Es decir, se dice que dos conjuntos tienen el mismo cardinal si son equipotentes.

Definición 9 *Un conjunto se llama* **numerable** *si es finito o tiene el mismo cardinal que el conjunto* $\mathbb{N}$ *de los números naturales.*

Composición de aplicaciones

Sean A, B, C conjuntos y $f : A \rightarrow B$, $g : B \rightarrow C$ aplicaciones. Entonces:

Definición 10 *Se denomina* **composición** *de f con g, y se denota gf, a la aplicación de A en C definida por:*

$$a \in A \Rightarrow (gf)(a) = g(f(a))$$

Proposición 5 *La composición de aplicaciones cumple las siguientes propiedades:*

a) *Si f y g son inyectivas, entonces gf es inyectiva.*

b) *Si f y g son exhaustivas, entonces gf es exhaustiva.*

---

[3] También se denomina aplicación suprayectiva o epiyectiva.
[4] También se denomina aplicación biunívoca o biyección.

c) *Si f y g son biyectivas, entonces gf es biyectiva.*

d) *Si gf es inyectiva, entonces f es inyectiva.*

e) *Si gf es exhaustiva, entonces g es exhaustiva.*

Definición 11 *Sea $f : A \to B$ una aplicación biyectiva. Se denomina* **aplicación inversa** *de f, y se denota f^{-1}, a la aplicación de B en A definida por $f(a) = b \Rightarrow f^{-1}(b) = a$.*

Proposición 6 *Sean $f : A \to B$, $g : B \to C$, $h : C \to D$ tres aplicaciones. Entonces,*

a) $h(gf) = (hg)f$

b) $I_B f I_A = f$

c) *f es biyectiva si y sólo si lo es f^{-1}. Además, $f^{-1}f = I_A$, $ff^{-1} = I_B$*

Relaciones de equivalencia

Sean $I \subseteq \mathbb{N}$ un subconjunto de números naturales y el conjunto $\mathcal{P}(A)$ de subconjuntos de un conjunto A. Dada una aplicación $\alpha : I \to \mathcal{P}(A)$, tal que $\alpha(i) = A_i$, el conjunto imagen $Im(\alpha) = \{A_i\}_{i \in I}$ recibe el nombre de **familia** de subconjuntos de A.

Definición 12 *Una* **partición** *de un conjunto A es una familia de subconjuntos $\{A_i\}_{i \in I}$ que cumple las siguientes propiedades:*

- *La unión de los elementos de $\{A_i\}_{i \in I}$ es el conjunto A: $A = \bigcup_{i \in I} A_i$.*

- *Los elementos de $\{A_i\}_{i \in I}$ son disjuntos[5] dos a dos: $\forall i, j \in I$, $i \neq j \Rightarrow A_i \cap A_j = \emptyset$.*

Definición 13 *Una* **relación binaria** *sobre un conjunto A es cualquier subconjunto $\mathfrak{R}$ del producto cartesiano $A \times A$. Notación: $a\mathfrak{R}b \Leftrightarrow (a, b) \in \mathfrak{R}$.*

Definición 14 *Una relación binaria $\mathfrak{R}$ se denomina* **relación de equivalencia** *si cumple las propiedades:*

1. *Reflexiva: $\forall a \in A, a\mathfrak{R}a$*

2. *Simétrica: $a\mathfrak{R}b \Rightarrow b\mathfrak{R}a$*

3. *Transitiva: $a\mathfrak{R}b, b\mathfrak{R}c \Rightarrow a\mathfrak{R}c$*

Las relaciones de equivalencia se denotan usualmente con el símbolo $\sim$: $a \sim b \Leftrightarrow (a, b) \in \mathfrak{R}$.

Definición 15 *Dados una relación de equivalencia $\sim$ sobre un conjunto C y un elemento $a \in C$, se denomina* **clase de equivalencia** *del elemento a, y se denota $[a]$, al subconjunto de C: $[a] = \{x \in C | x \sim a\}$.*

Proposición 7 *Dada una relación de equivalencia en un conjunto C, la familia de las clases $C/\sim$ es una partición de C.*

---

[5] Dos subconjuntos A, B de un conjunto son **disjuntos** si $A \cap B = \emptyset$.

Ejemplos 4

Las relaciones binarias siguientes son de equivalencia:

- *En el conjunto $\mathbb{Z}$ de los números enteros, la relación binaria: $z_1 \sim z_2 \Leftrightarrow z_1 - z_2$ es múltiplo de 5, es de equivalencia:*

  - *reflexiva: $\forall z \in \mathbb{Z}, z - z = 0 = 0 \cdot 5$*
  - *simétrica: $z_1 - z_2 = 5m \Rightarrow z_2 - z_1 = -5h$*
  - *transitiva: $z_1 - z_2 = 5h$ y $z_2 - z_3 = 5k \Rightarrow z_1 - z_3 = z_1 - z_2 + z_2 - z_3 = 5h + 5k = 5(h + k)$.*

  Su conjunto de clases es $\mathbb{Z}/\sim = \{[0], [1], [2], [3], [4]\}$.

- *En el conjunto $\mathcal{P}(U)$ de partes de un conjunto U, la relación binaria: $A \sim B \Leftrightarrow \exists A \to B$ biyectiva, es de equivalencia:*

  - *reflexiva: para todo subconjunto A de U, $I_A : A \to A$ es una biyección.*
  - *simétrica: si existe una biyección f de A en B, entonces existe la biyección f^{-1} de B en A.*
  - *transitiva: si existe una biyección f de A en B y otra biyección g de B en C, entonces la aplicación compuesta gf es una biyección de A en C.*

  Cada clase de equivalencia $[A]$ está constituida por todos los subconjuntos de U que tienen el mismo cardinal que A. Es decir, si $card(U) = n$, la aplicación $\alpha : \mathcal{P}(U)/\sim \to \{0, 1, \ldots, n\}$ definida por $\alpha([A]) = card(A)$, está bien definida y es biyectiva.

- *Sea $f : A \to B$ una aplicación. La relación binaria sobre A: $x_1 \sim x_2 \Leftrightarrow f(x_1) = f(x_2)$, es de equivalencia.*

  - *reflexiva: $x \sim x$ puesto que $f(x) = f(x)$*
  - *simétrica: $x \sim y \Rightarrow f(x) = f(y) \Rightarrow f(y) = f(x) \Rightarrow y \sim x$*
  - *transitiva:*

  $$\left. \begin{array}{c} x \sim y \\ y \sim z \end{array} \right\} \Rightarrow \left. \begin{array}{c} f(x) = f(y) \\ f(y) = f(z) \end{array} \right\} \Rightarrow f(x) = f(z) \Rightarrow x = z$$

  Cada clase de equivalencia $[a]$ está constituida por todos los elementos de A que tienen la misma imagen que a. Es decir, $[a] = f^{-1}(f(a)) = \{x \in A \mid f(x) = f(a)\}$.

Problemas propuestos

Problema 1

Demuestra la proposición:

Sea A un conjunto tal que $card(A) = n$. Entonces, $card(\mathcal{P}(A)) = 2^n$.

Problema 2

Demuestra la proposición:

Sean A, B subconjuntos de un conjunto universal U. Entonces:

a) $A \cap B \subseteq A \subseteq A \cup B, A \cap B \subseteq B \subseteq A \cup B$

b) $A \cap B = A \Leftrightarrow A \subseteq B$

c) $A \cup B = A \Leftrightarrow B \subseteq A$

d) $A \cup \emptyset = A, A \cup A = A, A \cup U = U, A \cap \emptyset = \emptyset, A \cap A = A, A \cap U = A$

e) $A \cup B = B \cup A, A \cap B = B \cap A$

f) $A \cup (B \cup C) = (A \cup B) \cup C, A \cap (B \cap C) = (A \cap B) \cap C$

g) $A \cup (B \cap C) = (A \cup B) \cap (A \cup C), A \cap (B \cup C) = (A \cap B) \cup (A \cap C)$

h) $A \cup (A \cap B) = A, A \cap (A \cup B) = A$

Problema 3

Demuestra la proposición:

Sean A, B subconjuntos de un conjunto universal U. Entonces:

a) $\overline{\overline{A}} = A$

b) $A \subset B \Leftrightarrow \overline{B} \subset \overline{A}$

c) $A \cap \overline{A} = \emptyset, A \cup \overline{A} = U$

d) $\overline{A \cup B} = \overline{A} \cap \overline{B}, \overline{A \cap B} = \overline{A} \cup \overline{B}$

e) $A \setminus B \subseteq A, B \setminus A \subseteq B$

f) $A \cup (B \setminus A) = A \cup B, A \cap (B \setminus A) = \emptyset$

g) $A \subseteq B \Leftrightarrow A \cup (B \setminus A) = B$

Problema 4

Demuestra la proposición:

Dos conjuntos finitos son equipotentes si y sólo si tienen el mismo cardinal.

Problema 5

Demuestra la proposición:

La composición de aplicaciones cumple las siguientes propiedades:

a) *Si f y g son inyectivas, entonces gf es inyectiva.*

b) *Si f y g son exhaustivas, entonces gf es exhaustiva.*

c) *Si f y g son biyectivas, entonces gf es biyectiva.*

d) *Si gf es inyectiva, entonces f es inyectiva.*

e) *Si gf es exhaustiva, entonces g es exhaustiva.*

Problema 6

Demuestra la proposición:

Sean $f : A \rightarrow B$, $g : B \rightarrow C$, $h : C \rightarrow D$ tres aplicaciones. Entonces,

a) $h(gf) = (hg)f$

b) $I_B f I_A = f$

c) *f es biyectiva si y sólo si lo es f^{-1}. Además, $f^{-1}f = I_A$, $ff^{-1} = I_B$*

Problema 7

Demuestra la proposición:

Dada una relación de equivalencia en un conjunto C, la familia de las clases $C/\sim$ es una partición de C.

Apéndice 3
Estructuras algebraicas

A3

Diofanto (IV d.C.), considerado el padre del álgebra, es el primer matemático que utiliza un símbolo literal para representar una incógnita en una ecuación, lo que constituye el germen de lo que será después el concepto de operación (que no resurge con claridad hasta principios del siglo XIX). Es con Viète y Descartes (siglo XVI) cuando la notación algebraica cobra un fuerte impulso estableciéndose, poco más o menos, como se conoce ahora. Y, por último, con el genio creador de Gauss (siglos XVIII-XIX) y la pasión matemática del joven Galois (siglo XIX), el álgebra abandona su aspecto meramente aritmético de herramienta de resolución de ecuaciones para convertirse en la savia que vivificará todas las ramas de la Matemática.

Operaciones

Definición 1 *Dado un conjunto C, se denomina* **operación interna** *definida en C a una aplicación de $C \times C$ en C:*

$$
\begin{array}{ccc}
C \times C & \xrightarrow{*} & C \\
(a, b) & \longmapsto & a * b
\end{array}
$$

Definición 2 *Dados dos conjuntos C y $\mathbb{K}$, se denomina* **operación externa** *definida en C con operadores en $\mathbb{K}$ a una aplicación de $\mathbb{K} \times C$ en C:*

$$
\begin{array}{ccc}
\mathbb{K} \times C & \xrightarrow{\cdot} & C \\
(k, c) & \longmapsto & k \cdot c
\end{array}
$$

Definición 3 *Se denomina* **estructura algebraica** *a un conjunto C, junto con una o más operaciones internas o externas en él definidas. Notación: $(G, *)$, $(E, +, .)$, $(\Omega, +, ., *)$, etc.*

Definición 4 *Una estructura algebraica $(C, *)$, donde $*$ es una operación interna, se dice que cumple la propiedad:*

- **asociativa**, *si $\forall a, b, c \in C: a * (b * c) = (a * b) * c$*

- **conmutativa**, *si $\forall a, b \in C: a * b = b * a$*

- **existencia de elemento neutro**, *si $\exists e \in C$ tal que $\forall a \in C: a * e = e * a = a$*

- **existencia de elemento simétrico**, *si $\forall a \in C \; \exists a' \in C$ tal que $a * a' = a' * a = e$*

Definición 5 *Una estructura algebraica* $(C, *)$*, donde* $*$ *es una operación interna, recibe el nombre de:*

- **semigrupo**, *si cumple la propiedad asociativa.*
- **monoide**, *si cumple las propiedades asociativa y existencia de elemento neutro.*
- **grupo**, *si cumple las propiedades asociativa, existencia de elemento neutro y existencia de elemento simétrico.*
- **grupo abeliano**,[1] *si cumple las propiedades asociativa, conmutativa, existencia de elemento neutro y existencia de elemento simétrico.*

Notación: Con la operación suma (+), el elemento neutro se denota 0 y el elemento simétrico de un elemento a se denomina **elemento opuesto** de a y se denota: $-a$. Con la operación producto ($\cdot$), el elemento neutro se denota 1 y el elemento simétrico de un elemento a se denomina **elemento inverso** de a y se denota: a^{-1}. Es usual utilizar el símbolo + para grupos abelianos, mientras que los símbolos $\cdot$ y $*$ se usan para grupos no necesariamente conmutativos.

Proposición 1 *Sea* $(C, *)$ *un grupo. Entonces, tanto el elemento neutro* e*, como el simétrico* a' *de cada elemento* $a \in C$*, son únicos.*

Ejemplos 1

- *El conjunto* $C = \{-1, 0, 1\}$ *con la operación suma no tiene estructura algebraica, puesto que no está bien definida. Por ejemplo,* $1 + 1 = 2 \notin C$*. Con la operación producto, es un monoide (conmutativo), pero no es un grupo abeliano, puesto que el* 0 *no tiene elemento inverso.*
- *El conjunto* $C = \{-1, 1\}$ *con la operación producto es un grupo abeliano.*
- *Sea* $S_3 = \{i, \sigma_2, \sigma_3, \sigma_4, \sigma_5, \sigma_6\}$ *el conjunto de las biyecciones de* $I_3 = \{1, 2, 3\}$ *en sí mismo:*

$$
\begin{array}{lll}
i: \; I_3 \to I_3 & \sigma_2: \; I_3 \to I_3 & \sigma_3: \; I_3 \to I_3 \\
\quad 1 \mapsto 1 & \quad 1 \mapsto 1 & \quad 1 \mapsto 2 \\
\quad 2 \mapsto 2 & \quad 2 \mapsto 3 & \quad 2 \mapsto 1 \\
\quad 3 \mapsto 3 & \quad 3 \mapsto 2 & \quad 3 \mapsto 3 \\
\end{array}
$$

$$
\begin{array}{lll}
\sigma_4: \; I_3 \to I_3 & \sigma_5: \; I_3 \to I_3 & \sigma_6: \; I_3 \to I_3 \\
\quad 1 \mapsto 3 & \quad 1 \mapsto 2 & \quad 1 \mapsto 3 \\
\quad 2 \mapsto 1 & \quad 2 \mapsto 3 & \quad 2 \mapsto 2 \\
\quad 3 \mapsto 2 & \quad 3 \mapsto 1 & \quad 3 \mapsto 1 \\
\end{array}
$$

El par $(S_3, \cdot)$*, donde* $\cdot$ *denota la composición de aplicaciones, es un grupo no conmutativo, como se deduce del hecho de que la composición de aplicaciones es asociativa y de la siguiente tabla:*[2]

$\cdot$	i	σ_2	σ_3	σ_4	σ_5	σ_6
i	i	σ_2	σ_3	σ_4	σ_5	σ_6
σ_2	σ_2	i	σ_5	σ_6	σ_3	σ_4
σ_3	σ_3	σ_4	i	σ_2	σ_6	σ_5
σ_4	σ_4	σ_3	σ_6	σ_5	i	σ_2
σ_5	σ_5	σ_6	σ_2	i	σ_4	σ_3
σ_6	σ_6	σ_5	σ_4	σ_3	σ_2	i

---

[1] También se llama **grupo conmutativo**.
[2] El primer factor f de cada producto $f \cdot g$ se toma de la primera fila.

en donde se aprecia, (1) i es el elemento neutro; (2) $\sigma_2^{-1} = \sigma_2$, $\sigma_3^{-1} = \sigma_3$, $\sigma_6^{-1} = \sigma_6$ y $\sigma_4^{-1} = \sigma_5$, y (3) no es conmutativa, porque, por ejemplo: $\sigma_4 \cdot \sigma_2 = \sigma_6$ y $\sigma_2 \cdot \sigma_4 = \sigma_3$.

- El conjunto $\mathcal{B}(A, A)$ de las aplicaciones biyectivas de un conjunto A de cardinal mayor que 2 en sí mismo es un grupo (no conmutativo) con la operación composición de aplicaciones.

- El conjunto $\mathbb{N}^* = \{1, 2, 3, \ldots\}$ es un semigrupo con la operación suma y un monoide con el producto. Ambas operaciones son conmutativas.

- El conjunto de los números naturales $\mathbb{N} = \{0, 1, 2, 3, \ldots\}$ es un monoide (conmutativo) con la operación suma y también lo es con el producto.

- El conjunto de los números enteros $\mathbb{Z} = \{\ldots, -2, -1, 0, 1, 2, \ldots\}$ es un grupo abeliano con la suma y es un monoide (conmutativo) con el producto.

- El conjunto $\{5x : x \in \mathbb{Z}\}$ es un grupo abeliano con la operación suma de números enteros. Esto es consecuencia de que la suma de números enteros es asociativa y conmutativa, y de los siguientes hechos: (i) la operación está bien definida, ya que la suma de dos múltiplos de 5 es un múltiplo de 5; (ii) el elemento neutro es el 0, que es un múltiplo de 5: $0 = 5 \cdot 0$, y (iii) el elemento opuesto de un múltiplo de 5 es otro múltiplo de 5: $a = 5x \Rightarrow -a = 5(-x)$.

- El conjunto de los números reales $\mathbb{R}$ es un grupo abeliano con la suma y un monoide (conmutativo) con el producto. Obsérvese que todos los números reales excepto el 0 tienen elemento inverso. Es decir, el conjunto $\mathbb{R} \setminus \{0\}$ es un grupo abeliano con el producto.

- El conjunto $\mathcal{M}_{\mathbb{R}}(m, n)$ de las matrices regulares de orden $m \times n$ es un grupo abeliano con la operación suma de matrices.

- Sea $n > 1$. El conjunto $GL_{\mathbb{R}}(n)$ de las matrices regulares de orden n es un grupo no conmutativo con la operación producto de matrices.

- El conjunto $\mathcal{F}(\mathbb{R}, \mathbb{R})$ de las funciones reales de variable real es un monoide no conmutativo con la operación composición.

- El conjunto $\mathcal{P}(A)$ es un monoide conmutativo con la intersección de conjuntos $\cap$ y también lo es con la unión $\cup$. Obsérvese que A y $\emptyset$ son los elementos neutros de $(\mathcal{P}(A), \cap)$ y $(\mathcal{P}(A), \cup)$, respectivamente.

Definición 6 *Sean $(G, *)$ un grupo y H un subconjunto no vacío de G. El par $(H, *)$ es un* **subgrupo** *de $(G, *)$ si cumple las siguientes condiciones:*

i) $\forall a, b \in H$, $a * b \in H$

ii) $\forall a \in H \Rightarrow a' \in H$

Proposición 2 *Sean $(G, *)$ un grupo y H un subconjunto no vacío de G. Entonces, las siguientes afirmaciones son equivalentes:*

a) $(H, *)$ es un subgrupo de $(G, *)$.

b) $(H, *)$ es un grupo.

c) $\forall a, b \in H$, $a * b' \in H$.

Proposición 3 *Sean $(H_1, +)$ y $(H_2, +)$ dos subgrupos de un grupo abeliano $(G, +)$. Entonces:*

a) $H_1 + H_2 = \{a_1 + a_2; a_1 \in H_1, a_2 \in H_2\}$ es un subgrupo de G.

b) $H_1 \cap H_2$ es un subgrupo de G.

Proposición 4 *Sea* $(H, +)$ *un subgrupo de un grupo abeliano* $(G, +)$. *Consideramos la relación binaria:* $\forall x, y \in G, \ x \sim y \Leftrightarrow x - y \in H$. *Entonces:*

  a) *La relación* $\sim$ *es una relación de equivalencia.*

  b) *El conjunto cociente*[3] $G / \sim$, *con la operación* $[x] + [y] = [x + y]$ *es un grupo abeliano.*

Ejemplos 2

- *El conjunto* $(\{5x : x \in \mathbb{Z}\}, \cdot)$ *es un subgrupo de* $(\mathbb{Z}, +)$.

- *El conjunto* $(\mathbb{Z}, +)$ *es un subgrupo de* $(\mathbb{R}, +)$.

- *El conjunto* $(\mathcal{S}_{\mathbb{R}}(n), +)$ *de las matrices simétricas de orden* n *es un subgrupo de* $(\mathcal{M}_{\mathbb{R}}(n), +)$.

- *El conjunto* $(SL_{\mathbb{R}}(n), \cdot)$ *de las matrices regulares de orden* n *y determinante* 1 *es un subgrupo de* $(GL_{\mathbb{R}}(n), \cdot)$

Definición 7 *Sea* $f : F \to G$ *una aplicación entre dos grupos* $(F, *)$ *y* $(G, \cdot)$. *Entonces,* f *es un* **homomorfismo de grupos** *si cumple la siguiente condición:* $\forall a, b \in F, \ f(a * b) = f(a) \cdot f(b)$.

Sean $(F, *)$ y $(G, \cdot)$ dos grupos cuyos elementos neutros son e y 1, respectivamente.

Definición 7.14 *El* **núcleo** *de un homomorfismo* $f : F \to G$, *denotado* $Ker(f)$, *es el conjunto de elementos de* F *cuya imagen es* 1. *Es decir:*

$$Ker(f) = \{a \in F \,|\, f(a) = 1\}$$

Proposición 5 *Dado un homomorfismo de grupos* $f : F \to G$:

  a) $f(e) = 1$

  b) $Ker(f)$ *es un subgrupo de* F.

  c) $Im(f)$ *es un subgrupo de* G.

Ejemplos 3

- *La aplicación* $f : \mathbb{Z} \to \mathbb{Z}$ *definida por* $f(x) = 5x$ *es un homomorfismo de* $(\mathbb{Z}, +)$ *en sí mismo.*

- *La aplicación* $f : GL_{\mathbb{R}}(n) \to \mathbb{R} \setminus \{0\}$ *definida por* $f(A) = |A|$ *es un homomorfismo de* $(GL_{\mathbb{R}}(n), \cdot)$ *en* $(\mathbb{R} \setminus \{0\}, \cdot)$.

- *La aplicación* $f : \mathbb{R} \to \mathbb{R} \setminus \{0\}$ *definida por* $f(x) = e^x$ *es un homomorfismo de* $(\mathbb{R}, +)$ *en* $(\mathbb{R} \setminus \{0\}, \cdot)$.

Anillos y cuerpos

Definición 8 *Sea* A *un conjunto en el que se han definido dos operaciones internas, denotadas:* $+, \cdot$. *La estructura algebraica* $(A, +, \cdot)$ *es un* **anillo** *si cumple las siguientes propiedades:*

  1. $(A, +)$ *es un grupo abeliano.*

---

[3] Usualmente, se denota G/H.

2. $(A, \cdot)$ es un semigrupo.

3. $\cdot$ es distributiva respecto a $+$: $\forall a, b, c \in A$, $a \cdot (b + c) = a \cdot b + a \cdot c$, $(a + b) \cdot c = a \cdot c + b \cdot c$

Si la operación $\cdot$ es conmutativa, se dice que $(A, +, \cdot)$ es un **anillo conmutativo**. Si el semigrupo $(A, \cdot)$ es un monoide, entonces $(A, +, \cdot)$ se denomina **anillo unitario**. Dos elementos a, b de un anillo conmutativo y unitario se llaman **divisores de cero** si son diferentes del elemento neutro 0 y cumplen $a \cdot b = 0$. Un **dominio de integridad** es un anillo conmutativo y unitario sin divisores de cero.

Definición 9 *Un anillo conmutativo y unitario* $(\mathbb{K}, +, \cdot)$ *se llama* **cuerpo** *si* $\mathbb{K} \setminus \{0\} \neq \emptyset$ *y:*

$$\forall x \in \mathbb{K} \setminus \{0\}, \; \exists x' \in \mathbb{K} \; tal \; que \; x \cdot x' = x' \cdot x = 1$$

Es decir, un cuerpo es un anillo tal que la estructura $(K \setminus \{0\}, \cdot)$ *es un grupo abeliano.*

Obsérvese que todo cuerpo es un dominio de integridad.

Ejemplos 4

- *El conjunto* $\mathbb{Z}$ *de los números enteros con las operaciones suma y producto es un dominio de integridad.*

- *Sea* $n > 1$. *El conjunto* $\mathcal{M}_{\mathbb{R}}(n)$ *con las operaciones suma y producto es un anillo unitario y no conmutativo.*

- *El conjunto* $\mathcal{F}(\mathbb{R}, \mathbb{R})$, *(i) con las operaciones suma y composición, es un anillo unitario y no conmutativo y, (ii) con las operaciones suma y producto es un dominio de integridad.*

- *Sea* $n > 1$. *El conjunto* $\mathcal{L}_{\mathbb{R}}(\mathbb{R}^n, \mathbb{R}^n)$, *con las operaciones suma y composición, es un anillo unitario y no conmutativo.*

- *El conjunto* $\mathbb{R}[x]$, *con las operaciones suma y producto, es un dominio de integridad.*

- *Sean* $A = \{a, b\}$ *y las operaciones internas definidas por las tablas:*

+	a	b		$\cdot$	a	b
a	a	b		a	a	a
b	b	a		b	a	b

  Entonces, $(A, +, \cdot)$ *es un cuerpo. Obsérvese que (i) el elemento neutro de* $(A, +)$ *es* a, *(ii) el elemento neutro de* $(A, \cdot)$ *es* b, *(iii)* $-a = a$, $-b = b$, *y (iv)* $b^{-1} = b$.

- *El conjunto* $\mathbb{R}$ *de los números reales, con las operaciones suma y producto, es un cuerpo.*

Definición 10 *Sean* $(A, +, \cdot)$ *un anillo y* B *un subconjunto no vacío de* A. *La terna* $(B, +, \cdot)$ *es un* **subanillo** *de* $(A, +, \cdot)$ *si cumple las siguientes condiciones:*

  i) $(B, +)$ *es un subgrupo de* $(A, +)$

  ii) $\forall x, y \in B$, $x \cdot y \in B$

Si el anillo es unitario, entonces también se exige que $1 \in B$. Obsérvese que B es un subanillo de un anillo A si y sólo si B es un anillo con las operaciones inducidas por A.

Definición 11 *Sean* $(\mathbb{K}, +, \cdot)$ *un cuerpo y* H *un subconjunto no vacío de* $\mathbb{K}$. *La terna* $(H, +, \cdot)$ *es un* **subcuerpo** *de* $(\mathbb{K}, +, \cdot)$ *si cumple las siguientes condiciones:*

i) $(H, +)$ es un subgrupo de $(\mathbb{K}, +)$.

ii) $(H \setminus \{0\}, \cdot)$ es un subgrupo de $(\mathbb{K} \setminus \{0\}, \cdot)$.

Obsérvese que H es un subcuerpo de un cuerpo $\mathbb{K}$ si y sólo si H es un cuerpo con las operaciones inducidas por $\mathbb{K}$.

Ejemplos 5

- *El conjunto $\{2x : x \in \mathbb{Z}\}$ de los números pares, con las operaciones suma y producto, es un anillo conmutativo. En cambio, no es un subanillo de $\mathbb{Z}$, puesto que 1 no es par.*
- *El conjunto $\{4x : x \in \mathbb{Z}\}$ de los múltiplos de 4 es un subanillo del anillo $\{2x : x \in \mathbb{Z}\}$.*
- *El conjunto $\mathbb{Z}$ de los números enteros es un subanillo del cuerpo $\mathbb{R}$ de los números reales, pero no es un subcuerpo.*
- *El conjunto $\mathbb{Q}$ de los números racionales es un subcuerpo del cuerpo $\mathbb{R}$ de los números reales.*
- *El conjunto $C(\mathbb{R}, \mathbb{R})$ de las funciones continuas de $\mathbb{R}$ en sí mismo es un subanillo del anillo $\mathcal{F}(\mathbb{R}, \mathbb{R})$, (i) con las operaciones suma y composición y (ii) con las operaciones suma y producto.*

Definición 12 *Sea $f : F \to G$ una aplicación entre dos anillos $(A, +, \cdot)$ y $(B, +, \cdot)$. Entonces, f es un* **homomorfismo de anillos** *si cumple las siguientes condiciones: $\forall a, b \in F$, (i) $f(a + b) = f(a) + f(b)$ y (ii) $f(a \cdot b) = f(a) \cdot f(b)$.*

Si ambos anillos son unitarios, entonces también se exige que $f(1) = 1$.

Ejemplos 6

- *Sean $(A, +, \cdot)$ y $(B, +, \cdot)$ dos anillos no unitarios. La aplicación $f : A \to B$ definida por $f(x) = 0$ es un homomorfismo de anillos.*
- *Sea $(A, +, \cdot)$ un anillo. La aplicación $f : A \to A$ definida por $f(x) = x$ es un homomorfismo de anillos.*
- *La aplicación de $f : \mathbb{R}[x] \to \mathbb{R}$ definida por $f(p(x)) = p(0)$ es un homomorfismo de anillos.*
- *La aplicación de $\phi : \mathcal{L}_{\mathbb{R}}(\mathbb{R}^n, \mathbb{R}^n) \to \mathcal{M}_{\mathbb{R}}(n)$ definida por $\phi(f) = [f]_C$ es un homomorfismo de anillos.*

Problemas propuestos ▄▄▄

Problema 1

Demuestra la proposición:

Sea $(C, *)$ un grupo. Entonces, tanto el elemento neutro e, como el simétrico a' de cada elemento $a \in C$, son únicos.

Problema 2

Demuestra la proposición:

Sean $(G, *)$ un grupo y H un subconjunto no vacío de G. Entonces, las siguientes afirmaciones son equivalentes:

a) $(H, *)$ es un subgrupo de $(G, *)$.

b) $(H, *)$ es un grupo.

c) $\forall a, b \in H,\ a * b' \in H$.

Problema 3

Demuestra la proposición:

Sea $(H, +)$ un subgrupo de un grupo abeliano $(G, +)$. Consideramos la relación binaria: $\forall x, y \in G,\ x \sim y \Leftrightarrow x - y \in H$. Entonces:

a) *La relación $\sim$ es una relación de equivalencia.*

b) *El conjunto cociente $G/\sim$, con la operación $[x] + [y] = [x + y]$ es un grupo abeliano.*

Problema 4

Demuestra la proposición:

Sea $(H, +)$ un subgrupo de un grupo abeliano $(G, +)$. Consideramos la relación binaria: $\forall x, y \in G,\ x \sim y \Leftrightarrow x - y \in H$. Entonces:

a) *La relación $\sim$ es una relación de equivalencia.*

b) *El conjunto cociente $G/\sim$, con la operación $[x] + [y] = [x + y]$ es un grupo abeliano.*

Problema 5

Demuestra la proposición:

Dado un homomorfismo de grupos $f : F \to G$:

a) $f(e) = 1$

b) $Ker(f)$ *es un subgrupo de F.*

c) $Im(f)$ *es un subgrupo de G.*

Apéndice 4
Polinomios

A4

Évarist Galois (1811-1832) vivió en París en una época en que las matemáticas florecían explendorosamente. La resolución algebraica de ecuaciones mediante radicales era el motor que movía a mentes prodigiosas como Gauss (1777-1855), Legendre (1752-1833), Abel (1802-1829) y, posteriormente, Liouville, quien publicó, aclaró e hizo valiosos comentarios a los descubrimientos del joven Galois, cuya desgraciada vida y trágica muerte no impidieron que su talento aportara poderosas herramientas al desarrollo del álgebra.

La esencia del trabajo genial de Galois consistió en el descubrimiento de que *el espíritu* de un polinomio, la síntesis de sus propiedades, está encerrado en un grupo de permutaciones de sus raíces. La consecuencia de sus trabajos fue una tarea metódica y sistemática para muchos matemáticos que después de él se ocuparon de prolongar sus investigaciones.

Polinomios reales de una variable

Sean $x \in \mathbb{R}$ y $a \in \mathbb{R} \setminus \{0\}$. La expresión algebraica ax^m se denomina **monomio** real de x de **grado** m.

Definición 1 *Un **polinomio** $p(x)$ de la variable x con coeficientes reales de grado n es una suma de monomios reales de x de diferentes grados, el mayor de los cuales es n:*

$$p(x) = a_n x^n + \ldots + a_1 x + a_0$$

Observaciones 1

- *Es usual denotar el polinomio anterior como sigue: $(a_0, a_1, \ldots, a_n)$.*
  Por ejemplo, el polinomio $p(x) = 4x^3 - 3x + 1$ se denota $(1, -3, 0, 4)$.
- *El coeficiente a_0 se denomina **término independiente** del polinomio $p(x)$.*
  Por ejemplo, si $p(x) = 3x - 4$, entonces su término independiente es $a_0 = -4$.
- *Si $a_n = 1$, el polinomio se llama **mónico**.*
  Por ejemplo, el polinomio $p(x) = x^2 + 2x - 3$ es mónico.
- *El **grado** de un polinomio $p(x)$, denotado $gr(p(x))$, es el de su monomio de mayor grado.*
  Por ejemplo, si $p(x) = x^4 + 3x^2 - x$, entonces $gr(p(x)) = 4$.
- *Los polinomios de grado 0 son los números reales.*
  Por ejemplo, si $p(x) = 12$, entonces $gr(p(x)) = 0$.

Se designa con $\mathbb{R}[x]$ el conjunto de los polinomios de la variable x con coeficientes reales, mientras que $\mathbb{R}_n[x]$ denota el subconjunto de los polinomios de grado menor o igual que n.

En $\mathbb{R}[x]$, se definen de manera natural la **suma**, el **producto por escalares** y el **producto** de polinomios, a partir de la suma y el producto de números reales:

Definición 2 *Si* $m \leq n$, $p(x) = a_n x^n + \ldots + a_1 x + a_0$, $p(x) = b_m x^m + \ldots + b_1 x + b_0$ *y* $\lambda \in \mathbb{R}$, *entonces:*

- $p(x) + q(x) = a_n x^n + \ldots + a_{m+1} x^{m+1} + \ldots + (a_m + b_m) x^m + \ldots + (a_1 + b_1) x + (a_0 + b_0)$
- $\lambda \cdot p(x) = \lambda a_n x^n + \lambda a_n x^{n-1} + \ldots + \lambda a_1 x + \lambda a_0$
- $p(x) \cdot q(x) = a_n b_m x^{m+n} + (a_n b^{m-1} + a_{n-1} b_m) x^{m+n-1} + \ldots + (a_1 b_0 + a_0 b_1) x + a_0 b_0$

Ejemplos 1

Si $p(x) = 2x^2 + 3x - 1$, $q(x) = 3x^4 - 2x$, *entonces*

- $p(x) + q(x) = 3x^4 + 2x^2 + x - 1$

- $3 \cdot p(x) = 6x^3 + 9x - 3$

- $p(x) \cdot q(x) = (2x^2 + 3x - 1)(3x^4 - 2x) = 2x^2(3x^4 - 2x) + 3x(3x^4 - 2x) - (3x^4 - 2x) =$
  $= 6x^6 - 4x^3 + 9x^5 - 6x^2 - 3x^4 + 2x = 6x^6 + 9x^5 - 3x^4 - 4x^3 - 6x^2 + 2x$

- $(q(x))^2 = (3x^4 - 2x)^2 = (3x^4)^2 - 2(3x^4)(2x) + (2x)^2 = 9x^8 - 12x^5 + 4x^2$

Como consecuencia directa de las propiedades de la suma y el producto de números reales, se deduce que el conjunto $\mathbb{R}[x]$ es (i) un dominio de integridad con las operaciones suma y producto, y (ii) un espacio vectorial real con las operaciones suma y producto por escalares.

División entera

Proposición 1 *Sean* $p(x) = a_n x^n + \ldots + a_1 x + a_0$, $q(x) = b_m x^m + \ldots + b_1 x + b_0$ *dos polinomios tales que* $gr(p(x)) = n \geq m = gr(q(x)) > 0$. *Entonces, existen dos (únicos) polinomios* $c(x), r(x)$ *tales que:*

$$p(x) = q(x) \cdot c(x) + r(x)$$

donde (i) $gr(c(x)) = gr(p(x)) - gr(q(x))$ *y (ii)* $gr(r(x)) < gr(q(x))$.

Observaciones 2

- *Dada la ecuación* $p(x) = q(x) \cdot c(x) + r(x)$, *los polinomios* $p(x), q(x), c(x)$ *y* $r(x)$ *se denominan* **dividendo**, **divisor**, **cociente** *y* **resto** *de la división, respectivamente.*

- *La fórmula anterior también se puede escribir así:* $\dfrac{p(x)}{q(x)} = c(x) + \dfrac{r(x)}{q(x)}$

- *Cuando el resto de una división es* $r(x) = 0$, *entonces se dice que* $p(x)$ *es* **divisible** *por* $q(x)$, *que* $p(x)$ *es un* **múltiplo** *de* $q(x)$ *o que* $q(x)$ *es* **divisor** *de* $p(x)$.

Ejemplo 10

Efectuamos la división entre los polinomios $p(x) = x^4 + 3x^3 + 6x^2 - 5x + 4$ *y* $q(x) = 2x^2 + 3x + 2$:

$$\begin{array}{rrrrr|lll}
4x^4 & +3x^3 & +6x^2 & -5x & +4 & 2x^2 & +3x & +2 \\
\hline
& -3x^3 & +2x^2 & -5x & +4 & 2x^2 & -\frac{3}{2}x & +\frac{13}{4} \\
& & \frac{13}{2}x^2 & -2x & +4 & & & \\
& & & -\frac{47}{4}x & -\frac{5}{2} & & &
\end{array}$$

donde:

- $r_1(x) = -3x^3 + 2x^2 - 5x + 4$ es el primer resto, que se obtiene del cálculo $r_1(x) = p(x) - 2x^2 \cdot q(x)$.

- $r_2(x) = \frac{13}{2}x^2 - 2x + 4$ es el segundo resto, que se obtiene del cálculo $r_2(x) = r_1(x) - (-\frac{3}{2}x) \cdot q(x)$.

- $r(x) = -\frac{47}{4}x - \frac{5}{2}$ es el último y definitivo resto, que se obtiene del cálculo $r(x) = r_2(x) - \frac{13}{4} \cdot q(x)$.

De modo que el cociente de la división es $c(x) = 2x^2 - \frac{3}{2}x + \frac{13}{4}$ y el resto $r(x) = -\frac{47}{4}x - \frac{5}{2}$.

Definición 3 Sean $p(x) = a_n x^n + \ldots + a_1 x + a_0 \in \mathbb{R}[x]$ y $\alpha \in \mathbb{R}$. Se denomina **valor numérico** del polinomio $p(x)$ en α, y se denota $p(\alpha)$, al número real:

$$p(\alpha) = a_n \cdot \alpha^n + \ldots + a_1 \cdot \alpha + a_0$$

En el caso particular de que el divisor sea de primer grado: $q(x) = x - \alpha$, el resto de la división $r(x)$ es un número real. Más concretamente:

Proposición 2 (Teorema del resto) El resto de la división entera entre un polinomio $p(x)$ de grado mayor que cero y el polinomio $x - \alpha$ es igual a $p(\alpha)$.

Regla de Ruffini: Recibe este nombre el siguiente algoritmo, que se implementa para efectuar una división de un polinomio arbitrario $p(x) = a_0 + a_1 x + a_2 x^2 + \ldots + a_n x^n$ entre otro de grado uno $x - \alpha$:

$$\begin{array}{c|cccccc}
& a_n & a_{n-1} & a_{n-2} & \ldots & a_1 & a_0 \\
\alpha & & \alpha \cdot a_n & \alpha'_{n-1} & \ldots & \alpha \cdot a'_2 & \alpha \cdot a'_1 \\
\hline
& a_n & a'_{n-1} & a'_{n-2} & \ldots & a'_1 & \boxed{a'_0}
\end{array}$$

donde $a'_{n-1} = a_{n-1} + \alpha \cdot a_n$, $a'_{n-2} = a_{n-2} + \alpha \cdot a'_{n-1}$, ..., $a'_1 = a_1 + \alpha \cdot a'_2$, $a'_0 = a_0 + \alpha \cdot a'_1$.

De modo que $c(x) = a_n \cdot x^{n-1} + a'_{n-1} \cdot x^{n-2} + \ldots + a'_1$ y $r(x) = a'_0 = p(\alpha)$.

Ejemplo 11

Efectuamos la división entre los polinomios $p(x) = 4x^3 - 2x^2 + 6x - 5$ y $q(x) = x - 2$, por la regla de Ruffini:

$$\begin{array}{c|cccc}
& 4 & -2 & 6 & -5 \\
2 & & 8 & 12 & 36 \\
\hline
& 4 & 6 & 18 & \boxed{31}
\end{array}$$

de donde se deduce que $c(x) = 4x^2 + 6x + 18$ y $r(x) = 31$. Obsérvese que $p(2) = 4 \cdot 2^3 - 2 \cdot 2^2 + 6 \cdot 2 - 5 = 31$.

Factorización ▬

Definición 4 *Sean $p(x) \in \mathbb{R}[x]$ y $\alpha \in \mathbb{R}$. Se dice que α es una* **raíz real**[1] *del polinomio $p(x)$ si $p(\alpha) = 0$.*

Proposición 3 *Si $p(x) \in \mathbb{R}[x]$ y $\alpha \in \mathbb{R}$, entonces α es raíz del polinomio $p(x)$ si y sólo si $x - \alpha$ es un divisor de $p(x)$. Es decir, $p(x) = (x - \alpha) \cdot q(x)$.*

Proposición 4 *Si $p(x) = q(x) \cdot c(x)$ y $q(\alpha) \neq 0$, entonces $p(\alpha) = 0$ si y sólo si $c(\alpha) = 0$.*

Proposición 5 *Si $p(x)$ es un polinomio de grado n, entonces tiene, a lo sumo, n raíces reales.*

Definición 7.15 *Un polinomio $p(x)$ de grado n se dice que se* **descompone totalmente** *en $\mathbb{R}$ si es producto de n polinomios de grado 1, no necesariamente distintos:*

$$p(x) = a_n x^n + \ldots + a_1 x + a_0 = a_n \cdot (x - \alpha_1)^{m_1} \cdot \ldots \cdot (x - \alpha_h)^{m_h}$$

Obsérvese que de la anterior identidad se deduce inmediatamente que el conjunto de raíces reales de $p(x)$ es $\{\alpha_1 \ldots, \alpha_h\}$. El exponente m_i recibe el nombre de multiplicidad de la raíz α_i. Así, por ejemplo, si $m_i = 1$ se dice que α_i es una raíz simple, si $m_i = 2$ raíz doble, etc.

Proposición 6 *Sea $p(x) = a_n x^n + \ldots + a_1 x + a_0$ un polinomio tal que (i) $a_0, \ldots, a_n \in \mathbb{Z}$ y (ii) α una raíz real de $p(x)$.*

   i) *Si α es un número entero, entonces α es un divisor de a_0.*

   ii) *Si $\alpha = \dfrac{r}{s}$ es un número racional y $m.c.d(r, s) = 1$, entonces r es un divisor de a_0 y s es un divisor de a_n.*

Ejemplo 12

Las posibles raíces enteras del polinomio $6x^3 - 5x^2 - 17x + 6$ son los divisores de 6, es decir, los elementos del conjunto $\{-1, 1, -2, 2, -3, 3, -6, 6\}$. Utilizando la regla de Ruffini, se observa que la única raíz entera es 2:

$$
\begin{array}{r|rrrr}
 & 6 & -5 & -17 & 6 \\
2 & & 12 & 14 & -6 \\
\hline
 & 6 & 7 & -3 & \boxed{0}
\end{array}
$$

Las posibles raíces racionales del polinomio $6x^3 - 5x^2 - 17x + 6$ son las fracciones cuyo numerador es un divisor de $a_0 = 6$ y cuyo denominador es un divisor de $a_3 = 6$, es decir, los elementos del conjunto $\{-\frac{1}{2}, \frac{1}{2}, -\frac{1}{3}, \frac{1}{3}, -\frac{1}{6}, \frac{1}{6}, -\frac{2}{3}, \frac{2}{3}, -\frac{3}{2}, \frac{3}{2}\}$. Utilizando la regla de Ruffini, se observa que las únicas raíces racionales son $\frac{1}{3}$ y $-\frac{3}{2}$.

Por tanto, los polinomios $x - 2$, $x - 1/3$ y $x + 3/2$ son divisores del polinomio $6x^3 - 5x^2 - 17x + 6$. Es decir, $6x^3 - 5x^2 - 17x + 6 = 6(x - 2)(x - \frac{1}{2})(x + \frac{3}{2})$.

Obsérvese que, si un polinomio $q(x)$ es divisor de un polinomio $p(x)$, también lo es el polinomio $\lambda \cdot q(x)$, para todo número real no nulo λ. En particular, todos los números reales no nulos son divisores de todos los polinomios. Por este motivo, es usual considerar únicamente divisores que sean polinomios mónicos.

---

[1] También se dice que α es un **cero de** $p(x)$.

Definición 5 *Un polinomio* $p(x) = a_n x^n + \ldots + a_1 x + a_0$ *se llama* **primo** *si sus únicos divisores mónicos son el polinomio* $\frac{1}{a_n} \cdot p(x)$ *y la unidad.*

Proposición 7 *Si* $p(x) = ax^2 + bx + c$, *entonces:*

a) $p(x) = a(x + \dfrac{b}{2a})^2 + \dfrac{4ac - b^2}{4a}$.

b) $p(x)$ *es primo si y sólo si* $b^2 - 4ac < 0$.

c) *Si* $b^2 - 4ac = 0$, *su única raíz es* $-\dfrac{b}{2a}$. *Es decir,* $p(x) = a\left(x + \dfrac{b}{2a}\right)^2$.

d) *Si* $b^2 - 4ac > 0$, $p(x) = a(x - \alpha)(x - \beta)$, *donde* $\begin{cases} \alpha = \dfrac{-b - \sqrt{b^2 - 4ac}}{2a} \\[2mm] \beta = \dfrac{-b + \sqrt{b^2 - 4ac}}{2a} \end{cases}$

Observaciones 3

- *Todos los polinomios de grado menor que 2 son primos.*

- *Los polinomios primos de grado 2 son los que se muestran en la proposición anterior.*

- *No hay polinomios primos de grado mayor que 2. Este resultado es una consecuencia del denominado* **teorema fundamental del álgebra**, *que enunciamos sin demostración: Todo polinomio de una variable con coeficientes complejos de grado al menos uno tiene al menos una raíz compleja.*[2]

- *Dado un polinomio* $p(x)$, *si* $\{\alpha_1, \alpha_2, \ldots, \alpha_r\}$ *es su conjunto de raíces reales, entonces:*

$$p(x) = (x - \alpha_1)^{m_1} \cdot \ldots \cdot (x - \alpha_h)^{m_h} \cdot c(x)$$

donde (i) $c(x)$ *un número real, en cuyo caso* $m_1 + \cdots + m_h = n$ *y el polinomio* $p(x)$ *descompone totalmente en* $\mathbb{R}$ *o (ii)* $c(x)$ *es un polinomio de grado par sin raíces reales, en cuyo caso es producto de polinomios primos de grado 2. En cualquier caso, se dice que* $(x - \alpha_1)^{m_1} \ldots (x - \alpha_h)^{m_h} c(x)$ *es la* **descomposición en factores primos** *del polinomio* $p(x)$.

Ejemplos 2

- *Sea el polinomio* $p(x) = x^5 - 5x^3 + 4x$. *Utilizando la regla de Ruffini, se obtiene su descomposición en factores primos:*

```
        |  1    0   -5    0    4    0
     1  |       1    1   -4   -4    0
    ----+--------------------------------
        |  1    1   -4   -4    0   [0]
     2  |       2    6    4    0
    ----+---------------------------
        |  1    3    2    0   [0]
    -2  |      -2   -2    0
    ----+----------------------
        |  1    1    0   [0]
    -1  |      -1    0
    ----+-----------------
        |  1    0   [0]
```

[2] M. Queysanne, *Álgebra Básica*. Ed. Vicens Vives, Barcelona 1990, pág. 542.

Por tanto, $p(x) = (x - 1)(x - 2)(x + 2)(x + 1)x$.

- *Sea el polinomio $p(x) = x^3 - 3x^2 + 2x - 6$. Utilizando la regla de Ruffini, se obtiene su descomposición en factores primos:*

$$\begin{array}{r|rrrr} & 1 & -3 & 2 & -6 \\ 3 & & 3 & 0 & 6 \\ \hline & 1 & 0 & 2 & \boxed{0} \end{array}$$

Por tanto, $p(x) = (x - 3)(x^2 + 2)$.

- $x^5 - x = x(x^4 - 1) = x(x^2 - 1)(x^2 + 1) = x(x - 1)(x + 1)(x^2 + 1)$
- $x^4 + 4x^2 + 4 = (x^2)^2 + 2 \cdot 2 \cdot x^2 + 2^2 = (x^2 + 2)^2$

Máximo común divisor y mínimo común múltiplo

Definición 6 *Sean $p(x), q(x) \in \mathbb{R}[x]$. Se denomina **mínimo común múltiplo** de $p(x)$ y $q(x)$, y se denota $m.c.m.(p(x), q(x))$, al polinomio mónico $m(x)$ que cumple las siguientes condiciones:*

- *$m(x)$ es múltiplo de $p(x)$ y de $q(x)$*
- *Si $h(x)$ es múltiplo de $p(x)$ y de $q(x)$, entonces es múltiplo de $m(x)$*

Obsérvese que el polinomio $m(x)$ antes descrito es el múltiplo común de $p(x)$ y $q(x)$ de menor grado, y por ser mónico es único.

Definición 7 *Sean $p(x), q(x) \in \mathbb{R}[x]$. Se denomina **máximo común divisor** de $p(x)$ y $q(x)$, y se denota $m.c.d.(p(x), q(x))$, al polinomio mónico $d(x)$ que cumple las siguientes condiciones:*

- *$d(x)$ es divisor de $p(x)$ y de $q(x)$*
- *Si $k(x)$ es divisor de $p(x)$ y de $q(x)$, entonces es divisor de $m(x)$*

Obsérvese que el polinomio $d(x)$ antes descrito es el divisor común de $p(x)$ y $q(x)$ de mayor grado, y por ser mónico es único.

Dos polinomios $p(x), q(x)$ se denominan **primos entre sí** si su máximo común divisor es la unidad.

Ejemplo 13

Sean los polinomios $p(x) = x^5 - 5x^3 + 4x$, $q(x) = 2x^3 + 3x^2 - 8x - 12$. Utilizando la regla de Ruffini, se obtiene la descomposición en factores primos:

$$\begin{array}{r|rrrrrr} & 1 & 0 & -5 & 0 & 4 & 0 \\ 1 & & 1 & 1 & -4 & -4 & 0 \\ \hline & 1 & 1 & -4 & -4 & 0 & \boxed{0} \\ 2 & & 2 & 6 & 4 & 0 & \\ \hline & 1 & 3 & 2 & 0 & \boxed{0} & \\ -2 & & -2 & -2 & 0 & & \\ \hline & 1 & 1 & 0 & \boxed{0} & & \\ -1 & & -1 & 0 & & & \\ \hline & 1 & 0 & \boxed{0} & & & \end{array}$$

de donde $p(x) = x(x + 1)(x - 1)(x + 2)(x - 2)$. Análogamente, se obtiene $q(x) = (2x + 3)(x + 2)(x - 2)$. Comparando ambos resultados, se deduce que el máximo común divisor es el polinomio $d(x) = (x+2)(x-2)$ y el mínimo común múltiplo es el polinomio $m(x) = x(x + 1)(x - 1)(x + 2)(x - 2)(2x + 3)$.

Proposición 8 *Sean $p(x), q(x)$ dos polinomios tales que $gr(p(x)) \geq gr(q(x))$. Sean $c(x), r(x)$ el cociente y resto de la división entera de $p(x)$ por $q(x)$. Entonces, $m.c.d.(p(x), q(x))=m.c.d.(q(x), r(x))$*

Esta proposición proporciona un método de cálculo del $m.c.d.(p(x), q(x))$, conocido como el **algoritmo de Euclides**, que consiste en efectuar sucesivas divisiones enteras:

	$c_1(x)$	$c_2(x)$	$c_3(x)$	...	$c_m(x)$	$c_{m+1}(x)$
$p(x)$	$q(x)$	$r_1(x)$	$r_2(x)$	...	$r_{m-1}(x)$	$r_m(x)$
$r_1(x)$	$r_2(x)$	$r_3(x)$	$r_4(x)$	...	$r_{m+1}(x) = 0$	

en donde:

- $c_1(x), r_1(x)$ son el cociente y el resto de la división de $p(x)$ entre $q(x)$

- $c_2(x), r_2(x)$ son el cociente y el resto de la división de $q(x)$ entre $r_1(x)$

- $c_3(x), r_3(x)$ son el cociente y el resto de la división $r_1(x)$ entre $r_2(x)$

- ....

- $c_{m+1}(x), r_{m+1}(x) = 0$ son el cociente y el resto de la división $r_m(x)$ entre $r_m(x)$

Obsérvese que $gr(q(x)) > gr(r_1(x)) > gr(r_2(x)) > \ldots gr(r_m(x)) > gr(r_{m+1}(x)) = 0$. Por tanto:

$$m.c.d.(p(x), q(x)) = m.c.d.(q(x), r_1(x)) = m.c.d.(r_1(x), r_2(x)) = \ldots = m.c.d.(r_{m-1}(x), r_m(x))$$

Teniendo en cuenta que $r_m(x)$ es divisor de $r_{m-1}(x)$, entonces el máximo común divisor de ambos polinomios es $r_m(x)$, dividido por su coeficiente de mayor grado.

Ejemplo 14

Calculamos mediante el algoritmo de Euclides el máximo común divisor de los polinomios $9x^3 + 18x^2 - 25x - 50$, $x^2 - 4$:

				$9x + 18$	$\frac{1}{11}x - \frac{2}{11}$
$9x^3$	$+18x^2$	$-25x$	-50	$x^2 - 4$	$11x + 22$
$-9x^3$		$+36x$		$-x^2 - 2x$	
	$18x^2$	$+11x$	-50	$-2x - 4$	
	$-18x^2$		$+72$	$2x + 4$	
		$11x$	$+22$	0	

Entonces, el máximo común divisor es el polinomio $d(x) = x + 2$, puesto que $11x + 22 = 2(x + 2)$.

Proposición 9 *Si $m(x) = m.c.m.(p(x), q(x))$, $d(x) = m.c.d.(p(x), q(x))$, entonces:*

$$p(x) \cdot q(x) = m(x) \cdot d(x)$$

Problemas propuestos

Problema 1

Demuestra la proposición:

Sean $p(x) = a_n x^n + \ldots + a_1 x + a_0$, $q(x) = b_m x^m + \ldots + b_1 x + b_0$ dos polinomios tales que $gr(p(x)) = n \geq m = gr(q(x)) > 0$. Entonces, existen dos (únicos) polinomios $c(x), r(x)$ tales que:

$$p(x) = q(x) \cdot c(x) + r(x)$$

donde (i) $gr(c(x)) = gr(p(x)) - gr(q(x))$ y (ii) $gr(r(x)) < gr(q(x))$.

Problema 2

Demuestra la proposición:

(Teorema del resto) *El resto de la división entera entre un polinomio $p(x)$ de grado mayor que cero y el polinomio $x - \alpha$ es igual a $p(\alpha)$.*

Problema 3

Demuestra la proposición:

Si $p(x) \in \mathbb{R}[x]$ y $\alpha \in \mathbb{R}$, entonces α es raíz del polinomio $p(x)$ si y sólo si $x - \alpha$ es un divisor de $p(x)$. Es decir, $p(x) = (x - \alpha) \cdot q(x)$.

Problema 4

Demuestra la proposición:

Si $p(x) = q(x) \cdot c(x)$ y $q(\alpha) \neq 0$, entonces $p(\alpha) = 0$ si y sólo si $c(\alpha) = 0$.

Problema 5

Demuestra la proposición:

Si $p(x)$ es un polinomio de grado n, entonces tiene, a lo sumo, n raíces reales.

Problema 6

Demuestra la proposición:

Sea $p(x) = a_n x^n + \ldots + a_1 x + a_0$ un polinomio tal que (i) $a_0, \ldots, a_n \in \mathbb{Z}$ y (ii) α una raíz real de $p(x)$.

   i) Si α es un número entero, entonces α es un divisor de a_0.

ii) Si $\alpha = \dfrac{r}{s}$ es un número racional y $m.c.d(r, s) = 1$, entonces r es un divisor de a_0 y s es un divisor de a_n.

Problema 7

Demuestra la proposición:

Si $p(x) = ax^2 + bx + c$, entonces:

a) $p(x) = a(x + \dfrac{b}{2a})^2 + \dfrac{4ac - b^2}{4a}.$

b) $p(x)$ *es primo si y sólo si $b^2 - 4ac < 0$.*

c) *Si $b^2 - 4ac = 0$, su única raíz es $-\dfrac{b}{2a}$. Es decir, $p(x) = a\left(x + \dfrac{b}{2a}\right)^2.$*

d) *Si $b^2 - 4ac > 0$, $p(x) = a(x - \alpha)(x - \beta)$, donde* $\begin{cases} \alpha = \dfrac{-b - \sqrt{b^2 - 4ac}}{2a} \\ \beta = \dfrac{-b + \sqrt{b^2 - 4ac}}{2a} \end{cases}$

Problema 8

Demuestra la proposición:

Sean $p(x), q(x)$ dos polinomios tales que $gr(p(x)) \geq gr(q(x))$. Sean $c(x), r(x)$ el cociente y resto de la división entera de $p(x)$ por $q(x)$. Entonces, $m.c.d.(p(x), q(x))=m.c.d.(q(x), r(x))$

Problema 9

Demuestra la proposición:

Si $m(x) = m.c.m(p(x), q(x))$, $d(x) = m.c.d(p(x), q(x))$, entonces:

$$p(x) \cdot q(x) = m(x) \cdot d(x)$$

Lista de símbolos

Matrices

- $\mathcal{M}_\mathbb{R}(m, n)$: Conjunto de las matrices reales de orden $m \times n$.
- $\mathcal{M}(m, n)$: Conjunto de las matrices reales de orden $m \times n$.
- $\mathcal{M}_\mathbb{R}(n)$: Conjunto de las matrices reales de orden n.
- a_{ij}: Término ij-ésimo de la matriz A.
- A_i: Fila i-ésima de la matriz A.
- A^j: Columna j-ésima de la matriz A.
- I_n: Matriz identidad de orden n.
- $O_{m,n}$: Matriz nula de orden $m \times n$.
- O_n: Matriz nula de orden n.
- m.e.c.: Matriz escalonada por columnas.
- m.e.f.: Matriz escalonada por filas.
- m.e.r.c.: Matriz escalonada reducida por columnas.
- m.e.r.f.: Matriz escalonada reducida por filas.
- t.e.c.: Transformación elemental de columna.
- t.e.f.: Transformación elemental de fila.
- $\mathcal{F}_A$: M.e.r.f. de la matriz A.
- $\mathcal{C}_A$: M.e.r.c. de la matriz A.
- $e(A)$: Matriz resultante de efectuar la transformación elemental (de fila o de columna) e a la matriz A.
- $A \overset{e}{\sim} B$: $B = e(A)$.
- A^t: Matriz transpuesta de la matriz A.
- $-A$: Matriz opuesta de la matriz A.
- c.l.: Combinación lineal.

- c.l.t.: Combinación lineal trivial.

- $r_f(A)$: Rango por filas de la matriz A.

- $r_c(A)$: Rango por columnas de la matriz A.

- $r(A)$: Rango de la matriz A.

- A^{-1}: Matriz inversa de la matriz A.

- $tr(A)$: Traza de la matriz A.

- $A \sim B$: La matriz A es equivalente a la matriz B.

- $A \sim_c B$: La matriz A es equivalente por columnas a la matriz B.

- $A \sim_f B$: La matriz A es equivalente por filas a la matriz B.

- $A \approx B$: La matriz A es semejante a la matriz B.

- $\mathcal{S}_\mathbb{R}(n)$: Conjunto de las matrices simétricas de orden n.

- $\mathcal{A}_\mathbb{R}(n)$: Conjunto de las matrices antisimétricas de orden n.

- $GL_\mathbb{R}(n)$: Conjunto de las matrices regulares de orden n.

- $SL_\mathbb{R}(n)$: Conjunto de las matrices de orden n y determinante igual a 1.

Determinantes

- $[\sigma(1)\sigma(2)\ldots\sigma(n)]$: Permutación σ de orden n cuyo conjunto de imágenes es $\{\sigma(1), \sigma(2), \ldots, \sigma(n)\}$.

- $\epsilon(\sigma)$: Signatura de la permutación σ.

- $det_n(A)$: Determinante de la matriz de orden n A.

- $det(A)$: Determinante de la matriz A.

- $|A|$: Determinante de la matriz A.

- Δ_{ij}: Menor complementario ij-ésimo de la matriz cuadrada A.

- $cof(a_{ij})$: Cofactor ij-ésimo de la matriz cuadrada A.

- $cof(A)$: Matriz cofactora (o adjunta) de la matriz cuadrada A.

- Λ_i: Menor principal i-ésimo de la matriz cuadrada A.

Sistemas de ecuaciones lineales

- s.e.l.: Sistema de ecuaciones lineales.

- s.e.l.h.: Sistema de ecuaciones lineales homogéneas.

- $A \cdot \mathbf{x} = b$: Sistema de ecuaciones lineales donde A es su matriz del sistema, $\mathbf{x}$ su columna de incógnitas y $\mathbf{b}$ su columna de términos independientes.

- $A \cdot \mathbf{x} = \mathbf{o}$: Sistema de ecuaciones lineales homogéneas, donde A es la matriz del sistema, $\mathbf{x}$ su columna de incógnitas y $\mathbf{o}$ la columna nula.

- $(A|\mathbf{b})$: Matriz ampliada del s.e.l. $A \cdot \mathbf{x} = \mathbf{b}$.

- C.: Compatible.
- C.D.: Compatible determinado.
- C.I.: Compatible indeterminado.
- I.: Incompatible.
- Δ_i: Determinante de la matriz que resulta de sustituir, en la matriz del sistema A, la columna i-ésima por la columna de términos independientes $\mathbf{b}$.

Espacios vectoriales

- $\mathbb{R}$: Conjunto de los números reales.
- escalar: Número real.
- e.v.: Espacio vectorial.
- $\mathbb{R}$-e.v.: Espacio vectorial real.
- $\mathbb{R}[x]$: Conjunto de los polinomios con coeficientes reales.
- $\mathbb{R}_n[x]$: Conjunto de los polinomios con coeficientes reales de grado menor o igual que n.
- s.v.: Subespacio vectorial.
- $\vec{v} \in F$: $\vec{v}$ es un elemento de F.
- $S \subset F$: S es un subconjunto de F.
- $card(S)$: Cardinal del conjunto finito S.
- $F < E$: F es un s.v. del e.v. E.
- l.d.: Linealmente dependientes.
- l.i.: Linealmente independientes.
- p.p.e.: Producto por escalares.
- s.g.: Sistema de generadores.
- $S \setminus \{\vec{v}\}$: Subconjunto de S formado por todos los elementos de S excepto $\vec{v}$.
- $S \cup \{\vec{w}\}$: Conjunto cuyos elementos son todos los de S y $\vec{w}$.
- $\langle S \rangle$: Subespacio generado por el conjunto finito S.
- $r(S)$: Rango del conjunto finito S.
- $\dim(E)$: Dimensión del espacio vectorial E.
- C: Base canónica.
- C_F: Base canónica del subespacio vectorial F.
- $[\vec{v}]_{\mathcal{B}}$: Columna de coordenadas del vector $\vec{v}$ en la base $\mathcal{B}$.
- $\mathcal{M}_{S\mathcal{B}}$: Matriz de coordenadas del conjunto de vectores S respecto a la base $\mathcal{B}$.
- $\mathcal{M}_S$: Matriz de coordenadas del conjunto de vectores S respecto a la base canónica. Es decir, $\mathcal{M}_{SC}$.

- $[I_E]_{NV}$: Matriz de cambio de base de N a V.
- $F \cap G$: Intersección de F y G.
- $F + G$: Suma de F y G.
- $F \oplus G$: Suma directa de F y G.

Aplicaciones lineales y endomorfismos

- a.l.: Aplicación lineal.
- $\mathcal{L}_{\mathbb{R}}(E; F)$: Conjunto de las aplicaciones lineales de E en F.
- I_E: Endomorfismo identidad sobre E.
- O_E: Endomorfismo nulo sobre E.
- $Ker(f)$: Núcleo de la aplicación lineal f.
- $Im(f)$: Imagen de la aplicación lineal f.
- $\eta(f)$: Nulidad de la aplicación lineal f.
- $r(f)$: Rango de la aplicación lineal f.
- f_A: Aplicación lineal de $\mathbb{R}^n$ en $\mathbb{R}^m$ cuya matriz asociada en las bases canónicas es A.
- $Ker(A)$: Núcleo de la matriz A.
- $Im(A)$: Imagen de la matriz A.
- $\eta(A)$: Nulidad de la matriz A.
- $f(S)$: Conjunto de imágenes de S por f.
- $[f]_{VB}$: Matriz asociada a f en las bases V, B.
- $[f]_B$: Matriz asociada al endomorfismo f en la base B. Es decir, $[f]_{BB}$.
- VAP: Valor propio.
- VEP: Vector propio.
- $V_A(\lambda)$: Subespacio propio de la matriz A asociado al valor propio λ.
- $V_f(\lambda)$: Subespacio propio del endomorfismo f asociado al valor propio λ.
- $p_A(x)$: Polinomio característico de la matriz A.
- $p_f(x)$: Polinomio característico del endomorfismo f.
- d.t.: Descompone totalmente.
- $\sigma(A)$: Espectro de la matriz A.
- $\sigma(f)$: Espectro del endomorfismo f.
- $m(\lambda)$: Multiplicidad algebraica del VAP λ.
- $\bar{m}(\lambda)$: Multiplicidad geométrica del VAP λ.

Espacios euclídeos

- e.e.: Espacio vectorial euclídeo.
- $\vec{u} \cdot \vec{v}$: Producto escalar de $\vec{u}$ por $\vec{v}$.
- G_S: Matriz de Gram del conjunto S.
- $\vec{u} \cdot \vec{v}$: Producto escalar de $\vec{u}$ por $\vec{v}$.
- $\vec{u} \perp \vec{v}$: $\vec{u}$ es ortogonal (o perpendicular) a $\vec{v}$.
- $\vec{z} = pr_{\vec{y}}(\vec{x})$: $\vec{z}$ es la proyección ortogonal de $\vec{x}$ sobre $\vec{y}$.
- $\vec{z} = pr_F(\vec{x})$: $\vec{z}$ es la proyección ortogonal de $\vec{x}$ sobre F.
- BON: Base ortonormal.
- $\vec{u} \times \vec{v}$: Producto vectorial de $\vec{u}$ por $\vec{v}$.
- $\vec{i}$: Vector $(1, 0, 0)$.
- $\vec{j}$: Vector $(0, 1, 0)$.
- $\vec{k}$: Vector $(0, 0, 1)$.
- $F^{\perp}$: Subespacio ortogonal a F.

Miscelánea

- e.o.c.: En otro caso.
- $\mathbb{N}$: Conjunto de los números naturales.
- $\mathbb{N}^*$: Conjunto de los números naturales, excepto el 0.
- J_n: $\{1, \ldots, n\}$
- $\mathbb{Z}$: Conjunto de los números enteros.
- $\mathbb{Q}$: Conjunto de los números racionales.
- $\wedge$: Conjunción.
- $\vee$: Disyunción.
- $\neg$: Negación.
- $\forall$: Cuantificador universal: para todo.
- $\exists$: Cuantificador existencial: existe.
- $\exists!$: Cuantificador existencial: existe un único.
- $\emptyset$: Conjunto vacío.
- $card(A)$: Cardinal del conjunto A.
- $\mathcal{P}(A)$: Conjunto de partes del conjunto A.
- $\in$: Pertenencia.

- $\subset$: Inclusión estricta.

- $\subseteq$: Inclusión.

- $\bigcup$: Unión.

- $\bigcap$: Intersección.

- $\overline{A}$: Complementario del conjunto A.

- $n!$: Factorial de n.

- $\displaystyle\sum_{i=1}^{n} a_{ih}$: $a_{1h} + a_{2h} + \cdots + a_{nh}$.

- $p(x)$: Polinomio de la variable x.

- $gr(p(x))$: Grado del polinomio $p(x)$.

- m.c.m.: Mínimo común múltiplo.

- m.c.d.: Máximo común divisor.

Respuestas correctas a los problemas propuestos

Capítulo 1

Problema 1

$$A + B = \begin{pmatrix} 1 & 4 & 1 \\ 2 & 5 & 3 \end{pmatrix} \qquad A - B = \begin{pmatrix} -3 & 0 & -1 \\ -2 & -1 & 1 \end{pmatrix} \qquad 3A - 2B = \begin{pmatrix} -7 & 2 & -2 \\ -4 & 0 & 4 \end{pmatrix}$$

$$A \cdot B^t = \begin{pmatrix} 2 & 4 \\ 6 & 8 \end{pmatrix} \qquad A^t \cdot B = \begin{pmatrix} -2 & -2 & -1 \\ 8 & 10 & 4 \\ 4 & 6 & 2 \end{pmatrix} \qquad A \cdot B \text{ no existe}$$

Problema 2

$$a) \begin{pmatrix} 8 & -17 \\ 14 & -11 \end{pmatrix} \quad b) \begin{pmatrix} -22 & 10 & 12 \\ 3 & -4 & 1 \\ 12 & -8 & -4 \end{pmatrix} \quad c) \begin{pmatrix} 5 & 8 & 0 & -4 \\ 0 & 0 & 0 & 0 \\ 5 & 8 & 0 & -4 \\ 10 & 16 & 0 & -8 \end{pmatrix} \quad d) \begin{pmatrix} -34 \\ 8 \end{pmatrix}$$

Problema 3

$$a) \, O_3 \quad b) \begin{pmatrix} -5 & 8 \\ 0 & 3 \end{pmatrix} \quad c) \begin{pmatrix} 2 & -5 & 13 \\ 0 & 2 & 5 \\ 0 & 0 & 2 \end{pmatrix}$$

Problema 4

matriz	A	B	C	D	E	F
m.e.r.f.	A	B	J_1	M	N	J_2
m.e.r.c.	J_2	B	C	J_2	J_2	J_2
m.e.r.f.c.	J_2	B	J_1	J_2	J_2	J_2

donde:

$$M = \begin{pmatrix} 0 & 1 & 0 \\ 0 & 0 & 1 \end{pmatrix} \qquad N = \begin{pmatrix} 1 & 0 & 2 \\ 0 & 1 & 0 \end{pmatrix}$$

$$J_1 = \begin{pmatrix} 1 & 0 & 0 \\ 0 & 0 & 0 \end{pmatrix} \qquad J_2 = \begin{pmatrix} 1 & 0 & 0 \\ 0 & 1 & 0 \end{pmatrix}$$

Problema 5

Todas las matrices tienen rango 3.

Problema 6

$\mathcal{F}_A = \mathcal{F}_B = \mathcal{F}_E = I_3$.

$$\mathcal{F}_C = \begin{pmatrix} 1 & 0 & 0 & 1 \\ 0 & 1 & 0 & -1 \\ 0 & 0 & 1 & 1 \\ 0 & 0 & 0 & 0 \end{pmatrix} \quad \mathcal{F}_D = \begin{pmatrix} 1 & \frac{3}{2} & 0 & \frac{7}{6} & 0 \\ 0 & 0 & 1 & \frac{2}{3} & 0 \\ 0 & 0 & 0 & 0 & 1 \end{pmatrix} \quad \mathcal{F}_F = \begin{pmatrix} -2 & 0 & 0 & -4 \\ 0 & 1 & 1 & 1 \\ 1 & -2 & 1 & -6 \\ 2 & 0 & -1 & 6 \end{pmatrix}$$

Problema 7

$$A^{-1} = \begin{pmatrix} -1 & 1 \\ -1 & 0 \end{pmatrix}; \quad B^{-1} = \begin{pmatrix} 1 & -1 & -1 \\ -2 & \frac{5}{2} & 2 \\ 1 & -\frac{1}{2} & 0 \end{pmatrix}; \quad 3C^{-1} = \begin{pmatrix} -3 & 0 & 3 \\ 3 & 1 & -2 \\ -3 & 1 & 1 \end{pmatrix}$$

$$D \text{ no es inversible}; \quad 2E^{-1} = \begin{pmatrix} 1 & -1 & 1 \\ 1 & 1 & -1 \\ -1 & 1 & 1 \end{pmatrix}; \quad 4F^{-1} = \begin{pmatrix} -3 & -6 & 5 \\ -16 & -36 & 24 \\ -11 & -26 & 17 \end{pmatrix}$$

Problema 8

Son equivalentes por filas porque ambas tienen la misma m.e.r.f.:

$$\mathcal{F}_A = \mathcal{F}_B = \frac{1}{5} \cdot \begin{pmatrix} 5 & 0 & 1 & 1 \\ 0 & 5 & -3 & 2 \\ 0 & 0 & 0 & 0 \end{pmatrix}$$

No son equivalentes por columnas ya que tienen diferente m.e.r.c.:

$$C_A = \begin{pmatrix} 1 & 0 & 2 \\ 0 & 1 & 1 \\ 0 & 0 & 0 \\ 0 & 0 & 0 \end{pmatrix}; \quad C_B = \frac{1}{8} \cdot \begin{pmatrix} 8 & 0 & 1 \\ 0 & 8 & -2 \\ 0 & 0 & 0 \\ 0 & 0 & 0 \end{pmatrix}$$

Problema 9

$r(A) = 2; \ r(B) = 5; \ r(C) = r(D) = 4$.

Problema 10

a) $8A^{-1} = \begin{pmatrix} -4 & 4 & 6 & -2 \\ -6 & 2 & 1 & 1 \\ -10 & -2 & 3 & 3 \\ 2 & 2 & 1 & 1 \end{pmatrix}$

b) $B^{-1} = \begin{pmatrix} 3 & -4 & 0 & 0 \\ -2 & 3 & 0 & 0 \\ 6 & -9 & 2 & -1 \\ -13 & 19 & -3 & 2 \end{pmatrix}$

c) $7C^{-1} = \begin{pmatrix} 7 & 0 & -7 & 14 \\ 3 & -1 & -5 & 12 \\ -1 & -2 & 4 & -11 \\ -26 & 4 & 34 & -69 \end{pmatrix}$

d) D no es inversible

Problema 11

a) $E_1A = \begin{pmatrix} 1 & -2 \\ 0 & 1 \end{pmatrix} \begin{pmatrix} 2 & -1 \\ 3 & 5 \end{pmatrix} = \begin{pmatrix} -4 & -11 \\ 3 & 5 \end{pmatrix} = e_1(A).$

$AE_2 = \begin{pmatrix} 2 & -1 \\ 3 & 5 \end{pmatrix} \begin{pmatrix} 0 & 1 \\ 1 & 0 \end{pmatrix} = \begin{pmatrix} -1 & 2 \\ 5 & 3 \end{pmatrix} = e_2(A).$

b) $E_1A = \begin{pmatrix} 1 & 0 & 0 \\ 0 & 1 & 1 \\ 0 & 0 & 1 \end{pmatrix} \begin{pmatrix} 1 & -1 & 3 \\ 2 & 1 & 0 \\ 0 & 2 & -5 \end{pmatrix} = \begin{pmatrix} 1 & -1 & 3 \\ 2 & 3 & -5 \\ 0 & 2 & -5 \end{pmatrix} = e_1(A).$

$AE_2 = \begin{pmatrix} 1 & -1 & 3 \\ 2 & 1 & 0 \\ 0 & 2 & -5 \end{pmatrix} \begin{pmatrix} 1 & 0 & 0 \\ 0 & 1 & 0 \\ 0 & 0 & 2 \end{pmatrix} = \begin{pmatrix} 1 & -1 & 6 \\ 2 & 1 & 0 \\ 0 & 2 & -10 \end{pmatrix} = e_2(A).$

c) $E_1A = \begin{pmatrix} 1 & 0 & 0 \\ 0 & 1 & 0 \\ 0 & 0 & -2 \end{pmatrix} \begin{pmatrix} 1 & -1 \\ 3 & 0 \\ 0 & -2 \end{pmatrix} = \begin{pmatrix} 1 & -1 \\ 3 & 0 \\ 0 & 4 \end{pmatrix} = e_1(A).$

$AE_2 = \begin{pmatrix} 1 & -1 \\ 3 & 0 \\ 0 & -2 \end{pmatrix} \begin{pmatrix} 1 & -5 \\ 0 & 1 \end{pmatrix} = \begin{pmatrix} 1 & -6 \\ 3 & -15 \\ 0 & -2 \end{pmatrix} = e_2(A).$

Problema 12

$X = \frac{1}{22} \begin{pmatrix} 5 & -8 & 19 \\ 16 & 3 & 27 \end{pmatrix}; \quad Y = \frac{1}{11} \begin{pmatrix} -2 & 1 & -1 \\ -2 & 1 & -2 \end{pmatrix}$

Problema 13

a)

	inversible	simétrica	antisimétrica	ortogonal
	$a^2 + b^2 \neq 0$	$b = 0$	$a = 0$	$a^2 + b^2 = 1$

b) $B = \frac{1}{7} \begin{pmatrix} 178 & 76 \\ 80 & 41 \end{pmatrix}$ es una matriz inversible

Problema 14

$a = -3, b = 17.\ A^{-1} = \dfrac{1}{17}(3I_2 - A) = \dfrac{1}{17} \begin{pmatrix} 1 & 5 \\ -3 & 2 \end{pmatrix}\ a = -3$

Problema 15

b) $A = \begin{pmatrix} 1 & 1 \end{pmatrix}$, $B = \begin{pmatrix} 1 \\ -1 \end{pmatrix}$, g) $\begin{pmatrix} 0 & 1 \\ 0 & 1 \end{pmatrix}$, k) $A = \begin{pmatrix} 1 & 1 \end{pmatrix}$, $B = \begin{pmatrix} -1 & -1 \end{pmatrix}$

n) $P = \begin{pmatrix} 1 & 0 \\ 2 & 1 \end{pmatrix}$, $A = \begin{pmatrix} 1 & 1 \\ 1 & 1 \end{pmatrix}$, v) $A = I_2$, $B = \begin{pmatrix} 1 & 0 \\ 0 & 0 \end{pmatrix}$, $C = \begin{pmatrix} 0 & 1 \\ 0 & 0 \end{pmatrix}$

w) $A = \begin{pmatrix} 1 & 0 \\ 0 & 0 \end{pmatrix}$, $B = \begin{pmatrix} 1 & 1 \\ 0 & 0 \end{pmatrix}$, x) $A = \begin{pmatrix} 1 & 0 \\ 0 & 0 \end{pmatrix}$, $B = \begin{pmatrix} 0 & 1 \\ 0 & 0 \end{pmatrix}$

y) $A = \begin{pmatrix} 1 & 0 \end{pmatrix}$, $B = \begin{pmatrix} 0 \\ 1 \end{pmatrix}$

Problema 16

a) $A = \begin{pmatrix} 1 & 0 \end{pmatrix}$, $B = \begin{pmatrix} 0 \\ 1 \end{pmatrix}$, b) $A = \begin{pmatrix} 0 & 1 \\ 0 & 0 \end{pmatrix}$, c) $A = \begin{pmatrix} 0 & 1 & 1 \\ 0 & 0 & 1 \\ 0 & 0 & 0 \end{pmatrix}$

d) $A = \begin{pmatrix} 1 \\ 0 \end{pmatrix}$, $B = \begin{pmatrix} 0 \end{pmatrix}$ e) $A = \begin{pmatrix} 1 & 0 \\ 0 & 0 \end{pmatrix}$ f) $A = \begin{pmatrix} 1 & 0 \\ 0 & -1 \end{pmatrix}$

g) $A = \begin{pmatrix} 1 & 0 \\ 0 & 0 \end{pmatrix}$, $B = \begin{pmatrix} 0 & 1 \\ 0 & 0 \end{pmatrix}$, h) $A = \begin{pmatrix} a & 0 \\ 0 & a \end{pmatrix}$, $B = \begin{pmatrix} b_{11} & b_{12} \\ b_{21} & b_{22} \end{pmatrix}$

Problema 17

$r(A)$	$r(B)$	$r(C)$
0, si $r = p = q = 0$ 2, e.o.c.	0, si $a = b = 0$ 2, si $a \neq 0$, $a + b = 0$ 3, e.o.c.	0, si $a = b = 0$ 3, si $a \neq 0$, $a^2 = b^2$ 4, e.o.c.

$r(D)$	$r(E)$	$r(F)$
0, si $a = b = 0$ 4, si $a \neq 0$, $a = -b$ 5, e.o.c.	1, si $k = 1$ 2, si $k = -2$ 3, e.o.c.	1, $k = 1$ 3, e.o.c.

Nota: e.o.c. significa: *en otro caso.*

Problema 18

a) $(k^2 + k - 2) \cdot A^{-1} = \begin{pmatrix} k+1 & -1 & -1 \\ -1 & k+1 & -1 \\ -1 & -1 & k+1 \end{pmatrix}$ si $(k^2 + k - 2) \neq 0$.

b) $(z^3 + 4z^2) \cdot B^{-1} = \begin{pmatrix} z^2 & 0 & 0 \\ 3 & z^2 + 4z & -z - 4 \\ -3z & 0 & z^2 + 4z \end{pmatrix}$ si $(z^3 + 4z^2) \neq 0$.

c) $C^{-1} = \begin{pmatrix} -5 & 0 & -12 & 0 \\ -\frac{2}{m} & \frac{1}{m} & -\frac{10}{m} & -\frac{2}{m} \\ 2 & 0 & 5 & 0 \\ -6 & 0 & -18 & -1 \end{pmatrix}$ si $m \neq 0$.

Problema 19

a) $\mathcal{F}_B = \begin{pmatrix} 1 & 0 & \frac{1}{2} \\ 0 & 1 & \frac{3}{2} \\ 0 & 0 & 0 \end{pmatrix}$. Obsérvese que la tercera fila de A es combinación lineal de las filas de $\mathcal{F}_B$.

Finalmente, imponemos sucesivamente que las otras dos filas también lo sean:

$$\alpha \cdot \begin{pmatrix} 1 & 0 & \frac{1}{2} \end{pmatrix} + \beta \cdot \begin{pmatrix} 0 & 1 & \frac{3}{2} \end{pmatrix} = \begin{pmatrix} 6 & r & 9 \end{pmatrix} \Rightarrow r = 4$$

$$\alpha \cdot \begin{pmatrix} 1 & 0 & \frac{1}{2} \end{pmatrix} + \beta \cdot \begin{pmatrix} 0 & 1 & \frac{3}{2} \end{pmatrix} = \begin{pmatrix} s & 1 & 4 \end{pmatrix} \Rightarrow s = 5$$

b) $C_B = [\mathcal{F}_{B'}]^t = \begin{pmatrix} 1 & 0 & 0 \\ 0 & 1 & 0 \\ \frac{1}{3} & \frac{1}{3} & 0 \end{pmatrix}$. Nótese que la tercera columna de A no es combinación lineal de las columnas de C_B. Por tanto, en ningún caso estas dos matrices son equivalentes por columnas.

c) $A \sim B \Leftrightarrow r(A) = r(B) = 2 \Leftrightarrow 16r + 18s - 5sr - 54 = 0$.

Problema 20

$$A = \begin{pmatrix} 1 & -1 \\ 0 & 1 \end{pmatrix} \begin{pmatrix} 2 & 0 \\ 0 & 1 \end{pmatrix} \begin{pmatrix} 1 & 0 \\ 0 & -1 \end{pmatrix}$$

$$B = \begin{pmatrix} 1 & 0 \\ -\frac{5}{3} & 1 \end{pmatrix} \begin{pmatrix} 1 & 0 \\ 0 & -\frac{13}{3} \end{pmatrix} \begin{pmatrix} 1 & -5 \\ 0 & 1 \end{pmatrix} \begin{pmatrix} 3 & 0 \\ 0 & 1 \end{pmatrix}$$

$$C = \begin{pmatrix} 1 & 0 \\ -2 & 1 \end{pmatrix} \begin{pmatrix} 1 & -1 \\ 0 & 1 \end{pmatrix} \begin{pmatrix} -1 & 0 \\ 0 & 1 \end{pmatrix}$$

Problema 21

$$BB^t = \begin{pmatrix} 5 & 2 & 1 \\ 2 & 4 & 6 \\ 1 & 6 & 10 \end{pmatrix}, \ 2A^{-1} = \begin{pmatrix} 1 & 1 & 0 \\ 1 & 3 & -2 \\ 0 & 2 & 0 \end{pmatrix} \Rightarrow X = (BB^t - I_3) \cdot A^{-1} = \begin{pmatrix} 3 & 6 & -2 \\ 2,5 & 11,5 & -3 \\ 3,5 & 18,5 & -6 \end{pmatrix}$$

Problema 22

a) Supongamos $X \in \mathcal{M}_\mathbb{R}(m, n)$, $Y \in \mathcal{M}_\mathbb{R}(h, k)$:

$$\left. \begin{array}{l} XY \text{ existe } \Rightarrow n{=}h \\ YX \text{ existe } \Rightarrow k{=}m \\ XY + YX \text{ existe } \Rightarrow m{=}n \end{array} \right\} \Rightarrow X, Y \in \mathcal{M}_\mathbb{R}(n) \Rightarrow B, C \in \mathcal{M}_\mathbb{R}(n)$$

b) Se transpone la segunda ecuación:

$$(X^t Y^t + C^t)^t = (Y^t X^T)^t) \Leftrightarrow YX + C = XY \Leftrightarrow XY - YX = C.$$

Se suman (y restan) ambas ecuaciones:

$$\begin{cases} 2XY = B + C \\ 2YX = B - C \end{cases}$$

Finalmente, se multiplica la primera ecuación por la derecha por X, se multiplica la segunda ecuación por la izquierda por X, obteniéndose la identidad requerida:

$$\begin{cases} 2XYX = (B + C)X \\ 2XYX = X(B - C) \end{cases} \Rightarrow (B + C)X = X(B - C)$$

Problema 23

Si A es una matriz arbitraria de orden n: $A = \dfrac{A + A^t}{2} + \dfrac{A - A^t}{2}$. Obsérvese que

$$\frac{A + A^t}{2} \quad \text{y} \quad \frac{A - A^t}{2}$$

son matrices simétrica y antisimétrica, respectivamente. La unicidad se demuestra por reducción al absurdo y se deduce del hecho de que la única matriz que es simultáneamente simétrica y antisimétrica es la matriz nula O_n.

Problema 24

a) $A \in \mathcal{M}(m, n)$, $B = A^t$: $0 = A_i B^i = A_i (A_i)^t = \displaystyle\sum_{j=1}^{n} a_{ij}^2 \Rightarrow a_{ij} = \cdots = a_{in} = 0$.

c) Supongamos, por ejemplo que A es regular:

$AB = O_n \Rightarrow A^{-1}(AB) = A^{-1}O_n \Rightarrow (A^{-1}A)B = O_n \Rightarrow I_n B = O_n \Rightarrow B = O_n$.

d) Sea $C = AB$. Entonces, de acuerdo con la proposición 1.4:

$r(AB) \leq r(B) = r(A^{-1}C) \leq r(C) = r(AB)$.

Por tanto, $r(AB) = r(B)$.

e) $(AA^t)^t = (A^t)^t A^t = AA^t$, $(A^t A)^t = A^t (A^t)^t = A^t A$

f) $(P^t AP)^t = P^t A^t (P^t)^t = P^t AP$

h) $r(AB) \leq r(A) \leq n < m$

i) Supongamos que A es un divisor de cero. Sea B una matriz cuadrada y no nula tal que $BA = O_n$. Entonces, de acuerdo con el apartado c), A es singular.

Recíprocamente, supongamos que A es una matriz singular. Entonces, la última fila de su m.e.r.f. es nula. Por tanto, existe una matriz inversible P tal que la última fila de PA es nula.

Sea B la matriz de orden n tal que (i) sus $n - 1$ primeras columnas son nulas y (ii) todos los términos de su última columna son iguales a 1.

Si $C = BP$, entonces: $CA = (BP)A = C(PA) = O_n$. Es decir, A es un divisor de cero, ya que la matriz C es no nula.

j) $(A - A^t)^t = A^t - (A^t)^t = A^t - A = -(A - A^t)$, $(A + A^t)^t = A^t + (A^t)^t = A^t + A = A + A^t$.

l) $A \in \mathcal{M}(n)$, $B = AA^t$:

$$tr(AA^t) = tr(B) = \sum_{i=1}^{n} b_{ii} = \sum_{i=1}^{n} (A_i (A_i)^t) = \sum_{i=1}^{n} \left(\sum_{j=1}^{n} a_{ij}^2 \right) = \sum_{i=1}^{n} \sum_{j=1}^{n} a_{ij}^2 = 0 \Leftrightarrow A = O_n$$

m) $A^2 = (A^t)^2 = A^t A^t = (AA)^t = (A^2)^t$

ñ) Ciertamente, A es inversible si y sólo A^{-1} lo es. Supongamos que A es triangular superior. Calculamos A^{-1} utilizando el algoritmo de Gauss-Jordan:

$$(A|I_n) = \begin{pmatrix} a_{11} & a_{12} & \dots & a_{1i} & \dots & a_{1n} & | & 1 & 0 & \dots & \dots & \dots & 0 \\ 0 & a_{22} & \dots & a_{2i} & \dots & a_{2n} & | & 0 & 1 & \dots & \dots & \dots & 0 \\ \dots & \dots & \dots & \dots & \dots & \dots & | & \dots & \dots & \dots & \dots & \dots & \dots \\ 0 & 0 & \dots & a_{ii} & \dots & a_{in} & | & 0 & 0 & \dots & 1 & \dots & 0 \\ \dots & \dots & \dots & \dots & \dots & \dots & | & \dots & \dots & \dots & \dots & \dots & \dots \\ 0 & 0 & \dots & 0 & \dots & a_{nn} & | & 0 & 0 & \dots & 0 & \dots & 1 \end{pmatrix}$$

Sobre esta matriz se efectúan las transformaciones:

- $f_1 \leftarrow a_{22}f_1 - a_{12}f_2$, que transforma[1] $(A|I_n)$ en la matriz $(A_1|J_1)$, de modo que la matriz J_1 mantiene los ceros debajo de la diagonal:

$$J_1 = \begin{pmatrix} a_{22} & -a_{12} & \dots & \dots & \dots & 0 \\ 0 & 1 & \dots & \dots & \dots & 0 \\ \dots & \dots & \dots & \dots & \dots & \dots \\ 0 & 0 & \dots & 1 & \dots & 0 \\ \dots & \dots & \dots & \dots & \dots & \dots \\ 0 & 0 & \dots & 0 & \dots & 1 \end{pmatrix}$$

- $f_1 \leftarrow a_{33}f_1 - a_{13}f_3, f_2 \leftarrow a_{33}f_2 - a_{23}f_3$, que transforma[2] $(A_1|J_1)$ en la matriz $(A_2|J_2)$, de modo que la matriz J_2 mantiene los ceros debajo de la diagonal:

$$J_2 = \begin{pmatrix} a_{33}a_{22} & -a_{33}a_{12} & \dots & \dots & \dots & 0 \\ 0 & a_{33} & \dots & \dots & \dots & 0 \\ \dots & \dots & \dots & \dots & \dots & \dots \\ 0 & 0 & \dots & 1 & \dots & 0 \\ \dots & \dots & \dots & \dots & \dots & \dots \\ 0 & 0 & \dots & 0 & \dots & 1 \end{pmatrix}$$

- Y así sucesivamente: $f_1 \leftarrow a_{ii}f_1 - a_{1i}f_i, f_2 \leftarrow a_{ii}f_2 - a_{2i}f_i, \dots, f_{i-1} \leftarrow a_{ii}f_{i-1} - a_{i-1,i}f_i$, que va transformando I_n en matrices $J_1, J_2, \dots, J_{i-1}$, que son todas triangulares superiores. Por tanto, la matriz inversa de A que se obtiene después de la última cadena de transformaciones:[3] $f_1 \leftarrow a_{nn}f_1 - a_{1n}f_n, f_2 \leftarrow a_{nn}f_2 - a_{2n}f_n, \dots, f_{n-1} \leftarrow a_{nn}f_{n-1} - a_{n-1,n}f_n$, será también triangular superior.

o) Si B es simétrica, $B = B^t$. Si C es ortogonal, $C^t = C^{-1}$. Por tanto:
$A = B \cdot C \Rightarrow B = A \cdot C^{-1} \Rightarrow A \cdot A^t = (B \cdot C) \cdot (B \cdot C)^t = B \cdot C \cdot C^t \cdot B = B \cdot C \cdot C^{-1} \cdot B = B^2$

p) $r(A) = r_f(A) = r_c(A^t) = r(A^t)$.

q) $AA^t = (A^tA)^t$. Por tanto, de acuerdo con el apartado p), $r(AA^t) = r(A^tA)$.

r) $A^2 = (AB)(AB) = A(BA)B = ABB = (AB)B = AB = A$
Análogamente, se demuestra que $B^2 = B$.

s) $(AB)^t = B^tA^t = B^{-1}A^{-1} = (AB)^{-1}$

t) De $A^2 + A + I_n = O_n$ se deduce, de una parte, que $-A(A + I_n) = I_n$ y, de otra, que $-(A + I_n)A = I_n$. Entonces, si A es de orden $m \times n$, resulta que el número de columnas de $-A$, que es n, ha de ser igual al número de filas de $A + I_n$, que es m; por tanto, A es cuadrada.
Por otra parte, de $-A(A + I_n) = I_n, -(A + I_n)A = I_n$ se deduce que $A^{-1} = -A - I_n$.

---

[1] Pivotar en a_{22} sobre la fila 1.
[2] Pivotar en a_{33} sobre las filas 1 y 2.
[3] Pivotar en a_{nn} sobre las filas 1,2,..., n-1.

u) • Si MN es simétrica, entonces, de una parte, $(MN)^t = N^t M^t = NM$ y, de otra,

   $(MN)^t = MN$. Por tanto $MN = NM$.

   • Si $MN = NM$, entonces $(MN)^t = (NM)^t = M^t N^t = MN$, luego MN es simétrica.

Problema 25

Obsérvese que: $S_1 = \dfrac{1}{\lambda_1}\Lambda - \displaystyle\sum_{i=2}^{s}\dfrac{\lambda_i}{\lambda_1}S_i$

(i) • Supongamos que $\Lambda \in \langle S_2, \ldots, S_s \rangle$: $\Lambda = \displaystyle\sum_{i=2}^{s} \alpha_i S_i$. Entonces,

$$S_1 = \frac{1}{\lambda_1}\left(\sum_{i=2}^{s}\alpha_i S_i\right) - \sum_{i=2}^{s}\frac{\lambda_i}{\lambda_1}S_i = \sum_{i=2}^{s}\frac{\alpha_i - \lambda_i}{\lambda_1}S_i.$$

   Es decir, S es ligado.

   • Supongamos que, para cierto $j \in \{2, \ldots, s\}$, $S_j \in \langle \Lambda, S_2, \ldots, S_{j-1}, S_{j+1}, \ldots, S_s \rangle$. Sin pérdida de generalidad, podemos suponer que $S_s \in \langle \Lambda, S_2, \ldots, S_{s-1}\rangle$. Entonces:

$$S_s = \alpha_1\left(\sum_{i=1}^{s}\lambda_i S_i\right) + \sum_{j=2}^{s-1}\alpha_j S_j = \alpha_1\lambda_1 S_1 + \sum_{j=2}^{s-1}(\alpha_1\lambda_j + \alpha_j)S_j + \alpha_1\lambda_s S_s$$

   Si $\alpha_1 = 0$, entonces $S_s \in \langle S_2, \ldots, S_{s-1}\rangle$. Es decir, S es ligado. Si $\alpha_1 \neq 0$, entonces $\alpha_1\lambda_1 \neq 0$. Es decir, S es también ligado, puesto que:

$$S_1 = -\sum_{j=2}^{s-1}\frac{\alpha_1\lambda_j + \alpha_j}{\alpha_1\lambda_1}S_j + \frac{1 - \alpha_1\lambda_s}{\alpha_1\lambda_1}S_s$$

(ii) • Sea $\Omega \in \langle S \rangle$: $\Omega = \displaystyle\sum_{i=1}^{s}\alpha_i S_i$. Entonces:

$$\Omega = \alpha_1(\frac{1}{\lambda_1}\Lambda - \sum_{i=2}^{s}\frac{\lambda_i}{\lambda_1}S_i) + \sum_{i=2}^{s}\alpha_i S_i = \frac{\alpha_1}{\lambda_1}\Lambda + \sum_{i=2}^{s}(\alpha_i - \frac{\alpha_1\lambda_i}{\lambda_1})S_i$$

   Es decir, $\langle S \rangle \subseteq \langle \Lambda, S_2, \ldots, S_s \rangle$.

   • Sea $\Omega \in \langle \Lambda, S_2, \ldots, S_s\rangle$: $\Omega = \alpha_1\Lambda + \displaystyle\sum_{i=2}^{s}\alpha_i S_i$. Entonces:

$$\Omega = \alpha_1\left(\sum_{i=1}^{s}\lambda_i S_i\right) + \sum_{i=2}^{s}\alpha_i S_i = \alpha_1\lambda_1 S_1 + \sum_{i=2}^{s}(\alpha_1\lambda_i + \alpha_i)S_i$$

   Es decir, $\langle \Lambda, S_2, \ldots, S_s\rangle \subseteq \langle S \rangle$.

Problema 26

a) $A + B = (a_{ij}) + (b_{ij}) = (a_{ij} + b_{ij}) = (b_{ij} + a_{ij}) = (b_{ij}) + (a_{ij}) = B + A$

b) $(A + B) + C = ((a_{ij}) + (b_{ij})) + (c_{ij}) = (a_{ij} + b_{ij}) + (c_{ij}) = ((a_{ij} + b_{ij}) + c_{ij}) = (a_{ij} + (b_{ij} + c_{ij})) = (a_{ij}) + (b_{ij} + c_{ij}) = (a_{ij}) + ((b_{ij}) + (c_{ij})) = A + (B + C)$

c) $O_{m,n} + A = (0 + a_{ij}) = (a_{ij}) = A$

d) $-A + A = (-a_{ij}) + (a_{ij}) = (-a_{ij} + a_{ij}) = (0) = O_{m,n}$

e) $(a + b) \cdot A = ((a + b) \cdot a_{ij}) = (a \cdot a_{ij} + b \cdot a_{ij}) = (a \cdot a_{ij}) + (b \cdot a_{ij}) = a \cdot A + b \cdot B$

f) $a \cdot (A + B) = a \cdot (a_{ij} + b_{ij}) = (a \cdot a_{ij}) + (a \cdot b_{ij}) = a \cdot A + a \cdot B$

g) $(a \cdot b) \cdot A = ((a \cdot b) \cdot a_{ij}) = (a \cdot (b \cdot a_{ij})) = a \cdot (b \cdot A)$

h) $1 \cdot A = (1 \cdot a_{ij}) = (a_{ij}) = A$

i) $(A^t)^t = (a_{ji})^t = (a_{ij}) = A$

j) $(A + B)^t = (a_{ij} + b_{ij})^t = (a_{ji} + b_{ji}) = A^t + B^t$

k) $(a \cdot A)^t = (a \cdot a_{ij})^t = (a \cdot a_{ji}) = a \cdot A^t$

Problema 27

a) $(A \cdot B)_i \cdot C^j = \sum_{r=1}^{h} \left(\sum_{s=1}^{n} a_{is} \cdot b_{sr} \right) \cdot c_{rj} = \sum_{r=1}^{h} \left(\sum_{s=1}^{n} a_{is} \cdot b_{sr} \cdot c_{rj} \right) = \sum_{s=1}^{n} \left(\sum_{r=1}^{h} a_{is} \cdot b_{sr} \cdot c_{rj} \right) = \sum_{s=1}^{n} a_{is} \cdot \left(\sum_{r=1}^{h} b_{sr} \cdot c_{rj} \right) = A_i \cdot (B \cdot C)^j$

b) $a_{ij} = (I_m)_i \cdot A = A \cdot (I_n)^j$

c) $A \cdot (B_1 + B_2) = (a_{ij}) \cdot ((b_{js}^1) + (b_{js}^2)) = \left(\sum_{j=1}^{n} a_{ij} \cdot b_{js}^1 + a_{ij} \cdot b_{js}^2 \right) = \left(\sum_{j=1}^{n} a_{ij} \cdot b_{js}^1 \right) + \left(\sum_{j=1}^{n} a_{ij} \cdot b_{js}^2 \right) = A \cdot B_1 + A \cdot B_2$

d) $(A_1 + A_2) \cdot B = ((a_{ij}^1) + (a_{ij}^2)) \cdot (b_{js}) = \left(\sum_{j=1}^{n} a_{ij}^1 \cdot b_{js} + a_{ij}^2 \cdot b_{js} \right) = \left(\sum_{j} a_{ij}^1 \cdot b_{js} \right) + \left(\sum_{j=1}^{n} a_{ij}^2 \cdot b_{js} \right) = A_1 \cdot B + A_2 \cdot B$

e) $(B^t)_i \cdot (A^t)^j = (B^i)^t \cdot (A_j)^t = (A_j \cdot B^i)^t = A_j \cdot B^i$

Problema 28

Sean $F = \langle R \rangle$, $G = \langle S \rangle$.

- $R_1 = \sum_{i=1}^{s} \alpha_i S_i$. Sin pérdida de generalidad, supongamos que $\alpha_1 \neq 0$. En tal caso, de acuerdo con el problema , $\{R_1, S_2, \ldots, S_s\}$ es libre y $G = \langle R_1, S_2, \ldots, S_s \rangle$.

- $R_2 = \beta_1 R_1 + \sum_{i=2}^{s} \beta_i S_i$. Sin pérdida de generalidad, supongamos que $\beta_2 \neq 0$. En tal caso, $\{R_1, R_2, S_3, \ldots, S_s\}$ es libre y $G = \langle R_1, R_2, S_3, \ldots, S_s \rangle$.

- Repitiendo este proceso r veces, se obtiene que $\{R_1, \ldots, R_r, S_{r+1}, \ldots, S_s\}$ es libre, lo cual implica que, necesariamente, $r \leq s$.

Problema 29

1.
$$C_i = A_i \cdot B = (A_i \cdot B^1 \ldots A_i \cdot B^n) = \left(\sum_{s=1}^{k} a_{is} b_{s1} \ldots \sum_{s=1}^{k} a_{is} b_{sn} \right) =$$

$$a_{i1} \cdot (b_{11} \ldots b_{1n}) + \cdots + a_{ik} \cdot (b_{k1} \ldots b_{kn}) = a_{i1} \cdot B_1 + \cdots a_{ik} \cdot B_k$$

2. Sean $r_f(B) = s$, $r_f(C) = r$. Sea S un conjunto de filas de B, de cardinal s y libre. Sea R un conjunto de filas de C, de cardinal r y libre. Entonces, a partir del apartado anterior y de acuerdo con la proposición 1.3, $r_f(C) = r \le s = r_f(B)$.

3.
$$C^j = A \cdot B^j = (A_1 \cdot B^j \ldots A_m \cdot B^j)^t = \left(\sum_{s=1}^{k} a_{1s} b_{sj} \cdots \sum_{s=1}^{k} a_{ms} b_{sj} \right)^t =$$

$$b_{1j} \cdot (a_{11} \ldots a_{m1})^t + \cdots + b_{kj} \cdot (a_{1k} \ldots a_{mk})^t = b_{1j} \cdot A^1 + \cdots b_{kj} \cdot A^k$$

4. Sean $r_c(A) = s$, $r_c(C) = r$. Sea S un conjunto de columnas de A, de cardinal s y libre. Sea R un conjunto de columnas de C, de cardinal r y libre. Entonces, a partir del apartado anterior y de acuerdo con la proposición 1.3, $r_c(C) = r \le s = r_c(A)$.

Problema 30

1. Ambas desigualdades son consecuencia inmediata de las definiciones.

2. Sea $r_f(A) = k$. Es decir, hay k filas linealmente independientes y el resto son combinación lineal de ellas. Sin pérdida de generalidad, se puede suponer que las k primeras filas de A son l.i.:

$$\begin{cases} A_1 & = & 1 \cdot A_1 + 0 \cdot A_2 + \cdots + 0 \cdot A_k \\ A_2 & = & 0 \cdot A_1 + 1 \cdot A_2 + \cdots + 0 \cdot A_k \\ \vdots & \vdots & \vdots \\ A_k & = & 0 \cdot A_1 + 0 \cdot A_2 + \cdots + 1 \cdot A_k \\ A_{k+1} & = & \lambda_{k+1,1} A_1 + \lambda_{k+1,2} A_1 + \cdots + \lambda_{k+1,k} A_k \\ \vdots & \vdots & \vdots \\ A_m & = & \lambda_{m1} A_1 + \lambda_{m2} A_1 + \cdots + \lambda_{mk} A_k \end{cases}$$

Es decir:

$$A = \begin{pmatrix} A_1 \\ A_2 \\ \vdots \\ A_k \\ A_{k+1} \\ \vdots \\ A_m \end{pmatrix} = \begin{pmatrix} 1 & 0 & \ldots & 0 \\ 0 & 1 & \ldots & 0 \\ \vdots & \vdots & \ddots & \vdots \\ 0 & 0 & \ldots & 1 \\ \lambda_{k+1,1} & \lambda_{k+1,2} & \ldots & \lambda_{k+1,k} \\ \vdots & \vdots & \ddots & \vdots \\ \lambda_{m1} & \lambda_{m2} & \ldots & \lambda_{mk} \end{pmatrix} \cdot \begin{pmatrix} A_1 \\ A_2 \\ \vdots \\ A_k \end{pmatrix} = B \cdot C$$

Ciertamente, B es una matriz de orden $m \times k$ cuyo conjunto de columnas es libre, es decir, $r_c(B) = k$. Por tanto, según la proposición 1.4, $r_c(A) \le r_c(B) = k = r_f(A)$.

Aplicando el mismo razonamiento a l columnas l.i. de A, donde $l = r_c(A)$, se llega a la conclusión de que $r_f(A) \leq l = r_c(A)$, lo que permite concluir que $r_f(A) = r_c(A)$.

Problema 31

a) ▪ Sea $e : f_i \leftrightarrow f_j$ una t.e.f. del tipo 1. Entonces:

$$e(A) = e\begin{pmatrix} A_1 \\ \vdots \\ A_i \\ \vdots \\ A_j \\ \vdots \\ A_m \end{pmatrix} = \begin{pmatrix} A_1 \\ \vdots \\ A_j \\ \vdots \\ A_i \\ \vdots \\ A_m \end{pmatrix}$$

$$e(I_m) \cdot A = \begin{pmatrix} 1 & \cdots & 0 & \cdots & 0 & \cdots & 0 \\ \cdots & \cdots & \cdots & \cdots & \cdots & \cdots & \cdots \\ 0 & \cdots & 0 & \cdots & 1 & \cdots & 0 \\ \cdots & \cdots & \cdots & \cdots & \cdots & \cdots & \cdots \\ 0 & \cdots & 1 & \cdots & 0 & \cdots & 0 \\ \cdots & \cdots & \cdots & \cdots & \cdots & \cdots & \cdots \\ 0 & \cdots & 0 & \cdots & 0 & \cdots & 1 \end{pmatrix} \begin{pmatrix} A_1 \\ \vdots \\ A_i \\ \vdots \\ A_j \\ \vdots \\ A_m \end{pmatrix} = \begin{pmatrix} A_1 \\ \vdots \\ A_j \\ \vdots \\ A_i \\ \vdots \\ A_m \end{pmatrix}$$

▪ Sea $e : f_i \leftarrow k \cdot f_i, k \neq 0$ una t.e.f. de tipo 2. Entonces:

$$e(A) = e\begin{pmatrix} A_1 \\ \vdots \\ A_i \\ \vdots \\ A_m \end{pmatrix} = \begin{pmatrix} A_1 \\ \vdots \\ k \cdot A_i \\ \vdots \\ A_m \end{pmatrix}$$

$$e(I_m) \cdot A = \begin{pmatrix} 1 & \cdots & 0 & \cdots & 0 \\ \vdots & \ddots & \vdots & \vdots & \vdots \\ 0 & \cdots & k & \cdots & 0 \\ \vdots & \vdots & \vdots & \ddots & \vdots \\ 0 & \cdots & 0 & \cdots & 1 \end{pmatrix} \begin{pmatrix} A_1 \\ \vdots \\ A_i \\ \vdots \\ A_m \end{pmatrix} = \begin{pmatrix} A_1 \\ \vdots \\ k \cdot A_i \\ \vdots \\ A_m \end{pmatrix}$$

- Sea $e : f_i \leftarrow f_i + k \cdot f_j$ una t.e.f. del tipo 3. Entonces:

$$
e \begin{pmatrix} A_1 \\ \vdots \\ A_i \\ \vdots \\ A_j \\ \vdots \\ A_m \end{pmatrix} = \begin{pmatrix} A_1 \\ \vdots \\ A_i + k \cdot A_j \\ \vdots \\ A_j \\ \vdots \\ A_m \end{pmatrix}
$$

$$
e(I_m) \cdot A = \begin{pmatrix} 1 & \cdots & 0 & \cdots & 0 & \cdots & 0 \\ \cdots & \cdots & \cdots & \cdots & \cdots & \cdots & \cdots \\ 0 & \cdots & 1 & \cdots & k & \cdots & 0 \\ \cdots & \cdots & \cdots & \cdots & \cdots & \cdots & \cdots \\ 0 & \cdots & 0 & \cdots & 1 & \cdots & 0 \\ \cdots & \cdots & \cdots & \cdots & \cdots & \cdots & \cdots \\ 0 & \cdots & 0 & \cdots & 0 & \cdots & 1 \end{pmatrix} \begin{pmatrix} A_1 \\ \vdots \\ A_i \\ \vdots \\ A_j \\ \vdots \\ A_m \end{pmatrix} = \begin{pmatrix} A_1 \\ \vdots \\ A_i + k \cdot A_j \\ \vdots \\ A_j \\ \vdots \\ A_m \end{pmatrix}
$$

b) Demostración análoga a la anterior.

c) $\tilde{e}(e(A)) = e(A) \cdot \tilde{e}(I_n) = (e(I_m) \cdot A) \cdot \tilde{e}(I_n) = e(I_m) \cdot A \cdot \tilde{e}(I_n)$

   $e(\tilde{e}(A)) = e(I_m) \cdot \tilde{e}(A) = e(I_m) \cdot (A \cdot \tilde{e}(I_n)) = e(I_m) \cdot A \cdot \tilde{e}(I_n)$

d) $\tilde{e}(e(A)) = \tilde{e}(I_m) \cdot e(A) = \tilde{e}(I_m) \cdot (e(I_m) \cdot A) = \tilde{e}(I_m) \cdot e(I_m) \cdot A$

e) $\tilde{e}(e(A)) = e(A) \cdot \tilde{e}(I_n) = (A \cdot e(I_n)) \cdot \tilde{e}(I_n) = A \cdot e(I_n) \cdot \tilde{e}(I_n)$

Problema 32

Sean A una matriz de orden $m \times n$ y e una t.e.f., de modo que $E = e(I_m)$, $E^{-1} = e^{-1}(E)$ y $B = e(A)$. Entonces, $B = E \cdot A$ y $A = E^{-1} \cdot B$. Por tanto, de acuerdo con el apartado 2 de la proposición 1.4, $r_f(B) \le r_f(A) \le r_f(B)$. Es decir, $r(e(A)) = r(A)$.

Problema 33

La relación $\sim_f$ es:

- Reflexiva: $A = e(A)$, donde $e : f_1 \leftarrow f_1$.

- Simétrica: Si $A \sim_f B$, entonces existe una secuencia $\{e_1, \dots, e_r\}$ de t.e.f. tal que $B = e_r(\dots(e_1(A))\dots)$. Por tanto, $A \sim_f B$, ya que $A = e_1^{-1}(\dots(e_r^{-1}(B))\dots)$.

- Transitiva: Si $A \sim_f B$, entonces existe una secuencia $\{e_1, \dots, e_r\}$ de t.e.f. tal que $B = e_r(\dots(e_1(A))\dots)$. Si $B \sim_f C$, entonces existe una secuencia $\{e_{r+1}, \dots, e_{r+s}\}$ de t.e.f. tal que $B = e_{r+s}(\dots(e_{r+1}(A))\dots)$. Por tanto, $A \sim_f C$, ya que $C = e_{r+s}(\dots(e_1(A))\dots)$.

Sea A una matriz de orden $m \times n$. La existencia y unicidad de una m.e.r.f. equivalente por filas a la matriz A es consecuencia del siguiente algoritmo, que describe los pasos a seguir para obtenerla.

- Si no todas las m filas de A son nulas, sea $a_{i_1 j_1}$ el primer elemento no nulo de la primera columna no nula de A.

  (a1) Efectuar $f_1 \leftrightarrow f_{i_1}, f_1 \leftarrow \dfrac{1}{a_{i_1 j_1}} f_1$.

  (b1) A continuación, efectuar la secuencia: $f_l \leftarrow f_l - a_{l j_1} \cdot f_1$ para $l \neq 1$.

- Sin tener en cuenta la primera fila de la matriz A' obtenida, y si hay filas no nulas, sea $a_{i_2 j_2}$ el primer elemento no nulo de la primera columna no nula de A'.

  (a2) Efectuar $f_2 \leftrightarrow f_{i_2}, f_2 \leftarrow \dfrac{1}{a_{i_2 j_2}} f_2$.

  (b2) A continuación, efectuar la secuencia: $f_l \leftarrow f_l - a_{l j_2} \cdot f_2$ para $l \neq 2$.

- Sin tener en cuenta las dos primeras filas de la matriz A'' obtenida, y si hay filas no nulas, sea $a_{i_3 j_3}$ el primer elemento no nulo de la primera columna no nula de A''. Efectuar (a3),(b3). Repetir este proceso hasta que después de r pasos el resto de filas, en total $m - r$, sean todas nulas.

Problema 34

Si A es equivalente por filas con B, partiendo de A, mediante transformaciones de fila, se llega a $\mathcal{F}_A$ y también a B. Y siguiendo desde B con transformaciones de fila, se llega a $\mathcal{F}_B$:

$$A \xrightarrow{e_1} A_1 \xrightarrow{e_2} A_2 \cdots \xrightarrow{e_r} \mathcal{F}_A$$

$$A \xrightarrow{e'_1} A'_1 \xrightarrow{e'_2} A'_2 \cdots \xrightarrow{e'_s} B \xrightarrow{e''_1} B_1 \xrightarrow{e''_2} B_2 \cdots \xrightarrow{e''_t} \mathcal{F}_B$$

Por tanto, de acuerdo con la proposición 1.8, $\mathcal{F}_A = \mathcal{F}_B$.

Recíprocamente, supongamos que $\mathcal{F}_A = \mathcal{F}_B$. Entonces, existe una secuencia de transformaciones elementales de filas que lleva la matriz A a B, pasando por su m.e.r.f. común $\mathcal{F}_A = \mathcal{F}_B$:

$$A \xrightarrow{e_1} A_1 \xrightarrow{e_2} A_2 \cdots \xrightarrow{e_r} \mathcal{F}_A = \mathcal{F}_B \xrightarrow{e_{r+1}} B_1 \xrightarrow{e_{r+2}} B_2 \cdots \xrightarrow{e_{r+s}} B$$

Es decir, A y B son equivalentes por filas.

El enunciado considerando columnas se demuestra análogamente.

Problema 35

Sea A una matriz escalonada por filas cuyas r primeras filas $A_1, A_2, \cdots A_r$ son no nulas:

$$A = \begin{pmatrix} 0 & \cdots & 0 & a_{1k_1} & \cdots & \cdots & \cdots & \cdots & \cdots & \cdots \\ 0 & \cdots & 0 & 0 & \cdots & a_{2k_2} & \cdots & \cdots & \cdots & \cdots \\ \cdots & \cdots & \cdots & \cdots & \cdots & \cdots & \cdots & \cdots & \cdots & \cdots \\ 0 & \cdots & 0 & 0 & \cdots & 0 & \cdots & a_{rk_r} & \cdots & \cdots \\ 0 & \cdots & 0 & 0 & \cdots & 0 & \cdots & 0 & \cdots & 0 \\ \cdots & \cdots & \cdots & \cdots & \cdots & \cdots & \cdots & \cdots & \cdots & \cdots \\ 0 & \cdots & 0 & 0 & \cdots & 0 & \cdots & 0 & \cdots & 0 \end{pmatrix}$$

En primer lugar, se observa que el rango de A es, a lo sumo, r, ya que todo conjunto de filas que contiene una fila nula es ligado. Por tanto, para demostrar la igualdad $r(A) = r$, es suficiente probar que el conjunto de filas no nulas es libre.

Supongamos que una fila no nula A_i es combinación lineal del resto: $A_i = \sum_{\substack{j=1 \\ j\neq i}}^{r} \lambda_j \cdot A_j$. Es decir:

$$\lambda_1 \cdot A_1 + \cdots + \lambda_{i-1} \cdot A_{i-1} + (-1) \cdot A_i + \lambda_{i+1} \cdot A_{i+1} + \cdots + \lambda_r \cdot A_r = O_r$$

de donde:

$$\begin{cases} \lambda_1 a_{1k_1} = 0 \\ \lambda_1 a_{2k_1} + \lambda_2 a_{2k_2} = 0 \\ \vdots \\ \lambda_1 a_{ik_1} + \lambda_2 a_{ik_2} + \cdots + (-1)a_{ik_i} = 0 \\ \vdots \end{cases}$$

De la primera ecuación, como $a_{1k_1} \neq 0$, se deduce que $\lambda_1 = 0$; de la segunda ecuación, como $a_{2k_2} \neq 0$, se deduce que $\lambda_2 = 0$; ...; de la i-ésima ecuación, como $a_{ik_i} \neq 0$, se deduce que $-1 = 0$. Dicha contradicción demuestra que las filas no nulas de A son linealmente independientes.

Problema 36

a) $(P \cdot Q) \cdot (Q^{-1} \cdot P^{-1}) = P \cdot (Q \cdot Q^{-1}) \cdot P^{-1} = P \cdot I_n \cdot P^{-1} = P \cdot P^{-1} = I_n$

   $(Q^{-1} \cdot P^{-1}) \cdot (P \cdot Q) = Q^{-1} \cdot (P^{-1} \cdot P) \cdot Q = Q^{-1} \cdot I_n \cdot Q = Q^{-1} \cdot Q = I_n$

b) $P \cdot P^{-1} = P^{-1} \cdot P = I_n \Rightarrow (P^{-1})^{-1} = P$

c) $(P^{-1})^t \cdot P^t = (P \cdot P^{-1})^t = I_n^t = I_n$

   $P^t \cdot (P^{-1})^t = (P^{-1} \cdot P)^t = I_n^t = I_n$

d) $P \cdot Q = I_n \Rightarrow P^{-1} \cdot (P \cdot Q) \cdot P = P^{-1} \cdot I_n \cdot P = I_n \Rightarrow (P^{-1} \cdot P) \cdot (Q \cdot P) = I_n \Rightarrow Q \cdot P = I_n$

Problema 37

$$e^{-1}(I_n) \cdot E = e^{-1}(I_n) \cdot e(I_n) = e^{-1}(e(I_n)) = I_n$$

Problema 38

$1 \Rightarrow 2$: $I_n = A \cdot A^{-1} \Rightarrow n = r(I_n) \leq r(A) \Rightarrow r(A) = n$

$2 \Rightarrow 3$: $r(\mathcal{F}_A) = r(A) = n \Rightarrow \mathcal{F}_A = I_n$; $r(C_A) = r(A) = n \Rightarrow C_A = I_n$

$3 \Rightarrow 4$: Existe una cadena finita de transformaciones elementales de fila $\{e_1, \cdots, e_k\}$ tal que: $A \xrightarrow{e_1} A_1 \xrightarrow{e_2} A_2 \cdots \xrightarrow{e_k} A_k = \mathcal{F}_A = I_n$. Es decir, $I_n = E_k \cdot \ldots \cdot E_1 \cdot A$, donde $E_i = e_i(I_n)$. Por tanto, $A = E_1^{-1} \cdot \ldots \cdot E_k^{-1}$, donde $E_i^{-1} = e_i^{-1}(I_n)$.

$4 \Rightarrow 1$: A es inversible porque (i) las matrices elementales son inversibles, y (ii) el producto de matrices inversibles es una matriz inversible.

Capítulo 2

Problema 1

Todos son nulos excepto: $|C| = -b^2(b + 3a)$; $|E| = -x^3 + 6x^2 + 15x + 8$.

Problema 2

a) $\begin{vmatrix} 2 & -2 \\ 3 & -2 \end{vmatrix} = 2$; $\begin{vmatrix} 2 & -2 \\ 3 & -5 \end{vmatrix} = -4$; $\begin{vmatrix} 3 & -2 \\ 3 & -5 \end{vmatrix} = -9$

b) $\begin{vmatrix} 5 & 4 \\ -1 & 5 \end{vmatrix} = 29$; $\begin{vmatrix} 0 & 4 \\ 3 & 5 \end{vmatrix} = -12$; $\begin{vmatrix} 0 & 5 \\ 3 & -1 \end{vmatrix} = -15$; $\begin{vmatrix} -1 & 3 \\ -1 & 5 \end{vmatrix} = -2$; $\begin{vmatrix} 2 & 3 \\ 3 & 5 \end{vmatrix} = 1$;

$\begin{vmatrix} 2 & -1 \\ 3 & -1 \end{vmatrix} = 1$; $\begin{vmatrix} -1 & 3 \\ 5 & 4 \end{vmatrix} = -19$; $\begin{vmatrix} 2 & 3 \\ 0 & 4 \end{vmatrix} = 8$; $\begin{vmatrix} 2 & -1 \\ 0 & 5 \end{vmatrix} = 10$; $\begin{vmatrix} 2 & -1 & 3 \\ 0 & 5 & 4 \\ 3 & -1 & 5 \end{vmatrix} = 1$

c) $\begin{vmatrix} -1 & 0 \\ -1 & 0 \end{vmatrix} = 0$; $\begin{vmatrix} 1 & 0 \\ 0 & 0 \end{vmatrix} = 0$; $\begin{vmatrix} 1 & -1 \\ 0 & -1 \end{vmatrix} = -1$; $\begin{vmatrix} -2 & 0 \\ 4 & 0 \end{vmatrix} = 0$; $\begin{vmatrix} -2 & -1 \\ 4 & -1 \end{vmatrix} = 6$; $\begin{vmatrix} -2 & 1 \\ 4 & 0 \end{vmatrix} = -4$;

$\begin{vmatrix} 0 & 1 \\ -1 & 0 \end{vmatrix} = 1$; $\begin{vmatrix} 1 & 1 \\ 0 & 0 \end{vmatrix} = 0$; $\begin{vmatrix} 1 & 0 \\ 0 & -1 \end{vmatrix} = -1$; $\begin{vmatrix} 3 & 1 \\ 4 & 0 \end{vmatrix} = -4$; $\begin{vmatrix} 3 & 0 \\ 4 & -1 \end{vmatrix} = -3$; $\begin{vmatrix} 3 & 1 \\ 4 & 0 \end{vmatrix} = -4$;

$\begin{vmatrix} 0 & 1 \\ -1 & 0 \end{vmatrix} = 1$; $\begin{vmatrix} 1 & 1 \\ 1 & 0 \end{vmatrix} = -1$; $\begin{vmatrix} 1 & 0 \\ 1 & -1 \end{vmatrix} = -1$; $\begin{vmatrix} 3 & 1 \\ -2 & 0 \end{vmatrix} = 2$; $\begin{vmatrix} 3 & 0 \\ -2 & -1 \end{vmatrix} = -3$; $\begin{vmatrix} 3 & 1 \\ -2 & 1 \end{vmatrix} = 5$;

$\begin{vmatrix} 1 & 0 & 1 \\ 1 & -1 & 0 \\ 0 & -1 & 0 \end{vmatrix} = -1$; $\begin{vmatrix} 3 & 0 & 1 \\ -2 & -1 & 0 \\ 4 & -1 & 0 \end{vmatrix} = 6$; $\begin{vmatrix} 3 & 1 & 1 \\ -2 & 1 & 0 \\ 4 & 0 & 0 \end{vmatrix} = -4$; $\begin{vmatrix} 3 & 1 & 0 \\ -2 & 1 & -1 \\ 4 & 0 & -1 \end{vmatrix} = -9$

Problema 3

a) $r(A) = 2$ b) $r(B) = 3$ c) $r(C) = 3$

Problema 4

a) $A = \begin{pmatrix} 26 & 21 & -9 \\ -11 & -9 & 4 \\ -6 & -5 & 2 \end{pmatrix}$ b) $B = \begin{pmatrix} 29 & 12 & -15 \\ 2 & 1 & -1 \\ -19 & -8 & 10 \end{pmatrix}$ c) $C = \begin{pmatrix} -3 & -18 & -12 & 28 \\ -3 & -17 & -12 & 26 \\ 1 & 5 & 3 & -8 \\ 1 & 6 & 4 & -9 \end{pmatrix}$

Problema 5

a) $A = \begin{pmatrix} 26 & -11 & -6 \\ 21 & -9 & -5 \\ -9 & 4 & 2 \end{pmatrix}$ b) $B = \begin{pmatrix} 29 & 2 & -19 \\ 12 & 1 & -8 \\ -15 & -1 & 10 \end{pmatrix}$ c) $C = \begin{pmatrix} -3 & -3 & 1 & 1 \\ -18 & -17 & 5 & 6 \\ -12 & -12 & 3 & 4 \\ 28 & 26 & -8 & -9 \end{pmatrix}$

Problema 6

$$
\begin{vmatrix}
a_{11} & a_{12} & a_{13} \\
a_{21} & a_{22} & a_{23} \\
a_{31} & a_{32} & a_{33}
\end{vmatrix} = (a_{11}a_{22}a_{33} + a_{12}a_{23}a_{31} + a_{13}a_{21}a_{32}) - (a_{13}a_{22}a_{31} + a_{12}a_{21}a_{33} + a_{11}a_{23}a_{32}) =
$$

$$
= -a_{12}(a_{21}a_{33} - a_{23}a_{31}) + a_{22}(a_{11}a_{33} - a_{13}a_{31}) - a_{32}(a_{11}a_{23} - a_{13}a_{21})
$$

$$
= -a_{12}\begin{vmatrix} a_{21} & a_{23} \\ a_{31} & a_{33} \end{vmatrix} + a_{22}\begin{vmatrix} a_{11} & a_{13} \\ a_{31} & a_{33} \end{vmatrix} - a_{32}\begin{vmatrix} a_{11} & a_{13} \\ a_{21} & a_{23} \end{vmatrix} = -a_{12}\,cof(a_{12}) + a_{22}\,cof(a_{22}) + a_{32}\,cof(a_{32})
$$

Problema 7

a) $|A| = 11$;   b) $|B| = 0$;   c) $|C| = -352$;   d) $|D| = 1$

Problema 8

$$
A = \begin{pmatrix} a & b \\ c & d \end{pmatrix} \Rightarrow
$$

$$
A^2 = \begin{pmatrix} a^2 + bc & ab + bd \\ ac + cd & bc + d^2 \end{pmatrix}, \;\; tr(A) \cdot A = \begin{pmatrix} a^2 + ad & ad + bd \\ ac + cd & ad + d^2 \end{pmatrix}, \;\; |A| \cdot I_2 = \begin{pmatrix} ad - bc & 0 \\ 0 & ad - bc \end{pmatrix}
$$

Problema 9

b) $A = \begin{pmatrix} 1 & 2 \\ 0 & 0 \end{pmatrix}$ (f_1 no es c.l. de f_2)   c) I_2 d) $|2 \cdot I_2| \neq 2 \cdot |I_2|$ e) $A = I_2$, $B = \begin{pmatrix} 0 & 1 \\ 0 & -1 \end{pmatrix}$

Problema 10

b) -3 c) 12 d) 3 e) -18 f) 3 g) -18 h) -3 i) -6

Problema 11

a) $A = \begin{pmatrix} 1 & 0 & 0 \\ 0 & 1 & 1 \\ 0 & 1 & 2 \end{pmatrix}$; $A^{-1} = \begin{pmatrix} 1 & 0 & 0 \\ 0 & 2 & -1 \\ 0 & -1 & 1 \end{pmatrix}$ b) $B = \begin{pmatrix} 1 & 1 \\ 1 & 1 \end{pmatrix}$; $cof(B) = \begin{pmatrix} 1 & -1 \\ -1 & 1 \end{pmatrix}$

c) I_2; $B = \begin{pmatrix} 0 & 1 \\ 0 & 0 \end{pmatrix}$ d) $\begin{pmatrix} 1 & 0 \\ 0 & -1 \end{pmatrix}$ e) $\begin{pmatrix} 0 & 1 \\ -1 & 0 \end{pmatrix}$ f) A g) $\begin{pmatrix} 0 & 1 & 0 & 0 \\ 0 & 0 & 1 & 0 \\ 0 & 0 & 0 & 1 \end{pmatrix}$

Problema 12

Algunas indicaciones:

a) Sin efectuar transformaciones elementales de fila, aplicar la definición. Operar.

b) Sacar factor común de la primera fila. Restar la columna 1 a las demás. Desarrollar por la primera fila.

c) Restar la columna 2 a la 1. Sacar $a + b + c$ factor común de la primera columna. Restar la columna 3 a la 2. Sacar $a + b + c$ factor común de la columna 2.

d) Sacar $1 - a$ factor común de la columna 1, $1 - b$ de la 2 y $1 - c$ de la 3. Restar la columna 1 a las demás. Desarrollar por la primera fila.

e) Restar la columna 1 a las demás. Sumar la fila 3 a la 4. Desarrollar por la segunda columna.

f) Sumar a la fila 1 las demás. Sacar $(a+b)^2$ factor común de la fila 1. Restar la columna 1 a la 4. Desarrollar por la cuarta columna.

g) Primer determinante: Restar la columna 3 a la 2. Restar la columna 4 a la 3. Desarrollar por la primera fila. Restar la fila 1 a las demás. Desarrollar por la primera columna. Aplicar productos notables. Segundo determinante: Sumar a la columna 1 las demás. Sacar $a + b + c$ factor común de la columna 1. Restar la fila 1 a las demás. Desarrollar por la columna 1. Sumar a las columnas 1 y 3 la 2. Sacar $c - a - b$ factor común de la columna 1 y $a - b - c$ de la 3.

Problema 13

Algunas indicaciones:

a) Aplicar la definición.

b) Efectuar $e_1 : f_3 \leftarrow \lambda_3 f_2$, $e_2 : f_2 \leftarrow \lambda_3 f_1$. Aplicar la regla de Laplace por la tercera columna. Sacar $\lambda_1 - \lambda_3$ factor común de la primera columna y $\lambda_2 - \lambda_3$ de la segunda columna. Queda:

$$V_3(\lambda_1, \lambda_2, \lambda_3) = (\lambda_1 - \lambda_3)(\lambda_2 - \lambda_3)(-1)^4 \cdot V_2(\lambda_1, \lambda_2) = (\lambda_3 - \lambda_1)(\lambda_3 - \lambda_2)V_2(\lambda_1, \lambda_2) =$$
$$= (\lambda_3 - \lambda_1)(\lambda_3 - \lambda_2)(\lambda_2 - \lambda_1)$$

c) Efectuar $e_1 : f_4 \leftarrow \lambda_4 f_3$, $e_2 : f_3 \leftarrow \lambda_4 f_2$, $e_3 : f_2 \leftarrow \lambda_4 f_1$. Aplicar la regla de Laplace por la cuarta columna. Sacar $\lambda_1 - \lambda_4$ factor común de la primera columna, $\lambda_2 - \lambda_4$ de la segunda columna y $\lambda_3 - \lambda_4$ de la tercera columna. Queda:

$$V_4(\lambda_1, \lambda_2, \lambda_3, \lambda_4) = (\lambda_1 - \lambda_4)(\lambda_2 - \lambda_4)(\lambda_3 - \lambda_4)(-1)^5 \cdot V_2(\lambda_1, \lambda_2, \lambda_3) =$$
$$= (\lambda_4 - \lambda_1)(\lambda_4 - \lambda_2)(\lambda_4 - \lambda_3)V_2(\lambda_1, \lambda_2, \lambda_3)$$

d) Demostración por inducción. Efectuar $e_1 : f_n \leftarrow \lambda_n f_{n-1}$, ..., $e_{n-1} : f_2 \leftarrow \lambda_n f_1$. Aplicar la regla de Laplace por la n-ésima columna. Sacar $\lambda_1 - \lambda_n$ factor común de la primera columna, ..., $\lambda_{n-1} - \lambda_n$ de la $(n-1)$-ésima columna. Queda:

$$V_n(\lambda_1, \ldots, \lambda_n) = (\lambda_1 - \lambda_n) \cdot \ldots \cdot (\lambda_{n-1} - \lambda_n)(-1)^{n+1} \cdot V_{n-1}(\lambda_1, \cdots, \lambda_{n-1}) =$$
$$= (\lambda_n - \lambda_1) \cdot \ldots \cdot (\lambda_n - \lambda_{n-1}) \cdot V_{n-1}(\lambda_1, \cdots, \lambda_{n-1})$$

Problema 14

Indicaciones: Sumar a la fila 1 las demás. Sacar $x + a + b + c$ factor común de la primera fila. Restar la columna 1 a las demás. Desarrollar por la primera fila. Sumar a la fila 3 la 2. Sacar $x + a - b - c$ factor común de la tercera fila. Restar a la columna 3 la 2. Desarrollar por la tercera fila.

Problema 15

Indicaciones: Sumar a la fila 1 las demás. Sacar $na + b$ factor común de la primera fila. Restar la columna 1 a las demás. Se obtiene una matriz triangular inferior.

Problema 16

Se demuestra por inducción sobre n.

- Si $n = 1$, $J_1 = \{1\}$ y $S_n = \{[1]\}$. Es decir, $card(S_1) = 1$.

- Supongamos que $card(S_{n-1}) = (n - 1)!$. Esta afirmación es equivalente a suponer que, entre dos conjuntos arbitrarios de cardinal $n - 1$, hay $(n - 1)!$ aplicaciones biyectivas.

- Sea el conjunto de índices $J_n = \{1, 2, \cdots, n\}$. Por hipótesis de inducción, para todo $k \in J_n$, hay $(n - 1)!$ permutaciones de orden n de la forma: $[k i_1 i_2 \cdots i_{n-1}]$. Por tanto, hay $(n - 1)! + (n - 1)! + \cdots + (n - 1)! = n \cdot (n - 1)! = n!$ permutaciones de orden n.

Problema 17

a) Sea $e : f_l \leftrightarrow f_k$ una transformación elemental de fila de tipo 1 y sea $[i_1 \cdots l \cdots k \cdots i_n]$ una permutación que fija los n-índices de las filas en el desarrollo del determinante de la matriz A. Entonces, e transforma dicha permutación:
$$[i_1 \cdots l \cdots k \cdots i_n] \xrightarrow{e} [i_1 \cdots k \cdots l \cdots i_n]$$
de modo que

1) El número de inversiones para los índices anteriores al índice l no varía (al ser l y k posteriores a todos).

2) El número de inversiones para los índices posteriores al índice k no varía (al ser l y k anteriores a todos).

3) El número de inversiones para cada índice intercalado entre l y k varía una vez respecto a l y otra respecto a k.

4) El intercambio entre los índices l y k produce una inversión.

Así pues, el número total de inversiones que aumenta la nueva permutación es igual a un número par más uno. Es decir:
$$\epsilon([i_1 \cdots l \cdots k \cdots i_n]) = -\epsilon([i_1 \cdots k \cdots l \cdots i_n])$$
y, por tanto, cada sumando del desarrollo del determinante:
$$|A| = \sum_{\sigma \in S_n} \epsilon(\sigma) \cdot a_{\sigma(1)1} \cdots a_{\sigma(n)n}$$
cambia de signo, lo que demuestra que $|e(A)| = -|A|$.

b) Si $e : f_i \leftarrow k \cdot f_i$ es una transformación elemental de fila de tipo 2, entonces en el desarrollo del determinante de $e(A)$ aparecerá en cada sumando el factor común k:
$$|A| - \sum_{\sigma \in S_n} \epsilon(\sigma) \cdot a_{\sigma(1)1} \cdots k \cdot a_{\sigma(i)i} \cdot a_{\sigma(n)n}$$

Por tanto:
$$|A| = k \cdot \sum_{\sigma \in S_n} \epsilon(\sigma) \cdot a_{\sigma(1)1} \cdots a_{\sigma(i)i} \cdot a_{\sigma(n)n}$$

de donde $|e(A)| = k \cdot |A|$

c) Si $e : f_i \leftarrow f_i + k \cdot f_j$ es una transformación elemental de fila de tipo 3, entonces en el desarrollo del determinante de $e(A)$ aparecerá en cada sumando un factor $a_{\sigma(i)i} + k \cdot a_{\sigma(j)j}$:

$$|A| = \sum_{\sigma \in S_n} \epsilon(\sigma) \cdot a_{\sigma(1)1} \cdots (a_{\sigma(i)i} + k \cdot a_{\sigma(j)j}) \cdots a_{\sigma(n)n}$$

que se podrá desarrollar como:

$$|A| = \sum_{\sigma \in S_n} \epsilon(\sigma) \cdot a_{\sigma(1)1} \cdots a_{\sigma(i)i} \cdots a_{\sigma(j)j} \cdots a_{\sigma(n)n} +$$

$$\sum_{\sigma \in S_n} \epsilon(\sigma) \cdot a_{\sigma(1)1} \cdots k \cdot a_{\sigma(j)j} \cdots a_{\sigma(j)j} \cdots a_{\sigma(n)n}$$

de donde $|e(A)| = |A|$, ya que el segundo sumatorio es el desarrollo de un determinante de una matriz con dos filas proporcionales.

d) En primer lugar, obsérvese que si e es una t.e.f. y B, C son dos matrices cuadradas tales que $C = e(B)$, entonces, como consecuencia de los anteriores apartados se deduce inmediatamente que $|B| = 0$ si y sólo si $|C| = 0$. Sea $\{e_1, \cdots, e_k\}$ una secuencia de transformaciones elementales de fila tal que: $\mathcal{F}_A = e_k(e_{k-1}(\ldots(e_1(A))\ldots))$. Aplicando sucesivas veces la observación anterior, se deduce que $|A| = 0$ si y sólo si $|\mathcal{F}_A| = 0$, que, de acuerdo con la proposición 1.13, es equivalente a decir que A es una matriz singular.

Problema 18

Consecuencia inmediata del apartado d) de la proposición 2.2.

Problema 19

a) $|a \cdot A| = \begin{vmatrix} a \cdot a_{11} & \cdots & a \cdot a_{1n} \\ \vdots & \ddots & \vdots \\ a \cdot a_{n1} & \cdots & a \cdot a_{nn} \end{vmatrix} = \sum_{\sigma \in S_n} \epsilon(\sigma) \cdot (a \cdot a_{1\sigma(1)}) \cdot \ldots \cdot (a \cdot a_{n\sigma(n)}) = \sum_{\sigma \in S_n} \epsilon(\sigma) \cdot a^n \cdot a_{1\sigma(1)} \cdot \ldots \cdot a_{n\sigma(n)} =$

$a^n \cdot \sum_{\sigma \in S_n} \epsilon(\sigma) \cdot a_{1\sigma(1)} \cdot \ldots \cdot a_{n\sigma(n)} = a^n \cdot |A|$

b) Si $A_h = (a_{h1} \ldots a_{h1}) = (b_{h1} \ldots b_{h1}) + (b_{h1} \ldots b_{h1}) = B_h + C_h$, entonces:

$$|A| = \sum_{\sigma \in S_n} \epsilon(\sigma) \cdot a_{1\sigma(1)} \cdot \ldots \cdot a_{h\sigma(h)} \cdot \ldots \cdot a_{n\sigma(n)} = \sum_{\sigma \in S_n} \epsilon(\sigma) \cdot a_{1\sigma(1)} \cdot \ldots \cdot (b_{h\sigma(h)} + c_{h\sigma(h)}) \cdot \ldots \cdot a_{n\sigma(n)} =$$

$$= \sum_{\sigma \in S_n} \epsilon(\sigma) \cdot a_{1\sigma(1)} \cdot \ldots \cdot b_{h\sigma(h)} \cdot \ldots \cdot a_{n\sigma(n)} + \sum_{\sigma \in S_n} \epsilon(\sigma) \cdot a_{1\sigma(1)} \cdot \ldots \cdot c_{h\sigma(h)} \cdot \ldots \cdot a_{n\sigma(n)} =$$

$$= \sum_{\sigma \in S_n} \epsilon(\sigma) \cdot b_{1\sigma(1)} \cdot \ldots \cdot b_{h\sigma(h)} \cdot \ldots \cdot b_{n\sigma(n)} + \sum_{\sigma \in S_n} \epsilon(\sigma) \cdot c_{1\sigma(1)} \cdot \ldots \cdot c_{h\sigma(h)} \cdot \ldots \cdot c_{n\sigma(n)} = |B| + |C|$$

c) • Si A es singular, entonces AB es singular, puesto que $r(AB) \leq r(A)$. Por tanto, de acuerdo con el apartado d) de la proposición 2.2, $|A| = |AB| = 0$.

   • Sea e una t.e.f. Si $A = E = e(I_n)$, entonces $AB = EB = e(B)$.

   Si e es de tipo 1: $|EB| = |e(B)| = -|B| = |E| \cdot |B|$, pues $|E| = -1$.

   Si $e : f_i \leftarrow \alpha \cdot f_i$ es de tipo 2: $|EB| = |e(B)| = \alpha \cdot |B| = |E| \cdot |B|$, pues $|E| = \alpha$.

   Si e es de tipo 3: $|EB| = |e(B)| = |B| = |E| \cdot |B|$, pues $|E| = 1$.

   • Si A es regular, entonces, de acuerdo con la proposición 1.13, se puede expresar como producto de matrices elementales: $A = E_1 \cdot \ldots \cdot E_s$:

   □ $|A| = |(E_1 \cdot E_2 \cdot \ldots \cdot E_s)| = |(E_1 \cdot (E_2 \cdot \ldots \cdot E_s)| = |E_1| \cdot |E_2 \cdot \ldots \cdot E_s| =$
   $|E_1| \cdot |E_2 \cdot (E_3 \cdot \ldots \cdot E_s)| = |E_1| \cdot |E_2| \cdot |E_3 \cdot \ldots \cdot E_s| = \ldots = |E_1| \cdot |E_2| \cdot \ldots \cdot |E_s|$

   □ $|AB| = |(E_1 \cdot E_2 \cdot \ldots \cdot E_s) \cdot B| = |(E_1 \cdot (E_2 \cdot \ldots \cdot E_s \cdot B)| = |E_1| \cdot |E_2 \cdot \ldots \cdot E_s \cdot B| =$
   $|E_1| \cdot |E_2 \cdot (E_3 \cdot \ldots \cdot E_s \cdot B)| = |E_1| \cdot |E_2| \cdot |E_3 \cdot \ldots \cdot E_s \cdot B| = \ldots = = |E_1| \cdot |E_2| \cdot \ldots \cdot |E_s| \cdot |B| = |A| \cdot |B|$

d) • A es singular si y sólo si A^t lo es. Por tanto, de acuerdo con el apartado d) de la proposición 2.2, $|A^t| = |A| = 0$.

   • Sea e una t.e.f y $A = E = e(I_n)$.

   Si e es de tipo 1, entonces $E^t = E$.

   Si $e : f_i \leftarrow \alpha \cdot f_i$ es de tipo 2, entonces $E^t = E$.

   Si e es de tipo 3, entonces E es triangular, y todos los elementos de la diagonal son igual a 1. Por tanto, $|E^t| = |E| = 1$.

   • Si A es regular, entonces, de acuerdo con la proposición 1.13, se puede expresar como producto de matrices elementales: $A = E_1 \cdot \ldots \cdot E_s$.

   $|A^t| = |(E_1 \cdot \ldots \cdot E_s)^t| = |E_s^t \cdot \ldots \cdot E_1^t| = |E_s^t| \cdot \ldots \cdot |E_1^t| = |E_s| \cdot \ldots \cdot |E_1| =$
   $= |E_1| \cdot \ldots \cdot |E_s| = |E_1 \cdot \ldots \cdot E_s| = |A|$

Problema 20

Consecuencia inmediata del apartado d) de la proposición 2.4 y la proposición 2.2.

Problema 21

• Sean $h, l \in \{1, \ldots, n\}$ y A una matriz cuadrada de orden n tal que todos los términos de su columna A^l son nulos excepto uno: $a_{hl} = \lambda \neq 0$:

$$A = \begin{pmatrix} a_{11} & \cdots & 0 & \cdots & a_{1n} \\ \cdots & \cdots & \cdots & \cdots & \cdots \\ \cdots & \cdots & 0 & \cdots & \cdots \\ a_{h1} & \cdots & a_{hl} & \cdots & a_{hn} \\ \cdots & \cdots & 0 & \cdots & \cdots \\ \cdots & \cdots & \cdots & \cdots & \cdots \\ a_{n1} & \cdots & 0 & \cdots & a_{nn} \end{pmatrix}$$

Sea B la matriz obtenida después de efectuar las siguientes secuencias de transformaciones elementales sobre A:

$$\begin{cases} e_1 : f_h \leftrightarrow f_{h-1}, \ldots, e_{h-1} : f_2 \leftrightarrow f_1 \\ \bar{e}_1 : c_l \leftrightarrow c_{l-1}, \ldots, \bar{e}_{l-1} : c_2 \leftrightarrow c_1 \end{cases}$$

Es decir:

$$B = \begin{pmatrix} \lambda & b_{12} & \cdots & b_{1n} \\ 0 & b_{22} & \cdots & b_{2n} \\ \vdots & \vdots & \ddots & \vdots \\ 0 & b_{n2} & \cdots & b_{nn} \end{pmatrix}, \text{ donde } \Delta_{lr} = \begin{vmatrix} b_{22} & \cdots & b_{2n} \\ \vdots & \ddots & \vdots \\ b_{n2} & \cdots & b_{nn} \end{vmatrix}$$

Ciertamente, $|B| = (-1)^{h+l-2}|A|$. Por tanto:

$$|A| = (-1)^{h+l} \cdot |B| = (-1)^{h+l} \sum_{\sigma \in S_n} \epsilon(\sigma) \cdot b_{1\sigma(1)} b_{2\sigma(2)} \cdot \ldots \cdot b_{n\sigma(n)} =$$

$$= (-1)^{h+l} \sum_{\sigma \in S_{n-1}} \epsilon(\sigma) \cdot \lambda \cdot b_{2\sigma(2)} \cdot \ldots \cdot b_{n\sigma(n)} = (-1)^{h+l} \cdot \lambda \cdot \Delta_{lr} = a_{hl} \cdot cof(a_{hl})$$

- Sea A una matriz cuadrada de orden n. Descomponemos su columna A^j como suma de n columnas:

$$A^j = \begin{pmatrix} a_{1j} \\ a_{2j} \\ \vdots \\ a_{nj} \end{pmatrix} = \begin{pmatrix} a_{1j} \\ 0 \\ \vdots \\ 0 \end{pmatrix} + \begin{pmatrix} 0 \\ a_{2j} \\ \vdots \\ 0 \end{pmatrix} + \cdots + \begin{pmatrix} 0 \\ \vdots \\ 0 \\ a_{nj} \end{pmatrix} = A_1^j + A_2^j + \cdots + A_n^j$$

Para todo $i \in \{1, \ldots, n\}$, sea Ω_i la matriz de orden n obtenida a partir de A reemplazando la columna A^j por la columna A_i^j. Como consecuencia del apartado $b)$ de la proposición 2.4, se deduce lo siguiente:

$$|A| = |\Omega_1| + \cdots + |\Omega_n| = a_{1j} \cdot cof(a_{1j}) + \cdots + a_{nj} \cdot cof(a_{nj}) = \sum_{i=1}^{n} a_{ij} \cdot cof(a_{ij})$$

- La expresión $|A| = \sum_{j=1}^{n} a_{ij} \cdot cof(a_{ij})$ se deduce inmediatamente a partir de la anterior, teniendo en cuenta que $|A^t| = |A|$.

Problema 22

a) Todos los menores de A de orden mayor que r son nulos si y sólo si todos los conjuntos formados por más de r filas de A son ligados, lo que equivale a decir que el rango de A es, a lo sumo, r.

b) Un menor de orden r es no nulo si y sólo si el conjunto de las r filas a partir del cual ha sido obtenido es libre, lo que equivale a decir que el rango de A es, al menos, r.

c) Consecuencia inmediata de los apartados anteriores.

Problema 23

Si $A_{ij} = cof(a_{ij}) = (-1)^{i+j} \cdot \Delta_{ij}$, entonces:

a)

$$cof(A^t) = \begin{pmatrix} A_{11} & \cdots & A_{n1} \\ \vdots & \ddots & \vdots \\ A_{1n} & \cdots & A_{nn} \end{pmatrix} = \begin{pmatrix} A_{11} & \cdots & A_{1n} \\ \vdots & \ddots & \vdots \\ A_{n1} & \cdots & A_{nn} \end{pmatrix}^t = [cof(A)]^t$$

b) Sean $l, k \in \{1, \ldots, n\}$ tales que $l \neq k$. Sea B la matriz de orden n tal que $B_k = A_l$ y $B_i = A_i$ si $i \neq k$. Ciertamente, $|B| = 0$, pues $B_l = B_k = A_l$. Además:

$$0 = |B| = \sum_{j=1}^{n} b_{kj} \cdot cof(b_{kj}) = \sum_{j=1}^{n} a_{lj} \cdot cof(a_{kj}) = \sum_{j=1}^{n} a_{lj} \cdot A_{kj}$$

Por tanto:

$$A \cdot cof(A^t) = \begin{pmatrix} a_{11} & \cdots & a_{1n} \\ \vdots & \ddots & \vdots \\ a_{n1} & \cdots & a_{nn} \end{pmatrix} \cdot \begin{pmatrix} A_{11} & \cdots & A_{n1} \\ \vdots & \ddots & \vdots \\ A_{1n} & \cdots & A_{nn} \end{pmatrix} =$$

$$= \begin{pmatrix} \sum_{j=1}^{n} a_{1j} \cdot A_{1j} & \cdots & \sum_{j=1}^{n} a_{1j} \cdot A_{nj} \\ \vdots & \ddots & \vdots \\ \sum_{j=1}^{n} a_{nj} \cdot A_{1j} & \cdots & \sum_{j=1}^{n} a_{nj} \cdot A_{nj} \end{pmatrix} = \begin{pmatrix} |A| & \cdots & 0 \\ \vdots & \ddots & \vdots \\ 0 & \cdots & |A| \end{pmatrix} = |A| \cdot I_n$$

Problema 24

De acuerdo con la proposición 2.2, A es regular si y sólo si $|A| \neq 0$. En tal caso, A es inversible y:

$$A \cdot A^{-1} = I_n \Rightarrow 1 = |I_n| = |A \cdot A^{-1}| = |A| \cdot |A^{-1}|$$

Finalmente, la expresión $A^{-1} = \dfrac{1}{|A|} \cdot cof(A^t)$ es equivalente al apartado b) de la proposición 2.8.

Capítulo 3

Problema 1

a) Compatible determinado.
b) Incompatible.
c) Compatible determinado.

d) Compatible indeterminado.

e) Compatible determinado.

f) Incompatible.

g) Compatible determinado.

h) Compatible indeterminado.

i) Compatible determinado.

Problema 2

a) $(x, y, z) = (1, 2, -3)$

c) $(x, y) = \left(\frac{3}{5}, -\frac{4}{5}\right)$

d) $(x, y, z) = \left(-\frac{1}{5}, \frac{3}{5}, 0\right) + \lambda(-1, -1, 1)$

e) $(x, y, z) = (2, -3, -4)$

g) $(x, y, z, t) = \left(\frac{4}{3}, \frac{1}{3}, 1, -\frac{4}{3}\right)$

h) $(x, y, z, t) = (-3, 4, 7, 0) + \lambda\left(\frac{4}{5}, -\frac{3}{5}, -\frac{6}{5}, 1\right)$

i) $(x, y) = (-2, 3)$

Problema 3

Obsérvese que $(A - \lambda \cdot I_n) \cdot \mathbf{x} = \mathbf{o}$ C.I. $\Leftrightarrow |A - \lambda \cdot I_n| = 0$.

a) $\lambda \in \{1, 4\}$

b) $\lambda = 5$

c) $|A - \lambda \cdot I_2| = \begin{vmatrix} 2 - \lambda & -3 \\ -3 & 2 - \lambda \end{vmatrix} = (2 - \lambda)^2 - 9 = \lambda^2 - 4\lambda - 5 = (\lambda + 1)(\lambda - 5) = 0 \Leftrightarrow \lambda \in \{-1, 5\}$

d) Siempre es *C.D.*

e) $\lambda \in \{0, 2, 3\}$

f) $\lambda = 2$

g) $\lambda \in \{0, 1, 2, 4\}$

h) $\lambda \in \{2, 4, 6\}$

Problema 4

a) Falsa. Contraejemplo: $\begin{cases} x + y + z + t = 0 \\ x + y + z + t = 1 \end{cases}$

b) Falsa. Contraejemplo: $\begin{cases} x + y = 0 \\ x - y = 2 \\ x + y = 1 \end{cases}$

c) Verdadera: $A \cdot \mathbf{x} = \mathbf{b}$: $A \cdot 2\mathbf{x} = \mathbf{b} \Leftrightarrow 2(A \cdot \mathbf{x}) = \mathbf{b} \Leftrightarrow 2\mathbf{b} = \mathbf{b} \Leftrightarrow \mathbf{b} = \mathbf{o}$.

d) Verdadera: $|B| \neq 0 \Rightarrow r(B) = n + 1 \Rightarrow r(A) < r(B)$ porque A es una matriz de orden $(n + 1) \times n$.

e) La implicación $\Rightarrow$) es verdadera: $C.D. \Rightarrow r(A) = n \Rightarrow n \leq m$.

La implicación $\Leftarrow$) es falsa. Contraejemplo: $\begin{cases} x + y = 0 \\ x + y = 1 \end{cases}$

f) Verdadera. Porque todos los sistemas homogéneos son compatibles. Véase el apartado e).

g) Verdadera: $A \cdot \mathbf{x} = \mathbf{b} \ C.D. \Rightarrow r(A|\mathbf{b}) = n \Rightarrow \forall \mathbf{c} \ r(A|\mathbf{c}) = n$.

Problema 5

$p(x) = ax^3 + (3a - 9)x^2 - 7x + 18 - 4a$

$p(-1) = 2 \Rightarrow p(x) = 7x^3 + 12x^2 - 7x - 10$

Problema 6

$y = 2x^2 - 5x + 2$. No existe.

Problema 7

7 litros de kola, 6 litros de vino y 3 litros de ron.

Problema 8

16 gramos de la sustancia X y 34,4 gramos de la sustancia Y.

Problema 9

324 televisores buenos y 143 televisores defectuosos.

Problema 10

El vuelo dura 10 horas y la diferencia horaria es de 4 horas.

Problema 11

50 kg de fertilizante A, 25 kg de fertilizante B y 25 kg de fertilizante C.

Problema 12

a) $\begin{cases} 2x = 5 \\ 3x = 2 \end{cases}$

b) $\begin{cases} x + y = 1 \\ 2x + 2y = 2 \\ -x - y = -1 \end{cases}$

c) $\begin{cases} x + y = 1 \\ 2x + 2y = 2 \\ -x - y = 0 \end{cases}$

d) No existe.

e) $\begin{cases} x + y + z = 0 \\ -x - y - z = 0 \\ 2x + 2y + 2z = 0 \end{cases}$

f) $(x - 1, y - 2) = \lambda(-1, 3) \Leftrightarrow r\begin{pmatrix} x - 1 & -1 \\ y - 2 & 3 \end{pmatrix} = 1 \Leftrightarrow 3x + y = 5$

g) $(x - 2, y - 3, z - 4) = \lambda(-1, -1, 2) \Leftrightarrow r\begin{pmatrix} x - 2 & y - 3 & z - 4 \\ -1 & -1 & 2 \end{pmatrix} = 1 \Leftrightarrow \begin{cases} x - y = -1 \\ 2y + z = 10 \end{cases}$

h) $(x - 2, y - 4, z - 3) = \lambda(-1, 2, 1) + \mu(1, 2, 0) \Leftrightarrow r\begin{pmatrix} x - 2 & y - 4 & z - 3 \\ -1 & 2 & 1 \\ 1 & 2 & 0 \end{pmatrix} = r\begin{pmatrix} -1 & 2 & 1 \\ 1 & 2 & 0 \end{pmatrix}$

$= 2 \Leftrightarrow 2x - y + 4z = 12$

i) $(x - 2, y - 4, z - 3) = \lambda(-1, 2, 0) + \mu(1, -2, 0) \Leftrightarrow r\begin{pmatrix} x - 2 & y - 4 & z - 3 \\ -1 & 2 & 0 \\ 1 & -2 & 0 \end{pmatrix} = r\begin{pmatrix} -1 & 2 & 0 \\ 1 & -2 & 0 \end{pmatrix} = 1$

$\Leftrightarrow \begin{cases} 2x + y = 8 \\ z = 3 \end{cases}$

Problema 13

a)

$\alpha = -1$	$\alpha = 0$	$\alpha = 1$	e.o.c.
I.	C.I.	I.	C.D.

b)

$b = -2$	$b = 1$	e.o.c.
I.	C.I.	C.D.

c)

$a = -3$	$a = 0$	e.o.c.
I.	C.I.	C.D.

d)

$a \neq 1$	$a = 1$	
	$b \neq 3$	$b = 3$
C.D.	I.	C.I.

e)

$\alpha = -1$	$\alpha = 0$	$\alpha = 1$	e.o.c.
I.	C.I.	C.I.	C.D.

f)

$nm = 1$		$nm \neq 1$
$m = 1$	$m \neq 1$	
C.I.	C.D.	I.

g)

$m = 0$		$m \neq 0$
$n = 13$	$n \neq 13$	
C.I.	I.	C.D.

h)

$c = 0$	$b = c$		e.o.c.
	$c = 1$	$c \neq 1$	
I.	C.I.	I.	C.D.

i)

$m = -2$		$m = 0$		$m = 1$		e.o.c.
$u = 0$	$u \neq 0$	$v = 0$	$v \neq 0$	$w = 0$	$w \neq 0$	
C.I.	I.	C.I.	I.	C.I.	I.	C.D.

donde:
$$\begin{cases} u = a + b + c + d \\ v = -a + b + c - d \\ w = -2a + b + c + d \end{cases}$$

j)

$d = 1$	$d \neq 1$			
	$c \neq 0$	$c = 0$		
		$d = 0$	$d = 4$	e.o.c.
I.	C.D.	C.I.	C.I.	I.

k)

$k = 3\sqrt{3} - 4$	$k = -3\sqrt{3} - 4$	e.o.c.
C.D.	C.D.	I.

l)

$c = 1$	$c \neq 1$
C.I.	C.D.

m)

$m \in \{-\sqrt{3}, -1, 0, 1, \sqrt{3}\}$	e.o.c.
C.I.	C.D.

n)

$b = 0$	$a = 1$		$a = -2$		e.o.c.
	$b = 1$	$b \neq 1$	$b = -2$	$b \neq -2$	
I.	C.I.	I.	C.I.	I.	C.D.

	$\lambda \neq 1$	$\lambda = 1$	
ñ)		$\mu = 1$	$\mu \neq 1$
	$I.$	$C.I.$	$C.D.$

Problema 14

Sean $\mathbf{x}_1, \mathbf{x}_2$ dos soluciones distintas de un s.e.l. $\mathbf{A} \cdot \mathbf{x} = \mathbf{b}$ compatible indeterminado.

Sea $\mathbf{y} = \mathbf{x}_1 + \lambda(\mathbf{x}_1 - \mathbf{x}_2)$. Entonces:

$$\mathbf{A} \cdot \mathbf{y} = \mathbf{A} \cdot (\mathbf{x}_1 + \lambda \cdot (\mathbf{x}_1 - \mathbf{x}_2)) = \mathbf{A} \cdot \mathbf{x}_1 + \lambda \cdot \mathbf{A} \cdot (\mathbf{x}_1 - \mathbf{x}_2) = \mathbf{A} \cdot \mathbf{x}_1 + \lambda \cdot (\mathbf{A} \cdot \mathbf{x}_1 - \mathbf{A} \cdot \mathbf{x}_2) = \mathbf{b}$$

ya que $\mathbf{A} \cdot \mathbf{x}_1 = \mathbf{b}$, $\mathbf{A} \cdot \mathbf{x}_2 = \mathbf{b}$. Por tanto, el conjunto $\{\mathbf{x}_1 + \lambda \cdot (\mathbf{x}_1 - \mathbf{x}_2) : \lambda \in \mathbb{R}\}$, que tiene infinitos elementos, es un conjunto de soluciones del sistema.

Problema 15

a) $A(\mathbf{x}_1 - \mathbf{x}_2) = A \cdot \mathbf{x}_1 - A \cdot \mathbf{x}_2 = \mathbf{0}$

b) $A(\mathbf{x}_1 + \mathbf{x}_o) = A \cdot \mathbf{x}_1 + A \cdot \mathbf{x}_o = \mathbf{b} + \mathbf{o} = \mathbf{b}$

c)   ■ Sea $\mathbf{y}$ una solución de $A \cdot \mathbf{x} = \mathbf{b}$. Entonces, $A \cdot \mathbf{y} = A \cdot \mathbf{x}_1 \Rightarrow A \cdot (\mathbf{y} - \mathbf{x}_1) = \mathbf{0}$.

      Por tanto, $\mathbf{y} \in \mathbf{x}_1 + \mathcal{S}_h$, ya que: $\mathbf{y} = \mathbf{x}_1 + (\mathbf{y} - \mathbf{x}_1)$ y $(\mathbf{y} - \mathbf{x}_1) \in \mathcal{S}_h$.

  ■ Sea $\mathbf{y} \in \mathbf{x}_1 + \mathcal{S}_h$. Por tanto, existe una solución $\mathbf{x}_o$ de $A \cdot \mathbf{x} = \mathbf{o}$ tal que $\mathbf{y} = \mathbf{x}_1 + \mathbf{x}_0$.

      Ahora bien: $A \cdot \mathbf{y} = A \cdot (\mathbf{x}_1 + \mathbf{x}_o) = A \cdot \mathbf{x}_1 + A \cdot \mathbf{x}_0 = \mathbf{b} + \mathbf{o} = \mathbf{b}$. Es decir, $\mathbf{y} \in \mathcal{S}_c$.

Problema 16

Sea $A \cdot \mathbf{x} = \mathbf{b}$ un sistema lineal de orden $m \times n$, que escribimos en notación por columnas:

$$x_1 \cdot A^1 + x_2 \cdot A^2 + \cdots + x_n \cdot A^n = \mathbf{b}$$

De acuerdo con esta notación, este sistema es compatible si y sólo si $\mathbf{b} \in \langle A^1, \ldots, A^n \rangle$, lo cual a su vez equivale a afirmar que las matrices A y $(A|\mathbf{b})$ tienen el mismo rango.

Problema 17

a) Supongamos que el sistema $A \cdot \mathbf{x} = \mathbf{b}$ tiene dos soluciones distintas $\mathbf{x}, \mathbf{y}$. Entonces, $\mathbf{z} = \mathbf{x} - \mathbf{y}$ es una solución no trivial de su sistema homogéneo asociado $A \cdot \mathbf{x} = \mathbf{b}$. Es decir, $z_1 \cdot A^1 + z_2 \cdot A^2 + \cdots + z_n \cdot A^n = \mathbf{0}$. Sin pérdida de generalidad, supongamos que $z_1 \neq 0$. Por tanto: $A^1 = -\frac{z_2}{z_1} \cdot A^2 - \cdots - \frac{z_n}{z_1} \cdot A^2$, que implica que $\langle A^1, \ldots, A^n \rangle$ es ligado. Es decir, $r(A) < n$.

b) Si $r(A) < n$, supongamos, sin pérdida de generalidad, que $A^n \in \langle A^1, \ldots A^{n-1} \rangle$: $A^n = \displaystyle\sum_{i=1}^{n-1} z_i \cdot A^i$. Esto equivale a decir que la columna $\mathbf{z}$ tal que $\mathbf{z}^t = (z_1 \ldots z_{n-1} \ -1)$ es una solución no trivial del sistema homogéneo $A \cdot \mathbf{x} = \mathbf{o}$. Por lo tanto, de acuerdo con la proposición 3.2, si $\mathbf{x}$ es una solución del s.e.l. $A \cdot \mathbf{x} = \mathbf{b}$, también lo es $\mathbf{x} + \mathbf{z}$. Es decir, se trata de un sistema compatible indeterminado.

Problema 18

$$A \cdot (A^{-1} \cdot \mathbf{b}) = (A \cdot A^{-1}) \cdot \mathbf{b} = I_n \cdot \mathbf{b} = \mathbf{b}$$

Problema 19

$$\begin{pmatrix} x_1 \\ \vdots \\ x_n \end{pmatrix} = \mathbf{x} = \mathbf{A}^{-1} \cdot \mathbf{b} = \frac{1}{|\mathbf{A}|} \cdot cof(A^t) \cdot \mathbf{b} = \frac{1}{|\mathbf{A}|} \cdot \begin{pmatrix} cof(a_{11}) & \dots & cof(a_{n1}) \\ \vdots & \ddots & \vdots \\ cof(a_{1n}) & \dots & cof(a_{nn}) \end{pmatrix} \begin{pmatrix} b_1 \\ \vdots \\ b_n \end{pmatrix}$$

Es decir:

$$x_i = \frac{b_1 \cdot cof(a_{1i}) + \cdots + b_n \cdot cof(a_{ni})}{|\mathbf{A}|} = \frac{\begin{vmatrix} a_{11} & \dots & \overset{\underset{\text{columna } i}{\downarrow}}{b_1} & \dots & a_{1n} \\ \vdots & \vdots & \vdots & \vdots & \vdots \\ a_{n1} & \dots & b_n & \dots & a_{nn} \end{vmatrix}}{|\mathbf{A}|} = \frac{\Delta_i}{|\mathbf{A}|}$$

Problema 20

Sean $A \cdot \mathbf{x} = \mathbf{b}$, $C \cdot \mathbf{x} = \mathbf{d}$ dos sistemas equivalentes. Es decir, sus respectivas matrices ampliadas, $M = (A|\mathbf{b})$ y $N = (C|\mathbf{d})$, son equivalentes por filas. Esto equivale a afirmar que existe una matriz regular P de orden m tal que $N = P \cdot M$, es decir, tal que $C = P \cdot A$ y $\mathbf{d} = P \cdot \mathbf{b}$. En consecuencia, las siguientes afirmaciones son equivalentes:

- $\mathbf{z}$ es solución del sistema $A \cdot \mathbf{x} = \mathbf{b}$
- $A \cdot \mathbf{z} = \mathbf{b}$
- $P \cdot A \cdot \mathbf{z} = P \cdot \mathbf{b}$
- $C \cdot \mathbf{z} = \mathbf{d}$
- $\mathbf{z}$ es solución del sistema $C \cdot \mathbf{x} = \mathbf{d}$

Capítulo 4

Problema 1

  a) $\vec{u} = 2\vec{e}_1 - \vec{e}_2$ b) $\vec{u} = -\vec{v}_1 + \vec{v}_2$ c) $\vec{u} = (3\beta - 5)\vec{w}_1 + \beta\vec{w}_2 + (2\beta - 2)\vec{w}_3$ d) No es posible.

Problema 2

Todos son conjuntos ligados.

Problema 3

En $\mathbb{R}^2$: a) $\{(1,0)\}$ b) $\{(1,0),(0,1)\}$ c) $\{(1,0),(0,1),(1,1)\}$ d) $\{(1,0),(2,0)\}$

En $\mathbb{R}^4$: a) $\{(1,0,0,0)\}$ b) $\{(1,0,0,0),(0,1,0,0),(0,0,1,0),(0,0,0,1)\}$

c) $\{(1,0,0,0),(0,1,0,0),(0,0,1,0),(0,0,0,1),(1,1,1,1)\}$ d) $\{(1,0,0,0),(2,0,0,0)\}$

Problema 4

a) $r(S)=4$

b) $r(S) = 3.\vec{d} = \vec{a} + \vec{b} - \vec{c}$

c) $r(S) = 3.\vec{d} = -2\vec{a} + \vec{c}$

d) Si $m = -2$ y $n = 1$, $r(S) = 2$. En otro caso, es 3. En el primer caso, $\vec{c} = -2\vec{a} + 3\vec{b}$.

Problema 5

a) No es posible porque S es ligado.

b) $\{\vec{v}_1, \vec{v}_2, \vec{v}_4\}$ es una base de $\mathbb{R}^3$ contenida en S.

c) $S \cup \{(1,0,0)\}$ es una base de $\mathbb{R}^3$ que contiene S.

d) $\{\vec{a}_1, \vec{a}_2, \vec{a}_5\}$ es una base de $\mathbb{R}^3$ contenida en S.

Problema 6

a) $S = \{\vec{v},\ \vec{e}_1 = (1,0,0),\ \vec{e}_2 = (0,1,0)\}$

b) $S = \{\vec{v},\ 2\vec{v}\}$

c) $S = \{\vec{v},\ 2\vec{v},\ \vec{e}_1 = (1,0,0),\ \vec{e}_2 = (0,1,0)\}$

d) $S = \{\vec{v},\ \vec{e}_1 = (1,0,0),\ \vec{v} + \vec{e}_1\}$

e) $S = \{\vec{v},\ 2\vec{v},\ 3\vec{v}\}$

Problema 7

a) $(x,y,z) = (\alpha, \beta, 2\alpha + \beta).\{(1,0,2),(0,1,1)\}$

b) No es s.v. porque no contiene el vector $(0,0,0)$.

c) $(x,y,z) = (\lambda, \lambda, -\lambda).\{(1,1,-1)\}$

d) No es s.v. porque no contiene el vector $(0,0,0,0)$.

e) $(x,y,z,t) = \left(\frac{1}{2}\alpha - \frac{1}{2}\beta, \alpha, \beta, \alpha + \beta\right).\{(1,2,0,2),(-1,0,2,2)\}$

f) No es s.v. porque no contiene el vector $(0,0,0)$.

g) $\{(1,2,0,0),(-1,3,-1,0)\}.\{(x,y,z,t) \mid 2x - y - 5z = 0,\ t = 0\}$

h) $\{(1,-2,-1)\}.\{(x,y,z) \mid 2x + y = 0,\ x + z = 0\}$

i) $(x,y,z) = (\alpha, -\alpha + \beta, 2\alpha + \beta).\{(x,y,z) \mid 3x + y - z = 0\}$

j) $(x, y, z, t) = (\beta, \alpha, -\alpha + \beta, \alpha - \beta).\{(x, y, z, t) \mid z + t = 0, \ x - y - z = 0\}$

k) $(x, y) = (\lambda, 2\lambda).\{(x, y) \mid 2x - y = 0\}$

l) $(x, y, z) = (-\lambda, 0, 2\lambda).\{(x, y, z) \mid 2x + z = 0, \ y = 0\}$

m) $\{(1, 0, 0), (0, 1, 0)\}.\{(x, y, z) \mid z = 0\}.(x, y, z) = (\alpha, \beta, 0)$

n) $H = \mathbb{R}^3$

$\tilde{n}$) No es s.v. porque, por ejemplo, $(1, 2, 2) \in H$ y $(-1, -2, -2) \notin H$.

o) $(x, y, z, t) = (\alpha, 0, \beta, 0).\{(1, 0, 0, 0), (0, 0, 1, 0)\}.\{(x, y, z, t) \mid y = 0, \ t = 0\}$

p) No es s.v. porque, por ejemplo, $(1, -1, 1) \in H$ y $(-1, 1, -1) \notin H$.

q) $H = \{\vec{0}\}$

r) No es s.v. porque no contiene el vector $(0, 0, 0)$.

s) $\{(1, 1, 0), (0, 1, 2)\}.\{(x, y, z) \mid 2x - 2y + z = 0\}$

t) $H = \mathbb{R}^3$

u) $(x_1, x_2, \ldots, x_n) = \left(-\sum_{i=2}^{n} i \cdot \alpha_i, \alpha_2, \ldots, \alpha_n\right).\{(-1, 1, 0, \ldots, 0), (-2, 0, 1, \ldots, 0), \ldots, (-n, 0, \ldots, 0, 1)\}$

Problema 8

Es el s.v. de dimensión 2 de $\mathbb{R}^3$ de ecuación implícita: $x - y + z = 0$

Problema 9

Se trata de un subespacio vectorial de dimensión 2. Una base: $\{\vec{u}_1, \vec{u}_2\}$. Una base de $\mathbb{R}^3$: $\{\vec{u}_1, \vec{u}_2, \vec{e}_1\}$.

Problema 10

a) Ecuaciones implícitas: $x - y = 0$, $2z - t = 0$. Base canónica: $\{(1, 1, 0, 0), (0, 0, 1, 2)\}$.

b) $G = \mathbb{R}^3$.

c) Ecuación implícita: $x + y - z - t = 0$. Base canónica: $\{(1, 0, 0, 1), (0, 1, 0, 1), (0, 0, 1, -1)\}$.

Problema 11

a) Ecuación implícita: $x + y - 2z = 0$. Base canónica: $\left\{\left(1, 0, \frac{1}{2}\right), \left(0, 1, \frac{1}{2}\right)\right\}$.

b) Ecuaciones implícitas: $x - y + 2z = 0$, $2y - 4z + t = 0$. Base canónica: $\left\{\left(1, 0, -\frac{1}{2}, -2\right), \left(0, 1, \frac{1}{2}, 0\right)\right\}$.

c) Ecuaciones implícitas: $y - z = 0$, $x - y + t = 0$. Base canónica: $\{(1, 0, 0, -1), (0, 1, 1, 1)\}$.

Problema 12

La ecuación implícita de G es $4x - 3y - 4z + 2t = 0$.

La base canónica de F es $\left\{\vec{a}_1 = \left(1, 0, \frac{3}{2}, 1\right), \vec{a}_2 = \left(0, 1, -\frac{1}{4}, 1\right)\right\}$.

Dos bases de G: $\{\vec{u}_1, \vec{u}_2, \vec{v}_3\}$, $\{\vec{a}_1, \vec{a}_2, \vec{v}_3\}$.

Problema 13

	a)	b)	c)	d)	e)	f)	g)
$\dim(U)$	2	2	3	3	2	2	3
$\dim(V)$	2	1	4	2	2	2	3
$\dim(U \cap V)$	1	1	2	2	0	1	2
$\dim(U + V)$	3	2	5	3	4	3	4

La base canónica de $U \cap V$ es:

a) $\left\{\left(1, 0, \frac{1}{7}\right)\right\}$

b) $\left\{\left(1, -\frac{3}{2}, \frac{3}{2}\right)\right\}$. Obsérvese que $V \subset U$.

c) $\{(1, 0, -1, 1, 2), (0, 1, 1, 2, -2)\}$

d) $\left\{\left(1, 0, \frac{1}{12}, \frac{2}{3}\right), \left(0, 1, -\frac{7}{12}, \frac{1}{3}\right)\right\}$. Obsérvese que $V \subset U$.

e) $U \cap V = \{\vec{o}\}$

f) $\{(1, 2, -1, 2)\}$

g) $\left\{\left(1, 0, -1, \frac{1}{2}\right), (0, 1, -1, 0)\right\}$

Problema 14

a) $\dim(F) = 2$. Dos subespacios vectoriales suplementarios de F son $G = \langle\{\vec{e}_1\}\rangle$ y $G = \langle\{\vec{e}_3\}\rangle$, donde $\{\vec{e}_1, \vec{e}_2, \vec{e}_3\}$ es la base canónica de $\mathbb{R}^3$.

b) $\dim(F) = 2$. Dos subespacios vectoriales suplementarios de F son $G = \langle\{\vec{e}_1, \vec{e}_2\}\rangle$ y $G = \langle\{\vec{e}_3, \vec{e}_4\}\rangle$, donde $\{\vec{e}_1, \vec{e}_2, \vec{e}_3, \vec{e}_4\}$ es la base canónica de $\mathbb{R}^4$.

c) $\dim(F) = 3$. Dos subespacios vectoriales suplementarios de F son $G = \langle\{\vec{e}_1, \vec{e}_3\}\rangle$ y $G = \langle\{\vec{e}_1, \vec{e}_5\}\rangle$, donde $\{\vec{e}_1, \vec{e}_2, \vec{e}_3, \vec{e}_4, \vec{e}_5\}$ es la base canónica de $\mathbb{R}^5$.

Problema 15

a) $[\vec{x}]_B^t = \left(3 \quad 2 \quad \frac{5}{2}\right)$

b) $[\vec{x}]_B^t = \left(\frac{2}{3} \quad 2 \quad -\frac{1}{6}\right)$

c) No es base.

d) $[\vec{x}]_B^t = (2 \quad 1 \quad -1)$

e) $[\vec{x}]_B^t = (1 \quad 2 \quad 3)$

f) $[\vec{x}]_B^t = (3 \quad -4 \quad 1)$

Problema 16

$n = 0, m = \frac{2}{3}, -3\vec{v}_1 + 2\vec{v}_2 + \vec{v}_3 = \vec{o}$

Problema 17

a) $m = 3$ b) $\forall\, m$ son l.i. c) $\forall\, m$ son l.d.

Problema 18

$r(S_1)$	$r(S_2)$	$r(S_3)$
$\alpha = 1$: 1 $\alpha = -2$: 2 e.o.c.: 3	$\alpha = 1$: 2 e.o.c.: 3	$\alpha = \beta = \gamma = 0$: 0 e.o.c.: 2

Problema 19

Sea $S = \{(1, x, x^2),\ (1, y, y^2),\ (1, z, z^2)\}$. $|\mathcal{M}_S| = (y - x)(z - x)(z - y) \neq 0$

Problema 20

a) Si $k \notin \{-2, 2\}$, el sistema es $C.D.$ Si $k = -2$, el sistema es $C.I.$ de rango 2 y la base canónica del conjunto de soluciones es $\{(1, 2, -7)\}$. Si $k = 2$, el sistema es $C.I.$ de rango 2 y la base canónica del conjunto de soluciones es $\{(1, -2, 1)\}$.

b) Si $m \neq -1$, el sistema es $C.D.$ Si $m = -1$, el sistema es $C.I.$ de rango 2 y la base canónica del conjunto de soluciones es $\{(0, 1, 1)\}$.

c) Es un sistema $C.I.$ de rango 2. El conjunto de soluciones es un subespacio vectorial de $\mathbb{R}^4$ de dimensión 2, cuya base canónica es $\{(1, 0, 3, 5), (0, 1, 2, 3)\}$.

Problema 21

La ecuación implícita del s.v. es $x + 3y - 2z = 0$. $r = 4$, $s = 5$.

Problema 22

La ecuación implícita del subespacio vectorial es $2x + y + 7z = 0$. $m = -1$.

Problema 23

En todos los casos, excepto g, S denota el sistema de generadores dado.

a) $|\mathcal{M}_S| = ba^2$.

a	0	$\neq 0$	0	
b	0	0	$\neq 0$	e.o.c.
dim (F)	1	2	2	3

b) $|\mathcal{M}_S| = b(a - 2)$.

a		2	
b	0		e.o.c.
dim (F)	2	2	3

c) $\dim(F) = 3$ para todos los valores de m.

d) $|\mathcal{M}_S| = a \cdot (b-a)(c-b)(d-c) \cdot \dim(F)$ coincide con el número de elementos diferentes de cero del conjunto $\{a, b-a, c-b, d-c\}$.

e) $|\mathcal{M}_S| = r^3 - 3r + 2 = (r-1)^2(r+2)$.

r	1	-2	e.o.c.
$\dim(F)$	1	2	3

f) $|\mathcal{M}_S| = 0$. Si $r = s = t = 0$, $\dim(F) = 0$. En otro caso, es 2.

g) $F = \langle\{(m, 0, 1, 0), (2m + m^2, 0, 1, 0)\}\rangle$.

m	0	-1	e.o.c.
$\dim(F)$	1	1	2

Problema 24

F y G son dos subespacios vectoriales de $\mathbb{R}^3$ de dimensión 2, cuyas ecuaciones implícitas son:

$$F: 3x - 2y = 0, \quad G: 3y - z = 0$$

$F \cap G$ tiene dimensión 1 y su base canónica es $\left\{\left(1, \frac{3}{2}, \frac{9}{2}\right)\right\}$. Tres bases como las solicitadas son:

$$F = \left\langle\left\{\left(1, \tfrac{3}{2}, \tfrac{9}{2}\right), (0, 0, 5)\right\}\right\rangle \quad G = \left\langle\left\{\left(1, \tfrac{3}{2}, \tfrac{9}{2}\right), (2, 1, 3)\right\}\right\rangle \quad \mathbb{R}^3 = \left\langle\left\{\left(1, \tfrac{3}{2}, \tfrac{9}{2}\right), (1, 0, 0), (0, 1, 0)\right\}\right\rangle$$

Problema 25

Aplicando la fórmula de Grassmann, se obtiene que $\dim(F + G) = n + 1 - \dim(F \cap G)$. Como G no está contenido en F, entonces $\dim(F \cap G) \leq 1$. Por otra parte, $\dim(F + G) \leq n$. Por tanto, $\dim(F + G) = n$ y $\dim(F \cap G) = 1$.

Problema 26

$\mathbb{R}^n = F \oplus G \Leftrightarrow F \cap G = \{\vec{0}\}, \dim(F \oplus G) = n \Leftrightarrow F \cap G = \{\vec{0}\}, \dim(F) + \dim(G) = n$

Problema 27

$\vec{d} = (-\vec{u}_1 - \vec{u}_3) + (\vec{v}_1 + \vec{v}_3) = (-1, -2, -6, -3) + (3, 2, 6, 6)$

Problema 28

$\dim(F) = 3$, $\dim(G) = 2$. Aplicando la fórmula de Grassmann, se obtiene que $\dim(F \cap G) \geq 1$. $\{\vec{u}_1, \vec{u}_2, \vec{u}_3, \vec{v}_1\}$ es una base de $\mathbb{R}^4$. Por tanto, $F + G = \mathbb{R}^4$. Calculando las coordenadas de $\vec{d}$ en la base $\{\vec{u}_1, \vec{u}_2, \vec{u}_3, \vec{v}_1\}$, se obtiene una descomposición: $-17\vec{d} = (-28, 3, 9, -45) + (-6, -3, -9, -6)$. Calculando las coordenadas de $\vec{d}$ respecto de la base $\{\vec{u}_1, \vec{u}_2, \vec{u}_3, \vec{v}_3\}$, se obtiene otra descomposición: $4\vec{d} = (14, 6, 18, 36) + (-6, -6, -18, -24)$.

Problema 29

En todos los casos, $\dim(F) = \dim(G) = 2$. Si $\lambda = -1$, $F=G$. Si $\lambda \neq -1$, $\dim(F \cap G) = 1$, $\dim(F + G) = 3$.

Problema 30

Los tres conjuntos son ligados.

Problema 31

a) No es subespacio vectorial de E porque no contiene el vector $\vec{o}$.

b) Es un subespacio vectorial cuya ecuación implícita es $\{\,p(x) = ax^2 + bx + c \mid a + b + c = 0\}$.

c) Es un subespacio vectorial cuya ecuación implícita es $\{\,p(x) = ax^3 + bx^2 + cx + d \mid b = d = 0\}$.

d) Es subespacio vectorial de E. Ecuación implícita: $a_{12} - a_{21} = 0$.

Ecuaciones paramétricas: $(a_{11}, a_{12}, a_{21}, a_{22}) = (\alpha, \beta, \beta, \gamma)$.

Base canónica: $\left\{ \begin{pmatrix} 1 & 0 \\ 0 & 0 \end{pmatrix}, \begin{pmatrix} 0 & 1 \\ 1 & 0 \end{pmatrix}, \begin{pmatrix} 0 & 0 \\ 0 & 1 \end{pmatrix} \right\}$.

e) Es subespacio vectorial de E.

Ecuaciones implícitas: $a_{11} = a_{22} = a_{33} = 0, a_{12} + a_{21} = 0,\ a_{13} + a_{31} = 0,\ a_{23} + a_{32} = 0$.

Ecuaciones paramétricas: $(a_{11}, a_{12}, a_{13}, a_{21}, a_{22}, a_{23}, a_{31}, a_{32}, a_{33}) = (0, \alpha, \beta, -\alpha, 0, \gamma, -\beta, -\gamma, 0)$.

Base canónica: $\left\{ \begin{pmatrix} 0 & 1 & 0 \\ -1 & 0 & 0 \\ 0 & 0 & 0 \end{pmatrix}, \begin{pmatrix} 0 & 0 & 1 \\ 0 & 0 & 0 \\ -1 & 0 & 0 \end{pmatrix}, \begin{pmatrix} 0 & 0 & 0 \\ 0 & 0 & 1 \\ 0 & -1 & 0 \end{pmatrix} \right\}$.

f) No es subespacio vectorial de E porque, aunque contiene O_3 y la operación producto por escalares está bien definida en H, no lo está la suma: $(A + B)^2 = A^2 + B^2 + AB + BA = AB + BA$.

g) Es subespacio vectorial de E. Ecuación implícita: $a_{11} + a_{22} = 0$.

Ecuaciones paramétricas: $(a_{11}, a_{12}, a_{21}, a_{22}) = (\alpha, \beta, \gamma, -\alpha)$.

Base canónica: $\left\{ \begin{pmatrix} 1 & 0 \\ 0 & -1 \end{pmatrix}, \begin{pmatrix} 0 & 1 \\ 0 & 0 \end{pmatrix}, \begin{pmatrix} 0 & 0 \\ 1 & 0 \end{pmatrix} \right\}$.

h) Es subespacio vectorial de E. Ecuación implícita: $a_{11} = 0$.

Ecuaciones paramétricas: $(a_{11}, a_{12}, a_{21}, a_{22}) = (0, \alpha, \beta, \gamma,)$.

Base canónica: $\left\{ \begin{pmatrix} 0 & 1 \\ 0 & 0 \end{pmatrix}, \begin{pmatrix} 0 & 0 \\ 1 & 0 \end{pmatrix}, \begin{pmatrix} 0 & 0 \\ 0 & 1 \end{pmatrix} \right\}$.

i) Es subespacio vectorial. Ecuaciones paramétricas: $(a, b, c, d) = (-\beta, \alpha, 5\beta, 3\beta)$.

Base canónica: $\{1 - 5x^2 - 3x^3, x\}$.

j) Es subespacio vectorial de E. Ecuaciones implícitas: $a_{11} = a_{12} = a_{33} = a_{22} = a_{23} = a_{13} = 0$.

Ecuaciones paramétricas: $(a_{11}, a_{12}, a_{13}, a_{21}, a_{22}, a_{23}, a_{31}, a_{32}, a_{33}) = (0, 0, 0, \alpha, 0, 0, \beta, \gamma, 0)$.

Base canónica: $\left\{ \begin{pmatrix} 0 & 0 & 0 \\ 1 & 0 & 0 \\ 0 & 0 & 0 \end{pmatrix}, \begin{pmatrix} 0 & 0 & 0 \\ 0 & 0 & 0 \\ 1 & 0 & 0 \end{pmatrix}, \begin{pmatrix} 0 & 0 & 0 \\ 0 & 0 & 0 \\ 0 & 1 & 0 \end{pmatrix} \right\}$.

k) Es subespacio vectorial de E. Ecuaciones implícitas: $a_{12} = a_{21} = 0$.

Ecuaciones paramétricas: $(a_{11}, a_{12}, a_{21}, a_{22}) = (\alpha, 0, 0, \beta)$.

Base canónica: $\left\{ \begin{pmatrix} 1 & 0 \\ 0 & 0 \end{pmatrix}, \begin{pmatrix} 0 & 0 \\ 0 & 1 \end{pmatrix} \right\}$.

l) $H = \{O_2\}$.

m) Es subespacio vectorial de E. Ecuación implícita: $a_{11} - a_{23} = 0$, $a_{11} - 2a_{13} + a_{21} = 0$.

Ecuaciones paramétricas: $(a_{11}, a_{12}, a_{13}, a_{21}, a_{22}, a_{23}) = (2\beta, \delta, \alpha + \beta, 2\alpha, \gamma, 2\beta)$.

Base canónica: $\left\{ \begin{pmatrix} 1 & 0 & \frac{1}{2} \\ 0 & 0 & 1 \end{pmatrix}, \begin{pmatrix} 0 & 1 & 0 \\ 0 & 0 & 0 \end{pmatrix}, \begin{pmatrix} 0 & 0 & 1 \\ 2 & 0 & 0 \end{pmatrix}, \begin{pmatrix} 0 & 0 & 0 \\ 0 & 1 & 0 \end{pmatrix} \right\}$.

n) Es subespacio vectorial de E. Ecuaciones implícitas: $a - c = 0$, $b - d = 0$.

Ecuaciones paramétricas: $(a, b, c, d) = (\alpha, \beta, \alpha, \beta)$.

Base canónica: $\{1 + x^2, x + x^3\}$.

$\tilde{n}$) No es subespacio vectorial de E porque la operación producto por escalares no está bien definida en H.

Problema 32

F es un subespacio vectorial de $\mathcal{M}_{\mathbb{R}}(2)$:

- $O_2 \cdot B = O_2 = A \cdot O_2$
- $(\alpha C_1 + \beta C_2) \cdot B = \alpha C_1 \cdot B + \beta C_2 \cdot B = \alpha A \cdot C_1 + \beta A \cdot C_2 = A \cdot (\alpha C_1 + \beta C_2)$

La base canónica de F es:

$$\left\{ \begin{pmatrix} 1 & 0 \\ -\frac{1}{2} & 0 \end{pmatrix}, \begin{pmatrix} 0 & 1 \\ -\frac{5}{2} & -1 \end{pmatrix} \right\}$$

Problema 33

$[p(x)]^t_{B_1} = \left(\frac{7}{2} \ \ \frac{1}{2} \ \ -\frac{3}{2} \right)$

Problema 34

a) S_1 y S_2 son dos subconjuntos libres de $\mathbb{R}_2[x]$. La ecuación implícita del subespacio vectorial generado por S_1 es $3a + 2b + c = 0$. Los elementos de S_2 son soluciones de esta ecuación. Por tanto, ambos conjuntos generan el mismo subespacio vectorial F.

b) $\mathcal{M}_{S_1 S_2} = \begin{pmatrix} \frac{2}{3} & \frac{1}{3} \\ -\frac{1}{3} & \frac{1}{3} \end{pmatrix}$

c) $p(x) = 8 - 10x - 4x^2$, $[p(x)]^t_{S_1} = (4 \ 2)$.

Problema 35

a) La dimensión de F es 2 si $ab = 7$. En otro caso, es 3.

b) Si $ab \neq 7$, la ecuación implícita de F es $y = 0$. Por tanto, $\vec{v} \in F$ siempre.

Si $ab = 7$, $\vec{v} \in F$ si y sólo si $a = 2, b = \frac{7}{2}$.

c) Si $ab \neq 7$, el sistema de generadores de F dado es una base y las coordenadas de $\vec{v}$ respecto a ella son

$$\left(\frac{7 - 2b}{7 - ab}, \frac{14 - 7a}{14 - 2ab}, \frac{-28 - ab + 10b}{14 - 2ab} \right).$$

Si $a = 2$ y $b = \frac{7}{2}$, las coordenadas de $\vec{v}$ respecto de la base de F: $\{(2, 0, 5, 1) \cdot (0, 0, 2, -1)\}$ son $(1 \ - 2)$.

Problema 36

a) S es un sistema de generadores de $F + G$. Como S es libre, se trata de una base de $\mathbb{R}^4$ y, por tanto, $F + G = \mathbb{R}^4$. Aplicando la fórmula de Grassmann, se obtiene que $\dim(F \cap G) = 2$.

Análogamente, se demuestra que $H + K = \mathbb{R}^4$. Aplicando la fórmula de Grassmann, se obtiene que $\dim(H \cap K = 0$. Por tanto, H y K están en suma directa.

b) $H = \langle \{\vec{d}, -\vec{b}\} \rangle$. $K = \left\langle \left\{ \frac{1}{2}\vec{c}, \frac{1}{2}\vec{d} \right\} \right\rangle$.

c) S es una base de $\mathbb{R}^4$ porque tiene cardinal 4 y es libre. $[\vec{x}]_B^t = (2 \ 1 \ 2 \ 3) \Leftrightarrow \vec{x} = 2\vec{d} - \vec{b} + \vec{c} + \frac{3}{2}\vec{d}$. Por tanto, $[\vec{x}]_S^t = (2 \ - 1 \ 1 \ \frac{3}{2})$.

d) Un sistema de generadores es $\{\vec{d}, \vec{b}, \vec{d} + \vec{b}, \vec{c} + \vec{d}\}$. Por tanto, se trata de un subespacio vectorial de dimensión 3. Una base es $\{\vec{d}, \vec{b}, \vec{c} + \vec{d}\}$. Su ecuación implícita es $2x - y - 2z - t = 0$.

Problema 37

Demuestra que $\mathcal{M}_S$ es equivalente por filas a $\mathcal{M}_{S_1}$, $\mathcal{M}_{S_2}$ y $\mathcal{M}_{S_3}$. Por ejemplo, si $e_1 : f_1 \leftarrow f_1 + f_2$ y $e_2 : f_3 \leftarrow f_3 + f_2$, se cumple $\mathcal{M}_{S_1} = e_2(e_1(\mathcal{M}_S))$.

Problema 38

Supongamos que S es ligado. Entonces, existe un vector de S que es combinación lineal de los demás. Lo eliminamos. Obtenemos un subconjunto de S, de cardinal $m - 1$, que es sistema de generadores.

Problema 39

Supongamos que S no es sistema de generadores. Entonces, existe un vector de E que no es combinación lineal de los de S. Lo incorporamos a S. Obtenemos un conjunto que contiene S, de cardinal $m + 1$, que es libre.

Problema 40

Sea S un subconjunto de $\mathbb{R}^4$ de cardinal 4. Consideremos su matriz de coordenadas $\mathcal{M}_S$. Las siguientes afirmaciones son equivalentes:

- S es ligado.
- El s.e.l.h. $\mathcal{M}_S \cdot \mathbf{x} = \mathbf{o}$ es $C.I.$
- Existe una fila no nula $\mathbf{x}^t = (\alpha\ \beta\ \gamma\ \delta)$ que cumple $\mathcal{M}_S \cdot \mathbf{x} = \mathbf{o}$.
- Los vectores de S son soluciones de la ecuación $\alpha x + \beta y + \gamma z + \delta t = 0$.

Problema 41

$\alpha \neq 0 \Rightarrow \vec{u} = -\frac{\beta}{\alpha}\vec{v} - \frac{\gamma}{\alpha}\vec{w} \Rightarrow \langle\{\vec{u}, \vec{v}\}\rangle \subset \langle\{\vec{v}, \vec{w}\}\rangle$. Análogamente se demuestra la otra inclusión.

Problema 42

Sean F y G dos subespacios vectoriales de un espacio vectorial G. Supongamos que F no está contenido en G. Sea $\vec{u}$ un vector de F que no pertenece a G. Sea $\vec{v}$ un vector arbitrario de G. Por tanto, $\vec{u} + \vec{v} \in F \cup G$, que no pertenece a G, porque en ese caso $\vec{u}$ pertenecería al subespacio vectorial G. Así pues, $\vec{u} + \vec{v} \in F$. Luego, puesto que F es subespacio vectorial, $\vec{v} \in F$, como queríamos demostrar.

Problema 43

$$\left.\begin{array}{l} \left.\begin{array}{l} F \cap G \subset F \\ F \cap H \subset F \end{array}\right\} \Rightarrow F \cap G + F \cap H \subset F \\[2em] \left.\begin{array}{l} F \cap G \subset G + H \\ F \cap H \subset G + H \end{array}\right\} \Rightarrow F \cap G + F \cap H \subset G + H \end{array}\right\} \Rightarrow F \cap G + F \cap H \subset F \cap (G + H)$$

Un contraejemplo: F, G, H son tres subespacios vectoriales distintos de dimensión 1, de $\mathbb{R}^2$.

Problema 44

$$\left.\begin{array}{l} \left.\begin{array}{l} F \subset F + G \\ F \subset F + H \end{array}\right\} \Rightarrow F \subset (F + G) \cap (F + H) \\[2em] \left.\begin{array}{l} G \cap H \subset F + G \\ G \cap H \subset F + H \end{array}\right\} \Rightarrow G \cap H \subset (F + G) \cap (F + H) \end{array}\right\} \Rightarrow F + (G \cap H) \subset (F + G) \cap (F + H)$$

Un contraejemplo: F, G, H son tres subespacios vectoriales distintos de dimensión 1 de $\mathbb{R}^2$.

Problema 45

Sean $F = \langle\{\vec{a}\}\rangle$, $G = \langle\{\vec{b}, \vec{c}\}\rangle$ dos subespacios suplementarios de $\mathbb{R}^3$. Consideremos el subespacio vectorial $H = \langle\{\vec{a} + \vec{b}, \vec{c}\}\rangle$. Se cumple que F y H son suplementarios o, lo que es lo mismo, que $\{\vec{a}, \vec{a} + \vec{b}, \vec{c}\}$ es una base de $\mathbb{R}^3$:

$$\alpha\vec{a} + \beta(\vec{a} + \vec{b}) + \gamma\vec{c} = \vec{o} \Leftrightarrow (\alpha + \beta)\vec{a} + \beta\vec{b} + \gamma\vec{c} = \vec{o} \Leftrightarrow \alpha + \beta = 0,\ \beta = 0,\ \gamma = 0 \Leftrightarrow \alpha = 0,\ \beta = 0,\ \gamma = 0$$

Problema 46

Hay que distinguir dos casos, dependiendo de si F y G están o no en suma directa.

- Supongamos que $F \oplus G = \mathbb{R}^4$. Sean $\{\vec{a}, \vec{b}\}$, $\{\vec{c}, \vec{d}\}$ sendas bases de F y G, respectivamente. Entonces, $B = \{\vec{a}, \vec{b}, \vec{c}, \vec{d}\}$ es una base de $\mathbb{R}^4$. Consideramos el subespacio vectorial de $\mathbb{R}^4$: $L = \langle \{\vec{a} + \vec{c}, \vec{b} + \vec{d}\} \rangle$. El rango de la matriz de coordenadas de $S = \{\vec{a}, \vec{b}, \vec{a} + \vec{c}, \vec{b} + \vec{d}\}$ en la base B es 4. Por tanto, F y L son suplementarios. Análogamente, se demuestra que G y L son suplementarios.

- Supongamos que $\dim(F \cap G) = 1$. Sea $\{\vec{a}\}$ una base de $F \cap G$. Sean $\{\vec{a}, \vec{b}\}$, $\{\vec{a}, \vec{c}\}$ sendas bases de F y G, respectivamente. Sea $\vec{d}$ un vector de $\mathbb{R}^4$ tal que $B = \{\vec{a}, \vec{b}, \vec{c}, \vec{d}\}$ es una base de $\mathbb{R}^4$. Consideramos el subespacio vectorial de $\mathbb{R}^4$: $L = \langle \{\vec{b} + \vec{c}, \vec{d}\} \rangle$. El rango de la matriz de coordenadas de $S = \{\vec{a}, \vec{b}, \vec{b} + \vec{c}, \vec{d}\}$ en la base B es 4. Por tanto, F y L son suplementarios. Análogamente se demuestra para G y L.

$$F \cap G = \langle \{\vec{a} = (1, 2, -1)\} \rangle, F = \langle \{\vec{a} = (1, 2, -1), \vec{b} = (3, -1, -3)\} \rangle,$$
$$G = \langle \{\vec{a} = (1, 2, -1), \vec{c} = (2, 1, -1)\} \rangle$$

Por tanto, un subespacio suplementario común será $L = \langle \{\vec{b} + \vec{c} = (5, 0, -4)\} \rangle$.

Problema 47

F y G son subespacios vectoriales de dimensión 3. Sus bases canónicas son:

$$F = \left\langle \left\{ \begin{pmatrix} 1 & 0 \\ 0 & 1 \end{pmatrix}, \begin{pmatrix} 0 & 1 \\ 0 & 0 \end{pmatrix}, \begin{pmatrix} 0 & 0 \\ 1 & -1 \end{pmatrix} \right\} \right\rangle$$

$$G = \left\langle \left\{ \begin{pmatrix} 1 & 0 \\ 0 & \frac{1}{3} \end{pmatrix}, \begin{pmatrix} 0 & 1 \\ 0 & \frac{2}{3} \end{pmatrix}, \begin{pmatrix} 0 & 0 \\ 1 & \frac{1}{3} \end{pmatrix} \right\} \right\rangle$$

$F \cap G$ y $F + G$ son subespacios de dimensiones 2 y 4, respectivamente. Por tanto, $F + G = \mathcal{M}_{\mathbb{R}}(2)$.

La base canónica de $F \cap G$ es $\left\{ \begin{pmatrix} 1 & 0 \\ \frac{1}{2} & \frac{1}{2} \end{pmatrix}, \begin{pmatrix} 0 & 1 \\ -\frac{1}{2} & \frac{1}{2} \end{pmatrix} \right\}$.

Problema 48

	a)	b)	c)
$\dim(F)$	2	3	3
$\dim(G)$	2	4	2
$\dim(F \cap G)$	1	2	2
$\dim(F + G)$	3	5	3

La base canónica de $F \cap G$ es:

a) $\left\{ 1 + \frac{1}{7}x^2 \right\}$

b) $\left\{1 - x^2 + x^3 + 2x^4, x + x^2 + 2x^3 - 2x^4\right\}$

c) $\left\{1 + \frac{1}{12}x^2 + \frac{2}{3}x^3, x - \frac{7}{12}x^2 + \frac{1}{3}x^3\right\}$. Obsérvese que $G \subset F$.

Problema 49

- La unión de los s.g. de F y H, que es un s. g. de $F + H$, es la base canónica de $\mathbb{R}_3[x]$. Lo mismo ocurre con G y H.

- $F \cap G = G$, $F \cap H = \langle\{x\}\rangle$, $G \cap H = \{0\}$. Nótese que G y H son subespacios vectoriales suplementarios en $\mathbb{R}_3[x]$.

Problema 50

$\mathcal{M}_{NC} = \mathcal{M}_{CN}^{-1}$. $a = 1$, $b = -1$, $c = 2$.

Problema 51

a) $\mathcal{M}_{CB} = \begin{pmatrix} 3 & -5 & 1 & 0 \\ -1 & 2 & -1 & 0 \\ 0 & 0 & -3 & 2 \\ 0 & 0 & -1 & 1 \end{pmatrix}$, $[2 - x^2 - x^3]_B = \begin{pmatrix} 6 \\ -10 \\ 6 \\ -3 \end{pmatrix}$

b) La ecuación implícita de $F + G$ es $5a - 5b + 11c + 8d = 0$.

c) La base canónica de $F \cap G$ es $\{1 + 2x - x^2 + 2x^3\}$.

d) La base canónica de $F + G$ es $\left\{1 - \frac{5}{8}x^3, x + \frac{5}{8}x^3, x^2 - \frac{11}{8}x^3\right\}$.

Problema 52

$F = \{O_2\}$. Por tanto, $F + G = G$.

Las ecuaciones implícitas de $G \cap H$ son $a_{11} + a_{22} = 0$, $a_{11} + a_{21} = 0$, $a_{12} + a_{22} = 0$.

Se trata de un s.e.l.h. 3×4 de rango 3. Por tanto, la dimensión de $G \cap H$ es 1.

Su base canónica es $\left\{ M = \begin{pmatrix} 1 & 1 \\ -1 & -1 \end{pmatrix} \right\}$.

La base canónica de G es $\left\{ \begin{pmatrix} 1 & 0 \\ 0 & -1 \end{pmatrix}, \begin{pmatrix} 0 & 1 \\ 0 & 0 \end{pmatrix}, \begin{pmatrix} 0 & 0 \\ 1 & 0 \end{pmatrix} \right\}$.

Las coordenadas de M en esta base son $(1, 1, -1)$.

Problema 53

a) $C_E = \left\{ \begin{pmatrix} 1 & 0 \\ 0 & 0 \end{pmatrix}, \begin{pmatrix} 0 & 1 \\ 1 & 0 \end{pmatrix}, \begin{pmatrix} 0 & 0 \\ 0 & 1 \end{pmatrix} \right\}$

b) $M = \begin{pmatrix} 11 & 6 \\ 6 & 1 \end{pmatrix}$. $[M]_{B_1} = \frac{1}{17} \begin{pmatrix} 24 \\ 64 \\ -31 \end{pmatrix}$. $[M]_{C_E} = \begin{pmatrix} 11 \\ 6 \\ 1 \end{pmatrix}$

c) $M = \begin{pmatrix} 7 & -9 \\ -9 & 7 \end{pmatrix}$. $[M]_{B_2} = \frac{1}{4} \begin{pmatrix} -14 \\ -28 \\ 17 \end{pmatrix}$. $[M]_{C_E} = \begin{pmatrix} 7 \\ -9 \\ 7 \end{pmatrix}$

Problema 54

Obsérvese que $\vec{w}_1 = \dfrac{1}{\lambda_1} \vec{u} - \displaystyle\sum_{i=2}^{n} \dfrac{\lambda_i}{\lambda_1} \vec{w}_i$

(i) $N = \{\vec{u}, \vec{w}_2, \ldots, \vec{w}_n\}$ es libre:

- Supongamos que $\vec{u} \in \langle \vec{w}_2, \ldots, \vec{w}_n \rangle$: $\vec{u} = \displaystyle\sum_{i=2}^{n} \alpha_i \vec{w}_i$.

  Entonces, $\vec{w}_1 = \dfrac{1}{\lambda_1} \left(\displaystyle\sum_{i=2}^{n} \alpha_i \vec{w}_i \right) - \displaystyle\sum_{i=2}^{n} \dfrac{\lambda_i}{\lambda_1} \vec{w}_i = \displaystyle\sum_{i=2}^{n} \dfrac{\alpha_i - \lambda_i}{\lambda_1} \vec{w}_i$. Es decir, N es ligado.

- Supongamos que, para cierto $j \in \{2, \ldots, n\}$, $\vec{w}_j \in \langle \vec{u}, \vec{w}_2, \ldots, \vec{w}_{j-1}, \vec{w}_{j+1}, \ldots, \vec{w}_n \rangle$. Sin pérdida de generalidad, podemos suponer que $\vec{w}_n \in \langle \vec{u}, \vec{w}_2, \ldots, \vec{w}_{n-1} \rangle$. Entonces:

$$\vec{w}_n = \alpha_1 \left(\sum_{i=1}^{n} \lambda_i \vec{w}_i \right) + \sum_{j=2}^{n-1} \alpha_j \vec{w}_j = \alpha_1 \lambda_1 \vec{w}_1 + \sum_{j=2}^{n-1} (\alpha_1 \lambda_j + \alpha_j) \vec{w}_j + \alpha_1 \lambda_n \vec{w}_n$$

Si $\alpha_1 = 0$, entonces $\vec{w}_n \in \langle \vec{w}_2, \ldots, \vec{w}_{n-1} \rangle$. Es decir, V es ligado. Si $\alpha_1 \neq 0$, entonces $\alpha_1 \lambda_1 \neq 0$. Es decir, V es también ligado, puesto que:

$$\vec{w}_1 = -\sum_{j=2}^{n-1} \frac{\alpha_1 \lambda_j + \alpha_j}{\alpha_1 \lambda_1} \vec{w}_j + \frac{1 - \alpha_1 \lambda_n}{\alpha_1 \lambda_1} \vec{w}_n$$

(ii) $N = \{\vec{u}, \vec{w}_2, \ldots, \vec{w}_n\}$ es s.g. de E:

- Sea $\vec{v} \in E$: $\vec{v} = \displaystyle\sum_{i=1}^{n} \alpha_i \vec{w}_i$. Entonces:

$$\vec{v} = \alpha_1 \left(\frac{1}{\lambda_1} \vec{u} - \sum_{i=2}^{n} \frac{\lambda_i}{\lambda_1} \vec{w}_i \right) + \sum_{i=2}^{n} \alpha_i \vec{w}_i = \frac{\alpha_1}{\lambda_1} \vec{u} + \sum_{i=2}^{n} \left(\alpha_i - \frac{\alpha_1 \lambda_i}{\lambda_1} \right) \vec{w}_i$$

Problema 55

a) $\vec{v} + \vec{u} = (-1+2) \cdot \vec{v} + (2-1) \cdot \vec{u} = -\vec{v} + 2\vec{v} + 2\vec{u} - \vec{u} = -\vec{v} + 2 \cdot (\vec{v} + \vec{u}) - \vec{u} = -\vec{v} + (1+1) \cdot (\vec{v} + \vec{u}) - \vec{u} =$
$-\vec{v} + 1 \cdot (\vec{v} + \vec{u}) + 1 \cdot (\vec{v} + \vec{u}) - \vec{u} = -\vec{v} + \vec{v} + \vec{u} + \vec{v} + \vec{u} - \vec{u} = \vec{u} + \vec{v}$

b) $\vec{o} = \vec{v} + (-\vec{v}) = (\vec{u} + \vec{v}) + (-\vec{v}) = \vec{u} + (\vec{v} + (-\vec{v})) = \vec{u} + \vec{o} = \vec{u}$

c) $\vec{v} = \vec{o} + \vec{v} = (-\vec{u} + \vec{u}) + \vec{v} = -\vec{u} + (\vec{u} + \vec{v}) = -\vec{u} + \vec{o} = -\vec{u}$

d) $\vec{v} = (1+0) \cdot \vec{v} = \vec{v} + 0 \cdot \vec{v} \Rightarrow 0 \cdot \vec{v} = \vec{o}$

e) $\lambda \cdot \vec{u} = \lambda \cdot (\vec{u} + \vec{o}) = \lambda \cdot \vec{u} + \lambda \cdot \vec{o} \Rightarrow \lambda \cdot \vec{o} = \vec{o}$

f) $\lambda \neq 0 \Rightarrow \vec{v} = 1 \cdot \vec{v} = (\lambda^{-1}\lambda) \cdot \vec{v} = \lambda^{-1}(\lambda \cdot \vec{v}) = \lambda^{-1} \cdot \vec{o} = \vec{o}$

g)   ▪ $\vec{o} = (-\lambda + \lambda) \cdot \vec{v} = (-\lambda) \cdot \vec{v} + \lambda \cdot \vec{v} \Rightarrow -(\lambda \cdot \vec{v}) = (-\lambda) \cdot \vec{v}$

    ▪ $\vec{o} = \lambda \cdot (\vec{v} + (-\vec{v})) = \lambda \cdot \vec{v} + \lambda \cdot (-\vec{v}) \Rightarrow -(\lambda \cdot \vec{v}) = \lambda \cdot (-\vec{v})$

h) $-1 \cdot \vec{v} = -(1 \cdot \vec{v}) = -\vec{v}$

i) $\vec{o} = (\alpha - \beta) \cdot \vec{u} \Rightarrow \alpha - \beta = 0$

j) $\vec{o} = \alpha \cdot (\vec{u} - \vec{v}) \Rightarrow \vec{u} - \vec{v} = \vec{o}$

Problema 56

Sea $S = \{\vec{u}_1, \ldots, \vec{u}_m\}$, con $m \geq 2$.

- Supongamos que un vector de S es combinación lineal de resto. Sin pérdida de generalidad, podemos suponer que este vector es $\vec{u}_1$: $\vec{u}_1 = \alpha_2 \cdot \vec{u}_2 + \cdots + \alpha_m \cdot \vec{u}_m$. Es decir, existe una combinación lineal nula de los vectores de S diferente de la c.l.t.: $\vec{u}_1 - \alpha_2 \cdot u_2 - \cdots - \alpha_m \cdot \vec{u}_m = \vec{o}$.

- Supongamos que S es ligado. Es decir, existe una combinación lineal nula de los vectores de S diferente de la c.l.t.: $\lambda_1 \cdot \vec{u}_1 + \lambda_2 \cdot u_2 + \cdots + \lambda_m \cdot \vec{u}_m = \vec{o}$. Sin pérdida de generalidad, podemos suponer que $\lambda_1 \neq 0$: $\vec{u}_1 = -\frac{\lambda_2}{\lambda_1} \cdot u_2 + \cdots - \frac{\lambda_m}{\lambda_1} \cdot \vec{u}_m$.

Problema 57

a) Sin pérdida de generalidad, supongamos que $\vec{u}_1 = \vec{o}$. Entonces, $1 \cdot \vec{o} + 0 \cdot \vec{u}_2 + \cdots + o \cdot \vec{u}_m = \vec{o}$ es una combinación lineal nula de los vectores de S diferente de la c.l.t.

b) Sea S' un subconjunto ligado de S. Sin pérdida de generalidad, podemos suponer que $S' = \{\vec{u}_1, \ldots, \vec{u}_l\}$, con $l < m$. Entonces, existe una combinación lineal nula de los vectores de S' diferente de la c.l.t.:
$$\sum_{i=1}^{l} \lambda_i \cdot \vec{u}_i = \vec{o}. \text{ Es decir, } \sum_{i=1}^{l} \lambda_i \cdot \vec{u}_i + \sum_{i=l+1}^{m} 0 \cdot \vec{u}_i = \vec{o} \text{ es una combinación lineal nula de los vectores de } S$$
diferente de la c.l.t.

c) Ciertamente, si $\vec{u}_1 = \vec{o}$, entonces S es ligado. Recíprocamente, supongamos que S es ligado. Entonces, existe una combinación lineal del único elemento de S diferente de la c.l.t.: $\lambda \cdot \vec{u}_1 = \vec{o}$, con $\lambda \neq 0$. Es decir, de acuerdo con el apartado f) de la proposición 4.1, $\vec{u}_1 = \vec{o}$.

d) Ciertamente, si $\vec{w} \in \langle S \rangle$, entonces $S \cup \{\vec{w}\}$ es ligado. Recíprocamente, supongamos que $S \cup \{\vec{w}\}$ es ligado. Entonces, existe una combinación lineal nula de los vectores de $S \cup \{\vec{w}\}$ diferente de la c.l.t.:

$\alpha \cdot \vec{w} + \sum_{i=1}^{m} \lambda_i \cdot \vec{u}_i = \vec{o}$. Claramente, $\alpha \neq 0$, puesto que S es libre.

Por tanto: $\vec{w} = -\sum_{i=1}^{m} \dfrac{\lambda_i}{\alpha} \cdot \vec{u}_i \in \langle S \rangle$.

e) Supongamos que $\alpha_1 \cdot \vec{u}_1 + \cdots + \alpha_i \cdot (\lambda \cdot \vec{u}_i) + \cdots + \alpha_m \cdot \vec{u}_m = \vec{o}$, o lo que es lo mismo: $\alpha_1 \cdot \vec{u}_1 + \cdots + (\alpha_i \cdot \lambda) \cdot \vec{u}_i + \cdots + \alpha_m \cdot \vec{u}_m = \vec{o}$. Por tanto, $\alpha_1 = \cdots = \alpha_i \cdot \lambda = \cdots = \alpha_m = 0$, puesto que S es libre. Es decir, $\alpha_1 = \cdots = \alpha_i = \cdots = \alpha_m = 0$, puesto que $\lambda \neq 0$.

f) Supongamos que $\alpha_1 \cdot \vec{u}_1 + \cdots + \alpha_i \cdot (\vec{u}_i + \lambda \cdot \vec{u}_j) + \cdots + \alpha_m \cdot \vec{u}_m = \vec{o}$, o lo que es lo mismo:

$\alpha_1 \cdot \vec{u}_1 + \cdots + \alpha_i \cdot \vec{u}_i + \cdots + (\alpha_j + \alpha_i \cdot \lambda) \cdot \vec{u}_j + \cdots + \alpha_m \cdot \vec{u}_m = \vec{o}$.

Por tanto, $\alpha_1 = \cdots = \alpha_i = \cdots = \alpha_j + \alpha_i \cdot \lambda = \cdots = \alpha_m = 0$, puesto que S es libre.

Es decir, $\alpha_1 = \cdots = \alpha_i = \cdots = \alpha_j = \cdots = \alpha_m = 0$.

Problema 58

a) Sea S' un conjunto de vectores tal que $S \subset S'$. Si S' es libre, entonces, de acuerdo con el apartado b) de la proposición 4.3, el conjunto S es libre. En otras palabras, si S es ligado, entonces S' también debe serlo.

b) Consecuencia inmediata del anterior apartado, puesto que (i) $\{\vec{o}\}$ es ligado y (ii) $\{\vec{o}\} \subseteq S$.

Problema 59

a) Sea $\vec{w} \in E$: $\vec{w} = \alpha_1 \cdot \vec{u}_1 + \cdots \alpha_m \cdot \vec{u}_m = \alpha_1 \cdot \vec{u}_1 + \cdots \alpha_m \cdot \vec{u}_m + 0 \cdot \vec{u}$.

b) Sin pérdida de generalidad, podemos suponer que $\vec{u}_m \in \langle \vec{u}_1, \ldots, \vec{u}_{m-1} \rangle$: $\vec{u}_m = \sum_{i=1}^{m-1} \alpha_i \cdot \vec{u}_i$.

Sea $\vec{w} \in E$: $\vec{w} = \beta_1 \cdot \vec{u}_1 + \cdots + \beta_m \cdot \vec{u}_m = \beta_1 \cdot \vec{u}_1 + \cdots \beta_{m-1} \cdot \vec{u}_{m-1} + \beta_m \sum_{i=1}^{m-1} \alpha_i \cdot \vec{u}_i = (\beta_1 + \beta_m \alpha_1) \cdot \vec{u}_1 + \cdots (\beta_{m-1} + \beta_m \alpha_{m-1}) \cdot \vec{u}_{m-1}$

c) Si S es libre, $\mathcal{B} = S$. Si S es ligado, suprimimos un vector $\vec{u}_i$ de S que sea combinación lineal del resto. De acuerdo con el apartado anterior, $S \setminus \{\vec{u}_i\}$ es sistema de generadores. Si $S \setminus \{\vec{u}_i\}$ es libre, $\mathcal{B} = S \setminus \{\vec{u}_i\}$. Si $S \setminus \{\vec{u}_i\}$ es ligado, repetimos el procedimiento anterior.

d) Sea $\vec{w} \in E$: $\vec{w} = \beta_1 \cdot \vec{u}_1 + \cdots + \beta_m \cdot \vec{u}_m = \beta_1 \cdot \vec{u}_1 + \cdots + \beta_i \lambda^{-1} \cdot (\lambda \cdot \vec{u}_i) + \cdots + \beta_m \cdot \vec{u}_m$.

Es decir, $\vec{w} \in \langle S' \rangle$.

e) Sea $\vec{w} \in E$:

$\vec{w} = \lambda_1 \cdot \vec{u}_1 + \cdots + \lambda_m \cdot \vec{u}_m = \lambda_1 \cdot \vec{u}_1 + \cdots + \lambda_i \cdot (\vec{u}_i + \lambda \cdot \vec{u}_j) + \cdots + (\lambda_j - \lambda_i \cdot \lambda) \cdot \vec{u}_j + \cdots + \lambda_m \cdot \vec{u}_m$.

Es decir, $\vec{w} \in \langle S'' \rangle$.

Problema 60

a) Consecuencia del apartado e) de la proposición 4.3 y del apartado d) de la proposición 4.5.

b) Consecuencia del apartado f) de la proposición 4.3 y del apartado e) de la proposición 4.5.

Problema 61

Consecuencia del apartado c) de la proposición 4.5.

Problema 62

- Sea $\vec{v} \in E$ tal que $\vec{v} = r_1 \cdot \vec{u}_1 + \cdots + r_n \cdot \vec{u}_n = s_1 \cdot \vec{u}_1 + \cdots + s_n \cdot \vec{u}_n$.

  Entonces, $(r_1 - s_1) \cdot \vec{u}_1 + \cdots + (r_n - s_n) \cdot \vec{u}_n = \vec{o}$. De donde $r_1 = s_1, \ldots, r_n = s_n$.

- Recíprocamente, supongamos que cada vector $\vec{v} \in E$ se expresa de forma única como combinación lineal de los vectores de $\mathcal{B}$. En particular, si $r_1 \cdot \vec{u}_1 + \cdots + r_n \cdot \vec{u}_n = \vec{o}$, entonces $r_1 = \cdots = r_n = 0$. Por tanto, $\mathcal{B}$ es un s.g. libre, es decir, una base.

Problema 63

Sean $S = \{\vec{v}_1, \ldots, \vec{v}_m\}$, $\mathcal{B} = \{\vec{u}_1, \ldots, \vec{u}_n\}$. Demostración por inducción sobre $m = card(S)$.

- Caso $m = 1$, es decir, $S = \{\vec{v}_1\}$. Sin pérdida de generalidad, supongamos que $\vec{v}_1 = \sum_{i=1}^{n} \lambda_i \vec{w}_i$, con $\lambda_1 \neq 0$.

  Entonces, de acuerdo con el problema 54, $N = \{\vec{v}_1, \vec{u}_2, \ldots, \vec{u}_n\}$ es una base de E.

- Sea $S = \{\vec{v}_1, \ldots, \vec{v}_m\}$. Por hipótesis de inducción, y sin pérdida de generalidad, supongamos que el conjunto $\{\vec{v}_1, \ldots, \vec{v}_{m-1}, \vec{u}_m, \cdots, \vec{u}_n\}$ es una base de E. Entonces,

$$\vec{v}_m = \sum_{i=1}^{m-1} r_i \cdot \vec{v}_i + \sum_{j=m}^{n} s_j \cdot \vec{u}_j$$

Ciertamente, $\sum_{j=m}^{n} s_j \cdot \vec{u}_j \neq \vec{o}$, puesto que S es libre. Sin pérdida de generalidad, podemos suponer que $s_m \neq 0$.

Entonces, aplicando de nuevo el problema 54, deducimos que el conjunto $\{\vec{v}_1, \ldots, \vec{v}_{m-1}, \vec{v}_m, \vec{v}_{m+1}, \cdots, \vec{u}_n\}$ es una base de E.

Problema 64

a) Consecuencia inmediata del teorema de Steinitz.

b) Consecuencia inmediata del teorema de Steinitz.

c) Considerando S como conjunto libre y $\mathcal{B}$ como base, se deduce que $m \leq n$. Considerando $\mathcal{B}$ como conjunto libre y S como base, se deduce que $n \leq m$. Por tanto, $m = n$.

d) Consecuencia inmediata del teorema de Steinitz.

e) Consecuencia del apartado c) de la proposición 4.5 y del apartado c) de ésta.

f) Consecuencia del apartado c) de la proposición 4.5 y del apartado c) de ésta.

Problema 65

Enunciado equivalente al apartado c) de la proposición 4.10.

Problema 66

Sea $\mathcal{B} = \{\vec{e}_1, \cdots \vec{e}_n\}$.

a) $[\vec{u}]_{\mathcal{B}} + [\vec{v}]_{\mathcal{B}} = \begin{pmatrix} k_1 \\ \vdots \\ k_n \end{pmatrix} + \begin{pmatrix} r_1 \\ \vdots \\ r_n \end{pmatrix} \Leftrightarrow \vec{u} = k_1 \cdot \vec{e}_1 + \cdots + k_n \cdot \vec{e}_n, \ \vec{v} = r_1 \cdot \vec{e}_1 + \cdots + r_n \cdot \vec{e}_n$

Es decir:

$$\vec{u} + \vec{v} = (k_1 + r_1) \cdot \vec{e}_1 + \cdots + (k_n + r_n) \cdot \vec{e}_n \Leftrightarrow [\vec{u} + \vec{v}]_{\mathcal{B}} = \begin{pmatrix} k_1 + r_1 \\ \vdots \\ k_n + r_n \end{pmatrix} = [\vec{u}]_{\mathcal{B}} + [\vec{v}]_{\mathcal{B}}$$

b) $\lambda \cdot \vec{u} = \lambda \cdot k_1 \cdot \vec{e}_1 + \cdots + \lambda \cdot k_n \cdot \vec{e}_n \Rightarrow [\lambda \vec{u}]_{\mathcal{B}} = \begin{pmatrix} \lambda \cdot k_1 \\ \vdots \\ \lambda \cdot k_n \end{pmatrix} = \lambda \cdot \begin{pmatrix} k_1 \\ \vdots \\ k_n \end{pmatrix} = \lambda \cdot [\vec{u}]_{\mathcal{B}}$

Problema 67

Sean $V = \{\vec{u}_1, \cdots, \vec{u}_n\}$, $N = \{\vec{w}_1, \cdots, \vec{w}_n\}$.

$$[\vec{u}]_N = \begin{pmatrix} \beta_1 \\ \vdots \\ \beta_n \end{pmatrix} \Leftrightarrow \vec{u} = \beta_1 \cdot \vec{w}_1 + \cdots + \beta_n \cdot \vec{w}_n \Leftrightarrow [\vec{u}]_V = \beta_1 \cdot [\vec{w}_1]_V + \cdots + \beta_n \cdot [\vec{w}_n]_V = [I_E]_{NV} \cdot [\vec{u}]_N$$

Problema 68

Sea $S = \{\vec{u}_1, \cdots, \vec{u}_s\}$.

a) $M_{SN} \cdot M_{NV} = \begin{pmatrix} [\vec{u}_1]_N^t \\ \vdots \\ [\vec{u}_s]_N^t \end{pmatrix} \cdot [I_E]_{NV}^t = \begin{pmatrix} [\vec{u}_1]_N^t \cdot [I_E]_{NV}^t \\ \vdots \\ [\vec{u}_s]_N^t \cdot [I_E]_{NV}^t \end{pmatrix} = \begin{pmatrix} [\vec{u}_1]_V^t \\ \vdots \\ [\vec{u}_s]_V^t \end{pmatrix} = M_{SV}$

b) $M_{VN} \cdot M_{NV} = M_{VV} = I_n$

c) $M_{NV} \cdot M_{VC} = M_{NC}$

Problema 69

$1 \Rightarrow 2$: Es suficiente con demostrar (i) $\vec{o} \in F$, y (ii) $-\vec{v} \in F \Rightarrow \vec{v} \in F$:

(i) Sea $\vec{v} \in F$: $\vec{o} = 0 \cdot \vec{v} \in F$.

(ii) Sea $\vec{v} \in F$: $-\vec{v} = -1 \cdot \vec{v} \in F$.

$2 \Rightarrow 3$: Evidente.

$3 \Rightarrow 4$: Evidente.

$4 \Rightarrow 1$:

  (i) Sean $\vec{u}, \vec{v} \in F$: $\vec{u} + \vec{v} = \vec{u} + 1 \cdot \vec{v} \in F$.

  (ii) Sea $\vec{u} \in F$, $\lambda \in \mathbb{R}$: $\lambda \cdot \vec{u} = \vec{u} + (\lambda - 1) \cdot \vec{u} \in F$.

Problema 70

a) De acuerdo con el apartado a) de la proposición 4.10, el cardinal de todo subconjunto libre de F es, a lo sumo, n. Por tanto, en F existe un subconjunto libre S tal que, para todo $\vec{u} \in F$, $S \cup \{\vec{u}\}$ es ligado. Esta propiedad de S equivale a afirmar que S es una base de F. Por tanto, $\dim(F) \leq n = \dim(E)$.

Si $\dim(F) = n = \dim(E)$, entonces, de acuerdo con el apartado d) de la Proposición 4.10, el conjunto S es una base de F. Es decir, $F = E$.

b) Consecuencia inmediata del apartado a).

c) Sea $S = \{\vec{u}_1, \ldots, \vec{u}_m\}$ un subconjunto de vectores de F. Demostración por inducción sobre m.

  ▪ Si $m = 1$, es decir, si $S = \{\vec{u}_1\}$, entonces, para todo $\lambda \in \mathbb{R}$, $\lambda \vec{u}_1 \in F$.

  ▪ Sea $\{\lambda_1, \ldots, \lambda_m\} \in \mathbb{R}$. Por hipótesis de inducción, $\lambda_1 \cdot \vec{u}_1 + \cdots + \lambda_{m-1} \cdot \vec{u}_{m-1} \in F$. Por tanto, $(\lambda_1 \cdot \vec{u}_1 + \cdots + \lambda_{m-1} \cdot \vec{u}_{m-1}) + \lambda_m \cdot \vec{u}_m \in F$.

d) Consecuencia inmediata de las definiciones.

Problema 71

Consecuencia de los apartados d) y e) de la proposición 4.5.

Problema 72

a) Sean $\vec{u}, \vec{v} \in F \cap G$. Entonces, $\vec{u}, \vec{v} \in F$ y $\vec{u}, \vec{v} \in G$.

  Por tanto, para todo $\alpha, \beta \in \mathbb{R}$, $\alpha \cdot \vec{u} + \beta \cdot \vec{v} \in F$, $\alpha \cdot \vec{u} + \beta \cdot \vec{v} \in G$. En consecuencia, $\alpha \cdot \vec{u} + \beta \cdot \vec{v} \in F \cap G$.

b) Sean $\alpha, \beta \in \mathbb{R}, \vec{u}, \vec{v} \in F + G$. Entonces, existen $\vec{u}_1, \vec{v}_1 \in F$, $\vec{u}_2, \vec{v}_2 \in G$ tales que $\vec{u} = \vec{u}_1 + \vec{u}_2$, $\vec{v} = \vec{v}_1 + \vec{v}_2$. Por tanto:

$$\alpha \cdot \vec{u} + \beta \cdot \vec{v} = (\alpha \cdot \vec{u}_1 + \beta \cdot \vec{v}_1) + (\alpha \cdot \vec{u}_2 + \beta \cdot \vec{v}_2)$$

donde $\alpha \cdot \vec{u}_1 + \beta \cdot \vec{v}_1 \in F$, $\alpha \cdot \vec{u}_2 + \beta \cdot \vec{v}_2 \in G$. En consecuencia, $\alpha \cdot \vec{u} + \beta \cdot \vec{v} \in F + G$.

Problema 73

Sean $\dim(F) = r$, $\dim(G) = s$ y $\dim(F \cap G) = m \leq \min\{r, s\}$. Sea $\{\vec{u}_1, \ldots, \vec{u}_m\}$ una base de $F \cap G$. Completamos esta base tanto en F como en G, hasta obtener sendas bases de ambos subespacios vectoriales: $F = \langle \{\vec{u}_1, \ldots, \vec{u}_m, \vec{v}_{m+1}, \ldots, \vec{v}_r\} \rangle$, $G = \langle \{\vec{u}_1, \ldots, \vec{u}_m, \vec{w}_{m+1}, \ldots, \vec{w}_s\} \rangle$. Para terminar, es suficiente con demostrar que el conjunto $\mathcal{B} = \{\vec{u}_1, \ldots, \vec{u}_m, \vec{v}_{m+1}, \ldots, \vec{v}_r, \vec{w}_{m+1}, \ldots, \vec{w}_s\}$ es una base de $F + G$:

- $\mathcal{B}$ es libre: $\displaystyle\sum_{h=1}^{m} \alpha_h \vec{u}_h + \sum_{i=m+1}^{r} \beta_i \vec{v}_i + \sum_{j=m+1}^{s} \gamma_j \vec{w}_j = \vec{0} \Rightarrow \sum_{h=1}^{m} \alpha_h \vec{u}_h + \sum_{i=m+1}^{r} \beta_i \vec{v}_i = -\sum_{j=m+1}^{s} \gamma_j \vec{w}_j$.

Por tanto, $\displaystyle\sum_{j=m+1}^{s} \gamma_j \vec{w}_j \in F \cap G$. Es decir, $\displaystyle\sum_{j=m+1}^{s} \gamma_j \vec{w}_j = \vec{0}$ y $\displaystyle\sum_{h=1}^{m} \alpha_h \vec{u}_h + \sum_{i=m+1}^{r} \beta_i \vec{v}_i = \vec{0}$.

En consecuencia, $\alpha_1 = \cdots = \alpha_m = 0$, $\beta_{m+1} = \cdots = \beta_r = 0$, $\gamma_{m+1} = \cdots = \gamma_s = 0$

- $\mathcal{B}$ es un s.g. de $F + G$. Sea $\vec{x} = \vec{y} + \vec{z} \in F + G$, donde $\vec{y} \in F$, $\vec{z} \in G$. Por tanto:

$$\vec{x} = \vec{y} + \vec{z} = \sum_{h=1}^{m} \alpha_h \vec{u}_h + \sum_{i=m+1}^{r} \beta_i \vec{v}_i + \sum_{j=1}^{m} \gamma_j \vec{u}_j + \sum_{k=m+1}^{s} \delta_k \vec{w}_k =$$

$$= \sum_{h=1}^{m} (\alpha_h + \gamma_h)\vec{u}_h + \sum_{i=m+1}^{r} \beta_i \vec{v}_i + \sum_{k=m+1}^{s} \delta_k \vec{w}_k.$$

Problema 74

Sean $F = \langle S_1 \rangle = \langle \{\vec{u}_1, \ldots, \vec{u}_r\} \rangle$, $G = \langle S_2 \rangle = \langle \{\vec{v}_1, \ldots, \vec{v}_s\} \rangle$.

Ciertamente, $\langle S_1 \cup S_2 \rangle \subseteq F + G$.

Sea $\vec{x} = \vec{y} + \vec{z} \in F + G$, donde $\vec{y} \in F$, $\vec{z} \in G$. Por tanto, $\vec{x} = \vec{y} + \vec{z} = \displaystyle\sum_{i=1}^{r} \alpha_i \vec{u}_i + \sum_{j=1}^{s} \beta_i \vec{v}_j \in \langle S_1 \cup S_2 \rangle$

$1 \Rightarrow 2$: Sea $\vec{u} \in F \cap G$: $\vec{u} = \displaystyle\sum_{i=1}^{r} \alpha_i \vec{u}_i = \sum_{j=1}^{s} \beta_i \vec{v}_j$. Es decir, $\displaystyle\sum_{i=1}^{r} \alpha_i \vec{u}_i - \sum_{j=1}^{s} \beta_i \vec{v}_j = \vec{0}$.

En consecuencia, $\alpha_1 = \cdots = \alpha_r = \beta_1 = \cdots = \beta_s = 0$, ya que $S_1 \cup S_2$ es libre. Por tanto, $\vec{u} = \vec{0}$.

$2 \Rightarrow 1$: $\displaystyle\sum_{i=1}^{r} \alpha_i \vec{u}_i + \sum_{j=1}^{s} \beta_i \vec{v}_j = \vec{0} \Leftrightarrow \sum_{i=1}^{r} \alpha_i \vec{u}_i = -\sum_{j=1}^{s} \beta_i \vec{v}_j$.

Es decir, $\displaystyle\sum_{i=1}^{r} \alpha_i \vec{u}_i \in F \cap G$ y $\displaystyle\sum_{j=1}^{s} \beta_i \vec{v}_j \in F \cap G$, o lo que es lo mismo, $\displaystyle\sum_{i=1}^{r} \alpha_i \vec{u}_i = \vec{0}$ y $\displaystyle\sum_{j=1}^{s} \beta_i \vec{v}_j = \vec{0}$.

Por tanto, $\alpha_1 = \cdots = \alpha_r = 0$ y $\beta_1 = \cdots = \beta_s = 0$, puesto que tanto S_1 como S_2 son libres.

$2 \Leftrightarrow 3$: $\dim(F \cap G) = 0 \Leftrightarrow F \cap G = \{\vec{0}\} \Leftrightarrow \dim(F \oplus G) = \dim(F) + \dim(G)$.

Capítulo 5

Problema 1

a) Es lineal. $[f]_{CC} = \begin{pmatrix} 1 & 1 & 0 \\ 1 & -1 & 0 \\ 1 & 1 & -1 \end{pmatrix}$, $r(f) = 3$, $\eta(f) = 0$.

b) Es lineal. $[f]_{CC} = \begin{pmatrix} 1 & 2 & -3 \\ 1 & 0 & -1 \\ 0 & 1 & 1 \end{pmatrix}$, $r(f) = 3$, $\eta(f) = 0$.

c) Es lineal. $[f]_{C_1 C_2} = \begin{pmatrix} 1 & 0 & 0 & 0 \\ 0 & 0 & 0 & 0 \\ 0 & 0 & 1 & 0 \end{pmatrix}$, $r(f) = 2$, $\eta(f) = 2$. Base canónica de $Ker(f)$: $\{(0,1,0,0),(0,0,0,1)\}$.

d) Es lineal. $[f]_{C_1 C_2} = \begin{pmatrix} 1 & -2 & 0 \\ 0 & 1 & 1 \end{pmatrix}$, $r(f) = 2$, $\eta(f) = 1$. Base canónica de $Ker(f)$: $\{(1, \frac{1}{2}, -\frac{1}{2})\}$.

e) Es lineal. $[f]_{C_1 C_2} = \begin{pmatrix} 2 & 1 \\ 1 & -1 \\ 0 & 3 \end{pmatrix}$, $r(f) = 2$, $\eta(f) = 0$.

f) No es lineal porque $f(0) = (0,2,0)$.

g) Es lineal. $[f]_{C_1 C_2} = (\begin{array}{ccccc} 1 & 1 & 1 & 1 & 1 \end{array})$, $r(f) = 1$, $\eta(f) = 4$.

Base canónica de $Ker(f)$: $\{(1,0,0,0,-1),(0,1,0,0,-1),(0,0,1,0,-1),(0,0,0,1,-1)\}$.

h) No es lineal porque $f(0,0) = 1$.

i) Es lineal. $[f]_{C_1 C_2} = (\begin{array}{ccc} 1 & -2 & 3 \end{array})$, $r(f) = 1$, $\eta(f) = 2$. Base canónica de $Ker(f)$: $\left\{(1,0,-\frac{1}{3}),(0,1,\frac{2}{3})\right\}$.

Problema 2

f es única porque $\{\vec{a}, \vec{b}\}$ es una base de $\mathbb{R}^2$.

$(0,-1) = \vec{a} - \vec{b} \Rightarrow f(0,-1) = f(\vec{a}) - f(\vec{b}) \Rightarrow f(0,-1) = -1$

$(-3,2) = -20\vec{a} + 17\vec{b} \Rightarrow f(-3,2) = -20f(\vec{a}) + 17f(\vec{b}) \Rightarrow f(-3,2) = 20$

Problema 3

$Ker(f) = \langle(1,2)\rangle$, $Im(f) = \langle(1,-4)\rangle \Rightarrow \vec{0}, \vec{a} \in Ker(f)$ y $\vec{0}, \vec{b} \in Im(f)$.

Problema 4

a) No existe ninguna a.l.: $(1,-1) = (2,0) - (1,1) \Rightarrow f(1,-1) = f(2,0) - f(1,1) = (1,-2)$.

b) No existe ninguna a.l. porque $(-2,1,0) \notin \mathbb{R}^2$.

c) Existe una única aplicación lineal porque $\{(1,0,0),(1,0,1),(1,1,1)\}$ es una base de $\mathbb{R}^3$.

$$[f]_C = \begin{pmatrix} -1 & -2 & 1 \\ 5 & 3+a & -8 \\ 0 & -7 & 7 \end{pmatrix}$$

d) Existen infinitas aplicaciones lineales porque $\{(1,1),(-1,-1),(2,2)\}$ no es s.g. de $\mathbb{R}^2$.

Problema 5

a) $f(x, y) = (-x, y)$. $Ker(f) = \{\vec{0}\}$. $Im(f) = \mathbb{R}^2$.

b) $f(\vec{u})$ es la proyección ortogonal de $\vec{u}$ sobre el eje x. $Ker(f) = \{(x, y) | x = 0\}$. $Im(f) = \{(x, y) | y = 0\}$.

c) $f(x, y) = (-x, -y)$. $Ker(f) = \{\vec{0}\}$. $Im(f) = \mathbb{R}^2$.

d) f es la homotecia de razón 2. $Ker(f) = \{\vec{0}\}$. $Im(f) = \mathbb{R}^2$.

e) $f = gh$, donde h es la simetría axial respecto al eje x y g es la homotecia de razón 2.
   $Ker(f) = \{\vec{0}\}$. $Im(f) = \mathbb{R}^2$.

f) $f(x, y) = \left(\frac{\sqrt{3}x - y}{2}, \frac{x + \sqrt{3}y}{2} \right)$. $Ker(f) = \{\vec{0}\}$. $Im(f) = \mathbb{R}^2$.

g) Es la traslación según $\vec{i} = (1, 0)$. No es lineal.

h) $f(x, y) = (y, -x)$. $Ker(f) = \{\vec{0}\}$. $Im(f) = \mathbb{R}^2$.

Problema 6

a) $Ker(f) = \{(x, y) | x = 0\} = \langle (0, 1) \rangle$. $Im(f) = \{(x, y) | x = 0\} = \langle (0, 1) \rangle$.

b) $Ker(f) = \{(x, y) | x + y = 0\} = \langle (1, -1) \rangle$. $Im(f) = \mathbb{R}$. f es un epimorfismo.

c) $Ker(f) = \{\vec{0}\}$. $Im(f) = \{(x, y) | 12x + 4y - 7z = 0\} = \langle (-1, 3, 0), (2, 1, 4) \rangle$. f es un monomorfismo.

d) $Ker(f) = \{(x, y, z) | x + y = 0, z = 0\} = \langle (1, -1, 0) \rangle$. $Im(f) = \mathbb{R}^2$. f es un epimorfismo.

e) $Ker(f) = \{\vec{0}\}$. $Im(f) = \mathbb{R}^3$. f es un isomorfismo.

f) $Ker(f) = \{(x, y, z) | x = 0, z = 0\} = \langle (0, 1, 0) \rangle$.
   $Im(f) = \{(x, y, z, t) | 4x - 4y - z = 0, t = 0\} = \langle (1, 1, 0, 0), (0, -1, 4, 0) \rangle$.

g) $Ker(f) = \{\vec{0}\}$. $Im(f) = \mathbb{R}^4$. f es un isomorfismo.

Problema 7

$$[f]_{C_1 C_2} = \begin{pmatrix} 2 & -1 \end{pmatrix}, \quad [f]_{C_1 B_2} = \begin{pmatrix} -1 & \frac{1}{2} \end{pmatrix}, \quad [f]_{B_1 C_2} = \begin{pmatrix} 0 & -3 \end{pmatrix}, \quad [f]_{B_1 B_2} = \begin{pmatrix} 0 & \frac{3}{2} \end{pmatrix}$$

$$[g]_{C_2 C_1} = \begin{pmatrix} 1 \\ -2 \end{pmatrix}, \quad [g]_{C_2 B_1} = \begin{pmatrix} -\frac{1}{3} \\ -\frac{4}{3} \end{pmatrix}, \quad [g]_{B_2 C_1} = \begin{pmatrix} -2 \\ 4 \end{pmatrix}, \quad [g]_{B_2 B_1} = \begin{pmatrix} \frac{2}{3} \\ \frac{8}{3} \end{pmatrix}$$

$$[fg]_{B_2} = \begin{pmatrix} 4 \end{pmatrix}, \quad [gf]_{B_1} = \begin{pmatrix} 0 & 1 \\ 0 & 4 \end{pmatrix}$$

Problema 8

$$[f]_{B_1} = \begin{pmatrix} -1 & 3 \\ 0 & -2 \end{pmatrix}, \quad [f]_{B_2} = \begin{pmatrix} 0 & 1 \\ -2 & -3 \end{pmatrix}$$

Problema 9

a) $[f]_{B_2C_1} = \begin{pmatrix} 2 & 8 & 1 \\ -1 & 3 & 0 \end{pmatrix}$, $[h]_{B_2C_1} = \begin{pmatrix} -2 & -1 & -1 \\ 0 & 0 & 1 \end{pmatrix}$

$[f]_{B_2B_1} = \frac{1}{3}\begin{pmatrix} 1 & 11 & 1 \\ -5 & -13 & -2 \end{pmatrix}$, $[g]_{B_1B_1} = \frac{1}{3}\begin{pmatrix} 1 & -4 \\ 4 & 2 \end{pmatrix}$.

b) $(3h)(x, y, z) = (3z - 3x, 3y)$

$(f + h)(x, y, z) = (x - y + z, y + z)$

$(gf)(x, y, z) = (2x - y - z, 4x - 2y)$

$(g(f + h))(x, y, z) = (x - 2y, 2x - 2y + 2z)$

c) $[f + h]_{B_2C_1} = \begin{pmatrix} 0 & 7 & 0 \\ -1 & 3 & 1 \end{pmatrix}$, $[gf]_{B_2B_1} = \frac{1}{3}\begin{pmatrix} 7 & 21 & 3 \\ -2 & 6 & 0 \end{pmatrix}$, $[3h]_{B_2B_1} = \begin{pmatrix} -2 & -1 & 0 \\ 4 & 2 & 3 \end{pmatrix}$

Problema 10

Es un automorfismo porque $det([f]_C) = -2$. $[f^{-1}]_C = [f]_C^{-1} = \frac{1}{2}\begin{pmatrix} -1 & 1 & 1 \\ 1 & 1 & -1 \\ 1 & -1 & 1 \end{pmatrix}$. Por tanto,

$2f^{-1}(x, y, z) = (-x + y + z, x + y - z, x - y + z)$.

Problema 11

a) $[gf]_B = [f\,g]_B = [f]_B$

b) f^{-1} no existe porque f no es inyectiva.

$[g^{-1}]_B = \begin{pmatrix} 0 & 1 & 0 \\ 0 & 0 & 1 \\ 1 & 0 & 0 \end{pmatrix}$ $[f^2]_B = \begin{pmatrix} 3 & 3 & 3 \\ 3 & 3 & 3 \\ 3 & 3 & 3 \end{pmatrix}$, $[g^2]_B = \begin{pmatrix} 0 & 1 & 0 \\ 0 & 0 & 1 \\ 1 & 0 & 0 \end{pmatrix}$

Problema 12

$p(f)$, $q(f)$ y $q(g)$ son el endomorfismo nulo.

$[p(g)]_B = \begin{pmatrix} 0 & 0 & 0 \\ 0 & -4 & -2 \\ 0 & 6 & 3 \end{pmatrix}$

Problema 13

a) Es lineal. $[f]_{C_1C_2} = \begin{pmatrix} 1 & 0 & 0 \\ 1 & 0 & 0 \\ 0 & 1 & 0 \\ 0 & 0 & 1 \end{pmatrix}$, $r(f) = 3$, $\eta(f) = 0$.

b) No es lineal porque $f(0) = 1$.

c) Es lineal: $(aA + bB)^t = aA^t + bB^t$.

$$[f]_C = \begin{pmatrix} 1 & 0 & 0 & 0 \\ 0 & 0 & 1 & 0 \\ 0 & 1 & 0 & 0 \\ 0 & 0 & 0 & 1 \end{pmatrix}, \, r(f) = 4, \, \eta(f) = 0.$$

d) Es lineal: $(aA + cC)B - B(aA + cC) = a(AB - BA) + c(CB - BC)$.

$$[f]_C = \begin{pmatrix} 0 & 3 & 6 & 0 \\ -6 & -8 & 0 & 6 \\ -3 & 0 & 8 & 3 \\ 0 & -3 & -6 & 0 \end{pmatrix}, \, r(f) = 3, \, \eta(f) = 1.$$

e) Es lineal: $A = \begin{pmatrix} a_{11} & a_{12} \\ a_{21} & a_{22} \end{pmatrix}$, $B = \begin{pmatrix} b_{11} & b_{12} \\ b_{21} & b_{22} \end{pmatrix} \Rightarrow \alpha \cdot A + \beta \cdot B = \begin{pmatrix} \alpha \cdot a_{11} + \beta \cdot b_{11} & \alpha \cdot a_{12} + \beta \cdot b_{12} \\ \alpha \cdot a_{21} + \beta \cdot b_{21} & \alpha \cdot a_{22} + \beta \cdot b_{22} \end{pmatrix}$

$\Rightarrow tr(\alpha \cdot A + \beta \cdot B) = \alpha \cdot a_{11} + \beta \cdot b_{11} + \alpha \cdot a_{22} + \beta \cdot b_{22} = \alpha \cdot (a_{11} + a_{22}) + \beta \cdot (b_{11} + b_{22}) = \alpha \cdot tr(A) + \beta \cdot tr(B)$.

$[f]_{C_1 C_2} = (\, 1 \quad 0 \quad 0 \quad 1 \,)$, $r(f) = 1$, $\eta(f) = 3$.

f) No es lineal porque $|aA| = a^3 |A|$.

g) Está bien definida porque $A + A^t$ siempre es simétrica.

Es lineal: $(aA + bB) + (aA + bB)^t = a(A + A^t) + b(B + B^t)$.

$$[f]_{C_1 C_2} = \begin{pmatrix} 2 & 0 & 0 & 0 \\ 0 & 1 & 1 & 0 \\ 0 & 0 & 0 & 2 \end{pmatrix}, \, r(f) = 3, \, \eta(f) = 1.$$

h) Es lineal: $e(aA + bB) = a \cdot e(A) + b \cdot e(B)$.

$$[f]_C = \begin{pmatrix} 1 & 0 & -2 & 0 \\ 0 & 1 & 0 & -2 \\ 0 & 0 & 1 & 0 \\ 0 & 0 & 0 & 1 \end{pmatrix}, \, r(f) = 4, \, \eta(f) = 0.$$

i) Es lineal: $(a \cdot p + b \cdot q)(I_2) = a \cdot p(I_2) + b \cdot q(I_2)$.

$$[f]_{C_1 C_2} = \begin{pmatrix} 1 & 1 & 1 \\ 0 & 0 & 0 \\ 0 & 0 & 0 \\ 1 & 1 & 1 \end{pmatrix}, \, r(f) = 1, \, \eta(f) = 2.$$

j) Es lineal: $(a \cdot p + b \cdot q)' = a \cdot p' + b \cdot q'$.

$$[f]_{C_1 C_2} = \begin{pmatrix} 0 & 1 & 0 \\ 0 & 0 & 2 \\ 0 & 0 & 0 \\ 0 & 0 & 0 \end{pmatrix}, \, r(f) = 2, \, \eta(f) = 1.$$

k) Es lineal:

$$((a \cdot p + b \cdot q)'(-1), (a \cdot p + b \cdot q)'(0), (a \cdot p + b \cdot q)'(1)) = a \cdot (p'(-1), p'(0), p'(1)) + b \cdot (q'(-1), q'(0), q'(1)).$$

$$[f]_{C_1 C_2} = \begin{pmatrix} 0 & 1 & -2 \\ 0 & 1 & 0 \\ 0 & 1 & 2 \end{pmatrix}, \ r(f) = 2, \ \eta(f) = 1.$$

Problema 14

a) $Ker(f) = \{0\}$. $Im(f) = \{a + bx + cx^2 | a = 0\} = \langle x, x^2 \rangle$. f es un monomorfismo.

b) $Ker(f) = \{a + bx + cx^2 + dx^3 | a + b = 0, c = 0, d = 0\} = \langle 1 - x \rangle$. $Im(f) = \mathbb{R}^3$. f es un epimorfismo.

c) $Ker(f) = \{O_2\}$. $Im(f) = \mathbb{R}_3[x]$. f es un isomorfismo.

d) $Ker(f) = M_{\mathbb{R}}(2)$. $Im(f) = \{0\}$.

Problema 15

Si $k \in \{-1, -\frac{1}{2}\}$, entonces $\eta(f) = 2$. En otro caso, $\eta(f) = 1$.

Si $k = -1$: $Ker(f) = \langle 1, x^2 \rangle$. Si $k = -\frac{1}{2}$: $Ker(f) = \langle 1, x^3 \rangle$. En otro caso, $Ker(f) = \langle 1 \rangle$.

Problema 16

a) $[f]_{CC} = \begin{pmatrix} \frac{1}{3} & -1 & \frac{2}{3} \\ 0 & 0 & 0 \\ -\frac{1}{3} & 1 & -\frac{2}{3} \end{pmatrix}$. $\eta(f) = 2$. $r(f) = 1$.

b) $[f]_{CC} = \begin{pmatrix} 1 & 1 & 1 \\ 2 & 2 & 2 \\ 3 & 3 & 3 \end{pmatrix}$. $\eta(f) = 2$. $r(f) = 1$.

Problema 17

	a)	*b*)		*c*)		*d*)	
$\eta(f)$	1	3	si $\lambda = 1$	1	si $\lambda = -1$	1	si $\lambda = -1$
		1	si $\lambda = -3$	2	si $\lambda = 3$	0	e.o.c.
		0	e.o.c.	0	e.o.c.		
$r(f)$	2	1	si $\lambda = 1$	2	si $\lambda = -1$	2	si $\lambda = -1$
		3	si $\lambda = -3$	1	si $\lambda = 3$	3	e.o.c.
		4	e.o.c.	3	e.o.c.		

	e)	f)	g)
$\eta(f)$	$\begin{array}{ll} 1 & \text{si } \alpha\beta = -15 \\ 0 & \text{e.o.c.} \end{array}$	$\begin{array}{ll} 1 & \text{si } \lambda = 3 \\ 0 & \text{e.o.c.} \end{array}$	$\begin{array}{ll} 2 & \text{si } a = b = 1 \\ 0 & \text{si } a \neq 1 \neq b \\ 1 & \text{e.o.c.} \end{array}$
$r(f)$	$\begin{array}{ll} 2 & \text{si } \alpha\beta = -15 \\ 3 & \text{e.o.c.} \end{array}$	$\begin{array}{ll} 2 & \text{si } \lambda = 3 \\ 3 & \text{e.o.c.} \end{array}$	$\begin{array}{ll} 1 & \text{si } a = b = 1 \\ 3 & \text{si } a \neq 1 \neq b \\ 2 & \text{e.o.c.} \end{array}$

Problema 18

a) Para cualquier valor de a: $\eta(f) = 0$, $r(f) = 3$.

b) $(1, 2, 2, 1) \in Im(f) \Leftrightarrow a = 1$.

c) $F \subset Im(f)$. Por tanto, la base solicitada es $\{(0, 0, 1, 0), (0, 0, 0, 1)\}$.

Problema 19

$\eta(f) = 1$. $r(f) = 2$. La matriz solicitada es:

$$[f]_C = \frac{1}{5} \cdot \begin{pmatrix} -1 & 1 & 2 \\ 16 & 14 & -2 \\ 29 & 31 & 2 \end{pmatrix}$$

Problema 20

a)

$\eta(f)$	$\begin{array}{ll} 2 & \text{si } a = 3 \\ 2 & \text{si } a = \frac{3}{4} \\ 1 & \text{e.o.c.} \end{array}$
$r(f)$	$\begin{array}{ll} 2 & \text{si } a = 3 \\ 2 & \text{si } a = \frac{3}{4} \\ 3 & \text{e.o.c.} \end{array}$

b) $Ker(f) = \begin{cases} \langle (0, 2, 0, -1), (0, 0, 2, -1) \rangle & \text{si } a = 3 \\ \langle (1, 4, -1, 0), (1, 5, 0, -1) \rangle & \text{si } a = \frac{3}{4} \end{cases}$

$Im(f) = \begin{cases} \langle (4, 8, -3, 2), (4, 8, -3, -1) \rangle & \text{si } a = 3 \\ \langle (1, 2, -3, 2), (4, 8, -3, -1) \rangle & \text{si } a = \frac{3}{4} \end{cases}$

c) Para $a = 0$: $2[f]_{NN} = \begin{pmatrix} -15 & -25 & -3 & -6 \\ 9 & 15 & 3 & 6 \\ 18 & 42 & 6 & 12 \\ -3 & -5 & -3 & -6 \end{pmatrix}$

Problema 21

$$[f]_{C_1 C_2} = \begin{pmatrix} 1 & 1 & 0 \\ 1 & 0 & 1 \end{pmatrix}, \quad [f]_{B_1 C_2} = \begin{pmatrix} 2 & 1 & 1 \\ 1 & 2 & 0 \end{pmatrix}$$

$$[f]_{C_1 B_2} = \tfrac{1}{2} \begin{pmatrix} 0 & 1 & -1 \\ 2 & 1 & 1 \end{pmatrix}, \quad [f]_{B_1 B_2} = \tfrac{1}{2} \begin{pmatrix} 1 & -1 & 1 \\ 3 & 3 & 1 \end{pmatrix}$$

Problema 22

a) $[f(1, 1, 1)]_B^t = (1 - 2 - 2)$

b) $[f]_C = \begin{pmatrix} 2 & -10 & 3 \\ 1 & -4 & 1 \\ 2 & -7 & 1 \end{pmatrix}$

c) $[p(f)]_{CB} = [I_{\mathbb{R}^3}]_{CB} \cdot [p(f)]_C = \begin{pmatrix} 1 & -3 & 1 \\ 0 & 4 & -3 \\ -1 & 4 & -1 \end{pmatrix}$

Problema 23

f es un automorfismo porque $det([f]_C) = -1 \neq 0$.

$F = \langle (0, 1, 1) \rangle \Rightarrow f(F) = \langle f(0, 1, 1) = (1, 2, 1) \rangle$

$G = \langle (1, 0, 1), (1, 0, -1) \rangle \Rightarrow f(G) = \langle (1, 3, 1), (1, -1, -1) \rangle$

$f(F)$ y $f(G)$ son suplementarios porque $\{(1, 2, 1), (1, 3, 1), (1, -1, -1)\}$ es una base de $\mathbb{R}^3$.

Problema 24

a) $r(f) = 2, \eta(f) = 1$

b) $Ker(f) = \langle (1, -1, 1) \rangle$

c) $(x, y, z) = (2 + \lambda, -\lambda, 1 + \lambda)$

Problema 25

Sea v la columna de coordenadas de un vector $\vec{v} \in Ker(f) \cap Im(g)$:

$\vec{v} \in Ker(f) \Rightarrow A \cdot v = o$, donde o es la columna nula de orden n.

$\vec{v} \in Im(g) \Rightarrow v = A^t \cdot u$, donde u es la columna de coordenadas de un vector $\vec{u} \in \mathbb{R}^n$.

$v^t \cdot v = (u^t \cdot A) \cdot v = u^t \cdot (A \cdot v) = u^t \cdot o = 0 \Rightarrow v = o \Rightarrow \vec{v} = \vec{o}$

a) $Ker(f) = \langle(1,1)\rangle$, $Im(g) = \langle(1,-1)\rangle$

b) $Ker(f) = \langle\vec{o}\rangle$, $Im(g) = \mathbb{R}^2$

c) $Ker(f) = \langle(1,-2,1)\rangle$, $Im(g) = \langle(1,1,1),(2,1,0)\rangle$

d) $Ker(f) = \langle(1,0,-2),(0,1,-1)\rangle$, $Im(g) = \langle(2,1,1)\rangle$

Problema 26

$$A^2 = A \Leftrightarrow [f]_{\mathcal{B}}^2 = [f]_{\mathcal{B}} \Leftrightarrow [f^2]_{\mathcal{B}} = [f]_{\mathcal{B}} \Leftrightarrow f = f$$

Problema 27

En todos los casos, se comprueba que $[f^2]_C = [f]_C$.

—	a)	b)	c)	d)	e)	f)	g)	h)
$Ker(f)$	$x=0$	$y=0$	$x+y=0$	$x=0$	$y=0$	$x-y=0$	$2x+y=0$	$ax+y=0$
$Im(g)$	$y=0$	$x=0$	$y=0$	$x-y=0$	$x-y=0$	$2x-y=0$	$x+y=0$	$(1-a)x-y=0$

Problema 28

$Ker(f) = Ker(g) = \langle\vec{u}_1, \vec{u}_2\rangle$

$Im(f) = Im(g) = \langle\vec{w}_3 = (a,b,c)\rangle$

$\vec{w}_3 \in Im(g) \Leftrightarrow$ Existe $\vec{v}_3 \in \mathbb{R}^3$ tal que $g(\vec{v}_3) = \vec{w}_3$

$\vec{w}_3 \neq \vec{o} \Rightarrow \vec{v}_3 \notin Ker(g) \Rightarrow B = \{\vec{u}_1, \vec{u}_2, \vec{v}_3\}$ base de $\mathbb{R}^3$

$$[g]_{BC} = \begin{pmatrix} 0 & 0 & a \\ 0 & 0 & b \\ 0 & 0 & c \end{pmatrix}$$

$$f(\vec{v}_3) \in \langle\vec{w}_3 = (a,b,c)\rangle \Rightarrow [f]_{BC} = \begin{pmatrix} 0 & 0 & \alpha a \\ 0 & 0 & \alpha b \\ 0 & 0 & \alpha c \end{pmatrix} = \alpha[g]_{BC} \Rightarrow f = \alpha g$$

Problema 29

$$[f]_C = \frac{1}{3}\begin{pmatrix} 1 & -4 \\ -2 & -1 \end{pmatrix}$$

$F = \langle(-2,1)\rangle$, $G = \langle(1,1)\rangle$.

Problema 30

$$[f]_C = -\frac{1}{9}\begin{pmatrix} 3 & 2 \\ 18 & 3 \end{pmatrix} \Rightarrow [f]_C^{-1} = \frac{1}{3}\begin{pmatrix} 3 & -2 \\ -18 & 3 \end{pmatrix}$$

Problema 31

a) Verdadero. Si 0 no es raíz de $p(x)$, entonces de la identidad $p(f) = O_E$ se puede obtener una expresión del tipo: $f \cdot q(f) = I_E$.

b) La dos primeras afirmaciones son verdaderas y la tercera es falsa:

- $(A - 2I_n)\vec{x} = \vec{o} \Rightarrow 2\vec{x} = A\vec{x} = A^2\vec{x} = A(2\vec{x}) = 2A\vec{x} = 4\vec{x} \Rightarrow \vec{x} = \vec{o}$
- $(2A - I_n)\vec{x} = \vec{o} \Rightarrow \vec{x} = 2A\vec{x} = 2A^2\vec{x} = A\vec{x} = \frac{1}{2}\vec{x} \Rightarrow \vec{x} = \vec{o}$
- $A = \begin{pmatrix} 1 & 0 \\ 0 & 0 \end{pmatrix}$

c) Verdadero. Si se multiplica una matriz arbitraria por una matriz regular el rango no varía.

d) Falso. Es verdadero si se utiliza la misma base en la salida y en la llegada.

Contraejemplo: Sea B una base de $\mathbb{R}^2$ tal que $|M_{BC}| \neq 1$. Sea f un automorfismo de $\mathbb{R}^2$. Entonces, $|[f]_{BC}| = |[f]_{CC}| \cdot |M_{BC}|$.

e) Verdadero: $|[f]_{B_2 B_2}| = |M_{B_1 B_2}| \cdot |[f]_{B_1 B_1}| \cdot |M_{B_2 B_1}|$

f) Verdadero: $n = \eta(f) + r(f) = \eta(f) + m \geq m$

g) Verdadero: $n = \eta(f) + r(f) = r(f) \leq m$

h) Verdadero: $5 = \eta(f) + r(f)$

i) Verdadero: $n = \eta(f) + r(f) = \eta(f) + n \Rightarrow \eta(f) = 0$

j) Verdadero: No contiene al vector $\vec{o}$.

k) Falso. Es verdadero excepto para la aplicación nula: $n = \eta(f) + r(f) = \eta(f) + 1$

Problema 32

a) Está bien definida porque $f(1,0)$ y $f(0,1)$ pertenecen a H. Es única porque se conocen las imágenes de los elementos de una base.

b) $C_H = \left\{ \begin{pmatrix} 1 & 0 \\ 0 & 0 \end{pmatrix}, \begin{pmatrix} 0 & 1 \\ 0 & 1 \end{pmatrix}, \begin{pmatrix} 0 & 0 \\ 1 & -1 \end{pmatrix} \right\}$

c) La matriz solicitada es $\begin{pmatrix} 2 & 1 \\ 0 & 3 \\ 0 & 2 \end{pmatrix}$

d) La matriz solicitada es $\begin{pmatrix} 2 & 1 \\ 0 & 3 \\ 0 & 2 \\ 0 & 1 \end{pmatrix}$

e) $Im(f) = \left\langle \left\{ \begin{pmatrix} 2 & 0 \\ 0 & 0 \end{pmatrix}, \begin{pmatrix} 1 & 3 \\ 2 & 1 \end{pmatrix} \right\} \right\rangle$.

Por tanto, $r(f) = 2$. Su ecuación implícita en H es $2y - 3z = 0$.

Sus ecuaciones implícitas en $\mathcal{M}_{\mathbb{R}}(2)$ son $a_{12} - a_{21} - a_{22} = 0$, $2a_{12} - 3a_{21} = 0$.

Como consecuencia del teorema de la dimensión se obtiene que $Ker(f) = \{\vec{o}\}$.

Problema 33

$h(\vec{o}) = (f(\vec{o}), g(\vec{o})) = (0, 0) = \vec{o}$

$h(\alpha\vec{u} + \beta\vec{v}) = (f(\alpha\vec{u} + \beta\vec{v}), g(\alpha\vec{u} + \beta\vec{v})) = (\alpha f(\vec{u}) + \beta f(\vec{v}), \alpha g(\vec{u}) + \beta g(\vec{v})) =$

$\qquad = \alpha(f(\vec{u}), g(\vec{u})) + \beta(f(\vec{v}), g(\vec{v})) = \alpha h(\vec{u}) + \beta h(\vec{v})$

$Ker(h) = Ker(f) \cap Ker(g)$

$\eta(f)$	1	1	1	2	2
$\eta(g)$	1	1	2	1	2
$\eta(h)$	0 [1]	1 [2]	1	1	2
$r(h)$	2	1	1	1	0

[1]$Ker(f) \cap Ker(g) = \{\vec{o}\}$. [2]$Ker(f) = Ker(g)$.

Problema 34

a) $B_1 \cup S$ es libre:

$\alpha_1\vec{u}_1 + \cdots + \alpha_h\vec{u}_h + \beta_1\vec{v}_1 + \cdots + \beta_k\vec{v}_k = \vec{o} \Rightarrow \beta_1\vec{w}_1 + \cdots + \beta_k\vec{w}_k = \vec{o} \Rightarrow \beta_1 = \cdots = \beta_k = 0 \Rightarrow$

$\Rightarrow \alpha_1\vec{u}_1 + \cdots + \alpha_h\vec{u}_h = \vec{o} \Rightarrow \alpha_1 = \cdots = \alpha_h = 0$

$B_1 \cup S$ es s.g.: Sea $\vec{x} \in E_n$. Sea $\vec{y} = f(\vec{x}) \in Im(f)$:

$\vec{y} = y_1\vec{w}_1 + \cdots + y_k\vec{w}_k \Rightarrow \vec{y} = f(y_1\vec{v}_1 + \cdots + y_k\vec{v}_k) \Rightarrow \vec{x} - (y_1\vec{v}_1 + \cdots + y_k\vec{v}_k) \in Ker(f) \Rightarrow$

$\Rightarrow \vec{x} = x_1\vec{u}_1 + \cdots + x_h\vec{u}_h + y_1\vec{v}_1 + \cdots + y_k\vec{v}_k$

b) $n = \dim(E_n) = card(B_1 \cup S) = h + k = \dim Ker(f) + \dim Im(f)$

c) Sea $A \in \mathcal{M}_{\mathbb{R}}(m, n)$. Sea $f \in \mathcal{L}_{\mathbb{R}}(\mathbb{R}^n; \mathbb{R}^m)$ cuya matriz asociada en las bases canónicas es A:

dim $Im(f) = r_c(A)$ y dim $Ker(f) = n - r_f(A) \Rightarrow r_c(A) = r_f(A)$

d) Se trata de la matriz de orden $m \times n$ cuya descripción por columnas es:

- Las h primeras columnas son nulas.

- Para $j \in \{h + 1, \ldots, n\}$, la columna j-ésima está constituida por $m - 1$ ceros y un uno, que ocupa el lugar $a_{j-h,j}$.

e) $Ker(f) = \langle \vec{u}_1 = (1, -1, -1) \rangle$. $Im(f) = \langle \vec{w}_1 = f(e_1) = (2, -1, 1), \vec{w}_2 = f(e_2) = (1, 1, 2) \rangle$.

Por tanto, $B_1 = \{\vec{u}_1\}$, $B_2 = \{\vec{w}_1, \vec{w}_2\}$, $S = \{\vec{e}_1, \vec{e}_2\}$, $S' = \{\vec{e}_3\}$. La matriz asociada es:

$$\begin{pmatrix} 0 & 1 & 0 \\ 0 & 0 & 1 \\ 0 & 0 & 0 \end{pmatrix}$$

Problema 35

$$a) \begin{pmatrix} 1 & -1 & 0 & -1 \\ 2 & -1 & -1 & -1 \\ 1 & -1 & 0 & -1 \\ -1 & 0 & 1 & 0 \end{pmatrix} \quad b) \begin{pmatrix} 0 & 0 & 1 & -1 \\ 2 & -1 & -1 & -2 \\ 0 & 0 & 1 & 0 \\ -1 & 0 & 1 & 0 \end{pmatrix} \quad c) \begin{pmatrix} 0 & 0 & 1 & 0 \\ 1 & 0 & 0 & -1 \\ 0 & 0 & 1 & 0 \\ -1 & 0 & 1 & 1 \end{pmatrix}$$

Problema 36

$$\alpha \vec{v} + \beta f(\vec{v}) + \gamma f^2(\vec{v}) = \vec{0} \Rightarrow \alpha f(\vec{v}) + \beta f^2(\vec{v}) = \vec{0} \Rightarrow \alpha f^2(\vec{v}) = \vec{0} \Rightarrow \alpha = 0 \Rightarrow$$
$$\Rightarrow \beta f^2(\vec{v}) = \vec{0} \Rightarrow \beta = 0 \Rightarrow \gamma f^2(\vec{v}) = \vec{0} \Rightarrow \gamma = 0$$

$$[f]_S = \begin{pmatrix} 0 & 0 & 0 \\ 1 & 0 & 0 \\ 0 & 1 & 0 \end{pmatrix}$$

Problema 37

Supongamos que $B = \{\vec{v}_1, \vec{v}_2, \vec{v}_3\}$ es una base de $\mathbb{R}^3$. La matriz asociada a f en esta base es:

$$[f]_B = \begin{pmatrix} 0 & 0 & a \\ 1 & 0 & b \\ 0 & 1 & c \end{pmatrix}$$

$$f(\vec{v}_4) = \vec{v}_1 \Rightarrow \begin{cases} ac = 1 \\ a + bc = 0 \\ b + c^2 = 0 \end{cases} \Rightarrow [v_4]_B^t \in \{(1, -1, 1), (-1, -1, -1)\}$$

Se comprueba fácilmente que en ambos casos todos los menores de orden tres de la matriz de coordenadas de S respecto de B son diferentes de cero.

Las relaciones de dependencia posibles son: $\vec{v}_1 - \vec{v}_2 + \vec{v}_3 - \vec{v}_4 = \vec{0}$ ó $\vec{v}_1 + \vec{v}_2 + \vec{v}_3 + \vec{v}_4 = \vec{0}$.

Problema 38

$(a) \Leftrightarrow (b) \Leftrightarrow (c)$ se demuestra a partir de la fórmulas de Grassmann y de la dimensión:

$$\dim(Ker(f) + Im(f)) + \dim(Ker(f) \cap Im(f)) = \eta(f) + r(f) = n$$

$(d) \Leftrightarrow (e)$ se demuestra a partir de las siguientes propiedades:

$$\eta(f) + r(f) = n, \ \eta(f^2) + r(f^2) = n, \ Ker(f) \subset Ker(f^2), \ Im(f^2) \subset Im(f)$$

$(e) \Rightarrow (c)$: $\vec{y} \in Ker(f) \cap Im(f) \Leftrightarrow f(\vec{y}) = \vec{o}, \ \vec{y} = f(\vec{x}) \Rightarrow f^2(\vec{x}) = \vec{o} \Rightarrow \vec{x} \in Ker(f^2) = Ker(f) \Rightarrow f(\vec{x}) = \vec{o}$
$\Rightarrow \vec{y} = \vec{o}$

$(c) \Rightarrow (e)$: $\vec{x} \in Ker(f^2) \Leftrightarrow f^2(\vec{x}) = \vec{0} \Rightarrow f(\vec{x}) \in Ker(f) \cap Im(f) \Rightarrow f(\vec{x}) = \vec{o} \Leftrightarrow \vec{x} \in Ker(f)$

Problema 39

a) $(I_E - f)^2 = (I_E - f) \cdot (I_E - f) = I_E - f - f + f^2 = I_E - 2f + f^2$

b) f proyector $\Leftrightarrow f^2 = f \Rightarrow Im(f^2) = Im(f) \Leftrightarrow E = Ker(f) \oplus Im(f)$ (v. problema 38)

c) $Ker(f) \subset Im(I_E - f) : \vec{x} \in Ker(f) \Leftrightarrow f(\vec{x}) = \vec{o} \Leftrightarrow \vec{x} - f(\vec{x}) = \vec{x} \Rightarrow \vec{x} \in Im(I_E - f)$

   $Im(I_E - f) \subset Ker(f) : \vec{y} \in Im(I_E - f) \Leftrightarrow (I_E - f)(\vec{x}) = \vec{y} \Rightarrow f(\vec{x}) - f^2(\vec{x}) = f(\vec{y}) \Rightarrow f(\vec{y}) = \vec{o}$

   Análogamente, se demuestra que $Im(f) = Ker(I_E - f)$.

Problema 40

Sea $A = [f]_C$:

$$A^2 = A \Leftrightarrow \begin{cases} a(a + bc) = a \\ b(a + bc) = b \\ ac(a + bc) = ac \\ bc(a + bc) = bc \end{cases}$$

Por tanto, $a + bc = 1 \Rightarrow A^2 = A$.

$A \neq O_2 \Rightarrow a \neq 0$ ó $b \neq 0$. Si $a \neq 0$, de la primera ecuación se deduce que $a + bc = 1$, y si $b \neq 0$ se deduce de la segunda.

Problema 41

$$[f]_C = \tfrac{1}{11} \begin{pmatrix} -10 & 5 & -13 \\ 14 & -7 & 16 \\ 8 & -4 & 17 \end{pmatrix}$$

Problema 42

$$[f]_C = \tfrac{1}{8} \begin{pmatrix} 41 & -30 & 109 \\ 17 & 2 & 21 \\ -15 & 18 & -43 \end{pmatrix}$$

Problema 43

- $r(f) = 1 \Leftrightarrow r([f]_C) = 1$. Por tanto:

$$[f]_C = \begin{pmatrix} a & b & c \\ ra & rb & rc \\ sa & sb & sc \end{pmatrix} = \begin{pmatrix} 1 \\ r \\ s \end{pmatrix} \begin{pmatrix} a & b & c \end{pmatrix}$$

$$[f^2]_C = \begin{pmatrix} 1 \\ r \\ s \end{pmatrix} \begin{pmatrix} a & b & c \end{pmatrix} \begin{pmatrix} 1 \\ r \\ s \end{pmatrix} \begin{pmatrix} a & b & c \end{pmatrix} = \alpha \cdot \begin{pmatrix} a & b & c \\ ra & rb & rc \\ sa & sb & sc \end{pmatrix} = \alpha \cdot [f]_C$$

donde $\alpha = \begin{pmatrix} a & b & c \end{pmatrix} \begin{pmatrix} 1 \\ r \\ s \end{pmatrix} = a + br + cs$.

- Supongamos que $\alpha \neq 1$:

$$\vec{x} \in Ker\,(f - I_{\mathbb{R}^3}) \Leftrightarrow f(\vec{x}) = \vec{x} \Rightarrow f^2(\vec{x}) = f(\vec{x}) \Rightarrow \alpha f(\vec{x}) = f(\vec{x}) \Leftrightarrow (1 - \alpha) f(\vec{x}) = \vec{o} \Rightarrow f(\vec{x}) = \vec{o} \Rightarrow \vec{x} = \vec{o}$$

Problema 44

a) $r(A) = r(B) = 3$

b) $B_1 = C$. $B_2 = \{(15, 20, 8), (-11, -15, -7), (5, 8, 6)\}$

c) $D_1 = \{(1, 0, 0), (0, 2, 0), (0, 0, 3)\}$. $D_2 = \{(15, 20, 8), (-11, -15, -7), (5, 8, 6)\}$

d) Λ es una base de vectores propios de f (v. capítulo 6): $\Lambda = \{(2, 3, 1), (3, 4, 1), (1, 2, 2)\}$

Problema 45

F es el subespacio vectorial de $\mathcal{M}_{\mathbb{R}}(2)$ generado por:

- $S = \left\{ \begin{pmatrix} 1 & 0 \\ 0 & 1 \end{pmatrix}, \begin{pmatrix} 0 & 1 \\ -1 & 0 \end{pmatrix}, \begin{pmatrix} 0 & 1 \\ 1 & 0 \end{pmatrix} \right\}$

- La base canónica de F es $S = \left\{ \begin{pmatrix} 1 & 0 \\ 0 & 1 \end{pmatrix}, \begin{pmatrix} 0 & 1 \\ 0 & 0 \end{pmatrix}, \begin{pmatrix} 0 & 0 \\ 1 & 0 \end{pmatrix} \right\} \cdot [f]_C = \begin{pmatrix} 0 & 0 & 0 \\ 0 & \frac{3}{2} & -\frac{1}{2} \\ 0 & -\frac{1}{2} & \frac{3}{2} \end{pmatrix}$

- $Ker\,(f) = \left\{ \begin{pmatrix} 1 & 0 \\ 0 & 1 \end{pmatrix} \right\}$. $Im\,(f) = \left\{ \begin{pmatrix} 0 & 1 \\ -1 & 0 \end{pmatrix}, \begin{pmatrix} 0 & 1 \\ 1 & 0 \end{pmatrix} \right\}$

Problema 46

$1 \Rightarrow 2$: $f(\alpha \cdot \vec{u} + \beta \cdot \vec{v}) = f(\alpha \cdot \vec{u}) + f(\beta \cdot \vec{v}) = \alpha \cdot f(\vec{u}) + \beta \cdot f(\vec{v})$

$2 \Rightarrow 3$: Demostración por inducción sobre k.

- $f(\lambda_1 \cdot \vec{u}_1) = f(\lambda_1 \cdot \vec{u}_1 + 0 \cdot \vec{o}) = \lambda_1 \cdot f(\vec{u}_1) + 0 \cdot f(\vec{o}) = \lambda_1 \cdot f(\vec{u}_1)$

- $f(\lambda_1 \cdot \vec{u}_1 + \lambda_2 \cdot \vec{u}_2) = \lambda_1 \cdot f(\vec{u}_1) + \lambda_2 \cdot f(\vec{u}_2)$

- $f(\lambda_1 \cdot \vec{u}_1 + \cdots + \lambda_{k-1} \cdot \vec{u}_{k-1} + \lambda_k \cdot \vec{u}_k) = f((\lambda_1 \cdot \vec{u}_1 + \cdots + \lambda_{k-1} \cdot \vec{u}_{k-1}) + \lambda_k \cdot \vec{u}_k) =$

  $f(\lambda_1 \cdot \vec{u}_1 + \cdots + \lambda_{k-1} \cdot \vec{u}_{k-1}) + f(\lambda_k \cdot \vec{u}_k) = \lambda_1 \cdot f(\vec{u}_1) + \cdots + \lambda_{k-1} \cdot f(\vec{u}_{k-1}) + \lambda_k \cdot f(\vec{u}_k)$

$3 \Rightarrow 4$: (i) $f(\vec{o}) = f(0 \cdot \vec{o}) = 0 \cdot f(\vec{o}) = \vec{o}$

   (ii) $f(\vec{u} + \lambda \cdot \vec{v}) = f(1 \cdot \vec{u} + \lambda \cdot \vec{v}) = 1 \cdot f(\vec{u}) + \lambda \cdot f(\vec{v}) = f(\vec{u}) + \lambda \cdot f(\vec{v})$

$4 \Rightarrow 1$: 1. $f(\vec{u} + \vec{v}) = f(\vec{u} + 1 \cdot \vec{v}) = f(\vec{u}) + 1 \cdot f(\vec{v}) = f(\vec{u}) + f(\vec{v})$

   2. $f(\lambda \cdot \vec{v}) = f(\vec{o} + \lambda \cdot \vec{v}) = f(\vec{o}) + \lambda \cdot f(\vec{v}) = \vec{o} + \lambda \cdot f(\vec{v}) = \lambda \cdot f(\vec{v})$

Problema 47

a) $\vec{u}_h = a_1 \vec{u}_1 + \cdots + a_{h-1} \vec{u}_{h-1} \Rightarrow f(\vec{u}_h) = a_1 \vec{f}(u_1) + \cdots + a_{h-1} f(\vec{u}_{h-1})$

b) Contrarecíproco de a).

c) Sea $\mathcal{B} = \{\vec{w}_1, \ldots, \vec{w}_m\}$ una base de F. Sea $S = \{\vec{u}_1, \ldots, \vec{u}_m\} \subset E$, tal que $f(\vec{u}_i) = \vec{w}_i$. De acuerdo con el apartado b), el conjunto S es libre. Por tanto, $m \leq \dim(E) = n$.

d) $a_1 \vec{f}(u_1) + \cdots + a_h f(\vec{u}_h) = \vec{o} \Leftrightarrow f(a_1 \vec{u}_1 + \cdots + a_h \vec{u}_h) = \vec{o} \Leftrightarrow$

   $\Leftrightarrow a_1 \vec{u}_1 + \cdots + a_h \vec{u}_h = \vec{o} \Leftrightarrow a_1 = \cdots = a_h = 0$

e) Sea $\mathcal{B} = \{\vec{v}_1, \ldots, \vec{v}_n\}$ una base de E. Entonces, $f(\mathcal{B}) = \{f(\vec{v}_1), \ldots, f(\vec{v}_n)\}$ es libre. Por tanto, $n \leq \dim(F) = m$.

f) Corolario de los apartados c) y e).

g) S base de $E \Leftrightarrow S$ libre y $card(S) = n \Leftrightarrow f(S)$ libre y $card(f(S)) = n \Leftrightarrow f(S)$ base de F

Problema 48

Sean $\vec{u}, \vec{v} \in E, \alpha, \beta \in \mathbb{R}$.

- $(f + g)(\alpha \cdot \vec{u} + \beta \cdot \vec{v}) = f(\alpha \cdot \vec{u} + \beta \cdot \vec{v}) + g(\alpha \cdot \vec{u} + \beta \cdot \vec{v}) = \alpha \cdot f(\vec{u}) + \beta \cdot f(\vec{v}) + \alpha \cdot g(\vec{u}) + \beta \cdot g(\vec{v}) =$
  $= \alpha \cdot (f(\vec{u}) + g(\vec{u})) + \beta \cdot (f(\vec{v}) + g(\vec{v})) = \alpha \cdot (f + g)(\vec{u}) + \beta \cdot (f + g)(\vec{v})$

- $(\lambda \cdot f)(\alpha \cdot \vec{u} + \beta \cdot \vec{v}) = \lambda \cdot f(\alpha \cdot \vec{u} + \beta \cdot \vec{v}) = f(\lambda \cdot (\alpha \cdot \vec{u} + \beta \cdot \vec{v})) = f((\lambda \cdot \alpha) \cdot \vec{u} + (\lambda \cdot \beta) \cdot \vec{v}) =$
  $= (\lambda \cdot \alpha) \cdot f(\vec{u}) + (\lambda \cdot \beta) \cdot f(\vec{v}) = (\alpha \cdot \lambda) \cdot f(\vec{u}) + (\beta \cdot \lambda) \cdot f(\vec{v}) = \alpha \cdot (\lambda \cdot f)(\vec{u}) + \beta \cdot (\lambda \cdot f)(\vec{v})$

- $(hf)(\alpha \cdot \vec{u} + \beta \cdot \vec{v}) = h(f(\alpha \cdot \vec{u} + \beta \cdot \vec{v})) = h(\alpha \cdot f(\vec{u}) + \beta \cdot f(\vec{v})) =$
  $= \alpha \cdot h(f(\vec{u})) + \beta \cdot h(f(\vec{v})) = \alpha \cdot (hf)(\vec{u}) + \beta \cdot (hf)(\vec{v})$

Problema 49

- De acuerdo con la proposición 5.3, si $f, g \in \mathcal{L}_{\mathbb{R}}(E; F)$, entonces $f + g \in \mathcal{L}_{\mathbb{R}}(E; F)$.

- De acuerdo con la proposición 5.3, si $\lambda \in \mathbb{R}$ y $f \in \mathcal{L}_{\mathbb{R}}(E; F)$, entonces $\lambda \cdot f \in \mathcal{L}_{\mathbb{R}}(E; F)$.

- $[(f + g) + h](\vec{u}) = (f + g)(\vec{u}) + h(\vec{u}) = (f(\vec{u}) + g(\vec{u})) + h(\vec{u}) =$
  $f(\vec{u}) + (g(\vec{u}) + h(\vec{u})) = f(\vec{u}) + [(g + h)(\vec{u})] = [f + (g + h)](\vec{u})$

- $(f + g)(\vec{u}) = f(\vec{u}) + g(\vec{u}) = g(\vec{u}) + f(\vec{u}) = (g + f)(\vec{u})$

- La aplicación $o : E \to F$, tal que $o(\vec{u}) = \vec{o}$, es lineal:
  $$o(\alpha \cdot \vec{u} + \beta \cdot \vec{v}) = \vec{o} = \alpha \cdot \vec{o} + \beta \cdot \vec{o} = \alpha \cdot o(\vec{u}) + \beta \cdot o(\vec{v})$$
  y es el elemento neutro para la suma: $(f + o)(\vec{u}) = f(\vec{u}) + o(\vec{u}) = f(\vec{u}) + \vec{o} = f(\vec{u})$

- Sea $f \in \mathcal{L}_{\mathbb{R}}(E; F)$. La aplicación $-f : E \to F$, tal que $(-f)(\vec{u}) = -f(\vec{u})$, es lineal:
  $$(-f)(\alpha \cdot \vec{u} + \beta \cdot \vec{v}) = -f(\alpha \cdot \vec{u} + \beta \cdot \vec{v}) = -\alpha \cdot f(\vec{u}) - \beta \cdot f(\vec{v}) = \alpha \cdot (-f)(\vec{u}) + \beta \cdot (-f)(\vec{v})$$
  y es el elemento opuesto de f: $(f + (-f))(\vec{u}) = f(\vec{u}) + (-f)(\vec{u}) = f(\vec{u}) - f(\vec{u}) = \vec{o} = o(\vec{u})$

- $[(\alpha + \beta) \cdot f](\vec{u}) = (\alpha + \beta) \cdot f(\vec{u}) = \alpha \cdot f(\vec{u}) + \beta \cdot f(\vec{u}) = (\alpha \cdot f)(\vec{u}) + (\beta \cdot f)(\vec{u}) = [(\alpha \cdot f) + (\beta \cdot f)](\vec{u})$

- $[(\alpha \cdot \beta) \cdot f](\vec{u}) = (\alpha \cdot \beta) \cdot f(\vec{u}) = \alpha \cdot (\beta \cdot f(\vec{u})) = \alpha \cdot ((\beta \cdot f)(\vec{u})) = [\alpha \cdot (\beta \cdot f)](\vec{u})$

- $[\alpha \cdot (f + g)](\vec{u}) = \alpha \cdot (f + g)(\vec{u}) = \alpha \cdot (f(\vec{u}) + g(\vec{u})) = \alpha \cdot f(\vec{u}) + \alpha \cdot g(\vec{u}) =$
  $(\alpha \cdot f)(\vec{u}) + (\alpha \cdot g)(\vec{u}) = [(\alpha \cdot f) + (\alpha \cdot g)](\vec{u})$

- $(1 \cdot f)(\vec{u}) = 1 \cdot f(\vec{u}) = f(\vec{u})$

Problema 50

a) Corolario de la proposición 5.3.

b)
- $h(gf)(\vec{u}) = h(gf(\vec{u})) = h(g(f(\vec{u})))$
- $(hg)f(\vec{u}) = (hg)(f(\vec{u})) = h(g(f(\vec{u})))$

c)
- $(I_E \circ f)(\vec{u}) = I_E(f(\vec{u})) = f(\vec{u})$
- $(f \circ I_E)(\vec{u}) = f(I_E(\vec{u})) = f(\vec{u})$

d) $(h(f + g))(\vec{u}) = h((f + g)(\vec{u})) = h(f(\vec{u}) + g(\vec{u})) =$
   $= h(f(\vec{u})) + h(g(\vec{u})) = (hf)(\vec{u}) + (hg(\vec{u}) = (hf + hg)(\vec{u})$

e) $((g + h)f)(\vec{u}) = (g + h)(f(\vec{u})) = g(f(\vec{u})) + h(f(\vec{u})) = (gf)(\vec{u}) + (hf)(\vec{u}) = (gf + hf)(\vec{u})$

f) Si f y g son lineales, entonces, de acuerdo con la proposición 5.3, gf es lineal. Además, si f y g son biyectivas, entonces gf lo es (proposición 5 del apéndice 2). Además:
   $$[(f^{-1} \circ g^{-1}) \circ (g \circ f)](\vec{v}) = (f^{-1} \circ g^{-1})((g \circ f)(\vec{v})) = (f^{-1} \circ g^{-1})(g(f(\vec{v}))) =$$
   $$= f^{-1}(g^{-1}(g(f(\vec{v})))) = f^{-1}(I_e(f(\vec{v}))) = f^{-1}(f(\vec{v})) = \vec{v}$$

g) De acuerdo con la proposición 6 del apéndice 2, f es biyectiva si y sólo si f^{-1} lo es. Además, si f es lineal, entonces también lo es f^{-1}:
   Sean $\vec{w}_1, \vec{w}_2 \in E$. Sean $\vec{u}_1, \vec{u}_2 \in E$ tales que $f(\vec{u}_1) = \vec{w}_1$ y $f(\vec{u}_2) = \vec{w}_2$. Sean $\alpha, \beta \in \mathbb{R}$:
   $$f^{-1}(\alpha \vec{w}_1 + \beta \vec{w}_2) = \vec{z} \Leftrightarrow f(\vec{z}) = \alpha \vec{w}_1 + \beta \vec{w}_2 = \alpha f(\vec{u}_1) + \beta f(\vec{u}_2) = f(\alpha \vec{u}_1 + \beta \vec{u}_2) \Leftrightarrow \vec{z} = \alpha \vec{u}_1 + \beta \vec{u}_2$$
   Es decir, $f^{-1}(\alpha \vec{w}_1 + \beta \vec{w}_2) = \vec{z} = \alpha \vec{u}_1 + \beta \vec{u}_2 = \alpha f^{-1}(\vec{w}_1) + \beta f^{-1}(\vec{w}_2)$.

Problema 51

a) Sean $\vec{u}, \vec{v} \in Ker\,(f)$ y $\alpha, \beta \in \mathbb{R}$. Entonces:

$$f(\alpha \cdot \vec{u} + \beta \cdot \vec{v}) = \alpha \cdot f(\vec{u}) + \beta \cdot f(\vec{v}) = \alpha \cdot \vec{o} + \beta \cdot \vec{o} = \vec{o} \Rightarrow \alpha \cdot \vec{u} + \beta \cdot \vec{v} \in Ker\,(f)$$

b) • Sea f un monomorfismo. Sea $\vec{u} \in Ker\,(f)$. Entonces, $f(\vec{u}) = \vec{o} = f(\vec{o})$. Por tanto, $\vec{u} = \vec{o}$, ya que f es inyectiva.

   • Recíprocamente, si $\vec{u}, \vec{v} \in E$ son tales que $f(\vec{u}) = f(\vec{v})$, entonces:

$$f(\vec{u}) = f(\vec{v}) \Rightarrow f(\vec{u} - \vec{v}) = \vec{o} \Rightarrow \vec{u} - \vec{v} = \vec{o} \Rightarrow \vec{u} = \vec{v}$$

c) Sean $\vec{v}_1, \vec{v}_2$ de $Im\,(f)$ y $\alpha, \beta \in \mathbb{R}$. Sean $\vec{u}_1, \vec{u}_2 \in E$ tales que $f(\vec{u}_1) = \vec{v}_1$ y $f(\vec{u}_2) = \vec{v}_2$. Entonces,

$$f(\alpha \cdot \vec{u}_1 + \beta \cdot \vec{u}_2) = \alpha \cdot f(\vec{u}_1) + \beta \cdot f(\vec{u}_2) = \alpha \cdot \vec{v}_1 + \beta \cdot \vec{v}_2 \Rightarrow \alpha \cdot \vec{v}_1 + \beta \cdot \vec{v}_2 \in Im\,(f)$$

d) Consecuencia inmediata de la definición de aplicación exhaustiva.

Problema 52

Sea $\mathcal{B} = \{\vec{u}_1, \cdots, \vec{u}_r, \vec{u}_{r+1}, \cdots, \vec{u}_n\}$ una base de E tal que $\{\vec{u}_1, \cdots, \vec{u}_r\}$ es una base de $Ker\,(f)$.

A continuación, demostramos que $\{f(\vec{u}_{r+1}), \ldots f(\vec{u}_n)\}$ es una base de $Im(g)$:

• $Im\,(f) = \langle f(\vec{u}_{r+1}), \ldots f(\vec{u}_n)\rangle$:

Sea $\vec{v} \in Im\,(f)$, y $\vec{u} \in E$ tal que $f(\vec{u}) = \vec{v}$:

$$\vec{u} = \sum_{i=1}^{n} \alpha_i \vec{u}_i \Rightarrow \vec{v} = f(\vec{u}) = \sum_{i=1}^{n} \alpha_i \vec{f}(u_i) = \sum_{i=r+1}^{n} \alpha_i \vec{f}(u_i)$$

• $\{f(\vec{u}_{r+1}), \ldots f(\vec{u}_n)\}$ es libre:

$$\lambda_{r+1} \cdot f(u_{r+1}) + \cdots + \lambda_n \cdot f(\vec{u}_n) = \vec{o} \Rightarrow f(\lambda_{r+1} \cdot u_{r+1} + \cdots + \lambda_n \cdot \vec{u}_n) = \vec{o} \Rightarrow$$

$$\lambda_{r+1} \cdot u_{r+1} + \cdots + \lambda_n \cdot \vec{u}_n \in Ker\,(f) \Rightarrow \lambda_{r+1} \cdot u_{r+1} + \cdots + \lambda_n \cdot \vec{u}_n = z_1 \cdot \vec{u}_1 + \cdots + z_m \vec{u}_m \Rightarrow$$

$$\lambda_{r+1} \cdot u_{r+1} + \cdots + \lambda_n \cdot \vec{u}_n - z_1 \cdot \vec{u}_1 - \cdots - z_m \vec{v}_m = \vec{o} \Rightarrow \lambda_{r+1} = \ldots = \lambda_n = -z_1 = \ldots = -z_m = 0$$

En consecuencia, dim $Im\,(f) = n - r = \dim(E) - \dim\,Ker\,(f)$.

Problema 53

a) Consecuencia inmediata de la definición.

b) Sea $\vec{u} = \alpha_1 \vec{u}_1 + \cdots + \alpha_n \vec{u}_n \in E$.

$$[f]_{\mathcal{B}_1\mathcal{B}_2}[\vec{u}]_{\mathcal{B}_1} = \alpha_1 [f(\vec{u}_1)]_{\mathcal{B}_2} + \cdots + \alpha_n [f(\vec{u}_n)]_{\mathcal{B}_2} = [f(\alpha_1 \vec{u}_1 + \cdots + \alpha_n \vec{u}_n)]_{\mathcal{B}_2} = [f(\vec{u})]_{\mathcal{B}_2}$$

c) Ciertamente, $\langle f(\vec{u}_1), \ldots, f(\vec{u}_n)\rangle \subseteq Im\,(f)$. Sea $\vec{w} \in Im(g)$ y $\vec{u} \in E$ tal que $\vec{w} = f(\vec{u})$:

$$\vec{u} = \alpha_1 \vec{u}_1 + \cdots + \alpha_n \vec{u}_n \Rightarrow \vec{w} = f(\vec{u}) = \alpha_1 f(\vec{u}_1) + \cdots + \alpha_n f(\vec{u}_n) \in \langle f(\vec{u}_1), \ldots, f(\vec{u}_n)\rangle$$

d) • $r(f) = \dim\,Im\,(f) = r(f(\mathcal{B}_1)) = r_c([f]_{\mathcal{B}_1\mathcal{B}_2})$

   • $\eta(f) = \dim\,Ker\,(f) = n - r_f([f]_{\mathcal{B}_1\mathcal{B}_2})$, pues: $\vec{x} \in Ker\,(f) \Leftrightarrow [f]_{\mathcal{B}_1\mathcal{B}_2}[\vec{x}]_{\mathcal{B}_1} = [\vec{o}]_{\mathcal{B}_2}$

Problema 54

Sea $f : E \to F$ la aplicación tal que, para todo $\vec{u} \in E$, $[f(\vec{u})]_{\mathcal{B}_2} = A \cdot [\vec{u}]_{\mathcal{B}_1}$. Entonces:

- f es lineal: $[f(\alpha \cdot \vec{u} + \beta \cdot \vec{v})]_{\mathcal{B}_2} = A \cdot [\alpha \cdot \vec{u} + \beta \cdot \vec{v}]_{\mathcal{B}_1} = \alpha \cdot A \cdot [\vec{u}]_{\mathcal{B}_1} + \beta \cdot A \cdot [\vec{v}]_{\mathcal{B}_1} =$

  $= \alpha \cdot [f(\vec{u})]_{\mathcal{B}_2} + \beta \cdot [f(\vec{v})]_{\mathcal{B}_2} = [\alpha \cdot f(\vec{u}) + \beta \cdot f(\vec{v})]_{\mathcal{B}_2}$

  Por tanto, $f(\alpha \cdot \vec{u} + \beta \cdot \vec{v}) = \alpha \cdot f(\vec{u}) + \beta \cdot f(\vec{v})$.

- $[f]_{\mathcal{B}_1 \mathcal{B}_2} = A$: $[f(\vec{u}_i)]_{\mathcal{B}_2} = A \cdot [\vec{u}_i]_{\mathcal{B}_1} = A^i$

- f es única: Sea $g \in \mathcal{L}_R(E; F)$ tal que $[g]_{\mathcal{B}_1 \mathcal{B}_2} = A$.

  Si $\vec{u} \in E$, entonces $[g(\vec{u})]_{\mathcal{B}_2} = A \cdot [\vec{u}]_{\mathcal{B}_1} = [f(\vec{u})]_{\mathcal{B}_2}$, es decir, $g(\vec{u}) = f(\vec{u})$. Por tanto, $g \equiv f$.

Problema 55

a) $[(f + g)(\vec{u}_i)]_{\mathcal{B}_2} = [f(\vec{u}_i) + g(\vec{u}_i)]_{\mathcal{B}_2} = [f(\vec{u}_i)]_{\mathcal{B}_2} + [g(\vec{u}_i)]_{\mathcal{B}_2}$

b) $[(\lambda \cdot f)(\vec{u}_i)]_{\mathcal{B}_2} = [\lambda \cdot f(\vec{u}_i)]_{\mathcal{B}_2} = \lambda \cdot [f(\vec{u}_i)]_{\mathcal{B}_2}$

c) $[(hf)(\vec{u})]_{\mathcal{B}_3} = [h(f(\vec{u}_i))]_{\mathcal{B}_3} = [h]_{\mathcal{B}_2 \mathcal{B}_3} \cdot [f(\vec{u}_i)]_{\mathcal{B}_2} = [h]_{\mathcal{B}_2 \mathcal{B}_3} \cdot ([f]_{\mathcal{B}_1 \mathcal{B}_2} [\vec{u}]_{\mathcal{B}_1}) = ([h]_{\mathcal{B}_2 \mathcal{B}_3} \cdot [f]_{\mathcal{B}_1 \mathcal{B}_2}) [\vec{u}]_{\mathcal{B}_1}$

  Por tanto, $[hf]_{\mathcal{B}_1 \mathcal{B}_3} = [h]_{\mathcal{B}_2 \mathcal{B}_3} \cdot [f]_{\mathcal{B}_1 \mathcal{B}_2}$

d) Demostración por inducción sobre k.

  - $[f^2]_{\mathcal{B}_1} = [ff]_{\mathcal{B}_1} = [f]_{\mathcal{B}_1} \cdot [f]_{\mathcal{B}_1} = [f]_{\mathcal{B}_1}^2$

  - $[f^k]_{\mathcal{B}_1} = [ff^{k-1}]_{\mathcal{B}_1} = [f]_{\mathcal{B}_1} \cdot [f^{k-1}]_{\mathcal{B}_1} = [f]_{\mathcal{B}_1} \cdot [f]_{\mathcal{B}_1}^{k-1} = [f]_{\mathcal{B}_1}^k$

e) Consecuencia de los apartados anteriores.

f) $I_n = [I_F]_{\mathcal{B}_2 \mathcal{B}_2} = [ff^{-1}]_{\mathcal{B}_2 \mathcal{B}_2} = [f]_{\mathcal{B}_1 \mathcal{B}_2} \cdot [f^{-1}]_{\mathcal{B}_2 \mathcal{B}_1}$

Problema 56

- Es lineal: $[\alpha \cdot f + \beta \cdot g]_{\mathcal{B}_1 \mathcal{B}_2} = \alpha \cdot [f]_{\mathcal{B}_1 \mathcal{B}_2} + \beta \cdot [g]_{\mathcal{B}_1 \mathcal{B}_2}$
- Es monomorfismo: $[f]_{\mathcal{B}_1 \mathcal{B}_2} = O_{m,n} \Leftrightarrow f \equiv O_{E,F}$
- Es epimorfismo: consecuencia de la proposición 5.9.

Problema 57

a) $[I_E]_{N_1 V_1} = \mathcal{M}^t_{I_E(N_1) V_1} = \mathcal{M}^t_{N_1 V_1}$

b) Consecuencia del apartado e) de la proposición 5.10.

c) $[I_E]_{N_1} = \mathcal{M}^t_{N_1 N_1} = I_n$, $[I_E]_{V_1} = \mathcal{M}^t_{V_1 V_1} = I_n$

Problema 58

a) $[f]_{N_1V_2} = [f\,I_E]_{N_1V_2} = [f]_{V_1V_2} \cdot [I_E]_{N_1V_1}$

b) $[f]_{V_1N_2} = [I_F f]_{V_1N_2} = [I_F]_{V_2N_2} \cdot [f]_{V_1V_2}$

c) $[f]_{N_1N_2} = [I_F f\,I_E]_{N_1N_2} = [I_F]_{V_2N_2} \cdot [f]_{V_1V_2} \cdot [I_E]_{N_1V_1}$

d) $[f]_{N_1} = [I_E f\,I_E]_{N_1} = [I_E]_{V_1N_1} \cdot [f]_{V_1} \cdot [I_E]_{N_1V_1}$

Capítulo 6

Problema 1

a) No es lineal.

b) $p_f(x) = x^2 + 1$. No tiene raíces reales.

c) $p_f(x) = (x - 2)(x - 3)$. $\sigma(f) = \{2, 3\}$

   $\bar{m}(2) = m(2) = 1$. $\bar{m}(3) = m(3) = 1$

d) $p_f(x) = 3 - x$. $\sigma(f) = \{3\}$.

   $\bar{m}(3) = m(3) = 1$

e) $p_f(x) = -(x - 1)^2(x + 1)$. $\sigma(f) = \{-1, 1\}$

   $\bar{m}(-1) = m(-1) = 1$. $1 = \bar{m}(1) < m(1) = 2$

f) $p_f(x) = (-1 - x)(x - \sqrt{2})(x + \sqrt{2})$. $\sigma(f) = \{-1, -\sqrt{2}, \sqrt{2}\}$

   $\bar{m}(-1) = m(-1) = 1$. $\bar{m}(-\sqrt{2}) = m(-\sqrt{2}) = 1$. $\bar{m}(\sqrt{2}) = m(\sqrt{2}) = 1$

g) $p_f(x) = (-1 - x)(x^2 + 1)$. $\sigma(f) = \{-1\}$

   $\bar{m}(-1) = m(-1) = 1$

h) $p_f(x) = -x^3 + 2x^2 - 4$

   No tiene raíces racionales. Tiene una única raíz real α en el intervalo $(-1, 0)$.

   $\bar{m}(\alpha) = m(\alpha) = 1$

i) $p_f(x) = (1 - x)^2 x^2$. $\sigma(f) = \{0, 1\}$

   $\bar{m}(0) = m(0) = 2$. $\bar{m}(1) = m(1) = 2$

j) $p_f(x) = (1 - x)^2 x^3$. $\sigma(f) = \{0, 1\}$

   $2 = \bar{m}(0) < m(0) = 3$. $\bar{m}(1) = m(1) = 2$

k) No es un endomorfismo.

Problema 2

El determinante de una matriz triangular es igual al producto de los elementos de su diagonal principal. Si A es una matriz triangular, también lo es $A - xI_n$.

Problema 3

$$A = \begin{pmatrix} a_{11} & a_{12} \\ a_{21} & a_{22} \end{pmatrix} \Rightarrow p_A(x) = \begin{vmatrix} a_{11} - x & a_{12} \\ a_{21} & a_{22} - x \end{vmatrix} = (a_{11} - x)(a_{22} - x) - a_{12}a_{21} =$$

$$= x^2 - (a_{11} + a_{22})x + (a_{11}a_{22} - a_{12}a_{21})$$

Problema 4

$$A = \begin{pmatrix} a_{11} & a_{12} & a_{13} \\ a_{21} & a_{22} & a_{23} \\ a_{31} & a_{32} & a_{33} \end{pmatrix} \Rightarrow p_A(x) = \begin{vmatrix} a_{11} - x & a_{12} & a_{13} \\ a_{21} & a_{22} - x & a_{23} \\ a_{31} & a_{32} & a_{33} - x \end{vmatrix} =$$

$$= (a_{11} - x)(a_{22} - x)(a_{33} - x) + a_{12}a_{23}a_{31} + a_{13}a_{21}a_{32} - a_{13}(a_{22} - x)a_{31} - a_{23}(a_{11} - x)a_{32} - a_{12}(a_{33} - x)a_{21} =$$

$$= -x^3 + (a_{11} + a_{22} + a_{33})x^2 + (a_{12}a_{21} + a_{13}a_{31} + a_{23}a_{32} - a_{11}a_{22} - a_{11}a_{33} - a_{22}a_{33})x +$$

$$(a_{11}a_{22}a_{33} + a_{12}a_{23}a_{31} + a_{13}a_{21}a_{32} - a_{13}a_{22}a_{31} - a_{11}a_{23}a_{32} - a_{12}a_{21}a_{33})$$

Problema 5

Si $p_A(x) = (-1)^n x^n + \cdots + a_1 x + a_0$, entonces $a_0 = p_A(0) = |A - 0 \cdot I_n| = |A|$.

Problema 6

$$|A^t - xI_n| = |A^t - xI_n^t| = |(A - xI_n)^t| = |A - xI_n|$$

Problema 7

f automorfismo $\Leftrightarrow Ker(f) = \{\vec{\partial}\} \Leftrightarrow 0 \notin \sigma(f)$

Problema 8

Si f es un automorfismo, entonces el 0 no es valor propio. Además, $f(\vec{v}) = \lambda\vec{v} \Leftrightarrow f^{-1}(\vec{v}) = \frac{1}{\lambda}\vec{v}$.

Problema 9

$Ax = \lambda x \Leftrightarrow a(Ax) = a(\lambda x) \Leftrightarrow (aA)x = (a\lambda)x$

Problema 10

a) $V_f(-1) = \langle(2, -3, 6)\rangle$. $V_f(-2) = \langle(0, 2, -3)\rangle$. $V_f(-3) = \langle(0, 1, -2)\rangle$

b) $V_f(0) = \langle(1, 0, 0)\rangle$

c) $V_f(1) = \langle(0, 1, -2)\rangle$. $V_f(2) = \langle(1, -2, 1)\rangle$

Problema 11

a) $D = \begin{pmatrix} 6 & 0 & 0 \\ 0 & 3 & 0 \\ 0 & 0 & 3 \end{pmatrix}$, $P = \begin{pmatrix} 1 & 0 & 1 \\ 0 & 1 & 0 \\ 0 & 0 & 1 \end{pmatrix}$

b) $D = \begin{pmatrix} 8 & 0 & 0 \\ 0 & 2 & 0 \\ 0 & 0 & 0 \end{pmatrix}$, $P = \begin{pmatrix} 1 & 1 & 1 \\ 0 & 6 & 0 \\ 0 & 0 & 1 \end{pmatrix}$

c) $D = \begin{pmatrix} 1 & 0 & 0 \\ 0 & 1 & 0 \\ 0 & 0 & 2 \end{pmatrix}$, $P = \begin{pmatrix} -1 & 0 & 0 \\ 0 & 1 & 1 \\ 1 & 0 & -1 \end{pmatrix}$

d) A no diagonaliza.

e) $D = \begin{pmatrix} -1 & 0 & 0 \\ 0 & 0 & 0 \\ 0 & 0 & 4 \end{pmatrix}$, $P = \begin{pmatrix} 1 & 1 & 0 \\ 0 & -1 & 1 \\ -1 & 0 & 1 \end{pmatrix}$

f) $D = \begin{pmatrix} -1 & 0 & 0 \\ 0 & -1 & 0 \\ 0 & 0 & 8 \end{pmatrix}$, $P = \begin{pmatrix} 1 & 0 & 2 \\ 0 & 2 & 1 \\ -1 & -1 & 2 \end{pmatrix}$

Problema 12

a) $[I_{\mathbb{R}^n}]_{BC} = \begin{pmatrix} 1 & 3 & 1 & 0 \\ 1 & 3 & 0 & 0 \\ 0 & -12 & -1 & 0 \\ 2 & 2 & 0 & 1 \end{pmatrix}$ $[f]_B = D = \begin{pmatrix} 0 & 0 & 0 & 0 \\ 0 & 4 & 0 & 0 \\ 0 & 0 & 2 & 0 \\ 0 & 0 & 0 & 1 \end{pmatrix}$

b) $[I_{\mathbb{R}^n}]_{BC} = \begin{pmatrix} -1 & 0 & 1 & 1 \\ 1 & 0 & 1 & 1 \\ 0 & 1 & 1 & -1 \\ 1 & 0 & -1 & 1 \end{pmatrix}$ $[f]_B = D = \begin{pmatrix} 2 & 0 & 0 & 0 \\ 0 & 2 & 0 & 0 \\ 0 & 0 & 4 & 0 \\ 0 & 0 & 0 & 6 \end{pmatrix}$

c) $[I_{\mathbb{R}^n}]_{BC} = \begin{pmatrix} 1 & 1 & 1 & -1 \\ 1 & 0 & 0 & 1 \\ 0 & 1 & 0 & 1 \\ 0 & 0 & 1 & 1 \end{pmatrix}$ $[f]_B = D = \begin{pmatrix} 2 & 0 & 0 & 0 \\ 0 & 2 & 0 & 0 \\ 0 & 0 & 2 & 0 \\ 0 & 0 & 0 & -2 \end{pmatrix}$

d) No diagonaliza porque $p_f(x) = x^4 - 10x^3 + 36x^2 - 20x - 40$ no descompone totalmente en $\mathbb{R}$.

e) $[I_{\mathbb{R}^n}]_{BC} = \begin{pmatrix} 2 & 3 & 1 & 0 \\ -1 & 0 & -1 & 0 \\ 0 & 0 & 0 & 1 \\ 0 & -1 & 1 & 0 \end{pmatrix}$ $[f]_B = D = \begin{pmatrix} 0 & 0 & 0 & 0 \\ 0 & 0 & 0 & 0 \\ 0 & 0 & 2 & 0 \\ 0 & 0 & 0 & 2 \end{pmatrix}$

f) No diagonaliza porque $p_f(x) = (x - 3)^4$ y $\bar{m}(3) = 2$.

g) No diagonaliza porque $p_f(x) = x^4 - 8x^3 + 16x^2 - 25 = (x + 1)(x - 5)(x^2 - 4x + 5)$ no descompone totalmente en $\mathbb{R}$.

h) No diagonaliza porque $p_f(x) = x^4 - 2x^3 + 3x^2 - 2x + 2 = (x^2 + 1)(x^2 - 2x + 2)$ no descompone totalmente en $\mathbb{R}$.

Problema 13

a) $p_f(x) = (x - 1)(x + 1)$. Por tanto, de acuerdo con el teorema elemental de diagonalización, f diagonaliza.

b) $[g]_C = [g]_{BC}[I_{\mathbb{R}^2}]_{CB} = \begin{pmatrix} 1 & -1 \\ 0 & 1 \end{pmatrix} \Rightarrow p_g(x) = (x - 1)^2$

La matriz $[g]_C - I_2$ tiene rango 1. Por tanto, g no diagonaliza, puesto que $\bar{m}(1) = 1 < 2 = m(1)$.

c) $[fg]_C = [f]_C[g]_C = \begin{pmatrix} 2 & 1 \\ -1 & -1 \end{pmatrix} \Rightarrow p_{fg}(x) = x^2 - x - 1$, que tiene dos raíces distintas. Por tanto, de acuerdo con el teorema elemental de diagonalización, f diagonaliza.

d) $[f - 3g]_C = [f]_C - 3[g]_C = \begin{pmatrix} -1 & 6 \\ -1 & -5 \end{pmatrix} \Rightarrow p_{f-3g}(x) = x^2 + 6x + 11$, que no tiene raíces reales. Por tanto, $f - 3g$ no diagonaliza.

Problema 14

$$[f]_C = \begin{pmatrix} 1 & 0 & 0 \\ -\frac{1}{2} & 1 & \frac{1}{2} \\ -1 & 0 & 2 \end{pmatrix}$$

Problema 15

$$[f]_N = \begin{pmatrix} 1 & 0 & 0 \\ 0 & 2 & 0 \\ 0 & 0 & 2 \end{pmatrix}, \quad [I_{\mathbb{R}^3}]_{NC} = \begin{pmatrix} 1 & 1 & 0 \\ -1 & 0 & 1 \\ 1 & -1 & -1 \end{pmatrix}$$

Problema 16

a) $V_f(1) = \langle 1 - x, 1 - x^2 \rangle$. $V_f(4) = \langle 1 + x + x^2 \rangle$

b) $V_f(\sqrt[3]{2}) = \langle -\sqrt[3]{4} - \sqrt[3]{2} - 1 + \sqrt[3]{2}x + x^2 \rangle$

c) $V_f(1) = \left\langle \begin{pmatrix} 1 & 0 \\ 0 & 0 \end{pmatrix}, \begin{pmatrix} 0 & 1 \\ 1 & 0 \end{pmatrix}, \begin{pmatrix} 0 & 0 \\ 0 & 1 \end{pmatrix} \right\rangle$. $V_f(-1) = \left\langle \begin{pmatrix} 0 & 1 \\ -1 & 0 \end{pmatrix} \right\rangle$

$d)$ $V_f(1) = \left\langle \begin{pmatrix} 1 & -1 \\ 0 & 0 \end{pmatrix}, \begin{pmatrix} 0 & 0 \\ 1 & -3 \end{pmatrix} \right\rangle$. $V_f(2) = \left\langle \begin{pmatrix} 1 & 0 \\ 0 & 0 \end{pmatrix}, \begin{pmatrix} 0 & 0 \\ 0 & 1 \end{pmatrix} \right\rangle$

$e)$ $V_f(1) = \left\langle \begin{pmatrix} 0 & 0 \\ 1 & 0 \end{pmatrix} \right\rangle$. $V_f(2) = \left\langle \begin{pmatrix} 1 & 0 \\ 0 & 0 \end{pmatrix} \right\rangle$

Problema 17

$a)$ Diagonaliza.

$b)$ Puede suceder cualquier cosa. A es diagonal y B no diagonaliza:

$$A = \begin{pmatrix} 3 & 0 & 0 \\ 0 & 0 & 0 \\ 0 & 0 & 0 \end{pmatrix} \quad B = \begin{pmatrix} 3 & 0 & 0 \\ 0 & 0 & 1 \\ 0 & 0 & 0 \end{pmatrix}$$

$c)$ Puede suceder cualquier cosa. A es diagonal y B no diagonaliza:

$$A = \begin{pmatrix} 0 & 0 & 0 & 0 \\ 0 & 0 & 0 & 0 \\ 0 & 0 & 0 & 0 \\ 0 & 0 & 0 & 0 \end{pmatrix} \quad B = \begin{pmatrix} 0 & 1 & 0 & 0 \\ 0 & 0 & 0 & 0 \\ 0 & 0 & 0 & 0 \\ 0 & 0 & 0 & 0 \end{pmatrix}$$

$d)$ No diagonaliza.

$e)$ Diagonaliza.

$f)$ No diagonaliza.

$g)$ Puede suceder cualquier cosa. A es diagonal y B no diagonaliza:

$$A = \begin{pmatrix} 1 & 0 & 0 & 0 \\ 0 & 1 & 0 & 0 \\ 0 & 0 & -1 & 0 \\ 0 & 0 & 0 & -1 \end{pmatrix} \quad B = \begin{pmatrix} 1 & 1 & 0 & 0 \\ 0 & 1 & 0 & 0 \\ 0 & 0 & -1 & 0 \\ 0 & 0 & 0 & -1 \end{pmatrix}$$

$h)$ Puede suceder cualquier cosa. A es diagonal y B no diagonaliza:

$$A = \begin{pmatrix} 2 & 0 & 0 \\ 0 & 2 & 0 \\ 0 & 0 & 2 \end{pmatrix} \quad B = \begin{pmatrix} 2 & 1 & 0 \\ 0 & 2 & 0 \\ 0 & 0 & 2 \end{pmatrix}$$

Problema 18

$f(x, y, z) = (x + y - z, x + y + z, -x + y + z)$

Problema 19

$f(x, y, z) = \left(2x + y + z, x + 2y + \frac{1}{2}z, x - y + \frac{1}{2}z \right)$

Problema 20

a) Nunca diagonaliza.

b) $a \neq 1$ y $b = 0$

c) $b = 0$

d) Nunca diagonaliza.

e) Siempre diagonaliza.

f) $b = 0$ y $a \neq 2$

Problema 21

Toda matriz simétrica no nula tiene dos valores propios distintos:

$$A = \begin{pmatrix} a & b \\ b & c \end{pmatrix} \Rightarrow p_A(x) = x^2 - (a + c)x + (ac - b^2).$$

Este polinomio tiene dos raíces distintas porque su discriminante es $(a - c)^2 + 4b^2$.

Problema 22

$$[f]_N = \begin{pmatrix} 0 & 0 & 0 \\ 0 & 2 & 0 \\ 0 & 0 & 6 \end{pmatrix}, \quad [I_{\mathbb{R}^3}]_{NC} = \begin{pmatrix} 1 & 1 & -1 \\ 0 & 2 & 2 \\ 0 & 0 & 4 \end{pmatrix}$$

Problema 23

f diagonaliza puesto que el conjunto $\{(1, 0, 1), (1, 1, 1), (0, 1, 1)\}$ es una base de vectores propios. La matriz solicitada es:

$$[f]_C = \begin{pmatrix} 2 & 4 & -4 \\ 2 & 2 & -2 \\ 2 & 4 & -4 \end{pmatrix}$$

Problema 24

$$Q = \begin{pmatrix} 1 & \frac{1}{2} & 0 & 0 \\ 0 & 0 & 1 & \frac{1}{2} \\ 0 & -\frac{1}{2} & 0 & 0 \\ 0 & 0 & 0 & -\frac{1}{2} \end{pmatrix}, \quad D = \begin{pmatrix} -1 & 0 & 0 & 0 \\ 0 & -1 & 0 & 0 \\ 0 & 0 & -3 & 0 \\ 0 & 0 & 0 & -3 \end{pmatrix}$$

Problema 25

Sea la base $B = \{(-1, 2), (1, 0)\}$:

$$[f]_{BC} = \begin{pmatrix} 0 & a \\ 0 & b \end{pmatrix} \Rightarrow [f]_C = [f]_{BC}[I_{\mathbb{R}^2}]_{CB} = \begin{pmatrix} 2a & a \\ 2b & b \end{pmatrix}$$

$p_A(x) = x^2 - (2a+b)x, f(-1,3) = (-3,9) \Rightarrow a = 3, b = -9$

Problema 26

a) $f(x,y) = (-x, y)$. $B = \{(1,0),(0,1)\}$

b) Proyección ortogonal sobre el eje x. $B = \{(1,0),(0,1)\}$

c) $f(x,y) = (-x, -y)$, $B = \{(1,0),(0,1)\}$

d) Homotecia de razón 2. $B = \{(1,0),(0,1)\}$

e) Simetría axial respecto el eje x seguida de homotecia de razón 2. $B = \{(1,0),(0,1)\}$

f) $f(x,y) = \left(\frac{\sqrt{3}x}{2} - \frac{y}{2}, \frac{x}{2} + \frac{\sqrt{3}y}{2}\right)$. No tiene autovectores.

g) $f(x,y) = (x+1, y)$. No es lineal.

h) $f(x,y) = (y, -x)$. No tiene autovectores.

Problema 27

a) $p_f(x) = (1-x)^2(1+x)$. Por tanto, el 0 no es VAP de f.

b) $[f]_C^2 = I_3$

c)

λ	$\bar{m}$	m
1	2	2
−1	1	1

d) Aplicar el teorema general de diagonalización.

e) $B = \{(1,0,-1)(0,1,-1),(1,0,-2)\}$

Problema 28

Si f y g diagonalizan, los subespacios de vectores propios $V_f(2)$ y $V_g(3)$ tienen ambos dimensión 2. Como consecuencia de la fórmula de Grassmann, se obtiene: $\dim(V_f(2) \cap V_g(3)) \geq 1$.

Problema 29

$$[I_{\mathbb{R}^n}]_{BC} = \begin{pmatrix} -3 & 0 & 0 & 0 \\ 0 & 1 & 0 & 1 \\ 2 & 0 & 0 & -1 \\ 0 & 0 & 1 & 2 \end{pmatrix} \qquad [f]_B = D = \begin{pmatrix} 5 & 0 & 0 & 0 \\ 0 & 5 & 0 & 0 \\ 0 & 0 & 5 & 0 \\ 0 & 0 & 0 & 2 \end{pmatrix}$$

Problema 30

Todos los enunciados son verdaderos excepto a, e, j:

a) $\begin{pmatrix} 0 & 0 & 0 \\ 0 & 0 & 1 \\ 0 & 0 & 0 \end{pmatrix}$

e) $[f]_C = \begin{pmatrix} 1 & 1 \\ 0 & 2 \end{pmatrix}$, $[g]_C = \begin{pmatrix} -1 & 0 \\ 0 & -2 \end{pmatrix}$

j) $\begin{pmatrix} 1 & 1 \\ 0 & 1 \end{pmatrix}$

Problema 31

Si $B = P^{-1}AP$, entonces:

$$p_B(x) = |B - xI_n| = |P^{-1}AP - xP^{-1}P| = |P^{-1}(A - xI_n)P| = |P^{-1}| \cdot |A - xI_n| \cdot |P| = |A - xI_n| = p_A(x)$$

Contraejemplo: $A = \begin{pmatrix} 1 & 0 \\ 0 & 1 \end{pmatrix}$, $B = \begin{pmatrix} 1 & 1 \\ 0 & 1 \end{pmatrix}$

Problema 32

$$|AB - xI_n| = |AB - xB^{-1}B| = |A - xB^{-1}| \cdot |B| = |B| \cdot |A - xB^{-1}| = |BA - xBB^{-1}| = |BA - xI_n|$$

Problema 33

$$Ax = \lambda x, Bx = \lambda x \Rightarrow (A + B)x = Ax + Bx = \lambda x + \lambda x = 2\lambda x$$

$$A = \begin{pmatrix} 1 & 1 \\ 0 & 1 \end{pmatrix}, B = \begin{pmatrix} 1 & -1 \\ 0 & 1 \end{pmatrix}.$$

El vector $(0, 1)$ es un VEP de $A + B$ de VAP 2, pero no es VEP ni de A ni de B.

Problema 34

a) $A^m \vec{v} = A^{m-1}(A\vec{v}) = A^{m-1}(\lambda\vec{v}) = \lambda A^{m-1}\vec{v} = \cdots = \lambda^m \vec{v}$

b) $q(x) = a_m x^m + \cdots + a_1 x + a_0 \Rightarrow q(A)\vec{v} = (a_m A^m + \cdots + a_1 A + a_0 I_n)\vec{v} = a_m A^m \vec{v} + \cdots + a_1 A\vec{v} + a_0\vec{v} = a_m \lambda^m \vec{v} + \cdots + a_1 \lambda\vec{v} + a_0\vec{v} = (a_m \lambda^m + \cdots + a_1 \lambda + a_0)\vec{v} = q(\lambda)\vec{v}$

c) $A = \begin{pmatrix} 0 & 1 \\ 0 & 0 \end{pmatrix}$, $v = \begin{pmatrix} 0 \\ 1 \end{pmatrix}$: $A^2 v = 0.v$, $Av \neq 0.v$

Problema 35

Sea $\vec{v} \neq \vec{o}$ tal que $f(\vec{v}) = \lambda \cdot \vec{v}$. Entonces, $f^2(\vec{v}) = f(\lambda \cdot \vec{v}) = \lambda \cdot f(\vec{v})$.

Por tanto, $\lambda \cdot \vec{v} = f(\vec{v}) = f^2(\vec{v}) = \lambda \cdot f(\vec{v}) = \lambda^2 \cdot \vec{v}$. Es decir, $\lambda^2 = \lambda$. En consecuencia, $\sigma(f) \subseteq \{0, 1\}$.

$f \neq O_{\mathbb{R}^n}$. Por tanto, existe un vector $\vec{v}$ tal que $\vec{w} = f(\vec{v}) \neq \vec{o}$. Es decir, $f(\vec{w}) = f^2(\vec{v}) = f(\vec{v}) = \vec{w}$. En consecuencia, $\vec{w}$ es un vector propio de f de valor propio 1.

$f \neq I_{\mathbb{R}^n}$. Por tanto, existe un vector $\vec{u}$ tal que $f(\vec{u}) \neq \vec{u}$. Es decir, el vector $\vec{z} = f(\vec{u}) - \vec{u}$ es un vector propio de f valor propio 0: $f(\vec{z}) = f(f(\vec{u}) - \vec{u}) = f^2(\vec{u}) - f(\vec{u}) = \vec{o}$.

Problema 36

- Todo polinomio de grado impar tiene al menos una raíz real. El polinomio característico de A es de grado n.

- Todo polinomio mónico de grado par con término independiente negativo tiene al menos dos raíces reales. El polinomio característico de A es de orden n, mónico, y su término independiente es $|A|$.

Problema 37

Sea B una base tal que $[f]_B = D_1$ y $[g]_B = D_2$ son matrices diagonales. Entonces, $gf = fg$:

$$[gf]_B = [g]_B\,[f]_B = D_2\,D_1 = D_1\,D_2 = [f]_B\,[g]_B = [fg]_B$$

Problema 38

$A\vec{v} = \lambda\vec{v}$. Entonces, $\vec{o} = A^n\vec{v} = A^{n-1}(A\vec{v}) = A^{n-1}(\lambda\vec{v}) = \lambda A^{n-1}\vec{v} = \ldots = \lambda^n\vec{v}$. Por tanto, el único valor propio de A es $\lambda = 0$. Por ser $A \neq O_n$, la multiplicidad geométrica del 0 es menor que n: $\bar{m}(0) = r < n$. Si $\bar{m}(0) < m(0)$, entonces A no diagonaliza, y si $\bar{m}(0) = m(0)$ tampoco, puesto que entonces $p_A(x)$ tiene raíces complejas.

Problema 39

La matriz asociada a f en la base canónica es:

$$[f]_C = A = \begin{pmatrix} a & b & b \\ b & a & b \\ b & b & a \end{pmatrix}$$

- $p_A(x) = -x^3 + 3ax^2 - (3a^2 - 3b^2)x + (a-b)^2(a+2b) = -(x-a+b)^2(x-a-2b)$

  Es decir, $\sigma(f) = \{a-b, a+2b\}$, con $m(a-b) = 2$ y $m(a+2b) = 1$.

- Si $b = 0$, $A = O_3$ es una matriz diagonal. Si $b \neq 0$, obsérvese que $A - (a-b) \cdot I_3 = \begin{pmatrix} b & b & b \\ b & b & b \\ b & b & b \end{pmatrix}$

  Es decir, $\bar{m}(a-b) = 3 - r(A - (a-b) \cdot I_3) = 3 - 1 = 2 = m(a-b)$. Por tanto, f es un endomorfismo diagonalizable.

- Si $b = -1$:

$$V_f(a + 1) = \langle (1, 0, -1), (0, 1, -1) \rangle, \ V_f(a - 2) = \langle (1, 1, 1) \rangle \Rightarrow B = \{(1, 0, -1), (0, 1, -1), (1, 1, 1)\}$$

Problema 40

Denotamos $\alpha, \beta, \lambda, \mu$ los VAPS asociados a $\vec{a}, \vec{b}, \vec{c}, \vec{d}$, respectivamente:

$$\vec{b} = \vec{a} + \vec{c} \Rightarrow f(\vec{b}) = f(\vec{a}) + f(\vec{c}) \Rightarrow \beta \vec{b} = \alpha \vec{a} + \lambda \vec{c} \Rightarrow \beta(\vec{a} + \vec{c}) = \alpha \vec{a} + \lambda \vec{c} \Rightarrow \alpha = \beta = \lambda$$

$\lambda = \mu \Rightarrow f = I_{\mathbb{R}^3}$. Por tanto, $\lambda \neq \mu$ y:

$$V_f(\lambda) = \langle \vec{a}, \vec{c} \rangle, \ V_f(\mu) = \langle \vec{d} \rangle$$

Problema 41

a) $p_f(x) = x^2(x - 1)^2$. $\dim Ker(f) = \dim Ker(f - I_{\mathbb{R}^4}) = 1$

b) $Ker(f^2) = \langle (0, 1, 1, 0), (1, 1, 0, 0) \rangle$, $Ker(f - I_{\mathbb{R}^4})^2 = \langle (0, 0, 1, 1), (1, 0, 0, 0) \rangle$

c) $\alpha \vec{x} + \beta f(\vec{x}) = \vec{0} \Rightarrow \alpha f(\vec{x}) + \beta f^2(\vec{x}) = \vec{0} \Rightarrow \alpha f(\vec{x}) = \vec{0} \Rightarrow \alpha = 0 \Rightarrow \beta = 0$

d) $\alpha \vec{y} + \beta (f - I_{\mathbb{R}^4})(\vec{y}) = \vec{0} \Rightarrow \alpha(f - I_{\mathbb{R}^4})(\vec{y}) + \beta(f - I_{\mathbb{R}^4})^2(\vec{y}) = \vec{0} \Rightarrow \alpha(f - I_{\mathbb{R}^4})(\vec{y}) = \vec{0} \Rightarrow$

$\Rightarrow \alpha = 0 \Rightarrow \beta = 0$

e) $Ker(f^2) \oplus Ker(f - I_{\mathbb{R}^3})^2 = \mathbb{R}^4$

f) Obsérvese que:

- $f(\vec{y}) = \vec{y} + (f - I_{\mathbb{R}^4})(\vec{y})$

- $(f - I_{\mathbb{R}^4})^2(\vec{y}) = \vec{0} \Leftrightarrow (f - I_{\mathbb{R}^4})(f - I_{\mathbb{R}^4})(\vec{y}) = \vec{0} \Leftrightarrow f((f - I_{\mathbb{R}^4})(\vec{y})) = (f - I_{\mathbb{R}^4})(\vec{y})$

Por tanto, la matriz solicitada es:

$$[f]_B = \begin{pmatrix} 0 & 0 & 0 & 0 \\ 1 & 0 & 0 & 0 \\ 0 & 0 & 1 & 0 \\ 0 & 0 & 1 & 1 \end{pmatrix}$$

Problema 42

a) $p_A(x) = -x^3 + (2 + b)x^2 - \left(2b + \frac{3}{4}\right)x + \frac{3b}{4} = -(x - b)\left(x - \frac{1}{2}\right)\left(x - \frac{3}{2}\right)$. Es decir, $\sigma(f) = \left\{\frac{1}{2}, \frac{3}{2}, b\right\}$.

- Si $b \notin \left\{\frac{1}{2}, \frac{3}{2}\right\}$, entonces, como consecuencia del teorema elemental de diagonalización, f diagonaliza.

- Si $b = \frac{1}{2}$, entonces $\sigma(f) = \left\{\frac{1}{2}, \frac{3}{2}\right\}$ y $\frac{1}{2}$ es una raíz doble, es decir, $m\left(\frac{1}{2}\right) = 2$. Calculamos la multiplicidad geométrica de este valor propio:

$$\bar{m}\left(\frac{1}{2}\right) = \dim Ker\left(f - \frac{1}{2}I_{\mathbb{R}^3}\right) = 3 - r\left(A - \frac{1}{2}I_3\right) = 3 - 1 = 2 \text{ para cualquier valor de } a.$$

Por tanto, en este caso f siempre diagonaliza.

- Si $b = \frac{3}{2}$, entonces $\sigma(f) = \left\{\frac{1}{2}, \frac{3}{2}\right\}$ y $\frac{3}{2}$ es una raíz doble, es decir, $m\left(\frac{3}{2}\right) = 2$. Calculamos la multiplicidad geométrica de este valor propio:

$$\tilde{m}\left(\tfrac{3}{2}\right) = \dim\, Ker\left(f - \tfrac{3}{2}I_{\mathbb{R}^3}\right) = 3 - r\left(A - \tfrac{3}{2}I_3\right) = \begin{cases} 3 - 1 = 2 = m\left(\tfrac{3}{2}\right) & \text{si } a = 0 \\ 3 - 2 = 1 < m\left(\tfrac{3}{2}\right) & \text{si } a \neq 0 \end{cases}$$

Por tanto, en este caso f diagonaliza, si $a = 0$.

Resumiendo, f es diagonalizable en todos los casos excepto si $b = \frac{3}{2}$, $a \neq 0$.

b) La condición general señalada implica estas tres condiciones particulares:

$$\left.\begin{array}{l} \alpha_1 = 1,\ \alpha_2 = 0,\ \alpha_3 = 0: \quad f(\vec{u}_1) = \vec{o} \\ \alpha_1 = 0,\ \alpha_2 = 1,\ \alpha_3 = 0: \quad f(\vec{u}_2) = \tfrac{3}{2}\vec{u}_2 \\ \alpha_1 = 0,\ \alpha_2 = 0,\ \alpha_3 = 1: \quad f(\vec{u}_3) = \tfrac{1}{2}\vec{u}_3 \end{array}\right\}$$

En consecuencia, N es una base de vectores propios de f y el espectro de f es $\sigma(f) = \left\{0, \frac{3}{2}, \frac{1}{2}\right\}$. Y todo ello se consigue tomando $b = 0$.

c) $N = \{\vec{u}_1 = (-2a, 3, -2a), \vec{u}_2 = (1, 0, 1), \vec{u}_3 = (1, 0, -1)\}$.

d) El endomorfismo f no es diagonalizable cuando $b = \frac{3}{2}$ y $a \neq 0$. Por tanto, en estos casos f es un automorfismo, puesto que el 0 no es un valor propio de f. Esto significa que, si C es la base canónica de $\mathbb{R}^3$, entonces el conjunto $f(C)$ es una base de $\mathbb{R}^3$. Obsérvese que la matriz $[f]_{Cf(C)}$ es I_3 y, por tanto, una matriz diagonal.

e) Consideremos el caso $b = \frac{3}{2}$ y $a \neq 0$, que es cuando f no diagonaliza.

Se trata de encontrar una base $B = \{\vec{v}_1, \vec{v}_2, \vec{v}_3\}$ que cumpla estas propiedades:

$$\begin{cases} f(\vec{v}_1) = \tfrac{1}{2}\vec{v}_1 \\ f(\vec{v}_2) = \tfrac{3}{2}\vec{v}_2 + \vec{v}_3 \\ f(\vec{v}_2) = \tfrac{3}{2}\vec{v}_3 \end{cases}$$

Para ello, efectuamos los siguientes pasos:

- $\vec{v}_1 = (1, 0, -1)$ es un vector propio de valor propio $\frac{1}{2}$.

- $\vec{v}_3 = (1, 0, 1)$ es un vector propio de valor propio $\frac{3}{2}$:

- $\vec{v}_2 = (x, y, z)$ es cualquier vector no nulo que cumpla: $f(\vec{v}_2) = \frac{3}{2}\vec{v}_2 + \vec{v}_3$. Es decir:

$$\begin{pmatrix} 1 & a & \tfrac{1}{2} \\ 0 & \tfrac{3}{2} & 0 \\ \tfrac{1}{2} & a & 1 \end{pmatrix} \begin{pmatrix} x \\ y \\ z \end{pmatrix} = \frac{3}{2}\begin{pmatrix} x \\ y \\ z \end{pmatrix} + \begin{pmatrix} 1 \\ 0 \\ 1 \end{pmatrix} \Rightarrow \vec{v}_2 = (1, \tfrac{1}{a}, 1)$$

Por tanto, $B = \{\vec{v}_1 = (1, 0, -1), \vec{v}_2 = (1, \frac{1}{a}, 1), \vec{v}_3 = (1, 0, 1)\}$.

Problema 43

a)
- $r(A) = r < n \Rightarrow \dim\, Ker(A) = n - r > 0 \Rightarrow \{0\} \subset \sigma(A)$

- $0 < r(A) \Rightarrow$ existe un vector $\vec{y}$ tal que $\vec{z} = A\vec{y} \neq \vec{o}$.

Por otro lado, $A^2 = A \Rightarrow A\vec{z} = A^2\vec{y} = A\vec{y} = \vec{z} \Rightarrow \{1\} \subset \sigma(A)$

- Hemos demostrado $\{0, 1\} \subset \sigma(A)$. Que ambos conjuntos son iguales se obtiene como consecuencia de este razonamiento:

$$\lambda \in \sigma(A) \Rightarrow \text{existe } \vec{x} \neq \vec{o} \text{ tal que } A\vec{x} = \lambda\vec{x} \Rightarrow A^2\vec{x} = \lambda A\vec{x} \Rightarrow A\vec{x} = \lambda A\vec{x} \Rightarrow \sigma(A) \subset \{0, 1\}$$

b)
- $n - r = \dim Ker(A) = \bar{m}(0) \leq m(0)$
- $A^2 = A \Leftrightarrow (A - I_n)A = O_n \Rightarrow Im(A) \subset Ker(A - I_n) \Rightarrow r \leq \eta(A - I_n) = \bar{m}(1) \leq m(1)$
- Por tanto, $n = (n - r) + r \leq \bar{m}(0) + \bar{m}(1) \leq m(0) + m(1) \leq n \leq \begin{cases} \bar{m}(0) = m(0) = n - r \\ \bar{m}(1) = m(1) = r \end{cases}$

En particular, hemos demostrado que $\dim V_A(1) = \dim Ker(A - I_n) = \bar{m}(1) = r$

c) Que la matriz A diagonaliza es consecuencia de lo visto en el apartado anterior:

- $m(0) = n - r, m(1) = r \Rightarrow p_A(x) = (-1)^n \cdot x^{n-r} \cdot (x - 1)^n \Rightarrow p_A(x)$ d.t. en $\mathbb{R}$.
- $\bar{m}(0) = m(0) = n - r, \bar{m}(1) = m(1) = r$

Problema 44

$$M^2 - 4M + 3I_2 = O_2$$

$$M^4 = \begin{pmatrix} 41 & 40 \\ 40 & 41 \end{pmatrix}, \quad 2M^{45} = \begin{pmatrix} 1 + 3^{45} & -1 + 3^{45} \\ -1 + 3^{45} & 1 + 3^{45} \end{pmatrix}, \quad 3M^{-1} = \begin{pmatrix} 2 & -1 \\ -1 & 2 \end{pmatrix}$$

Problema 45

- $p_A(x) = x^4 - x^2 = x^2(x - 1)(x + 1)$. Por tanto, A diagonaliza $\Leftrightarrow \eta(A) = 2 \Leftrightarrow r(A) = 2$.
- $A^{11} = A^7 = A^3, A^{28} = A^{14} = A^2$

Problema 46

La demostración se basa en estas observaciones:

- $0 \notin \sigma(AB) \Leftrightarrow AB$ regular $\Leftrightarrow A$ regular y B regular $\Leftrightarrow BA$ regular $\Leftrightarrow 0 \notin \sigma(BA)$
- $0 \neq \lambda \in \sigma(AB) \Rightarrow$ Existe una columna x tal que $Bx \neq o$ y $ABx = \lambda x \Rightarrow BA(Bx) = \lambda Bx \Rightarrow \lambda \in \sigma(AB)$.

Problema 47

$$p_A(x) = x^2 - 1 \Rightarrow A^2 = I_2 \Rightarrow 3A^{23} - 2A^{14} - 3A + 5I_2 = 3I_2$$

Problema 48

a) $F = \langle (1, 0, -1), (0, 1, -1) \rangle$

b) $(x, y, z) \in F \Rightarrow (2x - y, x + 3z, -3x + y - 3z) \in F: (2x - y) + (x + 3z) + (-3x + y - 3z) = 0$

c) $[f]_{C_F} = \begin{pmatrix} 2 & -1 \\ -2 & -3 \end{pmatrix}$

d) $p_f(x) = x^2 + x - 8$ tiene dos raíces reales distintas.

Problema 49

a) $\vec{o} \neq \vec{v} \in V_f(\lambda) \Leftrightarrow \vec{o} \neq \vec{v}, f(\vec{v}) = \lambda \cdot \vec{v} \Leftrightarrow \vec{v}$ es un VEP de f de VAP λ

b) $f(\vec{v}) = \lambda \cdot \vec{v} \Leftrightarrow f(\vec{v}) - \lambda \cdot \vec{v} = \vec{o} \Leftrightarrow f(\vec{v}) - \lambda \cdot I_E(\vec{v}) = \vec{o} \Leftrightarrow (f - \lambda \cdot I_E)(\vec{v}) = \vec{o} \Leftrightarrow \vec{v} \in Ker(f - \lambda \cdot I_E)$

c) Sean $\vec{v}_1, \vec{v}_2 \in V_f(\lambda)$ y $\alpha, \beta \in \mathbb{R}$:

$f(\alpha \cdot \vec{v}_1 + \beta \cdot \vec{v}_2) = \alpha \cdot f(\vec{v}_1) + \mu \cdot f(\vec{v}_2) = \alpha \cdot 8\lambda \cdot \vec{v}_1) + \mu \cdot (\lambda \cdot \vec{v}_2) = \lambda \cdot (\alpha \cdot \vec{v}_1 + \beta \cdot \vec{v}_2)$

Es decir, $\alpha \cdot \vec{v}_1 + \beta \cdot \vec{v}_2 \in V_f(\lambda)$.

Problema 50

Si $[I_E]_{B_2 B_1} = P$, entonces $A = P \cdot B \cdot P^{-1}$ y:

$$p_A(x) = |A - x \cdot I_n| = |P \cdot B \cdot P^{-1} - x \cdot P \cdot I_n \cdot P^{-1}| = |P \cdot (B - x \cdot I_n) \cdot P^{-1}| =$$
$$= |P| \cdot |B - x \cdot I_n| \cdot |P|^{-1} = |B - x \cdot I_n| = p_B(x)$$

Problema 51

Sea $A = [f]_{\mathcal{B}}$.

λ es un VAP de $f \Leftrightarrow A \cdot \mathbf{x} = \lambda \cdot \mathbf{x}$ es $C.I. \Leftrightarrow (A - \lambda \cdot I_n) \cdot \mathbf{x} = \mathbf{o}$ es $C.I. \Leftrightarrow p_A(\lambda) = |(A - \lambda \cdot I_n)| = 0$.

Problema 52

Demostración por inducción sobre r.

- $S = \{\vec{v}_1\}$ es libre, puesto que $\vec{v}_1 \neq \vec{o}$.
- Supongamos que $S = \{\vec{v}_1, \ldots \vec{v}_{r-1}\}$ es libre.

$$\alpha_1 \cdot \vec{v}_1 + \cdots + \alpha_{r-1} \cdot \vec{v}_{r-1} + \alpha_r \cdot \vec{v}_r = \vec{o} \Rightarrow$$
$$\Rightarrow (f - \lambda_r I_E)(\alpha_1 \cdot \vec{v}_1 + \cdots + \alpha_{r-1} \cdot \vec{v}_{r-1} + \alpha_r \cdot \vec{v}_r) = \vec{o} \Rightarrow$$
$$\Rightarrow \alpha_1 \cdot (\lambda_1 - \lambda_r) \cdot \vec{v}_1 + \cdots + \alpha_{r-1} \cdot (\lambda_{r-1} - \lambda_r) \cdot \vec{v}_{r-1} = \vec{o} \Rightarrow$$
$$\Rightarrow \alpha_1 \cdot (\lambda_1 - \lambda_r) = 0, \ldots, \alpha_{r-1} \cdot (\lambda_{r-1} - \lambda_r) = 0 \Rightarrow$$
$$\Rightarrow \alpha_1 = 0, \ldots, \alpha_{r-1} = 0 \Rightarrow \alpha_r \cdot \vec{v}_r = \vec{o} \Rightarrow \alpha_r = 0$$

Problema 53

Sean $\mathcal{B}_1 = \{\vec{u}_{11}, \ldots, \vec{u}_{1s_1}\}, \ldots, \mathcal{B}_r = \{\vec{u}_{r1}, \ldots, \vec{u}_{rs_r}\}$.

Si $\displaystyle\sum_{i=1}^{s_1} \alpha_{1i}\,\vec{u}_{1i} + \ldots + \sum_{i=1}^{s_r} \alpha_{ri}\,\vec{u}_{ri} = \vec{0}$, entonces, de acuerdo con la proposición 6.4:

$\displaystyle\sum_{i=1}^{s_1} \alpha_{1i}\,\vec{u}_{1i} = \vec{0}, \ldots, \sum_{i=1}^{s_r} \alpha_{ri}\,\vec{u}_{ri} = \vec{0}$, puesto que $\displaystyle\sum_{i=1}^{s_1} \alpha_{1i}\,\vec{u}_{1i} \in V_f(\lambda_1), \ldots, \sum_{i=1}^{s_r} \alpha_{ri}\,\vec{u}_{ri} \in V_f(\lambda_r)$.

Por tanto:

$$\begin{cases} \displaystyle\sum_{i=1}^{s_1} \alpha_{1i}\vec{u}_{1i} = \vec{0} & \Rightarrow & \alpha_{11} = \cdots = \alpha_{1s_1} = 0 \\[2mm] \displaystyle\sum_{i=1}^{s_2} \alpha_{2i}\vec{u}_{2i} = \vec{0} & \Rightarrow & \alpha_{21} = \cdots = \alpha_{2s_2} = 0 \\[2mm] \quad\vdots & \vdots \quad \vdots & \\[2mm] \displaystyle\sum_{i=1}^{s_r} \alpha_{ri}\vec{u}_{ri} = \vec{0} & \Rightarrow & \alpha_{r1} = \cdots = \alpha_{rs_r} = 0 \end{cases}$$

Problema 54

Sea B una base de E tal que la matriz $[f]_B$ es diagonal:

$$[f]_B = \begin{pmatrix} k_1 & 0 & \cdots & 0 \\ 0 & k_2 & \cdots & 0 \\ \vdots & \vdots & \ddots & \vdots \\ 0 & 0 & \cdots & k_n \end{pmatrix}$$

donde $k_1, \ldots, k_n \in \mathbb{R}$, no necesariamente distintos.

El polinomio característico de f es:

$$p_f(x) = \begin{vmatrix} k_1 - x & 0 & \cdots & 0 \\ 0 & k_2 - x & \cdots & 0 \\ \vdots & \vdots & \ddots & \vdots \\ 0 & 0 & \cdots & k_n - x \end{vmatrix} = (k_1 - x) \cdot (k_2 - x) \cdot \ldots \cdot (k_n - x)$$

Es decir, todas sus raíces $k_1, \ldots, k_n$ (repetidas o no) son reales.

Problema 55

Sea $\mathcal{B} = \{\vec{v}_1, \ldots, \vec{v}_n\}$ un conjunto de vectores no nulos tales que $f(\vec{v}_i) = \lambda_i \vec{v}_i$. De acuerdo con la proposición 6.4, $\mathcal{B}$ es libre y, por tanto, es una base (de vectores propios) de E, puesto que su cardinal es $n = \dim(E)$.

Problema 56

Sea $r = \bar{m}(\lambda) = \dim(V_f(\lambda)) \geq 1$, y $B_\lambda = \{\vec{v}_1, \cdots, \vec{v}_r\}$ una base de $V_f(\lambda)$.

Sea $B = B_\lambda \cup B' = \{\vec{v}_1, \cdots, \vec{v}_r, \vec{v}_{r+1}, \ldots, \vec{v}_n\}$ una base de E. Entonces:

$$[f]_B = \begin{pmatrix} \lambda & 0 & \cdots & 0 & a_{1,r+1} & \cdots & a_{1n} \\ 0 & \lambda & \cdots & 0 & a_{2,r+1} & \cdots & a_{2n} \\ \cdots & \cdots & \cdots & \cdots & \cdots & \cdots & \cdots \\ 0 & 0 & \cdots & \lambda & a_{r,r+1} & \cdots & a_{rn} \\ 0 & 0 & \cdots & 0 & \cdots & \cdots & \cdots \\ \cdots & \cdots & \cdots & \cdots & \cdots & \cdots & \cdots \\ 0 & 0 & \cdots & 0 & a_{n,r+1} & \cdots & a_{nn} \end{pmatrix}$$

$$p_f(x) = \begin{vmatrix} \lambda - x & 0 & \cdots & 0 & a_{1,r+1} & \cdots & a_{1n} \\ 0 & \lambda - x & \cdots & 0 & a_{2,r+1} & \cdots & a_{2n} \\ \cdots & \cdots & \cdots & \cdots & \cdots & \cdots & \cdots \\ 0 & 0 & \cdots & \lambda - x & a_{r,r+1} & \cdots & a_{rn} \\ 0 & 0 & \cdots & 0 & \cdots & \cdots & \cdots \\ \cdots & \cdots & \cdots & \cdots & \cdots & \cdots & \cdots \\ 0 & 0 & \cdots & 0 & a_{n,r+1} & \cdots & a_{nn} - x \end{vmatrix} = (\lambda - x)^r \cdot q(x)$$

donde $q(x)$ es un polinomio de grado $n - r$. Por tanto, la multiplicidad $m(\lambda)$ de la raíz λ en $p_f(x)$ es mayor o igual que $r = \bar{m}(\lambda)$.

Problema 57

• Supongamos que f es diagonalible. Sea B una base de vectores propios de f:

$$[f]_B = D = \begin{pmatrix} \lambda_1 & & & & & & \\ & \ddots & & & & & \\ & & \lambda_1 & & & & \\ & & & \ddots & & & \\ & & & & \lambda_r & & \\ & & & & & \ddots & \\ & & & & & & \lambda_r \end{pmatrix} \Rightarrow p_f(x) = (\lambda_1 - x)^{m_1} \cdot \ldots \cdot (\lambda_1 - x)^{m_r}$$

Por tanto, $\bar{m}(\lambda_i) = r(D - \lambda_i \cdot I_n) = m_i = m(\lambda_i)$.

• Sea $S = \mathcal{B}_1 \cup \ldots \mathcal{B}_r$ el conjunto libre de vectores propios descrito en la proposición 6.5. Entonces:

$$n = \sum_{i=1}^{r} \bar{m}(\lambda_i) = \sum_{i=1}^{r} \bar{m}(\lambda_i) = \sum_{i=1}^{r} card(\mathcal{B}_1) = card(S)$$

Es decir, S es una base de vectores propios de f.

Problema 58

- Supongamos que A es una matriz diagonalizable. Sea P una matriz regular tal que la matriz $D = P^{-1} \cdot A \cdot P$ es diagonal. Sea $\mathcal{B}$ la base de $\mathbb{R}^n$ tal que $[I_{\mathbb{R}^n}]_{\mathcal{B}C} = P$.

  Entonces: $[f_A]_{\mathcal{B}} = [I_{\mathbb{R}^n}]_{\mathcal{B}C}^{-1}[f_A]_C[I_{\mathbb{R}^n}]_{\mathcal{B}C} = P^{-1} \cdot A \cdot P = D$

- Supongamos que f_A es un endomorfismo diagonalizable. Sea $\mathcal{B}$ una base de vectores propios de f_A, es decir, tal que la matriz $D = [f_A]_{\mathcal{B}}$ es diagonal.

  Si $[I_{\mathbb{R}^n}]_{\mathcal{B}C} = P$, entonces $D = [I_{\mathbb{R}^n}]_{\mathcal{B}C}^{-1}[f_A]_C[I_{\mathbb{R}^n}]_{\mathcal{B}C} = P^{-1} \cdot A \cdot P$

Problema 59

Si $B = P^{-1} \cdot A \cdot P$, entonces:

$$q(B) = a_m \cdot B^m + a_{m-1} \cdot B^{m-1} + \cdots + a_1 \cdot B + a_0 \cdot I_n = a_m \cdot (P^{-1} \cdot A \cdot P)^m + \cdots + a_1 \cdot (P^{-1} \cdot A \cdot P) + a_0 \cdot I_n$$

Ahora bien, $(P^{-1} \cdot A \cdot P)^r = (P^{-1} \cdot A \cdot P) \cdot (P^{-1} \cdot A \cdot P) \cdot \ldots \cdot (P^{-1} \cdot A \cdot P) = P^{-1} \cdot A^r \cdot P$

Por tanto, $q(B) = a_m \cdot (P^{-1} \cdot A^m \cdot P) + \cdots + a_1 \cdot (P^{-1} \cdot A \cdot P) + a_0 \cdot P^{-1} \cdot P = P^{-1} \cdot q(A) \cdot P$

Problema 60

De acuerdo con la proposición 2.8, $(A - x \cdot I_n) \cdot [cof(A - x \cdot I_n)]^t = |A - x \cdot I_n| \cdot I_n = p_A(x) \cdot I_n$.

Ahora bien, la matriz $A - x \cdot I_n$ es:

$$A - x \cdot I_n = \begin{pmatrix} a_{11} - x & a_{12} & \cdots & a_{1n} \\ a_{21} & a_{22} - x & \cdots & a_{2n} \\ \vdots & \vdots & \ddots & \vdots \\ a_{n1} & a_{n2} & \cdots & a_{nn} - x \end{pmatrix}$$

Por tanto, la matriz $[cof(A - x \cdot I_n)]^t$ es de la forma:

$$[cof(A - x \cdot I_n)]^t = \begin{pmatrix} p_{11}(x) & p_{12}(x) & \cdots & p_{1n}(x) \\ p_{21}(x) & p_{22}(x) & \cdots & p_{2n}(x) \\ \vdots & \vdots & \ddots & \vdots \\ p_{n1}(x) & p_{n2}(x) & \cdots & p_{nn}(x) \end{pmatrix}$$

donde $p_{ij}(x)$ es un polinomio de variable x de grado, a lo sumo, $n - 1$. Es decir:

$$[cof(A - x \cdot I_n)]^t = \begin{pmatrix} a_1^{11}x^{n-1} + \cdots + a_n^{11} & a_1^{12}x^{n-1} + \cdots + a_n^{12} & \cdots & a_1^{1n}x^{n-1} + \cdots + a_n^{1n} \\ a_1^{21}x^{n-1} + \cdots + a_n^{21} & a_1^{22}x^{n-1} + \cdots + a_n^{22} & \cdots & a_1^{2n}x^{n-1} + \cdots + a_n^{2n} \\ \vdots & \vdots & \ddots & \vdots \\ a_1^{n1}x^{n-1} + \cdots + a_n^{n1} & a_1^{n2}x^{n-1} + \cdots + a_n^{n2} & \cdots & a_1^{nn}x^{n-1} + \cdots + a_n^{nn} \end{pmatrix} =$$

$$= x^{n-1} \cdot \begin{pmatrix} a_1^{11} & a_1^{12} & \cdots & a_1^{1n} \\ a_1^{21} & a_1^{22} & \cdots & a_1^{2n} \\ \vdots & \vdots & \ddots & \vdots \\ a_1^{n1} & a_1^{n2} & \cdots & a_1^{nn} \end{pmatrix} + x^{n-2} \cdot \begin{pmatrix} a_2^{11} & a_2^{12} & \cdots & a_2^{1n} \\ a_2^{21} & a_2^{22} & \cdots & a_2^{2n} \\ \vdots & \vdots & \ddots & \vdots \\ a_2^{n1} & a_2^{n2} & \cdots & a_2^{nn} \end{pmatrix} + \cdots + \begin{pmatrix} a_n^{11} & a_n^{12} & \cdots & a_n^{1n} \\ a_n^{21} & a_n^{22} & \cdots & a_n^{2n} \\ \vdots & \vdots & \ddots & \vdots \\ a_n^{n1} & a_n^{n2} & \cdots & a_n^{nn} \end{pmatrix}$$

Es decir, $[cof(A - x \cdot I_n)]^t = B_1 \cdot x^{n-1} + B_2 \cdot x^{n-2} + \cdots + B_{n-1} \cdot x + B_n$, donde:

$$B_i = \begin{pmatrix} a_i^{11} & a_i^{12} & \cdots & a_i^{1n} \\ a_i^{21} & a_i^{22} & \cdots & a_i^{2n} \\ \vdots & \vdots & \ddots & \vdots \\ a_i^{n1} & a_i^{n2} & \cdots & a_i^{nn} \end{pmatrix}$$

Por tanto:

$$(A - x \cdot I_n) \cdot [cof(A - x \cdot I_n)]^t = (A - x \cdot I_n) \cdot (B_1 \cdot x^{n-1} + B_2 \cdot x^{n-2} + \cdots + B_{n-1} \cdot x + B_n) =$$

$$= -B_1 \cdot x^n + (A \cdot B_1 - B_2) \cdot x^{n-1} + (A \cdot B_2 - B_3) \cdot x^{n-2} + \cdots + (A \cdot B_{n-1} - B_n) \cdot x + A \cdot B_n$$

Por otra parte, $p_A(x) \cdot I_n = ((-1)^n \cdot x^n + c_1 \cdot x^{n-1} + c_2 \cdot x^{n-2} + \cdots + c_{n-1} \cdot x + c_n) \cdot I_n$

Es decir:

$$\begin{cases} -B_1 = (-1)^n \cdot I_n \\ A \cdot B_1 - B_2 = c_1 \cdot I_n \\ A \cdot B_2 - B_3 = c_2 \cdot I_n \\ \quad\vdots \\ A \cdot B_{n-1} - B_n = c_{n-1} \cdot I_n \\ A \cdot B_n = c_n \cdot I_n \end{cases} \Rightarrow \begin{cases} -A^n \cdot B_1 = (-1)^n \cdot A^n \\ A^n \cdot B_1 - A^{n-1} \cdot B_2 = c_1 \cdot A^{n-1} \\ A^{n-1} \cdot B_2 - A^{n-1} \cdot B_3 = c_2 \cdot A^{n-2} \\ \quad\vdots \\ A^2 \cdot B_{n-1} - A \cdot B_n = c_{n-1} \cdot A \\ A \cdot B_n = c_n \cdot I_n \end{cases}$$

Sumando todos los primeros miembros y todos los segundos, obtenemos la identidad requerida

$$O_n = (-1)^n \cdot A^n + c_1 \cdot A^{n-1} + \cdots + c_{n-2} \cdot A^2 + c_{n-1} \cdot A + c_n \cdot I_n = p_A(A)$$

Capítulo 7

Problema 1

	a)	b)	c)	d)	e)
$\vec{u} \cdot \vec{v}$	-6	-30	2	1	0
$\|\vec{u}\|$	5	$\sqrt{45}$	$\sqrt{29}$	$\sqrt{6}$	$\sqrt{14}$
$\|\vec{v}\|$	$\sqrt{13}$	$\sqrt{20}$	$\sqrt{61}$	$\sqrt{2}$	$\sqrt{3}$

Problema 2

$\|\vec{a}\| = \sqrt{14}$, $\|\vec{b}\| = \sqrt{5}$, $(\vec{a} - 3\vec{b}) \cdot (\vec{a} + \vec{b}) = -1$. La proyección ortogonal de $\vec{a}$ sobre $\vec{b}$ es $\vec{o}$, ya que $\vec{a} \cdot \vec{b} = 0$.

Problema 3

a) $\left(\frac{35}{26}, -\frac{7}{26}\right)$, b) $\left(0, \frac{33}{25}, \frac{44}{25}\right)$, c) $\left(\frac{2}{3}, 0, \frac{1}{3}, -\frac{1}{3}\right)$, d) $(0, 0, 5, 0, 0)$.

Problema 4

	a)	b)	c)	d)
M_S	$\begin{pmatrix} 1 & 2 \\ -2 & 1 \end{pmatrix}$	$\begin{pmatrix} -1 & 1 \\ 1 & 0 \\ 0 & -2 \end{pmatrix}$	$\begin{pmatrix} 1 & -1 & 0 \\ 2 & 1 & 0 \\ 0 & 0 & -2 \end{pmatrix}$	$\begin{pmatrix} -b & a & 0 \\ 0 & -c & b \\ a & b & c \end{pmatrix}$
G_S	$\begin{pmatrix} 5 & 0 \\ 0 & 5 \end{pmatrix}$	$\begin{pmatrix} 2 & -1 & -2 \\ -1 & 1 & 0 \\ -2 & 0 & 4 \end{pmatrix}$	$\begin{pmatrix} 2 & 1 & 0 \\ 1 & 5 & 0 \\ 0 & 0 & 4 \end{pmatrix}$	$\begin{pmatrix} b^2 + a^2 & -ac & 0 \\ -ac & c^2 + b^2 & 0 \\ 0 & 0 & a^2 + b^2 + c^2 \end{pmatrix}$

Problema 5

- $|\vec{u} \cdot \vec{v}| = \|\vec{u}\| \cdot \|\vec{v}\| \Leftrightarrow \|\vec{u}\| \cdot \|\vec{v}\| \cdot |\cos\alpha| = \|\vec{u}\| \cdot \|\vec{v}\| \Leftrightarrow |\cos\alpha| = 1 \Leftrightarrow \vec{u}, \vec{v}$ tienen la misma dirección.

- $\|\vec{u} + \vec{v}\| = \|\vec{u}\| + \|\vec{v}\| \Leftrightarrow (\|\vec{u} + \vec{v}\|)^2 = (\|\vec{u}\| + \|\vec{v}\|)^2 \Leftrightarrow \|\vec{u}\| + \|\vec{v}\| + 2\vec{u} \cdot \vec{v} = \|\vec{u}\|^2 + \|\vec{v}\|^2 + 2\|\vec{u}\| \cdot \|\vec{v}\| \Leftrightarrow$
  $\vec{u} \cdot \vec{v} = \|\vec{u}\| \cdot \|\vec{v}\| \Leftrightarrow \cos\alpha = 1 \Leftrightarrow \vec{u}, \vec{v}$ tienen la misma dirección y el mismo sentido.

Problema 6

a) $\vec{w}_1 = (1, 1, 1), \vec{w}_2 = \frac{1}{3}(-2, 1, 1), \vec{w}_3 = \frac{1}{2}(0, -1, 1)$

b) $\vec{w}_1 = (0, 1, 1), \vec{w}_2 = \frac{1}{2}(0, -1, 1), \vec{w}_3 = (1, 0, 0)$

c) $\vec{w}_1 = (0, 0, 1), \vec{w}_2 = (1, 1, 0), \vec{w}_3 = \frac{1}{2}(-1, 1, 0)$

Problema 7

$\vec{x} \times \vec{y} = (-2, 3, -1), \vec{y} \times \vec{z} = (4, -5, 3), \vec{z} \times \vec{x} = (4, -4, 2), \vec{x} \times (\vec{z} \times \vec{x}) = (8, 10, 4),$
$(\vec{x} \times \vec{y}) \times \vec{z} = (8, 3, -7), \vec{x} \times (\vec{y} \times \vec{z}) = (10, 11, 5), (\vec{x} \times \vec{z}) \times \vec{y} = (-2, -8, -12),$
$(\vec{x} + \vec{y}) \times (\vec{x} - \vec{z}) = (2, -2, 0), (\vec{x} \times \vec{y}) \times (\vec{x} \times \vec{z}) = (-2, 0, 4)$

Problema 8

$\vec{u}_1 \cdot (\vec{u}_2 - (\vec{u}_2 \cdot \vec{w}_1)\vec{w}_1) = \vec{u}_1 \cdot \vec{u}_2 - (\vec{u}_2 \cdot \vec{w}_1)(\vec{u}_1 \cdot \vec{w}_1) = \vec{u}_1 \cdot \vec{u}_2 - \frac{\vec{u}_2 \cdot \vec{u}_1}{\|\vec{u}_1\|} \frac{\vec{u}_1 \cdot \vec{u}_1}{\|\vec{u}_1\|} = \vec{u}_1 \cdot \vec{u}_2 - \vec{u}_2 \cdot \vec{u}_1 = 0$

Problema 9

- $G_N = \begin{pmatrix} 1 & 1 & 1 \\ 1 & 2 & 1 \\ 1 & 1 & 2 \end{pmatrix}$

- $M_{NB} = \begin{pmatrix} 1 & 0 & 0 \\ 1 & 1 & 0 \\ 1 & 0 & 1 \end{pmatrix}$

- $45°$

Problema 10

a) $(0, 1, 1)$

b) $(0, -1, -1)$

c) Una base ortonormal de F es $\left\{ \frac{1}{\sqrt{3}}(1, -1, 1), \frac{1}{\sqrt{6}}(-2, -1, 1) \right\}$.

Una base ortonormal de $\mathbb{R}^3$ es $\left\{ \frac{1}{\sqrt{3}}(1, -1, 1), \frac{1}{\sqrt{6}}(-2, -1, 1), \frac{1}{\sqrt{2}}(0, 1, 1) \right\}$.

Problema 11

$$\vec{x} = \frac{1}{11}(1, 2, 3, 4, 5), \vec{y} = \left(\frac{5}{11}, \frac{7}{44}, \frac{1}{33}, -\frac{5}{88}, -\frac{7}{55} \right)$$

Problema 12

a) $\|\vec{u} + \vec{v}\|^2 - \|\vec{u} - \vec{v}\|^2 = (\|\vec{u}\|^2 + \|\vec{v}\|^2 + 2\vec{u} \cdot \vec{v}) - (\|\vec{u}\|^2 + \|\vec{v}\|^2 - 2\vec{u} \cdot \vec{v}) = 4\vec{u} \cdot \vec{v}$

Interpretación geométrica: Las diagonales de un paralelogramo son iguales si y sólo si es un rectángulo.

b) $\|\vec{u} + \vec{v}\|^2 + \|\vec{u} - \vec{v}\|^2 = (\|\vec{u}\|^2 + \|\vec{v}\|^2 + 2\vec{u} \cdot \vec{v}) + (\|\vec{u}\|^2 + \|\vec{v}\|^2 - 2\vec{u} \cdot \vec{v}) = 2\|\vec{u}\|^2 + 2\|\vec{v}\|^2$

Interpretación geométrica: La suma de los cuadrados de las diagonales de un paralelogramo es igual a la suma de los cuadrados de los lados.

c) $(\vec{u} + \vec{v}) \cdot (\vec{u} - \vec{v}) = \|\vec{u}\|^2 - \vec{u} \cdot \vec{v} + \vec{v} \cdot \vec{u} - \|\vec{v}\|^2 = \|\vec{u}\|^2 - \|\vec{v}\|^2$

Interpretación geométrica: Las diagonales de un paralelogramo son perpendiculares si y sólo si es un rombo.

d) $\|\vec{u}\| = \|(\vec{u} - \vec{v}) + \vec{v}\| \leq \|\vec{u} - \vec{v}\| + \|\vec{v}\| \Rightarrow \|\vec{u}\| - \|\vec{v}\| \leq \|\vec{u} - \vec{v}\|$

$\|\vec{v}\| = \|(\vec{v} - \vec{u}) + \vec{u}\| \leq \|\vec{v} - \vec{u}\| + \|\vec{u}\| = \|\vec{u} - \vec{v}\| + \|\vec{u}\| \Rightarrow -\|\vec{u} - \vec{v}\| \leq \|\vec{u}\| - \|\vec{v}\|$

Interpretación geométrica: En un triángulo, la diferencia de las longitudes de dos de los lados es menor o igual que la del tercero.

Problema 13

$$|G_S| = \begin{vmatrix} \vec{u}_1 \cdot \vec{u}_1 & \vec{u}_1 \cdot \vec{u}_2 \\ \vec{u}_2 \cdot \vec{u}_1 & \vec{u}_2 \cdot \vec{u}_2 \end{vmatrix} = \|\vec{u}_1\| \cdot \|\vec{u}_2\| - (u_1 \cdot \vec{u}_2)^2 = \|\vec{u}_1\|^2 \cdot \|\vec{u}_2\|^2 - \|\vec{u}_1\|^2 \cdot \|\vec{u}_2\|^2 \cdot \cos^2 \alpha =$$

$$= \|\vec{u}_1\|^2 \cdot \|\vec{u}_2\|^2 \cdot \sin^2 \alpha > 0 \Leftrightarrow \{\vec{u}_1, \vec{u}_2\} \text{ libre}$$

Problema 14

Aplicar a los vectores de $\mathbb{R}^n$: $\vec{x} = (x_1, \ldots, x_n)$, $\vec{y} = (y_1, \ldots, y_n)$ la desigualdad de Cauchy-Schwarz.

Problema 15

$\dfrac{7\pi}{8}$ radianes.

Problema 16

Base canónica de $F^{\perp}$: $\left\{ \left(1, 0, 0, -\dfrac{5}{3}, -\dfrac{4}{3}\right), \left(0, 1, 0, -\dfrac{10}{3}, -\dfrac{8}{3}\right), \left(0, 0, 1, -\dfrac{17}{3}, -\dfrac{13}{3}\right) \right\}$.

Una base ortogonal de $F^{\perp}$:

$\{(3, 0, 0, -5, -4), (-123, 75, 0, -45, -36), (-3.699, -7.398, 5.778, -1.917, -378)\}$.

Dividiendo cada uno de estos vectores por su norma se obtiene una base ortonormal.

Problema 17

$\left(-\dfrac{1}{3}, 0, \dfrac{1}{3}, \dfrac{1}{3}\right)$

Problema 18

$\left(0, 0, \dfrac{\sqrt{2}}{2}\right)$

Problema 19

Sea $B = \{\vec{w}_1, \cdots, \vec{w}_n\}$ una base de $\mathbb{R}^n$: B ortonormal $\Leftrightarrow G_B = I_n \Leftrightarrow M_B M_B^t = I_n \Leftrightarrow M_B$ es ortogonal.

Problema 20

$h_{[\vec{u}]} = \dfrac{\|\vec{u} \times \vec{v}\|}{\|\vec{u}\|} = \dfrac{\sqrt{14}}{\sqrt{3}} = \dfrac{\sqrt{42}}{3}$, $h_{[\vec{v}]} = \dfrac{\|\vec{u} \times \vec{v}\|}{\|\vec{v}\|} = \dfrac{\sqrt{14}}{\sqrt{5}} = \dfrac{\sqrt{70}}{5}$.

Problema 21

a) $F = \langle \{\vec{v}_1 = (1, -5, 2), \vec{v}_2 = (1, 4, 1)\} \rangle$, $\vec{u} = (-2, 2, 1)$

Por tanto, $F^\perp = \langle \vec{v}_3 = \vec{v}_1 \times \vec{v}_2 = (-13, 1, 9) \rangle$ y $pr_{F^\perp}(\vec{u}) = \dfrac{\vec{v}_3 \cdot \vec{u}}{\vec{v}_3 \cdot \vec{v}_3} \vec{v}_3 = \dfrac{37}{251}(-13, 1, 9)$.

Finalmente, obtenemos el vector requerido:

$$pr_F(\vec{u}) = \vec{u} - pr_{F^\perp}(\vec{u}) = (-2, 2, 1) - \frac{37}{251}(-13, 1, 9) = \left(-\frac{21}{251}, \frac{465}{251}, -\frac{82}{251} \right)$$

b) $G = \{(x, y, z) \mid -2x + z = 0\} = \left\langle \left(\dfrac{\sqrt{5}}{5}, 0, \dfrac{2\sqrt{5}}{5} \right), (0, 1, 0) \right\rangle$

$F \cap G = \{(x, y, z) \mid -2x + z = 0, \ -13x + y + 9z = 0\} \Rightarrow \dim(F \cap G) = 3 - 2 = 1$

$\dim(F + G) = \dim F + \dim G - \dim(F \cap G) = 2 + 2 - 1 = 3$

c) $\vec{c} = (1, -5, 2)$. Por tanto, el área del paralelogramo es $\mathcal{A} = \| \vec{c} \times \vec{d} \| = \| (-7, -5, -9) \| = \sqrt{155}$ y sus dos alturas son:

$$h_1 = \frac{\| \vec{c} \times \vec{d} \|}{\| \vec{c} \|} = \frac{\sqrt{155}}{\sqrt{30}}, \ h_2 = \frac{\| \vec{c} \times \vec{d} \|}{\| \vec{d} \|} = \frac{\sqrt{155}}{\sqrt{6}}$$

Problema 22

$(4\beta \vec{u} - 9\alpha \vec{w}) \cdot (\alpha \vec{u} + \beta \vec{w}) = 144\alpha\beta + (4\beta^2 - 9\alpha^2)(\vec{u} \cdot \vec{w}) - 9\alpha\beta\|\vec{w}\|^2 = 0$

Tomando $\alpha = 2$ y $\beta = 3$ se obtiene que $\|\vec{w}\| = 4$. Sustituyendo este valor, se deduce que $\vec{u} \cdot \vec{w} = 0$. Y a partir de aquí se obtiene que $\|2\vec{u} + 3\vec{w}\| = 12\sqrt{2}$.

Problema 23

El coeficiente de Fourier pedido vale $\frac{18}{33}$. El ángulo que forman $\vec{a}$ y $\vec{b}$ es $\arccos \frac{18}{\sqrt{561}} \simeq 40{,}5°$.

Problema 24

Notación: $[\vec{u}]_C = u$

- $\vec{x} \in \mathrm{Ker}(f) \cap \mathrm{Im}(g) \Rightarrow \|\vec{x}\|^2 = \vec{x} \cdot \vec{x} = x^t x = (A^t y)^t x = y^t A x = 0 \Rightarrow \vec{x} = \vec{0}$

- $\dim(\mathrm{Ker}(f) + \mathrm{Im}(g)) = \dim \mathrm{Ker}(f) + \dim \mathrm{Im}(g)) = n - r(A) + r(A^t) = n$

- $\vec{u} \in \mathrm{Ker}(f), \vec{w} \in \mathrm{Im}(g) \Rightarrow \vec{u} \cdot \vec{w} = u^t w = u^t A^t v = (Au)^t v = o^t y = 0$

Problema 25

Un conjunto es libre si y sólo si todos sus subconjuntos lo son. Sea T un subconjunto arbitrario de S. Sea $F = \langle T \rangle$ y T' una base ortonormal de $F^\perp$. $B = T \cup T'$ es una base de $\mathbb{R}^n$:

$$\left. \begin{array}{l} |G_B| = |G_T| \cdot |G_{T'}| = |G_T| \\ |G_B| = |M_B| \cdot |M_B^t| = |M_B|^2 > 0 \end{array} \right\} \quad \Rightarrow \quad |G_T| > 0$$

Problema 26

El vector $\vec{x} = (\vec{u} \cdot \vec{w}_1)\vec{w}_1 + \cdots + (\vec{u} \cdot \vec{w}_m)\vec{w}_m$ pertenece a F. Es claro que $\vec{u} = \vec{x} + (\vec{u} - \vec{x})$. Por tanto, únicamente hay que demostrar que el vector $\vec{u} - \vec{x}$ pertenece a $F^\perp$:

$$\forall i \in \{1, \cdots, m\} \quad (\vec{u} - \vec{x}) \cdot \vec{w}_i = \vec{u} \cdot \vec{w}_i - \vec{x} \cdot \vec{w}_i = \vec{u} \cdot \vec{w}_i - (\vec{u} \cdot \vec{w}_i)(\vec{w}_i \cdot \vec{w}_i) = 0$$

Problema 27

a) $\sigma(A) = \{-2, 8\}$. $V_A(-2) = \{(-1, 3)\}$, $V_A(8) = \{(3, 1)\} \Rightarrow B = \{(-1, 3), (3, 1)\}$

b) $\sigma(A) = \{-3, 7\}$. $V_A(-3) = \{(-1, 2)\}$, $V_A(7) = \{(2, 1)\} \Rightarrow B = \{(-1, 2), (2, 1)\}$

c) $\sigma(A) = \{-3, 2\}$. $V_A(-3) = \{(-1, 2)\}$, $V_A(2) = \{(2, 1)\} \Rightarrow B = \{(-1, 2), (2, 1)\}$

Problema 28

En todos los casos, $[f]_C$ es una matriz simétrica. Por tanto, existe una base ortonormal de vectores propios.

a) $p_f(x) = (1 - x)^2(4 - x)$. Los subespacios de vectores propios son:

$$V_f(1) = \{(x, y, z) \mid x + y + z = 0\} \quad V_f(4) = \{(x, y, z) \mid 2x - y - z = 0, \ x - 2y + z = 0\}$$

Una base ortonormal de vectores propios es:

$$N = \left\{ \tfrac{1}{\sqrt{2}}(1, -1, 0), \tfrac{1}{\sqrt{6}}(1, 1, -2), \tfrac{1}{\sqrt{3}}(1, 1, 1) \right\}$$

b) $p_f(x) = (x - 4)^2(16 - x)$. Los subespacios de vectores propios son:

$$V_f(4) = \{(x, y, z) \mid x + z = 0\} \quad V_f(16) = \{(x, y, z) \mid x - z = 0, \ y = 0\}$$

Una base ortonormal de vectores propios es:

$$N = \{(0, 1, 0), \tfrac{1}{\sqrt{2}}(1, 0, -1), \tfrac{1}{\sqrt{2}}(1, 0, 1)\}$$

c) $p_f(x) = x(x + 3)(x - 2)^2$. Los subespacios de vectores propios son:

$$\begin{cases} V_f(0) = \{(x, y, z) \mid x + y = 0, \ z = t = 0\} \\ V_f(-3) = \{(x, y, z) \mid x = y = 0, \ 2z + t = 0\} \\ V_f(2) = \{(x, y, z) \mid x - y = 0, \ z - 2t = 0\} \end{cases}$$

Una base ortonormal de vectores propios es:

$$N = \left\{ \tfrac{1}{\sqrt{2}}(1, -1, 0, 0), \tfrac{1}{\sqrt{5}}(0, 0, 1, -2), \tfrac{1}{\sqrt{2}}(1, 1, 0, 0), \tfrac{1}{\sqrt{5}}(0, 0, 2, 1) \right\}$$

Problema 29

a) El conjunto $\mathcal{B} = \{(1, 2, 1, (0, 1, 1), (0, 2, 3)\}$ es una base de $\mathbb{R}^3$ pues $|M_{\mathcal{B}C}| = 1$. Por tanto:

$$A = [f]_C = [f]_{\mathcal{B}C} \cdot [I_{R^3}]_{C\mathcal{B}} = \begin{pmatrix} 5 & 1 & 0 \\ -1 & 0 & -1 \\ 8 & 3 & 7 \end{pmatrix} \cdot \begin{pmatrix} 1 & 0 & 0 \\ -4 & 3 & -2 \\ 1 & -1 & 1 \end{pmatrix} = \begin{pmatrix} 1 & 3 & -2 \\ -2 & 1 & -1 \\ 3 & 2 & 1 \end{pmatrix}$$

b) Obsérvese que la matriz:

$$[g]_C = A + A^t = \begin{pmatrix} 2 & 1 & 1 \\ 1 & 2 & 1 \\ 1 & 1 & 2 \end{pmatrix}$$

es simétrica. Por tanto, g diagonaliza ortogonalmente en una base ortonormal, que se obtiene tras efectuar los siguientes pasos:

- Polinomio característico de g: $p_g(x) = (1 - x)^2(4 - x)$. Es decir, $\sigma(g) = \{1, 4\}$.
- Base ortogonal del subespacio propio asociado a $\lambda_1 = 1$:

$$V_g(1) = \{(x, y, z) \mid x + y + z = 0\} = \langle\{\vec{u}_1 = (1, 0, -1), \vec{u}_2 = (1, -2, 1)\}\rangle$$

- Base ortogonal del subespacio propio asociado a $\lambda_2 = 4$:

$$V_g(1) = \{(x, y, z) \mid x - 2y + z = 0, x + y - 2z = 0\} = \langle\{\vec{u}_3 = (1, 1, 1)\}\rangle$$

Por tanto, el conjunto $\mathcal{V} = \{\vec{u}_1, \vec{u}_2, \vec{u}_3\}$ es una base ortogonal de vectores propios de g.

- Finalmente, dividiendo estos vectores por su norma, se obtiene la b.o.n. requerida:

$$\mathcal{N} = \left\{\vec{w}_1 = \left(\tfrac{\sqrt{2}}{2}, 0, -\tfrac{\sqrt{2}}{2}\right), \vec{w}_2 = \left(\tfrac{\sqrt{6}}{6}, -\tfrac{\sqrt{6}}{3}, \tfrac{\sqrt{6}}{6}\right), \vec{w}_3 = \left(\tfrac{\sqrt{3}}{3}, \tfrac{\sqrt{3}}{3}, \tfrac{\sqrt{3}}{3}\right)\right\}$$

c) Si $\vec{b} = g(\vec{e}_3) = (1, 1, 2)$, $\vec{u}_1 = \vec{e}_2 = (0, 1, 0))$, $\vec{u}_2 = g(\vec{e}_2) = (1, 2, 1)$, $F = \langle\vec{u}_1, \vec{u}_2\rangle$ y $\vec{z} = \vec{u}_1 \times \vec{u}_2$, entonces $pr_F(\vec{b}) = \vec{b} - pr_{\vec{z}}(\vec{b}) = (1, 1, 2) - \left(-\tfrac{1}{2}, 0, \tfrac{1}{2}\right) = \left(\tfrac{3}{2}, 1, \tfrac{3}{2}\right)$

d) Si $\vec{a} = g^2(\vec{e}_1) = g(2, 1, 1) = (6, 5, 5)$, $\vec{b} = g(\vec{e}_3) = (1, 1, 2)$ y $\vec{a} \times \vec{b} = (5, -7, 1)$, entonces:

$$\mathcal{A}_S = \|\vec{a} \times \vec{b}\| = \sqrt{75} \text{ y } \mathcal{V}_{\vec{s}} = (\vec{a} \times \vec{b}) \cdot |(\vec{a} \times \vec{b})| = \|\vec{a} \times \vec{b}\|^2 = 75$$

Problema 30

Todos los enunciados son verdaderos excepto a) y e).

a) Se toman tres vectores tales que $(\vec{v} - \vec{w}) \perp \vec{u}$.

e) Como consecuencia de la identidad de Jacobi (proposición 7.21, apartado d)), se deduce que

$$\vec{u} \times (\vec{v} \times \vec{w}) = (\vec{u} \times \vec{v}) \times \vec{w} \Leftrightarrow \vec{v} \times (\vec{w} \times \vec{u}) = \vec{o}$$

Problema 31

a) Si A es simétrica, entonces diagonaliza ortogonalmente. Por tanto, existen una matriz diagonal D, cuyos términos no nulos son los valores propios de A, y una matriz ortogonal P, tales que $D = P^t A P$. Si, además, A es definida positiva, entonces existe una matriz regular Q tal que $A = Q^t Q$. Por tanto, $D = P^t Q^t Q P = (QP)^t(QP)$. En consecuencia, todos los términos no nulos de A son estrictamente positivos, pues la matriz PQ es regular y, por tanto, no tiene columnas nulas.

b) Si A es una matriz definida positiva, entonces existe una matriz diagonal D cuyos términos no nulos son estrictamente positivos y una matriz ortogonal P tal que $A = PDP^t$. Ahora bien, si todos los términos no nulos de la matriz D son positivos, entonces existe otra matriz diagonal Λ tal que $D = \Lambda^2$. Por tanto, $A = PDP^t = P(\Lambda\Lambda)P^t = (P\Lambda P^t)(P\Lambda P^t) = B^2$, donde $B = P\Lambda P^t$.

Problema 32

a) $\vec{o} \cdot \vec{o} = (0 \cdot \vec{o}) \cdot \vec{o} = 0 \cdot (\vec{o} \cdot \vec{o}) = 0$. Por tanto, $\|\vec{o}\|$. Recíprocamente, de acuerdo con el apartado 3 de la definición de producto escalar, si $\vec{u} \neq \vec{o}$, entonces $\vec{u} \cdot \vec{u} > 0$, es decir, si $\|\vec{u}\| = +\sqrt{\vec{u} \cdot \vec{u}} = 0$, entonces $\vec{u} = \vec{o}$.

b) $\|\lambda \cdot \vec{u}\| = \sqrt{(\lambda \cdot \vec{u}) \cdot (\lambda \cdot \vec{u})} = \sqrt{\lambda^2 \cdot (\vec{u} \cdot \vec{u})} = \sqrt{\lambda^2} \cdot \sqrt{\vec{u} \cdot \vec{u}} = |\lambda| \cdot \|\vec{u}\|$

c) Si $\vec{v} = \vec{o}$, es evidente. Supongamos que $\vec{v} \neq \vec{o}$. Si $k = \dfrac{\vec{u} \cdot \vec{v}}{\vec{v} \cdot \vec{v}}$, entonces:

$$0 \le \left\|\vec{u} - k \cdot \vec{v}\right\|^2 = (\vec{u} - k \cdot \vec{v}) \cdot (\vec{u} - k \cdot \vec{v}) = \left\|\vec{u}\right\|^2 - 2k \cdot (\vec{u} \cdot \vec{v}) + k^2 \cdot \left\|\vec{v}\right\|^2 = \left\|\vec{u}\right\|^2 - 2 \cdot \dfrac{(\vec{u} \cdot \vec{v})^2}{\|\vec{v}\|^2} + \dfrac{(\vec{u} \cdot \vec{v})^2}{\|\vec{v}\|^2} =$$

$$= \left\|\vec{u}\right\|^2 - \dfrac{(\vec{u} \cdot \vec{v})^2}{\|\vec{v}\|^2} \Rightarrow 0 \le \left\|\vec{u}\right\|^2 \cdot \left\|\vec{v}\right\|^2 - (\vec{u} \cdot \vec{v})^2 \Rightarrow (\vec{u} \cdot \vec{v})^2 \le \left\|\vec{u}\right\|^2 \cdot \left\|\vec{v}\right\|^2 \Rightarrow |\vec{u} \cdot \vec{v}| \le \left\|\vec{u}\right\| \cdot \left\|\vec{v}\right\|$$

d) $0 \le \left\|\vec{u} + \vec{v}\right\|^2 = (\vec{u} + \vec{v}) \cdot (\vec{u} + \vec{v}) = \left\|\vec{u}\right\|^2 + \|v\|^2 + 2 \cdot \vec{u} \cdot \vec{v} \le \left\|\vec{u}\right\|^2 + \|v\|^2 + 2 \cdot |\vec{u} \cdot \vec{v}| \le$

$\le \left\|\vec{u}\right\|^2 + \left\|\vec{v}\right\|^2 + 2 \cdot \left\|\vec{u}\right\| \cdot \left\|\vec{v}\right\| = (\left\|\vec{u}\right\| + \left\|\vec{v}\right\|)^2 \Rightarrow \|\vec{u} + \vec{v}\| \le \|\vec{u}\| + \|\vec{v}\|$

Problema 33

a) Sean $V = \{\vec{e}_1, \cdots, \vec{e}_n\}$, $[\vec{u}]_V^t = (\alpha_1 \ldots \alpha_n)$ y $]\vec{v}]_V = (\beta_1 \ldots \beta_n)$.

$$[\vec{u}]_V^t G_V [\vec{v}]_V = \begin{pmatrix} \alpha_1 & \cdots & \alpha_n \end{pmatrix} \begin{pmatrix} \vec{e}_1 \cdot \vec{e}_1 & \cdots & \vec{e}_1 \cdot \vec{e}_n \\ \vdots & \ddots & \vdots \\ \vec{e}_n \cdot \vec{e}_1 & \cdots & \vec{e}_n \cdot \vec{e}_n \end{pmatrix} \begin{pmatrix} \beta_1 \\ \vdots \\ \beta_n \end{pmatrix} =$$

$$= \sum_{i=1}^{n} \alpha_i \cdot \left(\sum_{j=i}^{n} \beta_j (\vec{e}_i \cdot \vec{e}_j) \right) = \sum_{i,j=1}^{n} \alpha_i \cdot \beta_j \cdot (\vec{e}_i \cdot \vec{e}_j) = \left(\sum_{i=1}^{n} \alpha_i \cdot \vec{e}_i \right) \cdot \left(\sum_{j=1}^{n} \beta_j \cdot \vec{e}_j \right) = \vec{u} \cdot \vec{v}$$

b) Si $N = \{\vec{w}_1, \cdots, \vec{w}_n\}$ y $Q = P^t \cdot G_V \cdot P$, entonces:

$$\vec{w}_i \cdot \vec{w}_j = [\vec{w}_i]_V^t G_V [\vec{w}_j]_V = ([\vec{w}_i]_N^t P^t) G_V (P[\vec{w}_j]_N) = [\vec{w}_i]_N^t (P^t G_V P)[\vec{w}_j]_N = [\vec{w}_i]_N^t Q[\vec{w}_j]_N = q_{ij}$$

Es decir, $G_N = Q = P^t \cdot G_V \cdot P$.

c) Como consecuencia del apartado 1 de la definición de producto escalar, la matriz G_V es simétrica.

Sea f el endomorfismo de E tal que $[f]_V = G_V$. Si G_V es una matriz singular, entonces existe un vector $\vec{w} \neq \vec{o}$ tal que $f(\vec{w}) = \vec{o}$. Por tanto, $0 \neq \vec{w} \cdot \vec{w} = [\vec{w}]_V^t \cdot G_V \cdot [\vec{w}]_V = [\vec{w}]_V^t \cdot [\vec{o}]_V = 0$. Es decir, la matriz G_V es necesariamente regular.

Problema 34

a) $\left\| \sum_{i=1}^{k} \vec{v}_i \right\|^2 = \left(\sum_{i=1}^{k} \vec{v}_i \right) \cdot \left(\sum_{j=1}^{k} \vec{v}_j \right) = \sum_{i=1}^{k} \left(\sum_{j=1}^{k} \vec{v}_i \cdot \vec{v}_j \right) = \sum_{i=1}^{k} \vec{v}_i \cdot \vec{v}_i = \sum_{i=1}^{k} \left\| \vec{v}_i \right\|^2$

b) Si $B = \mathcal{M}_{SN}\mathcal{M}^t_{SN}$, entonces $\vec{v}_i \cdot \vec{v}_j = [\vec{v}_i]^t_N G_N[\vec{v}_j]_N = [\vec{v}_i]^t_N I_n[\vec{v}_j]_N = [\vec{v}_i]^t_N[\vec{v}_j]_N = b_{ij}$.

Es decir, $G_S = B = \mathcal{M}_{SN}\mathcal{M}^t_{SN}$.

c) Sea $\lambda_1 \cdot \vec{v}_1 + \cdots + \lambda_k \cdot \vec{v}_s = \vec{o}$.

Multiplicamos por $\vec{v}_i$: $\lambda_i \cdot \left\|\vec{v}_i\right\|^2 = 0$. Por tanto, $\lambda_i = 0$, puesto que $\left\|\vec{v}_i\right\| \neq 0$.

d) Si N, S son bases ortonormales, entonces $G_N = G_S = I_n$. De acuerdo con el apartado b) de la proposición 7.2, $G_S = [I_E]^t_{SN} G_N[I_E]_{SN} = P^t G_N P$. Por tanto, $I_n = P^t I_n P = P^t P$, o lo que es lo mismo, $P^{-1} = P^t$.

Recíprocamente, supongamos que $k = n$ y $P^{-1} = P$. De acuerdo con el apartado anterior, S es una base, puesto que es libre y $card(S) = k = n$. Además, es una b.o.n.:

$$I_n = G_S = [I_E]^t_{SN} G_N[I_E]_{SN} = P^t G_N P = P^{-1} G_N P \Rightarrow G_N = PP^{-1} = I_n$$

Problema 35

a) Sea $\vec{u} = \sum_{i=1}^{n} \alpha_i \cdot \vec{e}_i$. Multiplicamos por $\vec{e}_j$:

$$\vec{u} \cdot \vec{e}_j = \vec{e}_j \cdot \vec{u} = \vec{e}_j \cdot \left(\sum_{i=1}^{n} \alpha_i \cdot \vec{e}_i \right) = \sum_{i=1}^{n} \alpha_i \cdot (\vec{e}_j \cdot \vec{e}_i) = \alpha_j$$

puesto que $\vec{e}_j \cdot \vec{e}_i = 0$ si $i \neq j$ y $\vec{e}_j \cdot \vec{e}_j = 1$. Por tanto, $\vec{u} = \sum_{i=1}^{n} (\vec{u} \cdot \vec{e}_i) \cdot \vec{e}_i$.

b) $\vec{u} \cdot \vec{v} = \left(\sum_{i=1}^{n} (\vec{u} \cdot \vec{e}_i) \cdot \vec{e}_i \right) \cdot \left(\sum_{j=1}^{n} (\vec{v} \cdot \vec{e}_j) \cdot \vec{e}_j \right) = \sum_{i=1}^{n}\sum_{j=1}^{n} (\vec{u} \cdot \vec{e}_i) \cdot (\vec{v} \cdot \vec{e}_j) \cdot (\vec{e}_i \cdot \vec{e}_j) = \sum_{i=1}^{n} (\vec{u} \cdot \vec{e}_i) \cdot (\vec{v} \cdot \vec{e}_i)$

c) $\|\vec{u}\|^2 = \vec{u} \cdot \vec{u} = \sum_{i=1}^{n} (\vec{u} \cdot \vec{e}_i) \cdot (\vec{u} \cdot \vec{e}_i) = \sum_{i=1}^{n} |\vec{u} \cdot \vec{e}_i|^2$

Problema 36

Demostración por inducción sobre k.

- Si $\Omega = \{\vec{u}_1\}$, entonces $S = \Omega$ es un sistema ortogonal, pues $\vec{v}_1 = \vec{u}_1 \neq \vec{o}$. Además, $T = \left\{ \dfrac{\vec{v}_1}{\|\vec{v}_1\|} \right\}$ es un sistema ortonormal, pues $\dfrac{\vec{v}_1}{\|\vec{v}_1\|}$ es un vector unitario. $\|\dfrac{\vec{v}_1}{\|\vec{v}_1\|}\| = \dfrac{1}{\|\vec{v}_1\|} \cdot \|\vec{v}_1\| - 1$.

- Sea $\Omega = \{\vec{u}_1, \ldots, \vec{u}_k\}$ un conjunto libre tal que $\{\vec{v}_1, \ldots, \vec{v}_{k-1}\}$ es un sistema ortogonal que cumple $\langle \vec{v}_1, \ldots, \vec{v}_i \rangle = \langle \vec{u}_1, \cdots, \vec{u}_i \rangle$, para todo $i \in \{1, \ldots, k-1\}$, y $T = \left\{ \dfrac{\vec{v}_1}{\|\vec{v}_1\|}, \ldots, \dfrac{\vec{v}_{k-1}}{\|\vec{v}_{k-1}\|} \right\}$ es un sistema ortonormal. Entonces:

  □ $\langle \vec{v}_1, \ldots, \vec{v}_{k-1}, \vec{v}_k \rangle = \langle \vec{v}_1, \ldots, \vec{v}_{k-1}, \vec{u}_k \rangle = \langle \vec{u}_1, \ldots, \vec{u}_{k-1}, \vec{u}_k \rangle$, pues $\vec{v}_k = \vec{u}_k - \sum_{j=1}^{k-1} \dfrac{\vec{u}_k \cdot \vec{v}_j}{\vec{v}_j \cdot \vec{v}_j} \cdot \vec{v}_j$ y, por hipótesis de inducción, $\langle \vec{v}_1, \ldots, \vec{v}_{k-1} \rangle = \langle \vec{u}_1, \ldots, \vec{u}_{k-1} \rangle$.

◦ Sea $i \in \{1, \ldots, k-1\}$:

$$\vec{v}_k \cdot \vec{v}_i = (\vec{u}_k - \sum_{j=1}^{k-1} \frac{\vec{u}_k \cdot \vec{v}_j}{\vec{v}_j \cdot \vec{v}_j} \cdot \vec{v}_j) \cdot \vec{v}_i = \vec{u}_k \cdot \vec{v}_i - \sum_{j=1}^{k-1} \frac{\vec{u}_k \cdot \vec{v}_j}{\vec{v}_j \cdot \vec{v}_j} \cdot (\vec{v}_j \cdot \vec{v}_i) = \vec{u}_k \cdot \vec{v}_i - \vec{u}_k \cdot \vec{v}_i = 0$$

◦ $\|\frac{\vec{v}_k}{\|\vec{v}_k\|}\| = \frac{1}{\|\vec{v}_k\|} \cdot \|\vec{v}_k\| = 1$.

Problema 37

Sea $F = \langle \Omega \rangle$. De acuerdo con la proposición 7.5, el conjunto T allí definido es una b.o.n. de F. Por tanto, $I_k = G_T = [I_F]_{T\Omega}^t G_\Omega [I_F]_{T\Omega}$. Es decir, $G_\Omega = P^t P$, donde $P = [I_F]_{T\Omega}^{-1} = [I_F]_{\Omega T}$.

Problema 38

Supongamos que se trata de un producto escalar. Si $C = \{\vec{e}_1, \ldots, \vec{e}_n\}$ es la base canónica de $\mathbb{R}^n$, entonces $\vec{e}_i \cdot \vec{e}_j = [\vec{e}_i]_C^t A [\vec{e}_j]_C = a_{ij}$. Por tanto, $G_C = A$.

Sea N una base ortonormal. Entonces, $A = G_C = P^t G_N P = P^t P$, donde $P = [I_{\mathbb{R}^n}]_{CN}$.

Recíprocamente, supongamos que A es una matriz definida positiva: $A = P^t P$, donde P es una matriz regular de orden n. Entonces:

▪ $\vec{u} \cdot \vec{v} = [\vec{u}]_C^t A [\vec{v}]_C = ([\vec{u}]_C^t A [\vec{v}]_C)^t = [\vec{v}]_C^t A^t [\vec{u}]_C = [\vec{v}]_C^t A [\vec{u}]_C = \vec{v} \cdot \vec{u}$

▪ $(\alpha \cdot \vec{u} + \beta \cdot \vec{v}) \cdot \vec{w} = [\alpha \cdot \vec{u} + \beta \cdot \vec{v}]_C^t A [\vec{w}]_C = \alpha \cdot [\vec{u}]_C^t A [\vec{w}]_C + \beta \cdot [\vec{v}]_C^t A [\vec{w}]_C = \alpha \cdot (\vec{u} \cdot \vec{w}) + \beta \cdot (\vec{v} \cdot \vec{w})$

▪ $\vec{u} \neq \vec{o} \Rightarrow \vec{u} \cdot \vec{u} = [\vec{u}]_C^t A [\vec{v}]_C = [\vec{u}]_C^t P^t P [\vec{u}]_C = (P [\vec{u}]_C)^t (P [\vec{u}]_C) > 0$

Problema 39

$1 \Rightarrow 2$: $D = P^t A P$ es una matriz diagonal. Por tanto, $D^t = D$ y $A = Q^t D Q$, donde $Q = P^{-1}$.

Entonces, $A^t = (Q^t D Q)^t = Q^t D^t (Q^t)^t = Q^t D Q = A$.

$2 \Rightarrow 1$: Sea A es una matriz simétrica de orden n. Sea f el endomorfismo de $\mathbb{R}^n$ cuya matriz asociada en la base canónica es A: $[f]_C = A$.

▪ En primer lugar, se demuestra que f posee un valor propio real. Supongamos que todos los divisores primos de $p_A(x)$ son de segundo grado. Teniendo en cuenta el teorema de Cayley-Hamilton y el hecho de que el producto de matrices regulares es una matriz regular, podemos asegurar que existe un polinomio primo de segundo grado,[4] $(x-a)^2 + b^2$, tal que la matriz $(A - aI_n)^2 + b^2 I_n$ es singular. Sea $\mathbf{z}$ una matriz columna no nula de orden n tal que $((A - aI_n)^2 + b^2 I_n)\mathbf{z} = \mathbf{o}$:

$0 = \mathbf{z}^t((A - aI_n)^2 + b^2 I_n)\mathbf{z} = \mathbf{z}^t(A - aI_n)^2\mathbf{z} + b^2\mathbf{z}^t\mathbf{z} = \mathbf{w}^t\mathbf{w} + b^2\mathbf{z}^t\mathbf{z}$, donde $\mathbf{w} = (A - aI_n)\mathbf{z}$.

En consecuencia, $b = 0$, puesto que $\mathbf{w}^t\mathbf{w} \geq 0$ y $\mathbf{z}^t\mathbf{z} > 0$. Esto constituye una contradicción, pues hemos supuesto que el polinomio $(x-a)^2 + b^2$ es primo. Por tanto, hemos demostrado que existe un valor propio λ_1 de f.

---

[4] V. proposición 7 del apéndice 4.

- A continuación, demostramos el enunciado 1 por inducción sobre n. Para $n = 1$, el enunciado es trivial. Sea $B = \{\vec{u}_1, \vec{u}_2, \ldots, \vec{u}_n\}$ una base ortonormal de $\mathbb{R}^n$ tal que $\vec{u}_1$ es un vector propio de f de valor propio λ_1. Por tanto:

$$M = [f]_B = \begin{pmatrix} \lambda_1 & m_{12} & \ldots & m_{1n} \\ 0 & m_{22} & \ldots & m_{2n} \\ \vdots & \vdots & \ddots & \vdots \\ 0 & m_{2n} & \ldots & m_{nn} \end{pmatrix} = P^t A P$$

donde la matriz $P = [I_{\mathbb{R}^n}]_{BC}$ es ortogonal. Esto significa que M es una matriz simétrica: $M^t = (P^t A P)^t = P^t A^t (P^t)^t = P^t A P = M$. Es decir:

$$M = [f]_B = \begin{pmatrix} \lambda_1 & 0 & \ldots & 0 \\ 0 & m_{22} & \ldots & m_{2n} \\ \vdots & \vdots & \ddots & \vdots \\ 0 & m_{2n} & \ldots & m_{nn} \end{pmatrix}$$

Sea $F = \langle \vec{u}_1 \rangle^{\perp} = \langle S \rangle$, donde $S = \{\vec{u}_2, \ldots, \vec{u}_n\}$ y g el endomorfismo de F tal que

$$[g]_S = \begin{pmatrix} m_{22} & \ldots & m_{2n} \\ \vdots & \ddots & \vdots \\ m_{2n} & \ldots & m_{nn} \end{pmatrix}$$

Por hipótesis de inducción, existe una base ortonormal $V = \{\vec{w}_2, \ldots, \vec{w}_n\}$ de F tal que $[g]_V$ es diagonal. Por tanto, $N = \{\vec{u}_1, \vec{w}_2, \ldots, \vec{w}_n\}$ es una base ortonormal y $[f]_N$ es una matriz diagonal.

Problema 40

Sea $f \in \mathcal{L}_{\mathbb{R}}(\mathbb{R}^n, \mathbb{R}^n)$ tal que la matriz $A = [f]_C$ es simétrica. De acuerdo con la proposición 7.8, existe una matriz ortogonal P tal que la matriz $D = P^t \cdot A \cdot P$ es una matriz diagonal.

Sea B la base de $\mathbb{R}^n$ tal que $[I_{\mathbb{R}^n}]_{BC} = P$. Entonces, según el apartado d) de la proposición 7.3, B es una base ortonormal. En consecuencia, $[f]_B = [I_{\mathbb{R}^n}]_{BC}^{-1} [f]_C [I_{\mathbb{R}^n}]_{BC} = P^{-1}AP = P^t AP = D$.

Problema 41

a) $(\vec{u} - \vec{v}) \cdot \vec{w} = \vec{u} \cdot \vec{w} - \vec{v} \cdot \vec{w} = \vec{u} \cdot \vec{w} - \dfrac{\vec{u} \cdot \vec{w}}{\vec{w} \cdot \vec{w}} \cdot (\vec{w} \cdot \vec{w}) = \vec{u} \cdot \vec{w} - \vec{u} \cdot \vec{w} = 0 \Leftrightarrow (\vec{u} - \vec{v}) \perp \vec{w} \Leftrightarrow (\vec{u} - \vec{v}) \perp \vec{w}$

b) Si $c = \dfrac{\vec{u} \cdot \vec{w}}{\vec{w} \cdot \vec{w}}$, entonces $(\vec{u} - \vec{v}) \cdot \vec{v} = (\vec{u} - \vec{v}) \cdot (c \cdot \vec{w}) = c \cdot ((\vec{u} - \vec{v}) \cdot \vec{w}) = c \cdot 0 = 0$

c) $\vec{u} \cdot \vec{w} = \vec{v} \cdot \vec{w} \Leftrightarrow \vec{u} \cdot \vec{w} - \vec{v} \cdot \vec{w} = 0 \Leftrightarrow (\vec{u} - \vec{v}) \cdot \vec{w} = 0 \Leftrightarrow (\vec{u} - \vec{v}) \perp \vec{w}$

d) $\left\| \vec{u} - \lambda \cdot \vec{w} \right\|^2 - \left\| \vec{u} - \vec{v} \right\|^2 = (\vec{u} - \lambda\vec{w}) \cdot (\vec{u} - \lambda\vec{w}) - (\vec{u} - c\vec{w}) \cdot (\vec{u} - c\vec{w}) =$

$\left\| \vec{u} \right\|^2 - 2\lambda \cdot (\vec{u} \cdot \vec{w}) + \lambda^2 \left\| \vec{w} \right\|^2 - (\left\| \vec{u} \right\|^2 - 2c \cdot (\vec{u} \cdot \vec{w}) + c^2 \left\| \vec{w} \right\|^2) = \lambda^2 \cdot \left\| \vec{w} \right\|^2 - 2\lambda \cdot (\vec{u} \cdot \vec{w}) + \dfrac{(\vec{u} \cdot \vec{w})^2}{\left\| \vec{w} \right\|^2} =$

$\dfrac{\lambda^2 \cdot \left\| \vec{w} \right\|^4 - 2\lambda \cdot (\vec{u} \cdot \vec{w}) \cdot \left\| \vec{w} \right\|^2 + (\vec{u} \cdot \vec{w})^2}{\left\| \vec{w} \right\|^2} = \dfrac{(\lambda \cdot \left\| \vec{w} \right\|^2 - \vec{u} \cdot \vec{w})^2}{\left\| \vec{w} \right\|^2} \geq 0$

Problema 42

- Si $\alpha \leq 90°$, entonces $\vec{u} \cdot \vec{w} \geq 0$ y $\cos \alpha = \dfrac{\|\vec{v}\|}{\|\vec{u}\|}$ (v. figura 7.1).

  Ahora bien, $\vec{v} = \dfrac{\vec{u} \cdot \vec{w}}{\vec{w} \cdot \vec{w}} \cdot \vec{w}$. Por tanto, $\cos \alpha = \dfrac{1}{\|\vec{u}\|} \cdot \dfrac{\vec{u} \cdot \vec{w}}{\|\vec{w}\|} \Rightarrow \vec{u} \cdot \vec{w} = \|\vec{u}\| \cdot \|\vec{w}\| \cdot \cos \alpha$.

- Si $\alpha > 90°$, entonces $\vec{u} \cdot \vec{w} < 0$ y $\cos \alpha = -\dfrac{\|\vec{v}\|}{\|\vec{u}\|}$.

  Ahora bien, $\vec{v} = \dfrac{\vec{u} \cdot \vec{w}}{\vec{w} \cdot \vec{w}} \cdot \vec{w}$. Por tanto, $\cos \alpha = \dfrac{-1}{\|\vec{u}\|} \cdot \dfrac{|\vec{u} \cdot \vec{w}|}{\|\vec{w}\|} = \dfrac{\vec{u} \cdot \vec{w}}{\|\vec{u}\| \cdot \|\vec{w}\|} \Rightarrow \vec{u} \cdot \vec{w} = \|\vec{u}\| \cdot \|\vec{w}\| \cdot \cos \alpha$.

Problema 43

Sea $\{\vec{u}_1, \cdots, \vec{u}_s\}$ una base ortonormal de F. Sea el vector $\vec{v} = \displaystyle\sum_{j=1}^{s} pr_{\vec{u}_j}(\vec{u}) = \sum_{j=1}^{s} (\vec{u} \cdot \vec{u}_j) \cdot \vec{u}_j$.

Entonces, $(\vec{u} - \vec{v}) \cdot \vec{u}_i = \vec{u} \cdot \vec{u}_i - \displaystyle\sum_{j=1}^{s} pr_{\vec{u}_j}(\vec{u}) \cdot \vec{u}_i = \vec{u} \cdot \vec{u}_i - \vec{u} \cdot \vec{u}_i = 0$.

Sea $\vec{w} \in F$: $(\vec{u} - \vec{v}) \cdot \vec{w} = (\vec{u} - \vec{v}) \cdot \left(\displaystyle\sum_{j=1}^{s} (\vec{w} \cdot \vec{u}_j) \cdot \vec{u}_j \right) = \sum_{j=1}^{s} (\vec{w} \cdot \vec{u}_j) \cdot ((\vec{u} - \vec{v}) \cdot \vec{u}_j) = 0$.

Por otra parte, sea $\vec{z} = \alpha_1 \cdot \vec{u}_1 + \cdots + \alpha_s \cdot \vec{u}_s \in F$ tal que $\vec{u} - \vec{z}$ es ortogonal a todos los vectores de F. Entonces, $[\vec{u} - (\alpha_1 \cdot \vec{u}_1 + \cdots + \alpha_s \cdot \vec{u}_s)] \cdot \vec{u}_i = 0 \Rightarrow \vec{u} \cdot \vec{u}_i - \alpha_i \cdot \left\| \vec{u}_i \right\|^2 = 0 \Rightarrow \alpha_i = \vec{u} \cdot \vec{u}_i$.

Es decir, $\vec{z} = \vec{v}$.

Problema 44

a) Sea $\vec{v} = pr_F(\vec{u}) = \displaystyle\sum_{i=1}^{k} \alpha_i \cdot \vec{w}_i$. Entonces, $(\vec{u} - \vec{v}) \cdot \vec{w}_i = 0, \forall i = 1, \cdots, k$.

Es decir:

$$\begin{cases} (\vec{u} - \sum_i \alpha_i \cdot \vec{w}_i) \cdot \vec{w}_1 = 0 \\ (\vec{u} - \sum_i \alpha_i \cdot \vec{w}_i) \cdot \vec{w}_2 = 0 \\ \quad\vdots \\ (\vec{u} - \sum_i \alpha_i \cdot \vec{w}_i) \cdot \vec{w}_k = 0 \end{cases} \Leftrightarrow \begin{cases} \vec{u} \cdot \vec{w}_1 = \sum_i \alpha_i \cdot \vec{w}_i) \cdot \vec{w}_1 \\ \vec{u} \cdot \vec{w}_2 = \sum_i \alpha_i \cdot \vec{w}_i) \cdot \vec{w}_2 \\ \quad\vdots \\ \vec{u} \cdot \vec{w}_k = \sum_i \alpha_i \cdot \vec{w}_i) \cdot \vec{w}_k \end{cases} \Leftrightarrow$$

$$\Leftrightarrow \begin{pmatrix} \vec{u} \cdot \vec{w}_1 \\ \vdots \\ \vec{u} \cdot \vec{w}_s \end{pmatrix} = \begin{pmatrix} \vec{w}_1 \cdot \vec{w}_1 & \dots & \vec{w}_1 \cdot \vec{w}_k \\ \vdots & \ddots & \vdots \\ \vec{w}_k \cdot \vec{w}_1 & \dots & \vec{w}_k \cdot \vec{w}_k \end{pmatrix} \begin{pmatrix} \alpha_1 \\ \vdots \\ \alpha_k \end{pmatrix} \Rightarrow \begin{pmatrix} \vec{u} \cdot \vec{w}_1 \\ \vdots \\ \vec{u} \cdot \vec{w}_s \end{pmatrix} = G_S \cdot \begin{pmatrix} \alpha_1 \\ \vdots \\ \alpha_k \end{pmatrix}$$

Por tanto:

$$[\vec{v}]_S = \begin{pmatrix} \alpha_1 \\ \vdots \\ \alpha_k \end{pmatrix} = G_S^{-1} \cdot \begin{pmatrix} \vec{u} \cdot \vec{w}_1 \\ \vdots \\ \vec{u} \cdot \vec{w}_k \end{pmatrix}$$

b) Si S es ortogonal:

$$G_S = \begin{pmatrix} \|\vec{w}_1\|^2 & & \\ & \ddots & \\ & & \|\vec{w}_k\|^2 \end{pmatrix}$$

Por tanto:

$$[\vec{v}]_S = \begin{pmatrix} \frac{1}{\|\vec{w}_1\|^2} & & \\ & \ddots & \\ & & \frac{1}{\|\vec{w}_k\|^2} \end{pmatrix} \begin{pmatrix} \vec{u} \cdot \vec{w}_1 \\ \vdots \\ \vec{u} \cdot \vec{w}_k \end{pmatrix} = \begin{pmatrix} \frac{\vec{u} \cdot \vec{w}_1}{\|\vec{w}_1\|^2} \\ \vdots \\ \frac{\vec{u} \cdot \vec{w}_k}{\|\vec{w}_k\|^2} \end{pmatrix}$$

Es decir, $\vec{v} = \sum_{i=1}^k \dfrac{\vec{u} \cdot \vec{w}_i}{\|\vec{w}_i\|^2} \cdot \vec{w}_i = \sum_{i=1}^k pr_{w_i}(\vec{u})$.

c) Si S es ortonormal, $\|\vec{w}_i\| = 1$ para todo $i \in \{1, \dots, k\}$. Por tanto, $\vec{v} = \sum_{i=1}^k (\vec{u} \cdot \vec{w}_i) \cdot \vec{w}_i$.

Problema 45

Sea $B = \{\vec{u}_1, \cdots, \vec{u}_s\}$ una base ortonormal de F. Entonces, de acuerdo con el apartado c) de la proposición 7.13, $\vec{v} = \sum_{i=1}^s (\vec{u} \cdot \vec{u}_i) \cdot \vec{u}_i$.

a) $0 \le \|\vec{u} - \vec{v}\|^2 = \left(\vec{u} - \sum_{i=1}^s (\vec{u} \cdot \vec{u}_i) \cdot \vec{u}_i \right) \cdot \left(\vec{u} - \sum_{i=1}^s (\vec{u} \cdot \vec{u}_i) \cdot \vec{u}_i \right) =$

$= \|\vec{u}\|^2 - \sum_i (\vec{u} \cdot \vec{u}_i) \cdot (\vec{u} \cdot \vec{u}_i) - \sum_i (\vec{u} \cdot \vec{u}_i) \cdot (\vec{u} \cdot \vec{u}_i) + \sum_i (\vec{u} \cdot \vec{u}_i)^2 = \|\vec{u}\|^2 - \|\vec{v}\|^2 - \|\vec{v}\|^2 + \|\vec{v}\|^2$

Es decir, $0 \le \|\vec{u}\|^2 - \|\vec{v}\|^2 \Rightarrow \|\vec{v}\| \le \|\vec{u}\|$.

b) $\vec{v} \cdot \vec{w} = \left(\displaystyle\sum_{i=1}^{s} (\vec{u} \cdot \vec{u}_i) \cdot \vec{u}_i \right) \cdot \vec{w} = \displaystyle\sum_{i=1}^{s} (\vec{u} \cdot \vec{u}_i) \cdot (\vec{u}_i \cdot \vec{w}) = \vec{u} \cdot \vec{w}$

c) $\left\| \vec{u} - \vec{w} \right\|^2 - \left\| \vec{u} - \vec{v} \right\|^2 = \left(\vec{u} - \displaystyle\sum_{i=1}^{s} \alpha_i \cdot \vec{u}_i \right) \cdot \left(\vec{u} - \displaystyle\sum_{j=1}^{s} \alpha_j \cdot \vec{u}_j \right) - \left(\vec{u} - \displaystyle\sum_{i=1}^{s} (\vec{u} \cdot \vec{u}_i) \cdot \vec{u}_i \right) \cdot \left(\vec{u} - \displaystyle\sum_{j=1}^{s} (\vec{u} \cdot \vec{u}_j) \cdot \vec{u}_j \right) =$

$\displaystyle\sum_{i=1}^{s} \alpha_i^2 - 2 \sum_{i=1}^{s} \alpha_i \cdot (\vec{u} \cdot \vec{u}_i) + 2 \sum_{i=1}^{s} (\vec{u} \cdot \vec{u}_i)^2 - \sum_{i=1}^{s} (\vec{u} \cdot \vec{u}_i)^2 = \sum_{i=1}^{s} \alpha_i^2 - 2 \sum_{i=1}^{s} \alpha_i \cdot \vec{u} \cdot \vec{u}_i + \sum_{i=1}^{s} (\vec{u} \cdot \vec{u}_i)^2 =$

$\sum_{i=1}^{s} (\alpha_i - \vec{u} \cdot \vec{u}_i)^2 \geq 0$

Problema 46

Sean $\vec{u}, \vec{v} \in F^{\perp}$, $\alpha, \beta \in \mathbb{R}$ y $\vec{w} \in F$: $(\alpha \cdot \vec{u} + \beta \cdot \vec{v}) \cdot \vec{w} = \alpha \cdot (\vec{u} \cdot \vec{w}) + \beta \cdot (\vec{v} \cdot \vec{w}) = \alpha \cdot 0 + \beta \cdot 0 = 0$.

Problema 47

a) Si $\vec{u} \in E^{\perp}$, entonces $\forall \vec{v} \in E$, $\vec{u} \cdot \vec{v} = 0$. En particular, $\vec{u} \cdot \vec{u} = 0$, es decir, $\vec{u} = \vec{0}$.

b) Si $\vec{u} \in E$, entonces $\vec{u} \cdot \vec{0} = 0$. Es decir, $\vec{u} \in \{\vec{0}\}^{\perp}$. Por tanto, $\{\vec{0}\}^{\perp} = E$.

c) Si $\vec{w} \in F^{\perp}$, entonces $\vec{w} \cdot \vec{u}_i = 0$, puesto que $\vec{u}_i \in F$. Recíprocamente, supongamos que $\vec{w} \cdot \vec{u}_i = 0$ para

$i \in \{1, \dots, k\}$. Sea $\vec{u} = \displaystyle\sum_{i=1}^{k} \alpha_i \cdot \vec{u}_i \in F$. Entonces, $\vec{w} \cdot \vec{u} = \vec{w} \cdot \left(\displaystyle\sum_{i=1}^{k} \alpha_i \cdot \vec{u}_i \right) = \displaystyle\sum_{i=1}^{k} \alpha_i \cdot (\vec{w} \cdot \vec{u}_i) = 0$.

d) $\vec{u} \in F \cap F^{\perp} \Rightarrow \vec{u} \cdot \vec{u} = 0 \Rightarrow \vec{u} = \vec{0}$. Es decir, F y $F^{\perp}$ están en suma directa.

Sea $\vec{w} \in E$ y $\vec{v} = pr_F(\vec{w}) \in F$. Entonces, $\vec{w} - pr_F(\vec{w}) \in F^{\perp}$. Por tanto, $\vec{w} = pr_F(\vec{w}) + (\vec{w} - pr_F(\vec{w})) \in F \oplus F^{\perp}$.

e) $E = F \oplus F^{\perp} \Rightarrow n = \dim(E) = \dim(F) + \dim(F^{\perp}) \Rightarrow \dim(F^{\perp}) = n - \dim(F)$

f) Si $\vec{u} \in F$, entonces, para todo $\vec{w} \in F^{\perp}$, $\vec{w} \cdot \vec{u} = 0$. Es decir, $\vec{u} \in (F^{\perp})^{\perp}$. Por tanto, $F \subseteq (F^{\perp})^{\perp}$.

Por otro lado, $\dim((F^{\perp})^{\perp}) = n - \dim(F^{\perp}) = \dim(F)$. Es decir, $F = (F^{\perp})^{\perp}$.

Problema 48

a) Sean $\vec{u} \in G^{\perp}$ y $\vec{v} \in F \subseteq G$. Entonces, $\vec{u} \cdot \vec{v} = 0$. Es decir, $\vec{u} \in F^{\perp}$.

b) • $F \subseteq F + G \Rightarrow (F + G)^{\perp} \subseteq F^{\perp}$, $G \subseteq F + G \Rightarrow (F + G)^{\perp} \subseteq G^{\perp}$. Por tanto, $(F + G)^{\perp} \subseteq F^{\perp} \cap G^{\perp}$.

• Sean $\vec{u} \in F^{\perp} \cap G^{\perp}$ y $\vec{v} \in F + G$. Entonces, existen $\vec{v}_1 \in F$ y $\vec{v}_2 \in G$ tales que $\vec{v} = \vec{v}_1 + \vec{v}_2$. Por tanto, $\vec{u} \cdot \vec{v} = \vec{u} \cdot \vec{v}_1 + \vec{u} \cdot \vec{v}_2 = 0 + 0 = 0$. Es decir, $\vec{u} \in (F + G)^{\perp}$.

c) De acuerdo con el apartado anterior, $(F^{\perp} + G^{\perp})^{\perp} = (F^{\perp})^{\perp} \cap (G^{\perp})^{\perp} = F \cap G$.

Por tanto, $F^{\perp} + G^{\perp} = (F^{\perp} + G^{\perp})^{\perp\perp} = (F \cap G)^{\perp}$.

Problema 49

En primer lugar, demostramos que el producto vectorial satisface estas propiedades.

Sean $\vec{u} = (u_1, u_2, u_3)$, $\vec{v} = (v_1, v_2, v_3)$, $\vec{w} = (w_1, w_2, w_3)$:

a) $\vec{u} \times (\vec{v} + \vec{w}) = \begin{vmatrix} \vec{i} & \vec{j} & \vec{k} \\ u_1 & u_2 & u_3 \\ v_1 + w_1 & v_2 + w_2 & v_3 + w_3 \end{vmatrix} = \begin{vmatrix} \vec{i} & \vec{j} & \vec{k} \\ u_1 & u_2 & u_3 \\ v_1 & v_2 & v_3 \end{vmatrix} + \begin{vmatrix} \vec{i} & \vec{j} & \vec{k} \\ u_1 & u_2 & u_3 \\ w_1 & w_2 & w_3 \end{vmatrix} = \vec{u} \times \vec{v} + \vec{u} \times \vec{w}$

b) $(\vec{u} + \vec{v}) \times \vec{w} = \begin{vmatrix} \vec{i} & \vec{j} & \vec{k} \\ u_1 + v_1 & u_2 + v_2 & u_3 + v_3 \\ w_1 & w_2 & w_3 \end{vmatrix} = \begin{vmatrix} \vec{i} & \vec{j} & \vec{k} \\ u_1 & u_2 & u_3 \\ w_1 & w_2 & w_3 \end{vmatrix} + \begin{vmatrix} \vec{i} & \vec{j} & \vec{k} \\ v_1 & v_2 & v_3 \\ w_1 & w_2 & w_3 \end{vmatrix} = \vec{u} \times \vec{w} + \vec{v} \times \vec{w}$

c) $(\lambda \cdot \vec{u}) \times \vec{v} = \begin{vmatrix} \vec{i} & \vec{j} & \vec{k} \\ \lambda \cdot u_1 & \lambda \cdot u_2 & \lambda \cdot u_3 \\ v_1 & v_2 & v_3 \end{vmatrix} = \lambda \cdot \begin{vmatrix} \vec{i} & \vec{j} & \vec{k} \\ u_1 & u_2 & u_3 \\ v_1 & v_2 & v_3 \end{vmatrix} = \lambda \cdot (\vec{u} \times \vec{v})$

d) $\vec{u} \times \vec{u} = \begin{vmatrix} \vec{i} & \vec{j} & \vec{k} \\ u_1 & u_2 & u_3 \\ u_1 & u_2 & u_3 \end{vmatrix} = \vec{o}$

e) $(\vec{u} + \vec{v}) \times (\vec{u} + \vec{v}) = \vec{o} \Rightarrow \vec{u} \times \vec{v} + \vec{v} \times \vec{u} = \vec{o} \Rightarrow \vec{u} \times \vec{v} = -\vec{v} \times \vec{u}$

f) $\vec{i} \times \vec{j} = \begin{vmatrix} \vec{i} & \vec{j} & \vec{k} \\ 1 & 0 & 0 \\ 0 & 1 & 0 \end{vmatrix} = \vec{k}$, $\vec{j} \times \vec{k} = \begin{vmatrix} \vec{i} & \vec{j} & \vec{k} \\ 0 & 1 & 0 \\ 0 & 0 & 1 \end{vmatrix} = \vec{i}$, $\vec{k} \times \vec{i} = \begin{vmatrix} \vec{i} & \vec{j} & \vec{k} \\ 0 & 0 & 1 \\ 1 & 0 & 0 \end{vmatrix} = \vec{j}$

Sea f una operación interna, $\mathbb{R}^3 \times \mathbb{R}^3 \xrightarrow{f} \mathbb{R}^3$, que satisface las propiedades a), b), c), d), e).

Sean $\vec{u} = u_1 \cdot \vec{i} + u_2 \cdot \vec{j} + u_3 \cdot \vec{k}$, $\vec{v} = v_1 \cdot \vec{i} + v_2 \cdot \vec{j} + v_3 \cdot \vec{k}$. Entonces:

$$f(\vec{u}, \vec{v}) = f(u_1 \cdot \vec{i} + u_2 \cdot \vec{j} + u_3 \cdot \vec{k}, v_1 \cdot \vec{i} + v_2 \cdot \vec{j} + v_3 \cdot \vec{k}) =$$
$$= u_1 \cdot v_1 \cdot f(\vec{i}, \vec{i}) + u_2 \cdot v_2 \cdot f(\vec{j}, \vec{i}) + u_3 \cdot v_3 \cdot f(\vec{k}, \vec{k}) +$$
$$+ u_1 \cdot v_2 \cdot f(\vec{i}, \vec{j}) + u_1 \cdot v_3 \cdot f(\vec{i}, \vec{k}) + u_2 \cdot v_1 \cdot f(\vec{j}, \vec{i}) +$$
$$+ u_2 \cdot v_3 \cdot f(\vec{j}, \vec{k}) + u_3 \cdot v_1 \cdot f(\vec{k}, \vec{i}) + u_3 \cdot v_2 \cdot f(\vec{k}, \vec{j}) =$$
$$= (u_2 \cdot v_3 - u_3 \cdot v_2) \cdot \vec{i} + (u_3 \cdot v_1 - u_1 \cdot v_3) \cdot \vec{j} + (u_1 \cdot v_2 - u_2 \cdot v_1) \cdot \vec{k} = \begin{vmatrix} \vec{i} & \vec{j} & \vec{k} \\ u_1 & u_2 & u_3 \\ v_1 & v_2 & v_3 \end{vmatrix} = \vec{u} \times \vec{v}$$

Problema 50

Sean $\vec{u} = (u_1, u_2, u_3)$, $\vec{v} = (v_1, v_2, v_3)$.

a) $\vec{u} \times \vec{v} \neq \vec{o} \Leftrightarrow r\begin{pmatrix} u_1 & u_2 & u_3 \\ v_1 & v_2 & v_3 \end{pmatrix} = 2 \Leftrightarrow r(S) = 2$

b) $\vec{u} \cdot (\vec{u} \times \vec{v}) = \begin{pmatrix} u_1 & u_2 & u_3 \end{pmatrix} \left(\begin{vmatrix} u_2 & u_3 \\ v_2 & v_3 \end{vmatrix}, \ -\begin{vmatrix} u_1 & u_3 \\ v_1 & v_3 \end{vmatrix}, \ \begin{vmatrix} u_1 & u_2 \\ v_1 & v_2 \end{vmatrix} \right) = \begin{vmatrix} u_1 & u_2 & u_3 \\ u_1 & u_2 & u_3 \\ v_1 & v_2 & v_3 \end{vmatrix} = 0$

$\vec{v} \cdot (\vec{u} \times \vec{v}) = \begin{pmatrix} v_1 & v_2 & v_3 \end{pmatrix} \left(\begin{vmatrix} u_2 & u_3 \\ v_2 & v_3 \end{vmatrix}, \ -\begin{vmatrix} u_1 & u_3 \\ v_1 & v_3 \end{vmatrix}, \ \begin{vmatrix} u_1 & u_2 \\ v_1 & v_2 \end{vmatrix} \right) = \begin{vmatrix} v_1 & v_2 & v_3 \\ u_1 & u_2 & u_3 \\ v_1 & v_2 & v_3 \end{vmatrix} = 0$

c) $|M_{\overline{S}}| = \begin{vmatrix} u_1 & u_2 & u_3 \\ v_1 & v_2 & v_3 \\ u_2 \cdot v_3 - u_3 \cdot v_2 & u_3 \cdot v_1 - u_1 \cdot v_3 & u_1 \cdot v_2 - u_2 \cdot v_1 \end{vmatrix} =$

$= (u_1 \cdot v_2 - u_2 \cdot v_1)^2 + (u_2 \cdot v_3 - u_3 \cdot v_2)^2 + (u_3 \cdot v_1 - u_1)^2 > 0$

d)
- $\left\| \vec{u} \times \vec{v} \right\|^2 = (\vec{u} \times \vec{v}) \cdot (\vec{u} \times \vec{v}) = (u_2 \cdot v_3 - u_3 \cdot v_2)^2 + (u_3 \cdot v_1 - u_1 \cdot v_3)^2 + (u_1 \cdot v_2 - u_2 \cdot v_1)^2 = |M_{\overline{S}}|$

- De acuerdo con el apartado b) de la proposición 7.3, $G_{\overline{S}} = M_{\overline{S}} \cdot M_{\overline{S}}^t$. Entonces:

$|M_{\overline{S}}|^2 = |G_{\overline{S}}| = \begin{vmatrix} \|\vec{u} \times \vec{v}\|^2 & 0 & 0 \\ 0 & \|\vec{u}\|^2 & \vec{u} \cdot \vec{v} \\ 0 & \vec{u} \cdot \vec{v} & \|\vec{u}\|^2 \end{vmatrix} = \|\vec{u} \times \vec{v}\|^2 \cdot |G_S| = |M_{\overline{S}}| \cdot |G_S| \Rightarrow |G_S| = |M_{\overline{S}}|$

- $|G_S| = \left\| \vec{u} \right\|^2 \cdot \left\| \vec{v} \right\|^2 - (\vec{u} \cdot \vec{v})^2 = \left\| \vec{u} \right\|^2 \cdot \left\| \vec{v} \right\|^2 - \left\| \vec{u} \right\|^2 \cdot \left\| \vec{v} \right\|^2 \cdot \cos^2 \alpha =$

$= \left\| \vec{u} \right\|^2 \cdot \left\| \vec{v} \right\|^2 (1 - \cos^2 \alpha) = \left\| \vec{u} \right\|^2 \cdot \left\| \vec{v} \right\|^2 \cdot \sin^2 \alpha$

Por tanto, $\left\| \vec{u} \times \vec{v} \right\| = \sqrt{|G_S|} = \left\| \vec{u} \right\| \cdot \left\| \vec{v} \right\| \cdot \sin \alpha$.

Problema 51

a) De acuerdo con la figura 7.2, $\left\| \vec{u} \times \vec{v} \right\| = \left\| \vec{u} \right\| \cdot \left\| \vec{v} \right\| \cdot \sin \alpha = \left\| \vec{v} \right\| \cdot \left\| \vec{u} - \vec{z} \right\|$, que es el área del paralelogramo determinado por $S = \{\vec{u}, \vec{v}\}$.

b) Consecuencia del apartado anterior y de la figura 7.2.

c) De acuerdo con la figura 7.3, la altura h del paralelepípedo determinado por $\mathcal{T}$ es:

$$h = \|pr_{\vec{u} \times \vec{v}}(\vec{w})\| = \frac{|(\vec{u} \times \vec{v}) \cdot \vec{w}|}{\|\vec{u} \times \vec{v}\|^2} \cdot \|\vec{u} \times \vec{v}\| = \frac{|(\vec{u} \times \vec{v}) \cdot \vec{w}|}{\|\vec{u} \times \vec{v}\|}$$

d) El volumen V del paralelepípedo determinado por $\mathcal{T}$ es igual al producto del área de la base determinada por S por la altura h: $V = \left\| \vec{u} \times \vec{v} \right\| \cdot h = \left\| \vec{u} \times \vec{v} \right\|$.

Problema 52

a) $(\vec{u} \times \vec{v}) \cdot \vec{w} = \left(\begin{vmatrix} u_2 & u_3 \\ v_2 & v_3 \end{vmatrix}, \ -\begin{vmatrix} u_1 & u_3 \\ v_1 & v_3 \end{vmatrix}, \ \begin{vmatrix} u_1 & u_2 \\ v_1 & v_2 \end{vmatrix} \right) \cdot \begin{pmatrix} w_1 & w_2 & w_3 \end{pmatrix} = \begin{vmatrix} u_1 & u_2 & u_3 \\ v_1 & v_2 & v_3 \\ w_1 & w_2 & w_3 \end{vmatrix} = |M_{\mathcal{T}}|$

$b)$ $(\vec{u} \times \vec{v}) \cdot \vec{w} = \begin{vmatrix} u_1 & u_2 & u_3 \\ v_1 & v_2 & v_3 \\ w_1 & w_2 & w_3 \end{vmatrix} = - \begin{vmatrix} u_1 & u_2 & u_3 \\ w_1 & w_2 & w_3 \\ v_1 & v_2 & v_3 \end{vmatrix} = -(\vec{u} \times \vec{w}) \cdot \vec{v}$

$c)$

$\qquad$ ▪ $\vec{i} \times (\vec{v} \times \vec{w}) = \begin{vmatrix} \vec{i} & \vec{j} & \vec{k} \\ 1 & 0 & 0 \\ \begin{vmatrix} v_2 & v_3 \\ w_2 & w_3 \end{vmatrix} & -\begin{vmatrix} v_1 & v_3 \\ w_1 & w_3 \end{vmatrix} & \begin{vmatrix} v_1 & v_2 \\ w_1 & w_2 \end{vmatrix} \end{vmatrix} =$

$\qquad = - \begin{vmatrix} \vec{j} & \vec{k} \\ -\begin{vmatrix} v_1 & v_3 \\ w_1 & w_3 \end{vmatrix} & \begin{vmatrix} v_1 & v_2 \\ w_1 & w_2 \end{vmatrix} \end{vmatrix} = -\begin{vmatrix} v_1 & v_3 \\ w_1 & w_3 \end{vmatrix}\vec{k} - \begin{vmatrix} v_1 & v_2 \\ w_1 & w_2 \end{vmatrix}\vec{j} =$

$\qquad = (0, w_1v_2 - v_1w_2, w_1v_3 - v_1w_3) = w_1(v_1, v_2, v_3) - v_1(w_1, w_2, w_3) = w_1\vec{v} - v_1\vec{w}$

$\qquad$ ▪ Análogamente, se demuestra $\vec{j} \times (\vec{v} \times \vec{w}) = w_2\vec{v} - v_2\vec{w}$, $\vec{k} \times (\vec{v} \times \vec{w}) = w_3\vec{v} - v_3\vec{w}$

$\qquad$ ▪ $\vec{u} \times (\vec{v} \times \vec{w}) = u_1\vec{i} \times (\vec{v} \times \vec{w}) + u_2\vec{j} \times (\vec{v} \times \vec{w}) + u_3\vec{k} \times (\vec{v} \times \vec{w}) =$

$\qquad\qquad = u_1(w_1\vec{v} - v_1\vec{w}) + u_2(w_2\vec{v} - v_2\vec{w}) + u_3(w_3\vec{v} - v_3\vec{w}) = (\vec{w} \cdot \vec{u})\vec{v} - (\vec{v} \cdot \vec{u})\vec{w}$

$d)$ $\vec{u} \times (\vec{v} \times \vec{w}) + \vec{v} \times (\vec{w} \times \vec{u}) + \vec{w} \times (\vec{u} \times \vec{v}) =$

$= (\vec{w} \cdot \vec{u}) \cdot \vec{v} - (\vec{v} \cdot \vec{u}) \cdot \vec{w} + (\vec{u} \cdot \vec{v}) \cdot \vec{w} - (\vec{w} \cdot \vec{v}) \cdot \vec{u} + (\vec{v} \cdot \vec{w}) \cdot \vec{u} - (\vec{u} \cdot \vec{w}) \cdot \vec{v} = 0$

Apéndice 1

Problema 1

▪ Tabla de verdad de MP:

p	q	$p \to q$	$(p \to q) \wedge p$	$[(p \to q) \wedge p] \to q$
0	0	1	0	1
0	1	1	0	1
1	0	0	0	1
1	1	1	1	1

▪ Tabla de verdad de MT:

p	q	$p \to q$	$\neg p$	$\neg q$	$(p \to q) \wedge \neg q$	$[(p \to q) \wedge \neg q] \to \neg p$
0	0	1	1	1	1	1
0	1	1	1	0	0	1
1	0	0	0	1	0	1
1	1	1	0	0	0	1

- Tabla de SD:

p	q	$\neg p$	$p \vee q$	$(p \vee q) \wedge \neg p$	$[(p \vee q) \wedge \neg p] \rightarrow q$
0	0	1	0	0	1
0	1	1	1	1	1
1	0	0	1	0	1
1	1	0	1	0	1

Análogamente, se demostraría la otra fórmula.

- Tabla de verdad de la primera ley de Morgan:

p	q	$\neg p$	$\neg q$	$p \wedge q$	$\neg(p \wedge q)$	$\neg p \vee \neg q$	$\neg(p \wedge q) \leftrightarrow (\neg p \vee \neg q)$
0	0	1	1	0	1	1	1
0	1	1	0	0	1	1	1
1	0	0	1	0	1	1	1
1	1	0	0	1	0	0	1

Análogamente, se demostraría la otra ley.

Problema 2

Se etiquetan las proposiciones anteriores:

p: Si llueve, las calles se mojan.
q: Las calles no están mojadas.

entonces el razonamiento anterior se simboliza:

$$\begin{array}{c} p \rightarrow q \\ \neg q \\ \hline \neg p \end{array}$$

que es la regla de inferencia lógica MT (*modus tollens*).

Problema 3

Se hacen las tablas de verdad de $q \rightarrow \neg p$, $p \rightarrow \neg q$:

p	q	$\neg p$	$q \rightarrow \neg p$	$\neg q$	$p \rightarrow \neg q$
0	0	1	1	1	1
0	1	1	1	0	1
1	0	0	1	1	1
1	1	0	0	0	0

donde se aprecia que, si $q \rightarrow \neg p$ es verdadera, se deduce que $p \rightarrow \neg q$ es verdadera, y viceversa.

Problema 4

i) $p \rightarrow \neg q \Leftrightarrow q \rightarrow \neg p$

ii) $p \rightarrow (q \wedge r) \Leftrightarrow \neg(q \wedge r) \rightarrow \neg p \Leftrightarrow (\neg q) \vee (\neg r) \rightarrow \neg p$

iii) $\neg(\neg p \vee q) \Leftrightarrow p \wedge \neg q$

iv) $\neg p \rightarrow q \Leftrightarrow \neg q \rightarrow p$

v) $(p \vee q) \rightarrow r \Leftrightarrow \neg r \rightarrow \neg(p \vee q) \Leftrightarrow \neg r \rightarrow (\neg p) \wedge (\neg q)$

vi) $p \wedge (q \wedge r) \Leftrightarrow (p \wedge q) \wedge r$

Problema 5

De 1, 4, por SD se deduce:

5. q De 2, 5, por SD se deduce:
6. r De 3, 6, por MP se deduce:
7. s que es la conclusión.

Problema 6

Se etiquetan las distintas proposiciones que aparecen:

p: M es una matriz que no cumple las condiciones de diagonalización.
q: La matriz M es simétrica.
r: La matriz M tiene todos los valores propios de la matriz distintos y de multiplicidad 1.

entonces se tienen las premisas:

1. $p \rightarrow \neg q$
2. $r \rightarrow q$
3. r

De 2, 3, por MP se deduce:

4. q

de 1, 4, por MT se deduce:

5. $\neg p$

que es la conclusión. Por tanto, la matriz M cumple las condiciones de diagonalización.

Problema 7

Se etiquetan las proposiciones:

- $p : 3 + 2 = 7$, que tiene valor 0.
- $q : 4 + 4 = 8$, que tiene valor 1.

- $r : 2 + 2 = 5$, que tiene valor 0.
- $s : 4 + 4 = 10$, que tiene valor 0.
- t: *París está en Inglaterra*; que tiene valor 0.
- u: *Londres está en Francia*; que tiene valor 0.
- $v : 1 + 1 = 3$, que tiene valor 0.
- $w : 2 + 1 = 3$, que tiene valor 1.

Ahora se forman las sucesivas tablas de verdad para estos valores específicos.

i)
p	q	$p \rightarrow q$
0	1	1

cuyo resultado es que la proposición es cierta.

ii)
r	s	$\neg r$	$\neg r \leftrightarrow s$
0	0	1	0

cuyo resultado es que la proposición es falsa.

iii)
t	u	$t \vee v$
0	0	0

cuyo resultado es que la proposición es falsa.

iv)
v	w	$\neg v$	$\neg v \vee w$
0	1	1	1

cuyo resultado es que la proposición es cierta.

v)
t	u	$t \rightarrow u$	$\neg(t \rightarrow u)$
0	0	1	0

cuyo resultado es que la proposición es falsa.

Problema 8

i) Para $n = 4$, resulta $4! = 4 \cdot 3 \cdot 2 = 24$, y $2^4 = 16$. Luego, la propiedad se cumple.

ii) Se supone cierta para un valor n:

$$n! > 2^n$$

iii) Para el valor $n + 1$:

$$(n + 1)! = (n + 1) \cdot n! >^{(1)} (n + 1) \cdot 2^n > 2 \cdot 2^n = 2^{n+1}$$

Luego, la propiedad se cumple para todo valor de $n \in \mathbb{N}$ mayor o igual que 4.

Problema 9

i) Para $n = 1$, se cumple obviamente:

$$1 = \frac{(1 + 1) \cdot 1}{2}$$

ii) Se supone que es cierta para el valor n (hipótesis de inducción):

$$1 + 2 + 3 + \cdots + n = \frac{(1 + n) \cdot n}{2}$$

iii) Entonces, para $n + 1$:

$$1 + 2 + 3 + \cdots + n + (n + 1) = \frac{(1 + n) \cdot n}{2} + (n + 1) = \frac{(1 + n) \cdot n + 2 \cdot (n + 1)}{2} =$$

$$\frac{(n + 2)(n + 1)}{2} = \frac{((n + 1) + 1)(n + 1)}{2}$$

lo que demuestra que la fórmula es cierta para $n + 1$. Luego, por el principio de inducción, es cierta para todo valor natural.

Problema 10

ii) $\Rightarrow$ i): Es evidente.

i) $\Rightarrow$ ii): Si se supone que la propiedad no es cierta para un valor $n_1 > n_o$, entonces, por 1 tampoco es cierta para $n_1 - 1$. Reiterando el razonamiento, tampoco será cierta para n_o, que contradice 1.

Apéndice 2 ▬▬▬▬▬▬▬▬▬▬▬▬▬▬▬▬▬▬▬▬▬▬▬▬▬▬▬▬▬▬▬▬

Problema 1

Demostración por inducción sobre $n = card(A)$.

- Caso $n = 1$, es decir, $\mathcal{P}(A) = \{\emptyset, A\}$. Por tanto, $card(\mathcal{P}(A)) = 2 = 2^1 = 2^{card(A)}$.
- Sea $A = \{a_1, \ldots, a_n\} = \{a_1, \ldots, a_{n-1}\} \cup \{a_n\} = A' \cup \{a_n\}$. Por hipótesis de inducción, $card(\mathcal{P}(A')) = 2^{n-1}$. Por otro lado, obsérvese que los subconjuntos de A que contienen el elemento a_n se obtienen a partir de los subconjuntos de A' añadiéndoles este elemento. Por tanto, $card(\mathcal{P}(A)) = 2^{n-1} + 2^{n-1} = 2^n$.

Problema 2

a)
- $x \in A \cap B \Leftrightarrow x \in A \text{ y } x \in B \Rightarrow x \in A \Rightarrow x \in A \text{ o } x \in B \Leftrightarrow x \in A \cup B$

- $x \in A \cap B \Leftrightarrow x \in A \text{ y } x \in B \Rightarrow x \in B \Rightarrow x \in A \text{ o } x \in B \Leftrightarrow x \in A \cup B$

b) $\Rightarrow$): $A = A \cap B \subseteq B$

$\Leftarrow$): $x \in A \subseteq B \Rightarrow x \in A \cap B$

c) $\Rightarrow$): $B \subseteq A \cup B = A$

$\Leftarrow$): $x \in A \cup B \Rightarrow x \in A \text{ o } x \in B \Rightarrow x \in A$

d)
- $A \cup \emptyset = A \Leftrightarrow \emptyset \subseteq A$

- $A \cup A = A \Leftrightarrow A \subseteq A$

- $A \cup U = U \Leftrightarrow A \subseteq U$

- $A \cap \emptyset = \emptyset \Leftrightarrow \emptyset \subseteq A$

- $A \cap A = A \Leftrightarrow A \subseteq A$

- $A \cap U = A \Leftrightarrow A \subseteq U$

e) ▪ $x \in A \cup B \Leftrightarrow x \in A$ o $x \in B \Leftrightarrow x \in B$ o $x \in A \Leftrightarrow x \in B \cup A$

    ▪ $x \in A \cap B \Leftrightarrow x \in A$ y $x \in B \Leftrightarrow x \in B$ y $x \in A \Leftrightarrow x \in B \cap A$

f) ▪ $x \in A \cup (B \cup C) \Leftrightarrow x \in A$ o $x \in B \cup C \Leftrightarrow x \in A$ o $(x \in B$ o $x \in C) \Leftrightarrow$

      $\Leftrightarrow (x \in A$ o $x \in B)$ o $x \in C \Leftrightarrow x \in A \cup B$ o $x \in C \Leftrightarrow x \in (A \cup B) \cup C$

    ▪ $x \in A \cap (B \cap C) \Leftrightarrow x \in A$ y $x \in B \cap C \Leftrightarrow x \in A$ y $(x \in B$ y $x \in C) \Leftrightarrow$

      $\Leftrightarrow (x \in A$ y $x \in B)$ y $x \in C \Leftrightarrow x \in A \cap B$ y $x \in C \Leftrightarrow x \in (A \cap B) \cap C$

g) ▪ $x \in A \cup (B \cap C) \Leftrightarrow x \in A$ o $(x \in B$ y $x \in C) \Leftrightarrow (x \in A$ o $x \in B)$ y $(x \in A$ o $x \in C) \Leftrightarrow$

      $\Leftrightarrow x \in A \cup B$ y $x \in A \cup C \Leftrightarrow x \in (A \cup B) \cap (A \cup C)$

    ▪ $x \in A \cap (B \cup C) \Leftrightarrow x \in A$ y $(x \in B$ o $x \in C) \Leftrightarrow (x \in A$ y $x \in B)$ o $(x \in A$ y $x \in C) \Leftrightarrow$

      $\Leftrightarrow x \in A \cap B$ o $x \in A \cap C \Leftrightarrow x \in (A \cap B) \cup (A \cap C)$

h) ▪ $A \cup (A \cap B) = A \Leftrightarrow A \cap B \subseteq A$

    ▪ $A \cap (A \cup B) = A \Leftrightarrow A \subseteq A \cup B$

Problema 3

a) $x \in \overline{\overline{A}} \Leftrightarrow x \in U \setminus \overline{A} \Leftrightarrow x \notin \overline{A} \Leftrightarrow x \notin U \setminus A \Leftrightarrow x \in A$

b) $\Rightarrow): x \in \overline{B} \Leftrightarrow x \notin B \Rightarrow x \notin A \Leftrightarrow x \in \overline{A}$

    $\Leftarrow): x \in A \Leftrightarrow x \notin \overline{A} \Rightarrow x \notin \overline{B} \Leftrightarrow x \in B$

c) ▪ $x \in A \cap \overline{A} \Leftrightarrow x \in A$ y $x \in \overline{A} \Leftrightarrow x \in A$ y $x \notin A$

    ▪ $x \in A \cup \overline{A} \Leftrightarrow x \in A$ o $x \in \overline{A} \Leftrightarrow x \in A$ o $x \notin A \Leftrightarrow x \in U$

d) ▪ $x \in \overline{A \cup B} \Leftrightarrow x \notin A \cup B \Leftrightarrow x \notin A$ y $x \notin B \Leftrightarrow x \in \overline{A} \cap \overline{B}$

    ▪ $x \in \overline{A \cap B} \Leftrightarrow x \notin A \cap B \Leftrightarrow x \notin A$ o $x \notin B \Leftrightarrow x \in \overline{A} \cup \overline{B}$

e) $x \in A \setminus B \Leftrightarrow x \in A$ y $x \notin B \Rightarrow x \in A$; $x \in B \setminus A \Leftrightarrow x \in B$ y $x \notin A \Rightarrow x \in B$

f) ▪ $x \in A \cup (B \setminus A) \Leftrightarrow x \in A$ o $(x \in B$ y $x \notin A) \Leftrightarrow (x \in A$ o $x \in B)$ y $(x \in A$ y $x \notin A) \Leftrightarrow$

      $\Leftrightarrow x \in A$ o $x \in B \Leftrightarrow x \in A \cup B$

    ▪ $x \in A \cap (B \setminus A) \Leftrightarrow x \in A$ y $(x \in B$ y $x \notin A) \Leftrightarrow (x \in A$ y $x \notin A)$ y $x \in B \Rightarrow$

      $\Rightarrow x \in A$ y $x \notin A$

g) $B = A \cup (B \setminus A) = A \cup B \Leftrightarrow A \subseteq B$

Problema 4

▪ Sean el conjunto $A = \{a_1, \dots, a_n\}$ y la biyección $f : A \to B$. Por ser f inyectiva, el conjunto $\{f(a_1), \dots, f(a_n)\}$ tiene cardinal n. Por ser f exhaustiva, $B = \{f(a_1), \dots, f(a_n)\}$. Por tanto, $card(B) = n = card(A)$.

- Sean los conjuntos $A = \{a_1, \ldots, a_n\}$ y $B = \{b_1, \ldots, b_n\}$. La aplicación f de A en B definida por $f(a_i) = b_i$ es biyectiva.

Problema 5

a) Sean $a_1, a_2 \in A, a_1 \neq a_2$. Entonces, por ser f inyectiva, $f(a_1) \neq f(a_2)$, y por ser g inyectiva, $g(f(a_1)) \neq g(f(a_2))$. Es decir, $(gf)(a_1) \neq (gf)(a_2)$.

b) Sea $c \in C$. Por ser g exhaustiva, $\exists b \in B$ tal que $g(b) = c$. Por ser f exhaustiva, $\exists a \in A$ tal que $f(a) = b \Rightarrow g(f(a)) = c \Rightarrow gf(a) = c$.

c) Consecuencia de los apartados anteriores.

d) Sean $a_1, a_2 \in A, a_1 \neq a_2$. Entonces, por ser gf inyectiva:

$$(gf)(a_1) \neq (gf)(a_2) \Rightarrow (g(f(a_1)) \neq g(f(a_2)) \Rightarrow f(a_1) \neq f(a_2).$$

e) Sea $c \in C$. Entonces, existe $a \in A$ tal que $c = (gf)(a) = g(f(a))$.

Problema 6

a) $(h(gf))(x) = h((gf)(x)) = h(g(f(x))) = (hg)(f(x)) = ((hg)f)(x)$

b) $(I_B f\, I_A)(x) = (I_B f)(I_A(x)) = (I_B f)(x) = I_B(f(x)) = f(x)$

c) Que f es biyectiva si y sólo si f^{-1} lo es consecuencia de la definición.

Sean $a \in A$, $b \in B$ tales que $f(a) = b$. Es decir, $f^{-1}(b) = a$.

Por tanto, $(f^{-1}f)(a) = f^{-1}(f(a)) = f^{-1}(b) = a$ y $(ff^{-1})(b) = f(f^{-1}(b)) = f(a) = b$.

Problema 7

- Sean dos clases distintas, $[a_1] \neq [a_2]$.

  Si $x \in [a_1] \cap [a_2]$, entonces $x \sim a_1, x \sim a_2 \Rightarrow a_1 \sim x, x \sim a_2 \Rightarrow a_1 \sim a_2 \Rightarrow [a_1] = [a_2]$.

  Por tanto, $[a_1] \cap [a_2] = \emptyset$.

- Para todo $x \in C$, $x \in [x]$. Luego, $C \subseteq \bigcup_{a \in C} [a]$.

  Y como, por otra parte, $[a] \subseteq C$ se deduce que $\bigcup_{a \in C} [a] \subseteq C$, de donde $C = \bigcup_{a \in C} [a]$.

Apéndice 3

Problema 1

- Si e' es otro elemento neutro: $e = e * e' = e'$

- Sean a', a'' dos elementos simétricos de a. Entonces:

  $$a'' = a'' * e = a'' * (a * a') = (a'' * a) * a' = e * a' = a'$$

Problema 2

- a) $\Rightarrow$ b): $x \in H \Rightarrow x, x' \in H \Rightarrow e = x * x' \in H$
- b) $\Rightarrow$ c): $x, y \in H \Rightarrow x, y' \in H \Rightarrow x * y' \in H$
- c) $\Rightarrow$ a):

    - $x \in H \Rightarrow e = x * x' \in H$

    - $e, x \in H \Rightarrow x' = e * x' \in H$

    - $x, y \in H \Rightarrow x, y' \in H \Rightarrow x * y = x * (y')' \in H$

Problema 3

a) $a_1, b_1 \in H_1$ y $a_2, b_2 \in H_2 \Rightarrow$

$\Rightarrow a_1 - b_1 \in H_1, a_2 - b_2 \in H_2, a = a_1 + a_2 \in H_1 + H_2$ y $b = b_1 + b_2 \in H_1 + H_2 \Rightarrow$

$\Rightarrow a - b = (a_1 + a_2) - (b_1 + b_2) = (a_1 - b_1) + (a_2 - b_2) \in H_1 + H_2$

b) $a, b \in H_1 \cap H_2 \Leftrightarrow a, b \in H_1$ y $a, b \in H_2 \Rightarrow a - b \in H_1$ y $a - b \in H_2 \Leftrightarrow a - b \in H_1 \cap H_2$

Problema 4

a)
- $x - x = 0 \in H \Leftrightarrow x \sim x$

- $x \sim y \Leftrightarrow x - y \in H \Leftrightarrow y - x = -(x - y) \in H \Leftrightarrow y \sim x$

- $x \sim y, y \sim z \Leftrightarrow x - y \in H, y - z \in H \Rightarrow x - z = (x - y) + (y - z) \in H \Leftrightarrow x \sim z$

b)
- La operación está bien definida: $x' \sim x, y' \sim y \Leftrightarrow x' - x \in H, y' - y \in H \Rightarrow$

    $\Rightarrow (x' + y') - (x + y) = (x' - x) + (y' - y) \in H \Leftrightarrow x' + y' \sim x + y$

- $([x] + [y]) + [z] = [x + y] + [z] = [(x + y) + z] = [x + (y + z)] = [x] + [y + z] = [x] + ([y] + [z])$

- $[x] + [y] = [x + y] = [y + x] = [y] + [x]$

- $[0] + [x] = [0 + x] = [x]$. (Obsérvese que $[0] = H$)

- $[x] + [-x] = [x + (-x)] = [0]$

Problema 5

a) $a = f(e) = f(e * e) = f(e) \cdot f(e) = a \cdot a \Rightarrow 1 = a^{-1} \cdot a = a^{-1} \cdot (a \cdot a) = (a^{-1} \cdot a) \cdot a = 1 \cdot a = a$

b)
- $x \in Ker(f) \Leftrightarrow f(x) = 1 \Rightarrow 1 = f(e) = f(x * x') = f(x) \cdot f(x') = 1 \cdot f(x') = f(x') \Rightarrow$

    $\Rightarrow x' \in Ker(f)$

- $x, y \in Ker(f) \Leftrightarrow f(x) = f(y) = 1 \Rightarrow f(x * y) = f(x) \cdot f(y) = 1 \cdot 1 = 1 \Rightarrow x * y \in Ker(f)$

c)
- $z = f(x) \in Im(f) \Rightarrow 1 = f(e) = f(x * x') = f(x) \cdot f(x') = z \cdot f(x') \Rightarrow z^{-1} = f(x') \in Im(f)$

- $z = f(x) \in Im(f), \omega = f(y) \in Im(f) \Rightarrow z \cdot \omega = f(x) \cdot f(y) = f(x * y) \in Im(f)$

Apéndice 4 ▬▬▬▬▬▬▬▬▬▬▬▬▬▬▬▬▬▬▬▬▬▬▬▬▬▬▬▬▬▬▬▬

Problema 1

Sea $r_1(x) = p(x) - \dfrac{a_n}{b_m}x^{n-m} \cdot q(x)$, con $gr(r_1(x)) = n_1$. Entonces:

- Si $n_1 < m \Rightarrow p(x) = q(x) \cdot \dfrac{a_n}{b_m}x^{n-m} + r_1(x)$, y la proposición queda demostrada.

- Si $n_1 \geq m$, sea $r_1(x) = c_{n_1}x^{n_1} + \cdots + c_0$ y $r_2(x) = r_1(x) - \dfrac{c_{n_1}}{b_m}x^{n_1-m} \cdot q(x)$. Entonces:

  - Si $n_2 < m \Rightarrow p(x) = q(x)\left(\dfrac{a_n}{b_m}x^{n-m} + \dfrac{c_{n_1}}{b_m}x^{n_1-m}\right) + r_2(x)$, y la proposición queda demostrada.

  - Si $n_2 \geq m$, sea $r_2(x) = d_{n_2}x^{n_2} + \cdots + d_0$, y se reitera el proceso.

Teniendo en cuenta que $n_1 > n_2 > \ldots$, habrá un valor $n_s < m$ en donde el proceso se termina llegando a una igualdad: $p(x) = q(x)\left(\dfrac{a_n}{b_m}x^{n-m} + \dfrac{c_{n_1}}{b_m}x^{n_1-m} + \cdots\right) + r_s(x)$, con $gr(r_s(x)) = n_s$, que demuestra la existencia de $c(x)$ y $r(x)$.

Por otra parte, si existen polinomios $c_1(x), r_1(x), c_2(x), r_2(x)$ tales que

$$p(x) = q(x) \cdot c_1(x) + r_1(x) \quad ; \quad p(x) = q(x) \cdot c_2(x) + r_2(x)$$

entonces $q(x)\cdot(c_1(x)-c_2(x)) = r_2(x)-r_1(x)$. De donde, si se supone que $c_1(x)-c_2(x) \neq 0$, $r_2(x)-r_1(x) \neq 0$, entonces:

$$gr(q(x) \cdot (c_1(x) - c_2(x))) \geq m \quad ; \quad gr(r_2(x) - r_1(x)) < m$$

contradicción que lleva a la conclusión $c_1(x) - c_2(x) = 0$, $r_2(x) - r_1(x) = 0$.

Problema 2

Sean $c(x), r$ tales que $p(x) = (x - \alpha) \cdot c(x) + r$. Entonces, $p(\alpha) = 0 \cdot c(\alpha) + r = r$.

Problema 3

Es consecuencia inmediata de la proposición 2.

Problema 4

$p(\alpha) = q(\alpha) \cdot c(\alpha)$ y $q(\alpha) \neq 0$. Por tanto, $p(\alpha) = 0$ si y sólo si $c(\alpha) = 0$.

Problema 5

Demostración por inducción sobre n. Si $n = 1$, el enunciado es evidente. Sea $p(x)$ un polinomio de grado n. Si $p(x)$ no tiene raíces reales, el enunciado es cierto. Supongamos que α es una raíz real de $p(x)$. Entonces,

$p(x) = (x - \alpha)q(x)$, donde $gr(q(x)) = n - 1$). Por hipótesis de inducción, $q(x)$ tiene, a lo sumo, $n - 1$ raíces. Por otro lado, de acuerdo con la proposición 4, todas las raíces de $p(x)$ distintas de α son también raíces de $q(x)$, lo que concluye la demostración.

Problema 6

i) $0 = p(\alpha) = \alpha \cdot (a_n \cdot \alpha^{n-1} + \cdots + a_2 \cdot \alpha^2 + a_1) + a_0$. Por tanto, α es divisor de a_0.

ii) $0 = p(\frac{r}{s}) = a_n \frac{r^n}{s^n} + \cdots + a_2 \frac{r^2}{s^2} + a_1 \frac{r}{s} + a_0$. Es decir:

$$0 = a_n r^n + rs(a_{n-1}r^{n-2} + \cdots + a_1 s^{n-2}) + a_0 s^n$$

Entonces:

- $-a_0 s^n = a_n r^n + rs(a_{n-1}r^{n-2} + \cdots + a_1 s^{n-2})$. Por tanto, r es divisor de a_0.
- $-a_n r^n = a_0 s^n + rs(a_{n-1}r^{n-2} + \cdots + a_1 s^{n-2})$. Por tanto, s es divisor de a_n.

Problema 7

a) $ax^2 + bx + c = a(x^2 + \frac{b}{a}x + \frac{c}{a}) = a\left(x^2 + 2\frac{b}{2a}x + \frac{b^2}{4a^2} - \frac{b^2}{4a^2} + \frac{c}{a}\right) = a\left(x + \frac{b}{2a}\right)^2 + \frac{4ac - b^2}{4a}$

Obsérvese que:

$$a\left(x + \frac{b}{2a}\right)^2 + \frac{4ac - b^2}{4a} = 0 \Leftrightarrow \left(x + \frac{b}{2a}\right)^2 = \frac{b^2 - 4ac}{4a^2} \tag{7.3}$$

b) Que $p(x)$ sea primo es equivalente a que la ecuación $ax^2 + bx + c = 0$ no tenga solución real. Ahora bien, teniendo en cuenta (7.3), todo ello equivale a que $b^2 - 4ac < 0$.

c) Si $b^2 - 4ac = 0$, entonces, $ax^2 + bx + c = a\left(x + \frac{b}{2a}\right)^2$.

d) $(x + \frac{b}{2a})^2 = \frac{b^2 - 4ac}{4a^2} \Leftrightarrow x = \frac{-b \pm \sqrt{b^2 - 4ac}}{2a}$

Problema 8

$p(x) = q(x)c(x) + r(x)$. Sea $d(x)$ un divisor de $q(x)$: $q(x) = d(x)q'(x)$.

- Si $d(x)$ es divisor de $p(x)$, es decir, si $q(x) = d(x)p'(x)$, entonces $d(x)p'(x) = d(x)q'(x)c(x) + r(x)$. Por tanto, $r(x) = d(x)[p'(x) - q'(x)c(x)]$. Es decir, $d(x)$ es divisor de $r(x)$.
- Si $d(x)$ es divisor de $r(x)$, es decir, si $r(x) = d(x)r'(x)$, entonces $p(x) = d(x)q'(x)c(x) + d(x)r'(x)$. Por tanto, $p(x) = d(x)[q'(x)c(x) + r'(x)]$. Es decir, $d(x)$ es divisor de $p(x)$.

Problema 9

Si $d(x) = m.c.d.(p(x), q(x))$, entonces existen $a(x), b(x)$ con $m.c.d.\{a(x), b(x)\} = 1$ tales que $p(x) = a(x) \cdot d(x)$, $q(x) = b(x) \cdot d(x)$. Por tanto, $m(x) = a(x) \cdot b(x) \cdot d(x)$ es múltiplo común de $p(x)$ y $q(x)$.

Sea ahora $m'(x)$ otro múltiplo común de $p(x)$ y $q(x)$. Entonces, existen dos polinomios $r(x), s(x)$ tales que:

- $m'(x) = p(x) \cdot r(x) = a(x) \cdot d(x) \cdot r(x)$
- $m'(x) = q(x) \cdot s(x) = b(x) \cdot d(x) \cdot s(x)$

Es decir, $a(x) \cdot d(x) \cdot r(x) = b(x) \cdot d(x) \cdot s(x) \Rightarrow a(x) \cdot r(x) = b(x) \cdot s(x) \Rightarrow a(x)$ es divisor de $s(x)$ y $b(x)$ es divisor de $r(x)$. Luego, existen dos polinomios $k(x), l(x)$ tales que:

- $s(x) = a(x) \cdot k(x)$
- $r(x) = b(x) \cdot l(x)$

En consecuencia, $m'(x) = a(x) \cdot d(x) \cdot r(x) = a(x) \cdot d(x) \cdot b(x) \cdot l(x)$. Es decir, $m'(x)$ es un múltiplo de $a(x) \cdot b(x) \cdot d(x) = m(x)$. Por tanto, el $m(x) = m.c.m.(p(x), q(x))$.

Por último, $p(x) \cdot q(x) = a(x) \cdot d(x) \cdot b(x) \cdot d(x) = m(x) \cdot d(x)$.

Índice alfabético

www.ingramcontent.com/pod-product-compliance
Lightning Source LLC
Chambersburg PA
CBHW082141210326
41599CB00031B/6053